普通高等教育"十三五"规划教材
新工科建设之路·数据科学与大数据系列

数据库系统及应用
（第3版）

魏祖宽　郑莉华　牛新征　孙　明　编著

电子工业出版社
Publishing House of Electronics Industry
北京·BEIJING

内 容 简 介

本书从实用性和先进性出发，通过一个完整的数据库应用实例和数据，全面介绍数据库的基本理论、数据库的系统管理及数据库的设计与开发技术。全书共 14 章，主要内容包括：数据库系统概论、关系数据模型、关系数据库标准 SQL 语言、查询处理优化、事务与并发控制、数据库恢复技术、数据库安全、规范化理论、数据库设计方法、数据库新技术、典型商业数据库和选型。附录是完整的数据库实例和数据，以及实验指导书。本书提供电子课件、实验指导、程序代码、习题参考答案和实例数据库文件等。

本书可作为高等学校计算机和软件工程专业本科及研究生的教材，也可供相关领域的技术和管理人员学习、参考。

图书在版编目（CIP）数据

数据库系统及应用 / 魏祖宽等编著. —3 版. —北京：电子工业出版社，2020.3
ISBN 978-7-121-38178-2

Ⅰ. ①数… Ⅱ. ①魏… Ⅲ. ①数据库系统－高等学校－教材 Ⅳ. ①TP311.13

中国版本图书馆 CIP 数据核字（2019）第 289896 号

策划编辑：王羽佳
责任编辑：底 波
印　　刷：三河市华成印务有限公司
装　　订：三河市华成印务有限公司
出版发行：电子工业出版社
　　　　　北京市海淀区万寿路 173 信箱　　邮编：100036
开　　本：787×1 092　1/16　印张：25　字数：739.2 千字
版　　次：2008 年 8 月第 1 版
　　　　　2020 年 3 月第 3 版
印　　次：2022 年 1 月第 4 次印刷
定　　价：69.90 元

凡所购买电子工业出版社图书有缺损问题，请向购买书店调换。若书店售缺，请与本社发行部联系，联系及邮购电话：（010）88254888，88258888。

质量投诉请发邮件至 zlts@phei.com.cn，盗版侵权举报请发邮件至 dbqq@phei.com.cn。

本书咨询联系方式：（010）88254535，wyj@phei.com.cn。

前　言

计算机技术的发展不仅极大地促进了科学技术的发展，而且明显加快了经济信息化和社会信息化的进程。因此，计算机教育在各国都备受重视，具备计算机知识与使用能力已成为 21 世纪人才的基本素质之一。

数据库应用技术是其中的核心技术之一，以其为核心的各种数据库应用管理，无可争议地改变了政府部门和企事业单位的运营和管理方式。随着数据库应用广度和深度的扩展，不仅是计算机和信息技术行业，而且包括技术管理、工程管理甚至决策人员在内的众多行业都开始关心数据库技术。

为了适应各高校计算机学科正在开展的课程体系与教学内容的改革，及时反映相关研究成果，积极探索适应 21 世纪计算机人才培养的教学模式，我们编写了这本数据库应用技术的教材。

本教材具有如下特色。

1．根据读者的层次分类。将数据库技术分为数据库基础知识、数据库管理技术、数据库应用技术、现代数据库技术及主流商业数据库四部分，且内容上保持连贯性。读者可以根据自身需求选择适当的内容阅读，不同层次的读者可以从不同的深度学习数据库知识。这样就使得本教材更加符合软件工程应用的特点。

2．面向软件工程理念，采用工程应用型学习方法，即"提出问题→解决问题→应用分析"的问题驱动方式，突出学生主动探究在整个教学中的作用。

3．在内容描述上，我们换位思考，站在学生的角度阐述概念和理论，避免堆砌大量学生不常用的专业词汇，使得整个教材通俗易懂。

4．在内容组织上，以一个典型的数据库应用系统（简化的医院管理数据库 HIS）为案例，在 MS SQL Server 平台上，以理论和实际相结合的方式，讲解数据库的概念和应用开发技术，以期达到高效的学习效果。

5．本教材的内容分为四部分：①数据库基础知识，讲述数据库的基本概念和理论知识，这部分是基础知识，面向所有读者；②数据库管理技术，讲述数据库维护管理技术，面向关心数据库维护的读者；③数据库应用技术，讲述数据库的设计开发技术，面向关心行业应用系统开发的读者；④现代数据库技术及主流商业数据库，介绍数据库技术的前沿热点及主要的数据库管理系统的商业产品，面向关心数据库发展动向及实际数据库产品的读者。

6．本教材注重将计算机理论知识和现实中的工程应用相结合，适当引入数据库技术的最新发展，保持了教学内容的先进性和实用性。本教材源于基础教育的教学实践及科研实践中的许多心得体会，凝聚了工作在教学和科研第一线教师多年的教学与科研成果。

通过学习本教材，你可以了解：
- 数据库的概念、组成结构等基础知识；
- 关系数据库的核心——关系数据模型及数据库的操作语言 SQL；
- 数据库的查询优化、并发控制、系统恢复、安全性等数据库管理技术；
- 数据库的应用设计方法和开发技术；
- 现代数据库技术的热点——数据挖掘、数据仓库、分布式数据库及空间数据库；

● 目前的主流数据库管理系统产品——Oracle、SQL Server、DB2、MySQL 及 Sybase 的概况。

教学中，可以根据教学对象和学时等具体情况对教材中的内容进行删减和组合，也可以进行适当扩展，参考学时为32～64。为适应教学模式和教学方法的改革，本教材每章配套安排了习题及参考答案、实验指导书、多媒体电子课件及相应的网络教学资源，可以登录华信教育资源网（http://www.hxedu.com.cn）注册下载。

本教材第 1、2、3、4、5 章由魏祖宽编写，第 9、10、11、12 及 13 章的部分小节由郑莉华编写，第 13 章的主体部分、本教材的案例数据库、实验设计及指导的内容由牛新征编写，第 6、7、8、14 章由孙明编写。本教材由魏祖宽统稿并定稿。参加本教材编写的还有重庆邮电大学的刘兆宏，电子科技大学的胡旺、周益民、代林、胡红梅、陈佳、张乐信、刘小龙、姬海波、梁继东、陶晶晶、尹畅等，他们承担了收集基本素材、案例数据、相关技术资料及稿件校对等大量的基础工作。

本教材在编写过程中参考了大量新近出版的相关资料和书籍，吸取了许多专家的宝贵经验，在此向他们深表谢意！

由于数据库应用技术发展迅速，作者学识有限，书中难免存在误漏之处，望广大读者批评指正。

目　　录

第1章　数据库系统概论

　　数据库是数据管理的最新技术，是计算机学科的重要分支。十余年来，数据库管理系统已从专业的应用程序包发展成为通用的系统软件。由于数据库系统具有数据结构化、最低冗余度、较高的程序与数据独立性等优点，所以较大的信息管理系统都是以数据库作为基础的。在这一章里，我们将学习数据库系统的基本概念和术语，了解数据管理技术的发展历史，明白数据库管理系统的功能与特点，并且要学习数据库系统的体系结构，包括三级模式、两级映像和当前使用的数据库结构，了解数据库的语言，理解数据库的组成，同时，了解当今数据库技术的发展趋势和大数据的基本概念，为后续的学习打下一个良好的基础。

学习目标：

- 掌握数据库的基本概念和相关术语
- 了解数据库技术的产生与发展
- 了解数据库管理技术发展的三个阶段
- 理解数据库中的各种数据模型
- 理解数据库系统的体系结构和一般组成
- 理解数据库系统的模式结构
- 了解数据库的各种语言
- 了解大数据和数据库发展趋势

1.1　数据库的基本概念

1.1.1　信息与数据

1. 数据（Data）

　　小杨：我这里有纸质的《哈利·波特与混血王子》，它算是数据吗？

　　老肖：不是，数据必须是保存在计算机中，能够**被计算机识别、存储、处理**的，如果你把这本书扫描成电子书，存储在计算机中，它就可以作为数据了。

　　小杨：那么在计算机的世界里，还有哪些可以看作数据呢？

　　老肖：目前**数据不仅包括数字、字母、文字和其他特殊字符，而且还包括图形、图像、声音等多媒体数据**。

　　小杨：原来数据有这么多种形式。能举个例子具体阐述数据吗？

　　老肖：可以，比如我，四川成都人，在电子科技大学工作，职称是教授，如果想把这条信息存储在计算机的数据库中，可以写成（肖老师，四川成都，电子科技大学，教授），这样就把我的姓名，籍贯，工作单位，职称组织在了一起，形成一条有结构的数据记录。

2. 信息（Information）

　　小杨：听了上面您的例子，那么什么是信息呢？

　　老肖：**信息是经过加工处理的数据，是对数据的具体描述**。数据和信息既有联系又有区别。**数据是信息的载体，而信息则是对数据的语义解释**。同一数据也可能有不同的解释。

　　小杨：明白了，"肖老师，四川成都，电子科技大学，教授"是数据；"肖老师，四川成都人，在电子科技大学工作，职称是教授"便是信息。

　　老肖：真聪明，**信息是反映客观现实世界的知识，用不同的数据形式可以表示同样的信息**。例如，同样的新闻可以通过报纸、电台和电视来报道，它的表现形式不同，但其信息的内容可以相同。

1.1.2　数据库

　　小杨：我现在有好多书籍堆在家里，每次找书都十分不方便，应该怎么办呢？

　　老肖：不用担心。我们可以借用数据库的概念来管理大量的书籍。首先，把众多书籍归类：生活类、法律类、计算机类；其次，把它们分别放在书柜的不同隔间里，给隔间贴上类别标签，也记得留一定空间为以后的书籍归档使用；最后，把隔间中的书按照某种规则排列，如按照作者、国家等，以便家人查找。

　　小杨：好主意，那么书籍=数据，书柜=计算机，隔间=数据模型，家人=各种用户，按照规则排列=有组织的，留下多余空间=易扩展，对吗？

　　老肖：嗯嗯，**数据库（Database，简称 DB）是长期存储在计算机内的、有组织的、可共享的大量数据的集合**。数据库中的数据按照一定的数据模型组织、描述和存储，具有较小的冗余度、较高的数据独立性和易扩展性，并为各种用户共享。

1.1.3　数据库管理系统

　　小杨：那么归类之后，我该怎么管理这些书籍呢，如果别人借走了一本书我却忘了，怎么办？如果书籍买重复了，岂不是花冤枉钱？唉，好烦！

　　老肖：没事的，同样可以借用数据库管理系统的理念。数据库管理系统是位于用户与操作系统之间的一层**数据管理软件**，其主要目标是使数据成为方便各种用户使用的资源，并**提高数据的安全性、完整性和可用性**。通过授权、存取控制、用户验证等手段达到安全性，利用实体完整性、参照完整性和自定义完整性达到完整性，利用查询更新等操作达到可用性。

　　小杨：那么这和我管理书籍有什么联系呢？

　　老肖：你可以建立一套机制，规定只有父母可以拿取所有的书，这等于授权，但是不允许他们在书上记笔记，只允许读，不允许写，这等于存取控制；每次购买新书时，先查阅书柜中相同种类的书籍，如果发现存在要买的书，则停止购买，这就等于实体完整性，不允许重复书籍出现，并且规定每本书的购买价格不得超过 100 元，这就是自定义完整性。

1.1.4　元数据

　　老肖：**元数据即描述数据的数据，相当于数据字典**。主要是描述数据属性的信息，如数据的类型、格式、存储大小等。拿书柜举例，书柜相当于数据库，元数据记录了数据库的版本、创建日期等。每个隔间相当于二维表，元数据记录了表的创建时间、创建者、创建语句等。

1.2　数　据　模　型

　　数据模型是对现实世界数据特征的抽象。例如，汽车模型是对现实世界中汽车的一种模拟和抽象，它抽象了汽车的基本特征——车身、轮胎。但是由于计算机不能直接处理现实世界中的具体事物，所以人们必须事先把具体的事物转换为计算机能够处理的数据，这种现象称为数字化。数字化是把现实世界中具体的人、物用数据模型来抽象、表示和处理。

数据模型就是对现实世界的模拟。现有的数据库系统均建立在数据模型的基础上，因此数据模型是数据库系统的核心和基础，现有的数据模型分为概念数据模型和逻辑数据模型。

1.2.1　组成要素

小杨：**数据模型的组成要素之一是数据结构**，那么，什么是数据结构呢？

老肖：**数据结构用于描述数据库的组成对象以及对象之间的联系**。它分为两类：一类是与对象的类型、内容、性质有关；另一类是与数据之间联系有关。例如，关系模型中的域、属性、关系等。它们描述了对象的类型、内容、性质。当然，对象之间也是有联系的，能说出来吗？

小杨：一对一、一对多、多对多算是联系吗？

老肖：当然是了，它们描述了对象之间的联系。在数据库中，按照**数据结构可以划分为层次结构、网状结构和关系结构，分别命名为层次模型、网状模型和关系模型**。总之，数据结构是对系统静态特征的描述。

小杨：**数据模型的组成要素之二是数据操作**，可以简单理解为对数据的操作吗？

老肖：嗯，**数据操作就是对数据库中的各种对象的实例（或取值）执行允许的操作**。它包括查询和更新（插入、删除、修改）两大类操作。数据操作是对系统动态特征的描述。

小杨：那么那些软件工程师说的 DAO 和 CRUD 和这些操作是否有关系？

老肖：DAO（Data Access Object）是一个数据访问接口，位于业务逻辑和数据库之间，应用程序可以通过 DAO API 来访问数据库。对数据库的基本操作包括增加（Create）、读取（Retrieve，重新得到数据）、更新（Update）和删除（Delete），采用这几个单词的首字母简写成 CRUD。通常对数据库的操作就是 CRUD。

小杨：**数据模型的组成要素之三是数据完整性**，它是为了保证数据的完整吗？

老肖：正是这样。数据完整性约束是关于数据状态和状态变化的一组完整性约束条件（规则）的集合。它保证了数据库的正确性、有效性和相容性。在关系模型中，任何关系必须满足实体完整性和参照完整性，此外，数据模型还提供自定义完整性的约束机制。例如，每个月个人所得超过一定的金额必须交税，每个人必须有身份证号码等。

1.2.2　概念数据模型

小杨：老师让我设计一款人事管理系统模型，但我还不知道使用 SQL Server 还是 Oracle，担心即使模型设计出来了，用户也看不懂这个系统，这该如何是好？

老肖：概念数据模型就是用来解决上述问题的。概念数据模型（Conceptual Data Model）是用户**容易理解**的、**对现实世界特征的数据抽象**，它与具体的数据库管理系统（**Database Management System，DBMS**）无关，是数据库设计员与用户之间进行交流的语言。它具有强大的表达能力，能够方便、直接地表达应用中的各种语义知识，同时简单清晰，易于用户理解。常用的概念数据模型是实体-联系（Entity-Relationship）模型。

小杨：怪不得工程师们常说数据库设计的第一步是做 E-R 模型图，那么应该怎么画呢？

老肖：先别急着画图，听我介绍 E-R 模型中的一些概念。

● 实体：客观存在并可相互区别的事物。实体可以是具体的对象，如一名学生、一辆汽车，也可以是抽象的事件，如一次选课、一次驾车等。

● 属性：实体具有的若干特征。例如，每个学生有学号、姓名、年龄、宿舍号等属性。

- 实体集：性质相同的同类实体的集合。例如，计算机学院的所有学生就是一个实体集。
- 键（码）：唯一标识实体集中每个实体的属性集合。例如，一个学生可以以身份证、学号等具有唯一性的属性作为键，选择其中之一作为主键。
- 域：属性的取值范围，例如，学号必须是 201421012345 这样的 12 位数，性别的域为 {男，女}。
- 联系：反映事物之间的联系。实体内部的联系为各属性之间的联系；实体之间的联系通常是不同实体集之间的联系。

两个实体集之间的联系可以分为 3 类。

- 一对一联系（1∶1）。

如果对于实体集 A 中的每个实体，实体集 B 中至多有一个实体与之联系，反之亦然，则称实体集 A 与实体集 B 具有一对一联系。例如，火车上的座位与乘客之间的联系。

- 一对多联系（1∶n）。

如果对于实体集 A 中的每个实体，实体集 B 中有 n 个实体（n≥2）与之联系，反之，对于实体集 B 中的每个实体，实体集 A 至多有一个实体与之联系，则称实体集 A 与实体集 B 具有一对多联系。例如，学校的学院与学生之间的联系。

- 多对多联系（m∶n）

如果对于实体集 A 中的每个实体，实体集 B 中有 n 个实体（n≥2）与之联系，反之，对于实体集 B 中的每个实体，实体集 A 也有 m 个实体与之联系，则称实体集 A 与实体集 B 具有多对多联系。例如，学生与课程之间的联系。

小杨：好多概念啊，不过都还是挺容易理解的。看 E-R 图中有矩形、椭圆形和菱形，它们分别代表什么意思呢？

老肖：**实体集用矩形，属性用椭圆形，联系用菱形**，并要注明联系的类型（1∶1、1∶m、m∶n）。下面来展示一张 E-R 图供参考，如图 1.1 所示。

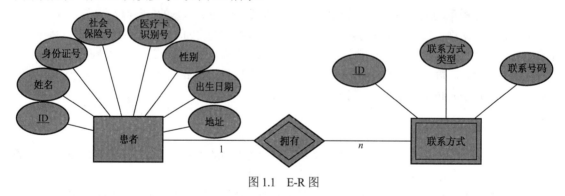

图 1.1　E-R 图

1.2.3　逻辑数据模型

老肖：逻辑数据模型即数据模型，是用户从数据库中所看到的数据模型，是具体的 DBMS 所支持的数据模型。目前，数据库领域中常用的数据模型是关系模型和面向对象模型。层次模型、网状模型已渐渐被淘汰。

1．层次模型

小杨：听说层次模型是数据库系统中最早出现的数据模型，曾经得到广泛的使用。

老肖：是的。层次数据库系统的典型代表是 IBM 公司的 IMS（Information Management System）数据库管理系统。它是 IBM 公司在 1968 年推出的第一个大型商用数据库管理系统。

小杨：我看层次模型和数据结构课程中的树形结构很像嘛。

老肖：没错！层次模型用**树形（层次）结构**来表示各类实体以及实体间的联系，每个节点表示一个记录类型（实体型），每个记录类型包含若干个字段（实体的属性）。现实世界中许多实体之间的联系本来就呈现出一种很自然的层次关系，如行政机构、家族关系等。医院实体层次模型如图 1.2 所示。

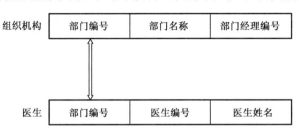

图 1.2 医院实体层次模型

小杨：这个图看起来**数据结构比较简单清晰**。

老肖：嗯，这是层次模型的一个优点，此外，因为记录之间的联系用有向边表示，当存取某个节点的记录值时，DBMS 就沿着存取路径很快找到该记录值，因此，层次数据库的查询效率高。同时，它也提供了良好的完整性支持，例如，指定了实验室子节点，必定存在学院父节点，父子之间必有联系。

小杨：有这么好的特点，为什么层次模型在 20 世纪 70 年代末和 80 年代初迅速失去了市场呢？

老肖：层次模型有以下几个缺点。

● **实现复杂。**

尽管层次模型的 DBMS 减轻了 DBMS 设计者和程序员对数据依赖问题的负担，但它们仍然必须对数据的物理存储特性有非常深入的了解。因此，数据库设计的实现仍然非常复杂。

● **难于管理。**

对插入和删除操作的限制比较多。数据库结构的任何修改，如节点的重新定位，都要求所有访问这个数据库的应用程序也做相应的修改。因此，数据库的管理可能会变得非常琐碎和麻烦。

● **实现的限制。**

许多一般的联系并不遵守层次模型所要求的 $1:m$ 标准。比如，大学里面每门课程可能包括许多学生，并且每个学生也可以选修许多门课程。这样一个多对多（$m:n$）的联系很难在层次模型中实现。此外，很多现实世界中的联系是基于一个子节点对应多个父节点的。比如，在一个订单系统中，一个订单行有两个父节点：订单和部件。

● **缺乏标准。**

层次模型没有一组精确的标准概念，也没有遵守一个特定标准模型的实现。实现的问题尤其麻烦，因为层次数据库管理组件没有一个标准的数据定义语言（DDL）来定义数据库的各个组成部分，也没有一个数据操作语言（DML）来操作数据库内容，从一个层次模型的 DBMS 转移到另一个层次模型的 DBMS 非常困难，移植性受到限制。

● **缺乏结构独立性。**

结构独立性是指当修改数据库结构时，DBMS 访问数据的能力不受影响。层次数据库也称为导航系统，数据访问要求使用物理存储路径来"导航"以获得正确的节点，查询子女节点必须通过双亲节点。对数据库结构的修改可能会导致一些之前可以正常运行的应用程序出现问题，这种结构依赖限制了数据独立性所带来的好处。

● 应用程序编写和使用复杂性。

给定了一个导航的数据库系统结构，应用程序员和最终用户为了存取数据还必须准确地知道数据在数据库内部的物理分布。即使他们知道数据的存取路径，要得到这个数据还要对整个复杂指针系统有所了解。

可见，用层次模型对具有一对多的层次联系的部门描述非常自然、直观、容易理解。这是层次数据库的突出优点。

2．网状模型

小杨：虽然层次结构可以很好地表示一对多的关系，但是现实世界中事物之间的联系更多的是非层次关系，比如，学生和课程之间存在选课的联系，它们是多对多的关系。如何表示这种非树形结构呢？

老肖：不用担心，网状结构正是为了克服这一弊病而诞生的。网状模型是一种比层次模型更具普遍性的结构。它去掉了层次模型的两个限制，**允许多个节点没有双亲节点**，**允许节点有多个双亲节点**。网状模型可以更直接地去描述现实世界，层次模型实际上是网状模型的一个特例。让我们来举个例子解释这些概念，如图1.3所示。

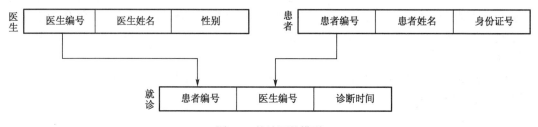

图1.3　就诊网状模型

医生、患者、就诊三个节点，但是就诊的父节点是医生、患者（允许节点有多个双亲节点），患者、医生没有双亲节点（允许多个节点没有双亲节点）。

小杨：那么，网状模型的优点有哪些呢？

老肖：网状模型保留了许多层次模型的优点，同时，它也对层次模型进行了改进。

● 能够更加方便地描述现实世界，节点之间可以有多种联系。

● 具有良好的性能，存取效率高。

小杨：如果我想扩展医生、患者、就诊这三个节点，再添加处方节点，处方和医生、患者、就诊都有联系。以此下去，网状模型不是乱得和蜘蛛网似的吗？

老肖：没错。这是网状模型的缺点之一：**结构复杂性**，随着应用环境的扩大，数据库的结构变得越来越复杂。

● 系统复杂性。

由于系统复杂性，网状模型用来管理联系时，数据库完整性控制及其效率有时会降低甚至失效。为访问数据库，数据库管理员、程序员和最终用户必须非常熟悉它的内部结构。因此，网状数据库并没有设计成一个对用户友好的系统。

● 缺乏结构独立性。

如果网状数据库结构做了改变，则所有的应用程序必须重新授权。简单地讲，网状模型具有数据独立性，但不具备结构独立性。

● 用户不容易掌握和使用。

网状模型没有设计成用户容易掌握和使用的系统，是一个高技能的系统。

由于记录之间联系是通过存取路径实现的，应用程序在访问数据时必须选择适当的存取路径。因此，用户必须了解系统结构的细节，加重了编写应用程序的负担。

3．关系模型

关系模型是目前最重要的一种数据模型。关系数据库系统采用关系模型作为数据的组织方式。

1970 年，美国 IBM 公司 San Jose 研究室的研究员 E.F.Codd 首次提出了关系数据库系统的关系模型，开创了数据库关系方法和关系数据理论的研究，为数据库技术奠定了理论基础。由于 E.F.Codd 的杰出工作，他于 1981 年获得 ACM 图灵奖。

20 世纪 80 年代以来，计算机厂商新推出的关系数据库管理系统几乎都支持关系模型，非关系模型的产品也大多加上了关系接口。数据库领域当前的研究工作也都是以关系方法为基础。

关系模型的具体知识会在第 2 章介绍。

1.3 数据管理技术的产生和发展

数据库技术是应数据库管理任务的需要而产生的。数据管理是指对各种数据进行分类、组织、编码、存储、检索和维护，是数据处理的中心问题。人们借助计算机进行数据处理是从 20 世纪 60 年代开始的。

在应用需求的推动下，在计算机硬件、软件发展的基础上，数据管理技术经历了人工管理、文件系统、数据库管理系统三个阶段。

1．人工管理阶段

小杨：话说在 20 世纪 50 年代中期，那时候计算机出现才几年，其体积大，感觉很笨拙。那时候还没有硬盘吧？也没有 Windows、Linux 等操作系统吧？

老肖：对，那个时候外部存储器只有磁带、卡片和纸带等。软件只有汇编语言，尚无数据管理方面的软件。数据处理方式基本是批处理。

小杨：好落后啊！那么数据怎么保存呢？

老肖：数据不保存。计算机系统不提供对用户数据的管理功能。当时计算机主要用于科学计算，一般无须将数据长期保存。通常输入数据完毕，计算完成之后数据就被撤走了。

小杨：那么没有软件系统负责数据的管理工作吗？

老肖：数据必须应用程序自己设计、说明和管理。用户编制程序时，必须全面考虑好相关的数据，包括数据的定义、存储结构以及存取方法等。程序和数据是一个不可分割的整体。

小杨：那么只能一组数据对应一个程序吗？

老肖：是的。**数据不能共享**。不同的程序均有各自的数据，这些数据对不同的程序通常是不相同的，不可共享；即使不同的程序使用了相同的一组数据，这些数据也不能共享，程序中仍然要各自加入这组数据，谁也不能省略。基于这种数据的不可共享性，必然导致程序与程序之间存在大量的重复数据，增加了数据管理的复杂性，浪费了存储空间。

小杨：既然数据、应用程序不分家，如果数据结构发生了变化，应用程序怎么办？

老肖：**数据无独立性**。当数据的逻辑结构或物理结构发生变化后，必须对应用程序做相应修改。人工管理阶段应用程序与数据之间的对应关系如图 1.4 所示。

2．文件系统阶段

小杨：20 世纪 50 年代后期至 60 年代中期，随着数据量的增加，数据的存储、检索和维护问题成为紧迫的需要。这个时候在硬件和软件方面有什么新的发展吗？

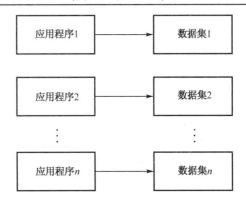

图 1.4   人工管理阶段应用程序与数据之间的对应关系

老肖：此时，外部存储器已有磁盘、磁鼓等直接存取的存储设备。软件领域出现了操作系统和高级软件。操作系统中的文件系统是专门管理外存的数据管理软件，文件是操作系统管理的重要资源之一。数据处理方式有批处理，也有联机实时处理。

小杨：好棒！那么数据管理方面也会因为这些新技术的产生而发生变化了吧？

老肖：这时数据管理进入文件管理阶段了。它可以充分弥补人工管理的不足，并有以下几个特点。

（1）数据以"文件"形式可长期保存在外部存储器的磁盘上。由于计算机的应用转向信息管理，因此对文件要进行大量的查询、修改和插入等操作。

（2）数据的逻辑结构与物理结构有了区别，但比较简单。程序与数据之间具有"设备独立性"，即程序只需用文件名就可与数据打交道，不必关心数据的物理位置。由操作系统的文件系统提供存取方法。文件组织已多样化，有索引文件、链接文件和直接存取文件等。但文件之间相互独立、缺乏联系。数据之间的联系要通过程序去构造。数据不再属于某个特定的程序，可以重复使用，即数据面向应用。

小杨：也就是说，数据可以长期保存，文件系统管理数据，这是文件系统阶段最明显的特征。

老肖：是的。但是文件系统也存在不足。

（1）数据冗余。

由于文件之间缺乏联系，造成每个应用程序都有对应的文件，有可能同样的数据在多个文件中重复存储。

（2）不一致性。

这往往是由数据冗余造成的。在进行更新操作时，稍有不慎，就可能使同样的数据在不同的文件中不一样。

（3）数据联系弱。

这是由于文件之间相互独立，缺乏联系造成的。

让我们用图 1.5 总结文件系统阶段应用程序与数据之间的关系。

3. 数据库管理系统阶段

小杨：20 世纪 60 年代后期以来，计算机管理的对象规模越来越大，应用范围越来越广泛，数据量急剧增长，但是文件管理易造成数据冗余、共享性差，这对数据管理提出了新的挑战。

老肖：所以，数据库管理系统应运而生了。小杨，你去网上查查在这个时期，硬件和软件有了哪些新的变化。

小杨：刚才查询了一下。根据百度百科网显示，20 世纪 60 年代后期以来，硬件上已有大容量磁盘，硬件价格下降；软件价格上升，为编制和维护系统软件和应用程序所需的成本相对增加；在处理方式上，联机实时处理要求更多，并开始提出和考虑分布处理。

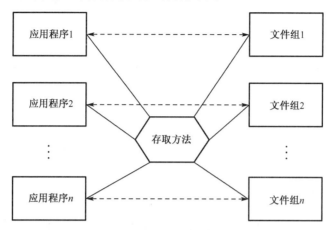

图 1.5 文件系统阶段应用程序与数据之间的关系

老肖：小杨同学还是很聪明的。由于硬件和软件都发生了改变，在这种背景下，数据库系统诞生了，并有以下几个特点。

（1）采用数据模型表示复杂的数据结构。

数据模型不仅描述数据本身的特征，还要描述数据之间的联系，这种联系通过存取路径实现。通过所有存取路径表示自然的数据联系是数据库与传统文件的根本区别。这样，数据不再面向特定的某个或多个应用，而是面向整个应用系统。数据冗余明显减少，实现了数据共享。

（2）有较高的数据独立性。

数据的逻辑结构与物理结构之间的差别可以很大。用户以简单的逻辑结构操作数据而无须考虑数据的物理结构。数据库的结构分成用户的局部逻辑结构、数据库的整体逻辑结构和物理结构三级。用户的数据和外存中数据之间的转换由数据库管理系统实现。

（3）数据库系统为用户提供了方便的用户接口。

用户可以使用查询语言或终端命令操作数据库，也可以用程序方式操作数据库。

（4）数据库系统提供了数据控制功能。

● 数据库的并发控制：对程序的并发操作加以控制，防止数据库被破坏，杜绝提供给用户不正确的数据。

● 数据库的恢复：在数据库被破坏或数据不可靠时，系统有能力把数据库恢复到最近某个正确状态。

● 数据完整性：保证数据库中数据始终是正确的。

● 数据安全性：保证数据的安全，防止数据的丢失、破坏。

综上所述，数据管理技术各阶段的特点如表 1.1 所示。

表 1.1 数据管理技术各阶段的特点

项 目		数据管理技术的各阶段		
		人工管理阶段	文件系统阶段	数据库管理系统阶段
背景	应用背景	科学计算	科学计算、管理	大规模管理
	硬件背景	无直接存取存储设备	磁盘、磁鼓	大容量磁盘
	软件背景	没有操作系统	有文件系统	有数据库管理系统
	处理方式	批处理	联机实时处理、批处理	联机实时处理、分布处理、批处理

项　　目		数据管理技术的各阶段		
		人工管理阶段	文件系统阶段	数据库管理系统阶段
特点	数据的管理者	用户	文件系统	数据库管理系统
	数据面向的对象	某一应用程序	某一应用	现实世界
	数据的共享程度	无共享，冗余度极大	共享性差，冗余度大	共享性高，冗余度小
	数据的独立性	不独立，完全依赖于程序	独立性差	具有高度的物理独立性和一定的逻辑独立性
	数据的结构化	无结构	记录内有结构、整体无结构	整体结构化，用数据模型描述
	数据控制能力	应用程序自己控制	应用程序自己控制	由数据库管理系统提供数据安全性、完整性、并发控制和恢复能力

1.4　数据库管理系统的功能与特点

1.4.1　数据库管理系统的功能

　　小杨：老师，我把数据存储在数据库里了，但是在文件系统里就是几个文件而已，我怎么看这些数据啊？

　　老肖：有办法，数据库管理系统开始大展身手了。

　　小杨：它有什么特殊技能，可以把数据管理得井井有条呢？

　　老肖：数据库管理系统属于系统应用软件，通过把数据文件读取到内存中，实现对相关数据进行查阅修改。

　　小杨：现在我手头有一份学生数据，包括学号、姓名和出生地等信息，那么我怎么把这些信息存储到数据库中呢？

　　老肖：当然要通过 DBMS 了，DBMS 提供了以下三个功能来完成数据的存储。

1．数据定义功能

　　提供数据定义语言（Data Definition Language，DDL），对各级数据模式进行精确定义。我们为了存储学生数据，需要新建一张表，例如：

CREATE TABLE T_Student

(sno VARCHAR2(20),sname VARCHAR2(20),birth_place VARCHAR2(100));

2．数据操纵功能

　　提供数据操纵语言（Data Manipulation Language，DML），可以对数据库中的数据进行追加、插入、修改、删除、检索等操作。当创建完一张表之后要插入数据时，可以这么做：

INSERT INTO T_Student(SNO,SNAME,BIRTH_PLACE) VALUES('201121060123','张三','四川成都');

　　想要更新出生地：

UPDATE T_STUDENT SET BIRTH_PLACE='四川自贡' WHERE SNO = '201121060123';

　　如果要删除这条数据，则：

DELETE T_STUDENT WHERE SNO ='201121060123';

3．数据库运行控制功能

提供数据控制语言（Data Control Language，DCL），可以对数据库中的数据进行并发控制、数据的安全性控制、数据的完整性控制。如果用户 A 对学生表有修改权限，DBA 想收回这种权限，使用 REVOKE UPDATE，INSERT，DELETE ON T_STUDENT FROM A;，反之，如果想赋予用户 A 插入数据的权限，使用 GRANT INSERT ON T_STUDENT TO A;。通常，权限的授予既可以是对象级别（表、索引、视图等）的，也可以是数据库级别（登录限制、修改 DB 参数限制等）的。

4．数据组织、存储和管理功能

DBMS 分类组织、存储和管理各种数据，包括数据字典、用户数据、数据的存取路径。确定以何种文件结构和存取方式在存储上组织这些数据，实现数据之间的联系。数据库管理系统会按照某种规则把数据写入文件中，如按照学号或者姓名依次写入数据。当创建学生表时，DBMS 会保存创建表的 DDL 语句，以及表的存储结构、数据块大小等其他元数据。

当用户要读取学生表数据时，检索数据通过全表扫描还是索引扫描，这一切都需要 DBMS 来操作管理。

小杨：如果这些数据对我很重要，我想备份，并且转换成其他可视化数据，如导出到 Excel 中去。

老肖：这需要 DBMS 的第五个功能。

5．数据库的建立和维护功能

数据库的建立和维护功能主要包括数据库初始数据的输入、转换功能，数据库的转储、恢复功能，数据库的重组织功能和性能监视、分析功能等。DBMS 会对数据库进行备份，既可以逻辑备份，也可以物理备份。如果数据库崩溃了，DBMS 可以自我修复，严重的话需要借助 DBA 帮助恢复数据库。当数据库在生产环境中时，存在大量的读/写操作，不正确的读/写可能会造成性能瓶颈，怎么知道哪里存在性能问题呢？可以通过 DBMS 的监测工具监控数据库的健康。

小杨：以上的功能说到的都只是一个数据库，多个数据库之间可以交流吗？例如，A 数据库需要 B 数据库的数据，怎么访问呢？

老肖：其实，这些对于 DBMS 简直就是小菜一碟。Oracle 的 DBLINK 功能就可以轻松搞定。让我们来看 DBMS 的其他招数。

DBMS 与网络中其他软件系统的通信功能；一个 DBMS 与另一个 DBMS 或文件系统的数据转换功能；异构数据库之间的互访和互操作功能等。虽说都是数据库，但 Oracle 和 SQL Server 毕竟不是"一个亲妈生的"，身体结构还是有区别的，但它们之间的数据怎么交流呢，当然是要 DBMS 帮忙了。DBMS 可以把 Oracle 中的数据格式转换成 SQL Server 能够识别的格式，反之亦然。

图 1.6 形象地总结描述了 DBMS 的功能及其相互之间的关系。

1.4.2 数据库管理系统的特点

老肖：说完了数据库管理系统的功能，下面我们来谈谈它的特点，主要从数据结构化、数据的共享性及冗余度、数据的独立性和数据的管理控制四个方面讨论。

1．数据结构化

数据库管理系统实现整体数据的结构化，这是数据库的主要特征之一，也是数据库管理系统与文件系统的本质区别。

　　整体数据的结构化是指数据结构不是面向单一的应用，而是面向全组织，数据之间是有联系的。

　　在文件系统中，每个文件内部是结构化的，即文件由记录构成，每条记录由若干个属性组成。但是记录之间没有联系。例如，医生、患者、就诊三个文件（见图 1.7），尽管从逻辑上来说医生编号、患者编号应该和就诊中的（患者编号、医生编号）具有参照完整性（第 2 章中介绍），如果向就诊记录中插入（P001，D001，2015-03-03 12:03:30），但是医生记录中不存在 D001 这个医生，关系数据库管理系统（Relational Database Management System，RDBMS）可以保证参照完整性，将非法插入的数据拒之门外，从而保证了数据的正确性。但是文件系统无法完成完整性约束，因此必须由程序员编写代码在应用程序中实现。

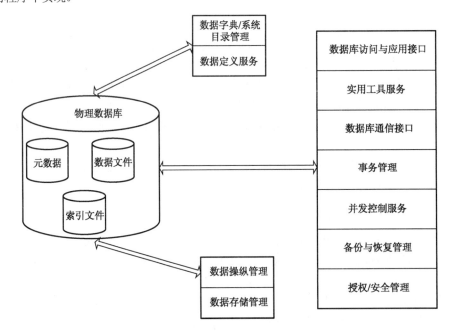

图 1.6　DBMS 的功能及其相互之间的关系

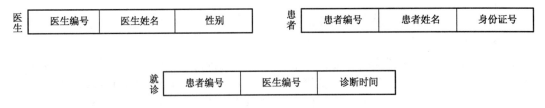

图 1.7　数据之间的联系

　　数据库的整体结构化意味着不仅要考虑某个应用的数据结构，还要考虑整个组织的数据结构。例如，一个医务管理系统中不仅要考虑医生管理，同时还要考虑药品管理、病人管理等。因此，医生数据要面向各个应用，而不仅仅单一面对开药应用。

2. 数据的共享性高、冗余度低，易扩充

　　数据库从整体的观点来看待和描述数据，数据不再是面向某一应用，而是面向整个系统。这样就减小了数据的冗余，节约存储空间，缩短存取时间，避免数据之间的不相容和不一致。对数据库的应用可以很灵活，面向不同的应用，存取相应的数据库的子集。当应用需求改变或增加时，只要重新选择数据子集或者加上一部分数据，便可以满足更多、更新的要求，也就是保证了系统的易扩充性。

3．数据的独立性高

数据的独立性主要包含逻辑独立性和物理独立性。逻辑独立性是指用户的应用程序与数据库的逻辑结构是相互独立的，即使数据库的逻辑结构发生改变，用户的应用程序也不变。

物理独立性是指用户的应用程序与存储在磁盘上的数据库中的数据是相互独立的。数据在磁盘上的数据库中怎么存储是由 DBMS 管理的，用户程序无须了解，应用程序处理的只是数据的逻辑结构。当数据的物理存储改变时，应用程序不用改变。

4．数据由 DBMS 统一管理和控制

统一的数据管理功能，包括数据的安全性控制、数据的完整性控制及并发控制。数据库是多用户共享的数据资源，对数据库的使用经常是并发的。为保证数据的安全、可靠和正确有效，数据库管理系统必须提供一定的功能来保证。

- 数据的安全性是指防止非法用户的非法使用数据库而提供的保护。比如，不是医院的成员不允许使用医院管理系统，病人允许读取诊断信息但不允许修改诊断信息等。
- 数据的完整性是指数据的正确性和兼容性。数据库管理系统必须保证数据库的数据满足规定的约束条件，常见的有对数据值的约束条件。比如，在医院管理系统中，数据库管理系统必须保证输入的收费值大于 0，否则，系统发出警告。
- 数据的并发控制是多用户共享数据库必须解决的问题。要说明并发操作对数据的影响，必须首先明确，数据库是保存在外存中的数据资源，而用户对数据库的操作是：先将数据读入内存，修改数据时是在内存中修改读入的数据复本，然后再将这个复本写回到外存的数据库中，实现物理的改变。

由于数据库的这些特点，它的出现使信息系统的研制从围绕加工数据的程序为中心转变到围绕共享的数据库来进行。这便于数据的集中管理，也提高了程序设计和维护的效率，提高了数据的利用率和可靠性。当今的大型信息管理系统均是以数据库为核心的。数据库管理系统是计算机应用中的一个重要阵地。总之，数据库技术正是研究如何科学地组织和储存数据，如何高效地获取和处理数据。数据库技术是到目前为止发展成熟的数据管理的最新技术。

1.5　数据库系统的结构

1.5.1　数据库三级模式结构

老肖：数据库系统的三级模式结构是指数据库系统由外模式、模式、内模式三级构成，如图 1.8 所示。外模式被简单理解为视图，它可以将数据安全地展示给用户。模式相当于表，在表上建立视图，一张表可以建立多个视图，所以模式可以对应多个外模式。内模式相当于数据文件，它保存了数据的物理路径和存储细节。

1．模式

模式也称逻辑模式，是数据库中全体数据的逻辑结构和特征的描述，是所有用户的公共数据视图。它是数据库系统模式结构的中间层，既不涉及数据的物理存储细节和硬件环境，也与具体的应用程序、所使用的应用开发工具及高级程序设计语言无关。**一个数据库只有一个模式。**

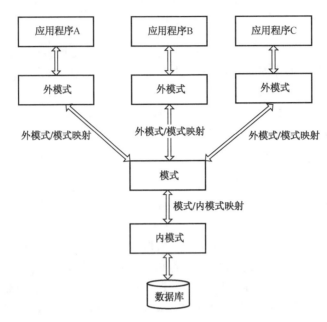

图 1.8　数据库系统的三级模式结构

2．外模式

外模式也称子模式或用户模式，是数据库用户看见和使用的局部数据的逻辑结构和特征的描述，**是数据库用户的数据视图**，是与某一应用程序有关的数据的逻辑表示。外模式通常是模式的子集，一个数据库可以有多个外模式。

外模式的优点如下。

- 简化了应用接口，方便了用户的使用。用户只要依照外模式，编写应用程序或在终端输入命令，无须了解数据的存储结构。
- 保证数据的独立性。由于在三级模式之间存在两级映像，使得物理模式和概念模式的变化都反映不到外模式，从而不用修改应用程序，提高了数据的独立性。
- 有利于数据共享。从同一模式产生不同的外模式，减少了数据的冗余，有利于为多种应用服务。
- 有利于数据的安全和保密。用户只能操作其子模式范围内的数据，从而与数据库中的其他数据隔离，缩小了程序错误传播的范围，保证了其他数据的安全。

3．内模式

内模式也称存储模式，一个数据库只有一个内模式。它使用一个物理数据模型，**全面描述了数据库中数据存储的全部细节和存取路径，是数据在数据库内部的表示方式**。例如，记录的存储方式是按顺序存储、按 B+树结构存储还是按 Hash 方法存储；索引按照什么方式组织。

1.5.2　数据库二级映像与数据独立性

小杨：为什么要把数据库设计成三层结构？这太复杂了，让人难以理解。

老肖：先来举个例子告诉你分层的好处。

教务数据库里有四张表：学生（学号，姓名，出生地）、课程（课程编号，课程名称，学分，课时）、选课成绩（课程编号，教师编号，学号，成绩）、教师（教师编号，教师姓名，教研室），如果你是一个用户，需要查看自己的课程成绩，想以（课程编号，课程名称，学分，成绩，教师姓名）格式呈现，那么需要了解这四张表的属性，是不是很麻烦？

小杨：嗯，如果我的查询要再复杂一点，涉及的表更多的话，查询起来会更复杂。

老肖：但是我们可以建立视图啊！新建一张视图（课程编号，课程名称，学分，成绩，教师姓名），用户访问的时候只要知道这张视图就可以了，不用具体了解表的结构和属性。这里引入第一个映像：外模式/模式映像。

外模式/模式映像：模式表达了数据的全局逻辑结构，外模式表达了数据的局部逻辑结构。对于每个外模式，数据库系统都有一个外模式/模式映像。对应于同一个模式可以有任意多个外模式。当模式改变时，由 DBA 对各个外模式/模式映像做相应改变，可以使外模式/模式保持不变，从而应用程序不必改变，保证了数据的逻辑独立性。

小杨：如果我想把 TOSHIBA 硬盘中的数据文件移到 WD 硬盘上或保存到磁盘中，数据库是否会因为存储结构的变化而无法访问了呢？

老肖：你想多了，数据库还有第二个映像：模式/内模式映像。

模式/内模式映像：数据库只有一个模式和一个内模式，所以模式/内模式映像是唯一的。它定义了数据全局逻辑结构和存储结构之间的对应关系。当数据库的存储结构改变了，由 DBA 对模式/内模式做相应改变，可以使模式保持不变，从而保证了数据的物理独立性。

小杨：上面提到了逻辑独立性和物理独立性这两个新概念，能详细说说吗？

老肖：三层模式结构的一个主要目的是保证数据的独立性，这意味着对较低层的修改不会对较高层造成影响。数据的独立性分为逻辑数据独立性和物理数据独立性两类。

1．逻辑数据独立性

逻辑数据独立性是指外模式不受模式变化影响；对模式的修改，如新实体、属性或联系的添加或删除，应该不影响已存在的外模式，也不用重新编写应用程序。显然，重要的修改只应由相关的用户知道，其他的用户不必知道。

2．物理数据独立性

物理数据独立性是指模式不受内模式变化的影响。对内模式的修改，如使用不同的文件组织方式或存储结构，使用不同的存储设备，修改索引或散列算法，应该不影响模式和外模式。对于用户来讲，唯一要注意的是对性能的影响。实际上，性能变坏是改变内模式最常见的原因。

1.5.3　数据库的体系结构

小杨：现在很多软件都离不开数据库，那么数据库有哪些体系结构呢？

老肖：数据库体系结构有很多种，在这里我先举出 5 种结构，其中客户-服务器（C/S）结构、浏览器-服务器（B/S）结构、分布式结构是目前比较流行的架构，剩下的如果你感兴趣，不妨参考其他资料自行学习。

1．客户-服务器结构

客户-服务器（Client/Server，C/S）结构是目前流行的数据库系统结构。在这种结构中，客户机提出请求，服务器对客户机的请求做出回应。C/S 结构的本质在于通过对服务功能的分布，实现分工服务。每一个服务器都为整个局域网系统提供共享服务，供所有客户机共享；客户机上的应用程序借助于服务器的服务功能以实现复杂的应用功能。在 C/S 结构中，数据存储层处于服务器上，应用层和用户界面层处于客户机上。客户机负责管理用户界面，接收用户数据，处理应用逻辑，生成数据库服务请求，将该请求发送给服务器，同时接收服务器返回的结果，并将结果按一定格式显示给用户。

2. 浏览器-服务器结构

浏览器-服务器（Browser/Server，B/S）结构是针对 C/S 结构的不足而提出的。在 B/S 结构中，客户机仅安装通用的浏览器软件，以实现用户的输入/输出操作，而应用程序不再安装在客户机，而是在服务器中安装与运行应用程序。在服务器端，除要有数据库服务器保存数据并执行基本的数据库操作外，还要有称为应用服务器的服务器处理客户端提交的处理要求。也就是说，C/S 结构中客户机运行的程序已转移到应用服务器中，此时的客户机可称为"瘦客户"。应用服务器充当了客户机与数据库服务器的中介，架起了用户界面与数据库之间的桥梁，所以也称为三层结构。

3. 单用户结构

单用户结构适合早期的最简单的数据库系统。在单用户数据库系统中，整个数据库系统都装在一台计算机上，由一个用户完成，数据不能共享，数据冗余度大。

4. 主从式结构

主从式结构也称集中式结构，指的是一台主机连接多个终端用户的结构，如图 1.9 所示。在这种结构中，数据库系统的应用程序、DBMS、数据都放在主机上，所有的处理任务都由主机完成，多个用户同时并发地存取数据、共享数据。这种体系结构简单、易于维护，但是当终端用户增加到一定数量后，数据的存储会成为瓶颈，使系统的性能大大降低。

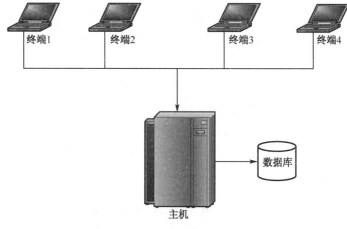

图 1.9　主从式结构

5. 分布式结构

分布式结构的数据库系统是指数据库中的数据逻辑上是一个整体，物理上分布在计算网络中的不同节点上。每个独立的节点可以单独处理本地数据库中的数据，执行局部应用，同时也可以通过网络通信存取和处理异地数据库的数据，执行全局应用。分布式结构如图 1.10 所示。

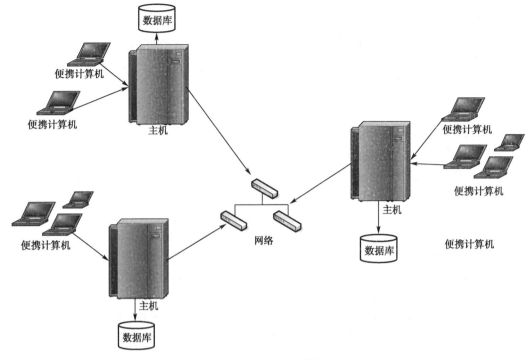

图 1.10　分布式结构

1.5.4　数据库系统的组成

小杨：说了这么多，一个完整的数据库系统应包含哪些部分呢？能举例说明吗？

老肖：我们以银行为例，介绍其后台数据库系统的组成。

数据库系统由五部分组成：硬件系统、数据库集合、系统软件、数据库管理员和用户，其示例如图 1.11 所示。

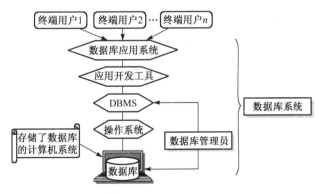

图 1.11　数据库系统组成示例

1. 硬件系统

运行数据库系统的计算机需要足够大的内存、足够大容量的磁盘等联机直接存取设备和较高的通道能力及支持对外存的频繁访问的能力；还需要足够数量的脱机存储介质，如软盘、光盘、磁盘等存放数据库的备份。银行需要购买大型服务器，如 Oracle Exadata，也需要大量存储设备以保存海量业务数据。

2．数据库集合

系统包括若干个设计合理、满足应用需要的数据库。银行业务复杂，如果只存在一个数据库的话，大量业务操作会产生性能瓶颈，影响用户满意度，同时过多的表保存在一个数据库里，逻辑上也易混乱，维护时很麻烦。所以划分成多个数据库，每个数据库各司其职。

3．系统软件

系统软件指的是数据库系统中被计算机使用的程序的集合。需要 3 种类型的软件来实现数据库系统的全部功能：操作系统、DBMS 软件和应用程序。

- 操作系统管理所有的硬件并确保所有的其他软件能够在计算机上运行。操作系统包括微机上运行的磁盘操作系统（DOS）、OS/2 和 Windows，小型机上运行的 UNIX 和 VMS，IBM 大型机上运行的 Z/OS。
- DBMS 软件管理在数据库系统范围内的数据库。一些 DBMS 软件包括微软公司的 Access 和 SQL Server，Oracle 公司的 Oracle，以及 IBM 公司的 DB2 等。
- 应用程序用来访问和操作 DBMS 软件里的数据，并且管理对数据访问和操作的计算机环境。应用程序大多数需要从数据库中获取数据，生成报告、表格和其他辅助决策的信息。

银行使用 Linux 操作系统保存数据文件，可以通过 DB2 或 Oracle 等 DBMS 软件来管理数据库，用户通过网页访问电子银行，完成转账、付费等业务。

4．数据库管理员（Database Administrator，DBA）

数据库系统一般需要专人来对数据库进行管理，这个人称为数据库管理员（DBA）。数据库管理员负责数据库系统建立、维护和管理。数据库管理员的职责包括：定义并存储数据库的内容；监督和控制数据库的使用；负责数据库的日常维护；必要时重组或改进数据库。

银行拥有庞大的数据库集合，需要有专人来管理这些数据库，不然某个数据库出问题了，会导致银行无法正常工作。所以 DBA 精心维护这些数据库，扮演着救火员的角色。

5．用户

数据库系统必然涉及不同的用户。数据库的用户分为两类：一类是终端用户，主要对数据库进行联机查询或者通过数据库应用系统提供的界面来使用数据库，这些界面包括菜单、表格、图形和报表；另一类是专业用户，即应用程序员，他们负责设计应用系统的程序模块，对数据库进行操作。

用户既可以是客户，也可以是银行工作人员，这属于终端用户，还有一类是应用程序的开发者，他们负责开发银行网站和数据库，归类为专业用户。

1.6　数据库语言

老肖：数据库系统提供了 4 种不同类型的语言：数据定义语言（Data Definition Language）、数据操纵语言（Data Manipulation Language）、数据控制语言（Data Control Language）和事务控制语言（Transaction Control Language）。数据定义语言用于定义、撤销和修改数据模式，如表、视图、索引；数据操纵语言用于增、删、改数据；数据控制语言用于数据访问权限的控制；事务控制语言用于对事务性操作的控制。

在数据库管理系统功能部分我们简单介绍过 DDL、DML、DCL 的相关知识，下面具体学习数据库语言。

1.6.1　数据定义语言

数据定义语言用来定义数据的结构，如创建、修改或删除数据库对象，如 CREATE、DROP、ALTER 等语句。

1.6.2　数据操纵语言

用户通过数据操纵语言可以实现对数据库中的数据进行追加、插入、修改、删除、检索等操作，主要包括向数据库中插入新的信息、从数据库中删除信息和修改数据库中存储的信息。

不同的数据库语言的语法格式也不相同，以其实现方式可分为两类：一类是自主型语言，可以独立交互使用，不依赖于任何程序设计语言；另一类是宿主语言，被嵌入宿主中使用，如嵌入 C、Java 等程序设计语言中。在使用高级语言编写应用程序时，当要调用数据库中的数据时，则要用 DML 语句来操纵数据，如 INSERT、UPDATE、DELETE 语句。

1.6.3　数据控制语言

数据控制语言用来授予或回收访问数据库的某种权限，并控制数据库操纵事务发生的时间及效果，对数据库实行监视等，如 GRANT、REVOKE 等语句。

1.6.4　事务控制语言

事务控制语言用于提交或回滚事务。当提交事务时，对数据库所做的修改便永久写入数据库。当回滚事务时，对数据库所做的修改全部撤销，数据库恢复到操作前的状态，如 COMMIT、ROLLBACK、CHECKPOINT 等语句。

1.7　数据库技术的新发展

1.7.1　数据库技术发展趋势

小杨：数据库技术在不断发展，存储的数据呈现多样化，传统的二维表结构越来越难以满足数据存储的要求，如 GIS 中需要存储点、线、面这种空间数据，普通的关系数据库难以施展手脚。

老肖：伴随着网络化的发展，云计算和云存储开始风靡全球，越来越多的数据开始保存在厂商提供的云服务器中。

小杨：那么在新的 IT 潮流下，未来的数据库会有什么样的发展趋势呢？

老肖：原有的数据库系统很难适应新的应用领域中复杂对象和这些对象的复杂行为的需求，如传统数据模型不支持用户自定义数据类型、不支持异构数据等。新的应用需求推动了数据库技术的发展，主要分为以下 3 个发展趋势。

趋势一：对于异构数据的支持。

在以前的数据库中，一直强调数据的标准化。也就是说，在以前，数据库主要管理的是结构化的数据，数据是以行与列的二维形式进行存储的。若要实现三维数据，如数据仓库等，都要根据一定的规则对数据库进行叠加才能够完成。但是，这个工作量会很大，而且维护起来也会很吃力。

随着企业系统集成的需要，企业想把电子邮件、多媒体文件、附件等都包含在一个系统中，以减少系统的重复投资。在这种趋势下，支持异构数据的数据库技术也纷纷出现。这主要是为了让异构数据能够像结构化数据那样进行管理和查询等。

　　因此，从专业的角度讲，在目前数据库技术的发展中，最突出的变化就是从二维表存储方式到多维数组的存储方式的转变。通过多维数组技术，不仅可以把语音文件等异构数据存入数据库中，便于统一管理，而且还可以直接实现数据仓库。

　　趋势二：对于网络计算的支持。

　　网络运算技术可以让用户更好地在网络环境中分享存储资源，可以保障数据在安全方面的需求。网络数据库最大的优势在于，数据库可以利用网络运算技术，将一个数据库应用部署在多台独立的服务器中，实现一个高容错的运算平台，以提高数据库应用的稳定性，减少数据库宕机的时间。这对于一些大型的数据库应用，如银行的数据库系统，具有非常现实的意义。

　　趋势三：管理的智能化。

　　如何让数据库系统自动优化资源用量。数据库的性能一直是数据库管理员所关心的问题。在以前的数据库系统中，数据库管理员最重要的任务就是监控数据库服务器的性能，并对其及时调整，让数据库服务器达到最好的运行状态。这项工作往往要耗费数据库管理员大量的时间与精力。不过，这种状况将会在不久的将来得到彻底改变。SQL Server 数据库将会在新版本的数据库中加入很多的自我调整功能。例如，自我调整内存分配，让数据库负责优化内存分派，以提高数据库性能。因为我们都知道，数据库系统在内存中读取数据要比在硬盘中读取数据快成百上千倍。让数据库根据内存的使用情况，合理分配内存，可以提高服务器内存的使用率，从而达到提高数据库性能的目的。

　　将来，数据库厂商为了获得市场，在关注业务需求的同时，会更多地关注如何降低管理成本，如何实现管理的智能化，从而得到数据库工程师的认同。

1.7.2　新型数据库与大数据

1．新型数据库

　　小杨：最近几年出现了很多新型数据库，业界提出了 NOSQL 这个新概念，并对传统的数据库提出了新的挑战。

　　老肖：所谓的 NOSQL，并不是字面意思上的 "No SQL"，正确理解是 "Not Only SQL"。它与传统数据库，如同刀与剑，共同担任存储数据的重任。

　　小杨：听说新浪就采用了新型的 NOSQL 数据库 Redis。

　　老肖：嗯，Redis 是典型的 Key-Value 数据库，下面听我慢慢道来。

　　Key-Value 数据库是以 Key-Value 数据存储为基础的数据库管理系统，**以键值对的数据模型存储数据，并提供持久化机制和数据同步等功能**。对于这种数据库来说，存储着海量的非结构化和半结构化数据，其本身不断扩展以应对用户规模和数据量的变化，但它是为了弥补关系数据库的不足，实现优势互补，而不是为了最终取代关系数据库。

　　Key-Value 数据库系统的主要特性如下。

- **高吞吐和海量存储**：在实际应用中，若要将庞大的系统伸缩需求部署在几百台服务器中运行，那么 Key-Value 数据库系统应该是最佳的解决方案。此外，在应对负载均衡和大规模并行运算方面，Key-Value 数据库系统凭借其高吞吐能力更是独占鳌头。
- **较强的扩展性能**：Key-Value 数据库系统摒弃了严格的数据表格之间的关系和字段结构的限制，能够方便、灵活地实现分布式应用，达到在多台服务器上同时部署任务的效果，提升了系统的伸缩性。
- **数据格式灵活**：由于没有复杂的数据格式要求，导致 Key-Value 数据库系统的数据元组格式灵活，对字段的操作简洁高效，对服务器性能影响较小。

按照设计目标分类是较为普遍的做法，按此方法我们可以将 Key-Value 数据库产品分成三类。

（1）满足高读/写性能需求。

此类产品以 Redis、Memcached 为代表。Redis 是一种 Key-Value 缓存数据库服务器，其查询操作是通过缓存数据库完成的。这样可以降低访问数据库的次数，加速网络应用，进而增强了系统的可扩展性。Redis 通过简单的设计来达到较强的性能，其性能可以达到十万次读/写每秒。Redis 提供了多种语言的 API 接口，为系统的快速开发提供了方便的途径。

（2）满足文档操作。

此类产品以 MongoDB、CouchDB 为代表。MongoDB 是一种功能较为强大的文档型数据库，具有扩展性强和操作灵活等特点。MongoDB 数据库在继承了很多传统的关系数据库特性的基础上，又对传统的关系数据库进行了扩展，增加了范围查询、排序和辅助索引等功能。MongoDB 的工作原理就是将传统数据库的行模式转换成文档模式，该模式内嵌了数组或文档，将很复杂的层次关系归纳为一条记录即可。

（3）满足列操作特性。

此类产品以 Cassandra、Bigtable 为代表。Cassandra 是由多个面向列的 Key-Value 数据库子节点所构成的分布式网络数据库系统。所以在扩展性方面，对于 Cassandra 而言是极其容易的，我们只要在 Cassandra 群集中增加子节点，Cassandra 便会自动地进行数据同步。Twitter、Facebook 均采用的是 Cassandra。

小杨：原来一个 Key-Value 数据库就有这么多种分类。那么还有其他新型数据库吗？

老肖：市场上还有内存数据库和云数据库。内存数据库，顾名思义，就是将数据放在内存中直接操作的数据库。相对于磁盘而言，内存的数据读/写速度要高出几个数量级，将数据保存在内存中比从磁盘上访问能够极大地提高应用的性能。典型的内存数据库有 SQLite、eXtremeDB 和 Oracle TimesTen。

云数据库是一种即开即用、稳定可靠、可弹性伸缩的在线数据库服务。典型的云数据库有 Google Cloud SQL、Microsoft Azure。

2. 大数据

小杨：昨天看新闻，主持人使用百度大数据来解读春运人流的趋势图。目前，各行各业都在强调大数据的重要性。那么，大数据到底是什么呢？为什么会受到如此广泛的运用呢？

老肖：大数据通常用来形容大量的非结构化和半结构化数据，其数据量超过任何一台计算机的处理能力。当今，大数据更多的是强调通过手机整理生活中各方面产生的数据，包含结构化、半结构化、非结构化数据，通过数据挖掘，从而获得有价值的信息。大数据的核心能力是发现规律和预测未来。

大数据的特点有以下 4 个方面。

海量的数据规模（Volume）：大数据技术处理的数据量往往超过 PB 级，数据容量增长的速度大大超过硬件技术的发展速度，从而引发了数据存储和处理危机。

处理速度快（Velocity）：这是大数据区分于传统数据挖掘的最显著的特征，在海量的数据面前，处理数据的效率就是企业的生命。

数据类型繁多（Variety）：除了结构化数据外，如存储在关系数据库二维表中的数据，目前，互联网中如图片、声音和视频等非结构化数据占到了很大的比重。

价值密度低（Value）：价值密度的高低与数据总量的大小成反比。以视频为例，一部 1 小时的视频，在连续不间断的监控中，有用数据可能仅有一二秒。

小杨：数据现在越来越值钱，一个服务商如果拥有海量的数据，就可以通过数据挖掘等技术获取重要的商业信息，从而更好地为客户服务。

老肖：对，如淘宝网，每天通过用户购买的产品，分析用户的购物习惯、职业、兴趣爱好，为用户推荐更好的商品和提供优质的广告服务。这必须基于海量数据完成，否则分析出来的结果可能南辕北辙，会被用户视作垃圾信息。

小杨：所以说，现在数据就是商机，是金钱，如果一个厂商可以获得大量有价值的数据，就等于获得无数的潜在利润。

老肖：以后用到大数据的地方会更多，也会孕育出更多、更好的技术为大数据服务，所以现在好好学习相关知识，为今后进入企业畅游于大数据的海洋做好准备。

小　　结

数据库（DB）是指长期存储在计算机内的、有组织的、可共享的大量数据的集合。数据库中的数据按照一定的数据模型组织、描述和存储，具有较小的冗余度、较高的数据独立性和易扩展性，并且为各类用户共享。

数据库管理系统是位于用户与操作系统之间的数据管理软件，其主要目标是使数据成为方便各类用户使用的资源，并提高数据的安全性、完整性和可用性。数据库管理系统是数据库系统的重要组成部分。

数据库结构的基础是数据模型：一个用于描述数据、数据联系、数据定义和数据约束的概念工具的集合。数据模型由数据结构、数据操作和完整性约束组成，主要分为两类：概念数据模型和逻辑数据模型。

当谈论概念数据模型时，应首先想到它是涉及数据库设计的工具，与具体的DBMS无关，也是数据库设计人员与用户之间交流的语言。常用的概念数据模型是实体-联系模型。

逻辑数据模型是按照计算机系统的观点对数据建模，表示独立于DBMS的逻辑视图，隐藏了数据存储的一些细节，主要用于DBMS的实现。它是数据库系统的核心和基础。数据模型分为层次模型、网状模型、关系模型和面向对象模型。

数据管理经历了人工管理阶段、文件系统阶段和数据库管理阶段。其中应特别注意数据库管理阶段。在这一阶段中，数据库体现了独有的特点。

（1）采用数据模型表示复杂的数据结构。

（2）有较高的数据独立性。

（3）数据库系统为用户提供了方便的用户接口。

（4）数据库系统提供了数据控制功能。

伴随着数据库的发展，DBMS也应运而生。DBMS一般具有以下几个方面的功能。

数据定义功能，数据操纵功能，数据库运行控制功能，数据组织、存储和管理功能，数据库的建立和维护功能，通信功能，数据转换功能，以及功能异构数据库之间的互访和互操作功能等。

在数据库三级模式结构中，外模式是数据库用户可以看见和使用的局部数据的逻辑结构和特征的描述，是数据库用户的数据视图。模式是数据库中全体数据的逻辑结构和特征的描述，是所有用户的公共数据视图。内模式全面描述了数据库中数据存储的全部细节和存取路径，是数据在数据库内部的表示方式。数据管理系统在外模式、模式、内模式之间提供了两层映像：外模式/模式映像、模式/内模式映像。三层模式结构的一个主要目的是保证数据的独立性，这意味着对较低层的修改不会对较高层造成影响。数据的独立性分为逻辑数据独立性和物理数据独立性两类。

数据库体系结构可以划分为客户-服务器结构、浏览器-服务器结构、单用户结构、主从式结构、分布式结构，这些结构只是依据，应根据企业具体项目合理使用，或者在以上结构基础上进行改造，从而适应项目开发要求。

数据库系统由硬件系统、数据库集合、系统软件、数据库管理员和用户组成。

数据库提供了数据定义语言（DDL）、数据操纵语言（DML）、数据控制语言（DCL）和事务控制语言（TCL）。

随着大数据和云计算的发展，数据库技术也在不断进步中。Key-Value 数据库、列式数据库、图片型数据库、文档型数据库不断涌现，每种数据库适用的场合都不一样，应根据具体的应用合理选择数据库，而不是像 Oracle、MySQL 等传统关系数据库那样提供统一的标准。

习　　题

1．试述数据、数据库、数据库系统的概念。

2．试述数据库管理系统的概念及其主要功能。

3．试述使用数据库系统有什么好处。

4．试述文件系统与数据库系统的区别和联系。

5．举出适合用文件系统而不适合用数据库系统的应用例子，再举出适合用数据库系统的应用例子。

6．试述数据库系统的特点。

7．试述数据模型的概念、数据模型的作用和数据模型的 3 个要素。

8．试述概念模型的作用。

9．试述数据库系统三级模式结构，这种结构的优点。

10．解释以下术语：模式、外模式、内模式。

11．解释数据与程序的物理独立性、数据与程序的逻辑独立性。

12．为什么数据库系统具有数据与程序的独立性？

13．试述数据库系统的组成。

14．DBA 的职责是什么？

第2章　关系模型与关系代数

关系数据库系统是支持关系模型的数据库系统。关系数据库是当今使用最为广泛的数据库。关系模型由关系数据结构、关系数据操作和关系完整性约束三部分组成。

学习目标：

- 掌握关系模型的数据结构
- 掌握关系的定义和性质
- 了解关系操作
- 掌握关系的完整性规则
- 学习关系代数的基本运算
- 了解关系演算

本章内容是学习关系数据库的基础，其中关系代数是重点和难点。在学习完本章内容后，需要明白关系的定义、性质、键的类型等基本概念，重点掌握三个完整性的内容和意义，以及常用的几种关系代数的基本运算。

2.1　关 系 模 型

1970 年，IBM 公司的研究员 E.F.Codd 在《大型共享数据银行的关系模型》中提出了关系模型的概念。后来他又陆续发表多篇文章，奠定了关系数据库的基础。

关系模型统一用关系表达实体及实体间的联系。关系模型中无论是实体还是实体间的联系均由单一的结构"类型-关系"来表示。在实际的关系数据库中的关系也称为表。一个关系数据库就是由若干张表组成的。

2.1.1　基本概念

老肖：关系模型是由一组相互联系的关系组成的。在关系模型中，实体和实体间的联系都是通过关系来表示的。关系模型的中心是关系（Relation）。一个关系是模式（Schema）和该模式实例（Instance）的组合。

1. 关系实例

关系实例是由命名的若干列和行组成的表格。一般情况下，我们用关系指代实例。在关系中，列称为属性；行称为元组，类似于文件中的记录。但元组与文件记录的不同之处是，所有元组的列数相同，并且一个关系中不存在两个相同的元组。关系实例中元组的数目称为基数（Cardinality）。

医生关系的示例如表 2.1 所示。由于关系是元组的集合，所以元组的次序是无关紧要的。

2. 关系模式

关系模式是对关系的描述，一个关系模式（Relation Schema）包括如下部分。

（1）关系名。关系名在数据库中必须唯一。

（2）关系中的属性名以及相关联的域名。属性名是赋予关系实例中列的名字。关系中所有的列都必须被命名，且同一关系中的列不能重名。域名是为定义好的值集所赋予的名字。在编程语言中，域名通常为数据类型。

（3）完整性约束。它是施加在该关系模式实例上的限制。

表 2.1　医生关系的示例①

Dno	Dname	Dsex	Dage	Ddeptno	Ttype	Snumber
140	郝亦柯	男	28	102	医师	1800
21	刘伟	男	43	103	副主任医师	2800
368	罗晓	女	27	102	主治医师	2000
73	邓英超	女	43	201	主任医师	3200
82	杨勋	男	36	101	副主任医师	2800

3．关系数据库

在一个给定的应用领域中，所有实体及实体之间联系的关系集合构成一个关系数据库。关系数据库也有型和值之分。关系数据库的型称为关系数据库模式，是对关系数据库的描述。关系数据库的值是这些关系模式在某一时刻对应的关系实例的集合，通常简称为关系数据库。

关系数据库是关系的有限集合。因为关系由两部分组成，所以关系数据库也由两部分组成，即关系模式的集合以及对应的关系实例的集合。关系模式的集合称为数据库模式，对应的关系实例集合称为数据库实例。

2.1.2　关系模型的数据结构

小杨：听完上面的介绍，脑海中有了这么几个概念，我总结一下：

● 关系模型就是用二维表的形式表示实体和实体间联系的数据模型；

● 在关系模型中，实体和实体之间的联系是通过关系来表示的。

老肖：理解正确，看来小杨同学很聪明。

小杨：嘻嘻……

老肖：关系是关系模型的唯一数据结构。关系模型是一张二维表，在二维表中存放的数据包括两种：一种是实体本身的数据；另一种是实体间的联系。

患者与医生的关系模型如表 2.2 所示。在这个关系模型中有三个关系。患者关系中的 Pno 是关键字，给出一个患者编号就唯一地确定一个患者。同样，Dno 也是关键字，不同的 Dno 代表不同的医生。

在关系模型中，无论是实体还是实体之间的联系，都是由单一的结构类型即关系来表示的。关系的概念是关系模型的核心。现将关系模型中的一些基本术语解释如下。

（1）关系：关系是笛卡儿积的一个有意义的子集。一个关系就是一张二维表，通常将一张没有重复行和重复列的二维表看成一个关系。表 2.2 所示的三个关系为三张二维表。

关系是一种规范化的二维表，应满足如下三个条件：

● 关系表中的每一列都是不可再分的基本属性；

● 表中各属性不能重名；

● 表中的行列次序并不重要，即可以交换行、列的前后顺序。每个关系都有一个关系名。

---

① 此处的医生关系仅作为一个示例。这个关系的模式存在很多问题，在第 5 章中将给出详细分析。

（2）元组：表中的一行（即一条记录）表示一个实体。关系是由元组组成的。

（3）属性：二维表中的每一列在关系中称为属性。每个属性都有一个属性名，属性值则是各元组属性的取值。例如，在表 2.2 的（a）表中的属性有"Pno""Pname""Pid""Pino""Pmno""Psex""Pbd""Padd"。

（4）域：属性的取值范围称为域。域作为属性的值的集合，其类型与范围由属性的性质及其所表示的具体意义确定。同一属性只能在相同域中取值。例如，在患者信息表中，属性"Psex"的域取值为"男"或"女"。

（5）度：属性域的个数称为关系的目或度。如表 2.2（a）中的目为 6。当度数为 1 时，将该关系称为单元关系；当度为 2 时，将该关系称为二元关系。

（6）分量：元组中的一个属性值。

表 2.2 患者与医生的关系模型

（a）患者信息表

Pno	Pname	Pid	Pino	Pmno	Psex	Pbd	Padd
161	刘景	142201198702130061	1201676	6781121941	男	1987-2-13	新华路光源街
181	陈禄	142201196608190213	1204001	5461021938	男	1966-8-19	城建路茂源巷
201	曾华	142201197803110234	0800920	1231111932	男	1978-3-11	新建路柳巷
421	傅伟相	142202199109230221	0700235	4901021947	男	1991-9-23	高新区西源大道
481	张珍	142201199206200321	1200432	3451121953	女	1992-6-20	西湖区南街
501	李秀	142203198803300432	0692015	3341111936	女	1988-3-30	泰山大道北路

（b）医生信息表

Dno	Dname	Dsex	Dage	Ddeptno	Tno
140	郝亦柯	男	28	101	01
21	刘伟	男	43	104	01
368	罗晓	女	27	103	04
73	邓英超	女	43	105	33
82	杨勋	男	36	104	35

（c）就诊信息表

DGno	Pno	Dno	Symptom	Diagnosis	DGtime	Rfee
1645	481	140	呼吸道感染	伤风感冒	2007-7-21 01:12:01	3
2170	201	21	皮肤和软组织感染	细菌感染	2007-7-22 10:10:03	5
3265	161	82	胃溃疡	螺旋杆菌感染	2007-7-23 10:59:42	5
3308	181	82	消化不良	胃病	2007-7-23 11:11:34	5
3523	501	73	心力衰竭	高血压	2007-7-23 02:01:05	7
7816	421	368	肾盂结石	肾结石	2008-1-8 05:17:03	3

（7）键：关系中能唯一区分不同元组的属性或属性组合，称为关系的一个键（Key），或者称为关键字或码。需要强调的是，关键字的属性值不能为"空值"。所谓空值就是"不知道"或"不确定"的值，空值无法唯一地区分元组。例如，在表 2.2（a）中，Pno 为该关系的键，因为患者编号不允许重

复，所以它的每个值能唯一地把每个患者元组区分开来，而 Pname 不能作为关键字，因为患者中可能有重名的。

（8）候选键：关系中能够成为关键字的属性或属性组合可能不是唯一的，凡在关系中能够唯一区分确定不同元组的属性或属性组合，称为候选键（Candidate Key）。候选键的特征主要包括两点：唯一性和最小性。唯一性是指关系 R 的任意两个不同元组，其属性值不同。最小性是指组成关系键的属性集中，任意一个属性都不能从属性集中删除，否则破坏唯一性。

例如，在表 2.2（a）中，Pno 肯定为一个候选键，如果规定患者不允许重名的话，则 Pname 也是患者关系的一个候选键，那么，这个患者关系就有两个候选键存在。

包括在候选键中的属性称为主属性（Prime Attribute），不包括在任何候选键中的属性称为非主属性。

在最简单的情况下，候选键只包含一个属性。在最极端的情况下，关系模式的所有属性是这个关系模式的候选键，称为全码（All Key）。

（9）主键：当一个关系中有多个候选键时，从中选定一个作为关系的主键（Primary Key），关系中主键是唯一的。每个关系中都必定有且只有一个主键。

若一个关系有多个候选键，则其中的任何一个都可以做主键（不一定只是含有一个属性）。

例如，上述说的，Pno 和 Pname 都是候选键，可以从中任选一个作为该关系的主键，我们可以选择 Pno 作为主键。

（10）外键：设 F 是关系 R 中某个属性或属性组合而并非该关系的键，但 F 却是另一个关系 S 的主键，则 F 称为关系 R 的外键（Foreign Key）。其中，关系 R 称为参照关系（Referencing Relation），关系 S 称为被参照关系（Referenced Relation）。关系 R 和 S 既可以是同一个关系，也可以是不同的关系。被参照关系 S 的主键和参照关系 R 的外键 F 必须定义在同一个（或一组）域上，R 中的外键并不一定要与 S 中的主键同名，当外键与相应的主键属于不同关系时，往往取相同的名字，以便于识别。

例如，表 2.2 所示的患者与医生的关系模型中，Dno 并不是（c）表的主键，但它是（b）表的关系主键，于是将它称为就诊信息表的外键。通过这个外键。就诊信息表与医生信息表之间则可以联系起来。

（11）关系模式：对关系的描述，它是型，是静态的，一般表示为：

关系名（属性 1，属性 2，…，属性 n）

2.1.3　数据操作

小杨：哇，介绍了好多概念，我要花时间好好消化一下。

老肖：这些都是基本概念，其中要重点掌握主键、外键、候选键这几个，因为在任何一本介绍数据库的书籍（如 MySQL/Oracle/DB2）中都会涉及键。

小杨：记住了。

老肖：关系操作采用集合操作方式，即操作的对象和结果都是集合。这种操作方式也称为一次一集合的方式。相应地，非关系模型的数据操作方式则为一次一记录的方式。模型中常用的关系操作包括查询和更新。查询操作用于各种检索，更新操作用于插入、删除和修改等。

早期的关系操作能力通常用代数方式或逻辑方式来表示，分别称为关系代数和关系演算。关系代数是用对关系的运算来表达查询要求的。关系演算是用谓词来表达查询要求的。关系演算可按谓词变元的基本对象是元组变量还是域变量分为元组关系演算和域关系演算。关系代数、元组关系演算和域关系演算三种语言在表达能力上是完全等价的，均是抽象的查询语言。此外，还有一种介于关系代数和关系演算之间的结构化查询语言（Structured Query Language，SQL）。SQL 不仅具有丰富的查询功能，而且具有数据定义和数据控制功能，是集数据查询语言（Data Query Language，DQL）、数据定义语言（Data Definition Language，DDL）、数据操作语言（Data Manipulate Language，DML）和数据控制语言（Data Control Language，DCL）于一体的关系数据语言。因此，关系数据语言可以分为三类：

- 关系代数语言，如 ISBL；
- 关系演算语言，包括元组关系演算语言（如 APLHA、QUEL）和域关系演算语言（如 QBE）；
- 具有关系代数和关系演算双重特点的语言，如 SQL。

用户可以通过一种数据库语言来完成对数据的各种操作。关系数据库所使用的关系语言是数据库语言的一种，是关系数据库管理系统（RDBS）提供的对关系进行各种操作的语言，其特点是高度非过程化，即用户只需说明"做什么"而不必说明"怎么做"。用户不必请求数据库管理员为其建立特殊的存取路径，存取路径的选择是由数据库管理系统（DBMS）自动完成的。这也是关系数据库的优点之一。

2.1.4 数据约束

老肖：通常可以将关系数据库的约束划分为以下四类。

（1）数据模型中固有的约束。例如，要求关系中不能有重复元组的约束就是一个固有约束。

（2）可以在数据模型的模式中直接表述的约束，通常用 DDL 加以指定。关系模型的完整性约束就是可以在模式中直接表述的约束。

（3）不能在数据模型的模式中直接表述的约束，因此必须由应用程序表示和执行。

（4）最后一类重要的约束是数据依赖，包括函数依赖和多值依赖。它们主要用于测试关系数据库设计的好坏，并在一个被称为规范化的过程中使用，这部分内容将在第 5 章中进行介绍。

2.2　关系数据结构

2.2.1　关系

小杨：现在 Oracle、SQL Server、MySQL 等数据库都是关系数据库。那么，究竟什么是关系呢？

老肖：在介绍关系这个概念之前，我们需要先了解域和笛卡儿积这两个概念。

小杨：我知道域这个概念。它在前面概念数据模型中提到过。如果性别为域名的话，（男，女）就是它的域值。

老肖：嗯，**域（Domain）是一组具有相同数据类型的值的集合**。域中所包含的值的个数称为域的基数（用 m 表示）。例如，属性"性别"的域名中基数 $m=2$。

小杨：笛卡儿积又是什么呢？

老肖：谈到笛卡儿积，我们先不了解它的定义，举个例子来介绍。例如，给出三个域：

D_1＝姓名＝{刘伟，罗晓，杨勋}

D_2＝职称＝{主治医师，主任医师}

D_3＝科室＝{门诊部，消化内科}

则 D_1、D_2、D_3 的笛卡儿积为 $D = D_1 \times D_2 \times D_3$，如表 2.3 所示。

表 2.3　笛卡儿积医生表

姓名	职称	科室
刘伟	主治医师	门诊部
刘伟	主治医师	消化内科
刘伟	主任医师	门诊部
刘伟	主任医师	消化内科
罗晓	主治医师	门诊部
罗晓	主治医师	消化内科
罗晓	主任医师	门诊部
罗晓	主任医师	消化内科
杨勋	主治医师	门诊部
杨勋	主治医师	消化内科
杨勋	主任医师	门诊部
杨勋	主任医师	消化内科

D 的基数为 3×2×2=12，即 $D_1 \times D_2 \times D_3$ 共有 12 个元组。这 12 个元组可列成一张二维表。刘伟、主任医师、门诊部等都是分量。

小杨：感觉这张表的数据有问题啊，刘伟这位医生，到底是主治医师还是主任医师，属于门诊部还是消化内科？

老肖：观察得很仔细。在实际应用中，笛卡儿积本身大多没有什么实际用处，只有在两个域连接时加上限制条件，才会有实际意义。试想 D_1 中有 100 个名字，D_2 中有 10 个职称，D_3 中有 20 个科室，那么笛卡儿积会产生 100×10×20＝20 000 条记录，存在大量冗余无用的数据，写连接操作的 SQL 一定要避免笛卡儿积。

小杨：说了这么多，那笛卡儿积的定义是什么呢？

老肖：差点忘了！笛卡儿积（Cartesian Product）是给定一组域 $D_1,D_2,\cdots,D_n$，这些域中可以有相同的域。$D_1,D_2,\cdots,D_n$ 的笛卡儿积为 $D_1 \times D_2 \times \cdots \times D_n = \{(d_1,d_2,\cdots,d_n) \mid d_i \in D_i, i=1,2,\cdots,n\}$。其中，每个元素 $(d_1,d_2,\cdots,d_n)$ 称为一个 n 元组（n-tuple），元组中每个值 d_i 称为一个分量。若 D_i（$i=1,2,\cdots,n$）为有限集，其基数为 m_i（$i=1,2,\cdots,n$），则 $D_1 \times D_2 \times \cdots \times D_n$ 的基数 M 为

$$M = \prod_{i=1}^{n} m_i$$

相信大家在看完上述定义之后直接糊涂了。没关系，明白笛卡儿积是怎么一回事，记住我举的例子就可以了。

小杨：介绍完了域和笛卡儿积，现在可以谈谈关系了吧。

老肖：好的。笛卡儿积 $D_1 \times D_2 \times \cdots \times D_n$ 的子集称为在域 $D_1,D_2,\cdots,D_n$ 上的 n 元关系（Relation）。用 $R(D_1,D_2,\cdots,D_n)$ 表示，R 是关系名，n 是关系的目或度。

关系中的每个元素是关系中的元组，通常用 t 表示。当 $n=1$ 时，该关系称为单元或一元关系，当 $n=2$ 时，该关系称为二元关系。表 2.4 就是一个三元关系。

小杨：说了这么一长串，关系就是从笛卡儿积中选出一些元组拼凑成新的集合。

老肖：对！关系是笛卡儿积中所取得有意义的子集。例如，表 2.4 规定了刘伟是副主任医师，属于门诊部，不会出现职称、科室不明确的情况了。

表 2.4 笛卡儿积中选出的医生信息表

姓　　名	职　　称	科　　室
刘伟	副主任医师	门诊部
罗晓	主治医师	消化内科
杨勋	主任医师	门诊部

关系中的每个元素是关系中的元组，通常用 t 表示。关系是笛卡儿积的有一定意义的、有限的子集，所以关系也是一张二维表。表的每一行对应一个元组，表的每一列对应一个域。由于域可以相同，为了加以区分，必须对每列起唯一的名字，称为属性。n 目关系有 n 个属性。

关系可以有三种类型：基本关系（通常又称为基本表）、查询表和视图表。基本表是实际存在的表，它是实际存储数据的逻辑表示。查询表是查询结果对应的表。视图表是由基本表或其他视图导出的表，是虚表，不对应实际存储的数据。

2.2.2 关系的性质

老肖：在介绍完关系结构之后，下面简单了解关系的性质，共有 6 点。

（1）**每一个列的分量必须来自同一个域，必须是同一类型的数据**。例如，域-科室（消化内科，门诊部，急诊外科，内分泌科，肿瘤科，口腔科），表 2.4 中的属性（科室）必须来自域（科室）。

（2）**不同的列可来自同一个域**。每一列称为属性。不同的属性必须有不同的名字。例如，表 2.5 所示的关系，职业与兼职是两个列，它们来自同一个域，职业=(教师,工人,辅导员)。列的顺序可以任意交换，如表 2.6 所示。

表 2.5　一个关系的两个属性来自同一个域

姓　名	职　业	兼　职
张三	教师	工人
李四	工人	教师
王五	工人	辅导员

表 2.6　列的顺序可以任意交换

姓　名	兼　职	职　业
张三	工人	教师
李四	教师	工人
王五	辅导员	工人

（3）**列的顺序可以任意交换**。但是，交换时，连同属性名一起交换。

（4）**关系中的元组的顺序可任意**。因为关系是一个集合，而集合中的元素是无序的，所以作为集合元素的元组也是无序的。

（5）**关系中不允许出现相同的元组**。因为数学上集合中没有相同的元素，而关系是元组的集合，所以作为集合元素的元组应该是唯一的。

（6）**关系中每个分量必须是不可分割的数据项**。例如，不可以出现表 2.7 的情况，住址作为分量划分成"省市"和"行政区"，不符合关系数据库中 1NF（关系数据库的基础规则，要求表格不能有复合表头）的要求。

表 2.7　列是不可分割的数据项

姓　名	住　　址	
	省　　市	行　政　区
李四	四川省成都市	金牛区
王五	四川省成都市	高新区

2.2.3 关系模式

关系模式（Relation Schema）是型，关系是值，关系模式是一个五元组，形式化定义为 $R(U,D,DOM,F)$。其中，R 为关系名，U 为组成该关系的属性名集合，D 为属性组 U 中属性所来自的域，DOM 为属性向域的映像集合，F 为属性间数据的依赖关系集合。

通常关系模式可以简记为 $R(U)$ 或 $R(A_1, A_2, \cdots, A_n)$。其中，R 为关系名，$A_1, A_2, \cdots, A_n$ 为属性名。而域名及属性向域的映像常常直接说明为属性的类型、长度。

一个关系模式实际上确定了这个关系的二维表形式，关系既可以用二维表格来描述，也可以用数学形式的关系模式来描述。一个关系模式对应一个关系的结构。

关系数据库通常都包含多个关系，而且这些关系中的元组会以多种不同的形式彼此关联。关系数据库模式 S 包含关系模式的集合 S={ R₁,R₂,…,Rₘ } 和完整性约束的集合 IC。表 2.8 所示为一个关系数据库模式，记作 HIS={Dept,Doctor,Patient,Diagnosis}。带下画线的表示主键。表 2.9 所示为与 HIS 模式对应的一个关系数据库的状态。

表 2.8 HIS 关系数据库模式的模式图

Patient

Pno	Pname	Pid	Pino	Pmno	Psex	Pbd	Padd

Doctor

Dno	Dname	Dsex	Dage	Ddeptno	Tno

Diagnosis

DGno	Pno	Dno	Symptom	Diagnosis	DGtime	Rfee

Dept

DeptNo	DeptName	ParentDeptNo	Manager

表 2.9 HIS 关系数据库模式的一个可能的数据库状态

Patient

Pno	Pname	Pid	Pino	Pmno	Psex	Pbd	Padd
161	刘景	142201198702130061	1201676	6781121941	男	1987-2-13	新华路光源街
181	陈禄	142201196608190213	1204001	5461021938	男	1966-8-19	城建路茂源巷
201	曾华	142201197803110234	0800920	1231111932	男	1978-3-11	新建路柳巷
421	傅伟相	142202199109230221	0700235	4901021947	男	1991-9-23	高新区西源大道
481	张珍	142201199206200321	1200432	3451121953	女	1992-6-20	西湖区南街
501	李秀	142203198803300432	0692015	3341111936	女	1988-3-30	泰山大道北路

Doctor

Dno	Dname	Dsex	Dage	Ddeptno	Tno
140	郝亦柯	男	28	101	01
21	刘伟	男	43	104	01
368	罗晓	女	27	103	04
73	邓英超	女	43	105	33
82	杨勋	男	36	104	35

Diagnosis

Dgno	Pno	Dno	Symptom	Diagnosis	DGtime	Rfee
1645	481	140	呼吸道感染	伤风感冒	2007-7-21 01:12:01	3
2170	201	21	皮肤和软组织感染	细菌感染	2007-7-22 10:10:03	5
3265	161	82	胃溃疡	螺杆菌感染	2007-7-23 10:59:42	5
3308	181	82	消化不良	胃病	2007-7-23 11:11:34	5
3523	501	73	心力衰竭	高血压	2007-7-23 02:01:05	7
7816	421	368	肾盂结石	肾结石	2008-1-8 05:17:03	3

Dept

DeptNo	DeptName	ParentDeptNo	Manager
00	××医院		
10	门诊部	00	
101	消化内科	10	82
102	急诊内科	10	368
103	门内三诊室	10	21
20	社区医疗部	00	
201	家庭病床病区	20	73

每个关系 DBMS 都必须有一个数据定义语言（DDL）来定义关系数据库模式。要为数据库模式指定完整性约束，并希望此模式的所有有效数据库状态都保证这个约束。完整性约束通常认为是数据库模式的一个组成部分。

2.3　关　系　操　作

老肖：关系模型中常用的关系操作包括查询操作和插入、删除、修改操作两部分。

查询是关系操作中最重要的部分。**查询操作可分为选择、连接、投影、并、差、除、交、笛卡儿积等。其中，选择、投影、并、差、笛卡儿积是 5 种基本操作。**其他操作可以用基本操作来定义和导出。

具体的关系操作将在 2.6 节中介绍。

2.4　关系的完整性

为了维护关系数据库中数据与现实世界的一致性，对关系数据库的插入、删除、修改操作必须有一定的约束。在关系模型中，有三类完整性约束，即**实体完整性、参照完整性和自定义完整性**。其中，实体完整性和参照完整性是关系模型中必须满足的完整性约束条件，被称为关系的两个不变性。任何关系数据库系统都应该支持这两类完整性。除此之外，不同的关系数据库系统由于应用环境的不同，往往还需要一些特殊的约束条件，这就是自定义完整性。

2.4.1　实体完整性

小杨：在创建表的 SQL 语句中经常出现 NOT NULL 或 NULL，这个 NULL 指的是什么呢？

老肖：**NULL 代表空值**，当前不知道或是对这个元组不可用的一个属性值。空值是处理不完整或异常数据的一种方法。但空值并不等于零值或空格所组成的字符串。零值和空格都是实际存在的值，而空值则表示没有这么一个值。因此，应该将空值与其他值区别对待。

小杨：那么它和实体完整性有什么关系呢？

老肖：**实体完整性要求表中的所有行都有唯一的标识符，称为主键。实体完整性规则规定基本关系的所有主关键字对应的主属性都不能取空值**，例如，医生关系 Doctor(Dno,Dname,Dsex,Dage,Ddeptno,Dlevel,Dsalary)中，Dno 是主关键字，则 Dno 属性都不能为空值。

请记住：在关系模型中，主关键字作为唯一的标识，且不能为空值。

2.4.2　参照完整性

小杨：谈到参照完整性，是不是第一个就要想到外键？

老肖：确实，外键和参照完整性紧密相连。参照完整性就是表间主键与外键之间的引用规则。如果关系 R_2 的外键 X 与关系 R_1 的主键相符，则 X 的每个值或者等于 R_1 中主键的某一个值，或者取空值。完整地说，参照完整性规则就是：若属性（或属性组）F 是基本关系 R 的外键，它与基本关系 S 的主键相对应（基本关系 R 和 S 不一定是不同的关系），则对于 R 中每个元组在 F 上的值必须为：或者取空值（F 的每个属性值均为空值），或者等于 S 中某个元组的主键值。

参照完整性表现为：对于永久关系的相关表，在更新、插入或删除记录时，如果只改其一不改其二，就会影响数据的完整性。例如，修改父表中关键字值后，子表关键字值未做相应改变；删除父表的某记录后，子表的相应记录未删除，致使这些记录成为孤立记录；对于子表插入的记录，父表中没有相应关键字值的记录等。

举个例子说明参照完整性，如表 2.10 和表 2.11 所示。

表 2.10　医生信息表

医生编号	姓名	科室编号	职称
140	郝亦柯	102	医师
121	刘伟	103	副主任医师

表 2.11　科室信息表

科室编号	科室名称	科室负责人	科室位置
102	门诊部	张三	H1-1
103	消化内科	李四	H1-2
104	急诊外科	王五	H1-3

现将医生信息表（科室编号）与科室信息表（科室编号）建立引用。前提是科室信息表（科室编号）已经是主键。准备添加三条记录，如表 2.12 所示。

表 2.12　添加的三条记录

医生编号	姓名	科室编号	职称
001	冯如意	109	医师
002	李伟	NULL	副主任医师
003	黄海兴	103	副主任医师

哪些数据可以成功添加到医生信息表中呢？

小杨：第一条是不可以的，因为在科室信息表的科室编号中没有 109 值，第三条是可以的，因为在科室信息表的科室编号有 103 值，那么第二条含有 NULL 的可以吗？

老肖：第一条不可以插入，第三条可以插入，原因正如你所说。第二条其实也是可以添加的，因为外键可以取空值。那么第二个问题，如果要删除科室信息表的(102,门诊部,张三,H1-1)这条记录，可行吗？

小杨：哦……不清楚。

老肖：分为两种情况，如果创建外键时 SQL 使用的是 ON DELETE CASCADE，那么会产生级联删除，在删除医生信息表和科室信息表中所有包含科室编号 102 的记录；如果没有指定 ON DELETE CASCADE，在删除科室信息表的(102,门诊部,张三,H1-1)时，DBMS 会提示出错，阻止你的删除操作。

小杨：明白了！

2.4.3　自定义完整性

老肖：实体完整性和参照完整性主要是针对关系的主关键字和外部关键字取值必须有效而做出的约束。自定义完整性则是根据应用环境的要求和实际的需要，对某一具体应用所涉及的数据提出约束性条件。例如，某个属性必须取唯一值，规定某个属性的取值范围等。这一约束机制一般不应由应用程序提供，而应由关系模型提供定义并检验。自定义完整性主要包括字段有效性约束和记录有效性。在数据库中，通常有 UNIQUE、NOT NULL、CHECK 等关键字实现自定义完整性。

2.5　关系数据模型的优缺点

小杨：网状数据模型和层次数据模型已经很好地解决了数据的集中和共享问题，但是在数据独立性和抽象级别上仍有很大欠缺。

老肖：与层次模型和网状模型不同的是，层次模型和网状模型都基于某种记录结构，而关系数据模型是以集合论中的关系概念为基础发展起来的。你能说出关系数据模型有哪些优势吗？

小杨：坚实的理论基础，抽象级别比较高，而且简单清晰，便于理解和使用。关系数据模型没有指针、树、链表等这些底层技术细节，但是完全具有层次、网状数据模型的表达能力。

老肖：正是上述优势导致关系数据模型很快取代层次、网状数据模型，成为目前占主导地位的数据模型。

与网状数据模型和层次数据模型相比，关系数据模型的优点主要有以下几点。

（1）关系数据模型与非关系数据模型不同，它是建立在严格的数学概念基础上的。

（2）无论实体还是实体之间的联系都用关系来表示。对数据的检索结果也是关系（即表），概念单一，其数据结构简单、清晰。

（3）关系数据模型的存取路径对用户透明，从而具有更高的数据独立性，更好的安全保密性，简化了程序员的工作和数据库开发建立的工作。

（4）关系数据模型具有丰富的完整性，如实体完整性、参照完整性和自定义完整性，大大降低了数据的冗余和数据不一致的概率。

但是关系数据模型也具有一些缺点。

（1）对"现实世界"实体的表达能力弱。关系数据模型将"现实世界"中的实体分割成几张表来存储，以物理表示法来反映实体结构，这样效率会比较差，常常要在查询处理中进行很多连接操作。

（2）由于存取路径对用户透明，查询效率往往不如非关系数据模型。因此，为了提高性能，必须对用户的查询请求进行优化，这就增加了开发数据库管理系统的负担。

（3）关系数据模型只有一些固定的操作集，如面向集合和记录的操作，操作是在 SQL 规格说明中提供的。但是，SQL 目前不允许指定新的操作。因此，在给许多"现实世界"对象的行为建模就有了太多的限制。

（4）不能很好地支持业务规则，很多商业化系统不能完全支持实体和参照完整性、域等业务规则，所以需要将它们内置到应用程序中。这样当然是危险的，而且容易导致做重复的工作。更糟糕的是，可能还会引起不一致现象。另外，关系数据模型不支持其他类型的业务规则，这意味着其他类型的业务规则要被构建到 DBMS 或应用程序之中。

2.6　关　系　代　数

关系代数是一个由各种运算组成的系统，每种运算以一个或两个关系作为输入，生成一个新的关系作为输出结果。任何一种运算都是将一定的运算符作用于一定的运算对象上，得到预期的运算结果。所以运算对象、运算符、运算结果是运算的三大要素。

将关系运算作用于一个或多个关系，总是生成一个新的关系，这个新生成的关系可被其他运算用来进行进一步的操作。如果任何对对象进行的操作生成的结果仍在这个集合中，则一组对象和运算符构成的集合是封闭的，因此，关系和关系运算符构成的集合是封闭的。可以利用闭包性质来构造复杂的关系表达式，将其中一种操作的结果作为另一种操作的操作数。这些操作序列就构成了查询语句，可以从数据库中提取信息。

关系代数运算符包括四类：集合运算符、专门的关系运算符、比较运算符和逻辑运算符，如表 2.13 所示。

表 2.13　关系代数运算符

运　算　符		含　义	运　算　符		含　义
集合运算符	∪	并	比较运算符	>	大于
		差		⩾	大于或等于
	∩	交		<	小于
	×	笛卡儿积		⩽	小于或等于
				=	等于
				≠	不等于
专门的关系运算符	σ	选　择	逻辑运算符	¬	非
	π	投　影		∧	与
	∞	连　接		∨	或
	÷	除			
	ρ	更　名			

关系代数是与关系模型有关的查询语言，通过对关系的运算来表达查询，其操作对象是关系，操作结果也为关系。每个操作符接收一个或两个关系实例作为参数，并返回一个关系实例作为结果。下面通过关系代数来说明关系操作是如何实现的。

关系代数中的操作可分为以下三类。

- 传统的集合运算：并、差、交、笛卡儿积。
- 专门的关系运算：选择、投影、连接、除、更名。
- 扩展的关系运算：广义投影、聚集函数和分组、递归闭包。

2.6.1　基本运算

小杨：前几天看 SQL，发现了几个新的关键字：UNION、MINUS、INTERSECT 和 CROSS JOIN，请问它们各代表什么含义呢？

老肖：它们分别代表并、差、交和笛卡儿积。这些都是传统的集合运算，很容易被掌握。让我们先来了解它们的定义。

设关系 R 和 S 具有相同的关系模式，t 是元组变量，$t \in R$ 表示 t 是 R 的一个元组。则并、差、交和笛卡儿积运算定义如下。

（1）并运算。

R 和 S 的并是由属于 R 或属于 S 的元组构成的集合，记为

$$R \cup S = \{t \mid t \in R \lor t \in S\}$$

式中，"∪"为并运算符。并运算就是把两个关系中的所有元组集合在一起，形成一个新的关系。由于关系中的元组是集合运算，所以相同的元组不能在关系中重复出现。

（2）差运算。

R 和 S 的差是由属于 R 但不属于 S 的元组构成的集合，记为

$$R - S = \{t \mid t \in R \land t \notin S\}$$

（3）交运算。

R 和 S 的交是由既属于 R 又属于 S 的元组构成的集合，其结果关系仍为 n 目关系，记为

$$R \cap S = \{t \mid t \in R \land t \in S\}$$

式中，"∩"为交运算符。关系的交可以用差来表示，即

$$R \cap S = R - (R - S) = S - (S - R)$$

（4）笛卡儿积运算。

两个分别为 n 目和 m 目的关系 R 和 S 的笛卡儿积是一个（$n+m$）列的元组的集合。元组的前 n 列是关系 R 的一个元组，后 m 列是关系 S 的一个元组。若 R 有 k_1 个元组，S 有 k_2 个元组，则关系 R 和关系 S 的笛卡儿积有 $k_1 \times k_2$ 个元组。记为

$$R \times S = \{\widehat{t_r t_s} \mid t_r \in R \land t_s \in S\}$$

小杨：看到数据公式就犯晕！

老肖：举个例子来说明这 4 种运算。

【例 2-1】给定以下三个关系 R_1 和 R_2、R_3，如表 2.14～表 2.16 所示，求（1）$R_1 \cup R_2$；（2）$R_1 - R_2$；（3）$R_1 \cap R_2$；（4）$R_1 \times R_3$，如表 2.17～表 2.20 所示。

表 2.14　R_1

患者编号	患者姓名	患者性别	患者年龄	社会保险号
206001	金荣	男	24	500230241
206002	丁冬	男	21	301236542
206003	唐雯	女	50	250413692

表 2.15　R_2

患者编号	患者姓名	患者性别	患者年龄	社会保险号
206004	李华林	男	65	111425255
206003	唐雯	女	50	250413692

表 2.16　R_3

患者编号	电话类型	电话号码
206001	家庭电话	85639456
206003	手机	1301525××××

表 2.17 $R_1 \cup R_2$

患者编号	患者姓名	患者性别	患者年龄	社会保险号
206001	金荣	男	24	500230241
206002	丁冬	男	21	301236542
206003	唐雯	女	50	250413692
206004	李华林	男	65	111425255

表 2.18 R_1-R_2

患者编号	患者姓名	患者性别	患者年龄	社会保险号
206001	金荣	男	24	500230241
206002	丁冬	男	21	301236542

表 2.19 $R_1 \cap R_2$

患者编号	患者姓名	患者性别	患者年龄	社会保险号
206003	唐雯	女	50	250413692

表 2.20 $R_1 \times R_3$

患者编号	患者姓名	患者性别	患者年龄	社会保险号	患者编号	电话类型	电话号码
206001	金荣	男	24	500230241	206001	家庭电话	85639456
206001	金荣	男	24	500230241	206003	手机	1301525××××
206002	丁冬	男	21	301236542	206001	家庭电话	85639456
206002	丁冬	男	21	301236542	206003	手机	1301525××××
206003	唐雯	女	50	250413692	206001	家庭电话	85639456
206003	唐雯	女	50	250413692	206003	手机	1301525××××

传统的集合运算将关系看成元组的集合，其运算是从关系的"水平"方向即行的角度来进行的。而专门的关系运算不仅涉及行而且涉及列。比较运算符和逻辑运算符是用来辅助专门的关系运算符进行操作的。

2.6.2 专门的关系运算

小杨：刚才我了解了并、交、差、笛卡儿积。简单谈谈我的理解：并操作是把关系 A 与关系 B 中的元组拼凑到一起，但是两个关系中如果存在相同的元组，则只保留关系 A 或关系 B 的元组。交即选出两个关系中相同的元组。差即选出两个关系中不同的元组。笛卡儿积就是集合 A 中的每个元组和集合 B 中的元组依次拼接。

老肖：可以这么理解。下面我们再来介绍选择、投影、连接、除和更名运算。

1. 选择运算

选择即从关系中找出满足给定条件的所有元组。

选择运算是对单个关系施加的运算，其中的条件是以逻辑表达式给出的，该逻辑表达式的值为真的元组被选取。这是从行的角度进行的运算，即水平方向抽取元组。经过选择运算得到的结果可以形成新的关系，其关系模式不变，但其中元组的数目小于或等于原关系中的元组的个数，它是原关系的一个子集。

使用"选择"运算符，可以提取关系水平方向的切片。选择运算符用 σ_b 表示，这里 b 给出了用来提取关系水平切片的布尔谓词。

选择运算记为

$$F(R) \equiv \{t | t \in R | t \text{ 满足 } F\}$$

式中，F 是一个条件，由三部分组成：运算对象、算术比较符、逻辑运算符。t 为满足给定条件的元组。

如果选择运算符 σ_b 中的谓词 b 只涉及常数和这个关系中的属性，则称这个关系和选择运算符 σ_b 是相容的。选择运算符只能用于与之相容的关系。

【例 2-2】在表 2.21 所示的患者信息表中，利用选择运算把 30 岁以下男患者找出来。

表 2.21　患者信息表

患 者 编 号	患 者 姓 名	患 者 性 别	患 者 年 龄	社会保险号
206001	金荣	男	24	500230241
206002	丁冬	男	21	301236542
206003	唐雯	女	50	250413692
206004	李华林	男	65	111425255
206005	文娟	女	45	789256342

σ（患者性别='男'）$\wedge$（患者年龄< '30'）(R) =(206001,金荣,男,65,111425255)、(206002,丁冬,男,21,301236542)

得到的新关系 $\sigma_F(R)$，如表 2.22 所示。

表 2.22　$\sigma_F(R)$

患 者 编 号	患 者 姓 名	患 者 性 别	患 者 年 龄	社会保险号
206001	金荣	男	24	500230241
206002	丁冬	男	21	301236542

2．投影运算

关系 R 上的投影是从 R 中选择若干属性列组成新的关系，记为

$$\Pi A(R) = \{ t[A] | t \in R \}$$

式中，A 为 R 中的属性列。投影操作是从列的角度进行的运算。

【例 2-3】利用投影运算得到表 2.21 中患者姓名和社会保险号，投影结果如表 2.23 所示。

表 2.23　投影结果

患 者 姓 名	社会保险号
金荣	500230241
丁冬	301236542
唐雯	250413692
李华林	111425255
文娟	789256342

3．连接运算

连接也称为 θ 连接。它是从两个关系的笛卡儿积中选取属性间满足一定条件的元组。连接运算从 R 和 S 的笛卡儿积 $R \times S$ 中选取（R 关系）在 A 属性组上的值与（S 关系）在 B 属性组上值满足比较

关系的元组。θ 可以表示=、<、>、$\leqslant$ 和 $\geqslant$ 等比较运算符中的任意一个或它们中任意一个的补（如 $\neq$）。

连接运算中有两种最为重要也最为常见的连接，一种是自然连接，另一种是条件连接。

（1）自然连接。

自然连接是一种特殊的等值连接，它要求两个关系中进行比较的分量必须是相同的属性组，并且要在结果中将重复的属性去掉。它的形式定义为

$$R \infty S = \{t_r, t_s \mid t_r \in R \wedge t_s \in S \wedge t_r[B] = t_s[B]\}$$

连接运算一般是从行的角度进行的操作，但自然连接是同时从行和列的角度进行的操作。

使用笛卡儿积和自然连接运算，可以进行多表查询。对于一个笛卡儿积和自然连接的操作序列，可以按任意的顺序加以组合而得到相同的结果。

进行自然连接的步骤如下：

- 计算 $R \times S$；
- 选择同时出现在 R 和 S 中属性相等元组；
- 去掉重复属性。

可以看出，如果两个关系没有公共属性，则自然连接就是笛卡儿积。

【例 2-4】定义以下两个关系 R_1 和 R_2，如表 2.24 和表 2.25 所示，求 $R_1 \infty R_2$。

表 2.24 R_1

A	B	C
医生姓名	医生性别	工资
郝亦柯	男	2500
刘伟	男	2850
邓英超	女	3000

表 2.25 R_2

D	E
职称	工资
医师	2500
副主任医师	2850
主任医师	3000

将关系 R_1 和 R_2 进行自然连接，结果如表 2.26 所示。

表 2.26 $R_1 \infty R_2$

A	B	C	D
医生姓名	医生性别	工资	职称
郝亦柯	男	2500	医师
刘伟	男	2850	副主任医师
邓英超	女	3000	主任医师

（2）条件连接。

条件连接就是把两个关系按照某种条件约束以一切可能的组合方式结合在一起形成新的关系。从定义上可以看出，连接运算就是在两个关系的笛卡儿积上进行的选择运算。

假定 θ 为算术运算符，则关系 R 的第 i 个属性（第 i 列）和关系 S 的第 j 个属性（第 j 列）的连接定义为

$$R \underset{[i]\theta[j]}{|\times|} S = \sigma_{[i]\theta[j]}(R \times S)$$

当 θ 为 "=" 时的连接称为等值连接。

【例 2-5】如表 2.27 所示的关系 R_1 和 R_2，求 $R_1 \underset{C=E}{|\times|} R_2$。

先计算 $R_1 \times R_2$，在 $R_1 \times R_2$ 运算结果的基础上，选择满足 $C = E$ 的元组，结果如表 2.28 所示。

表 2.27 $R_1 \infty R_2$

A	B	C	D
医生姓名	医生性别	工资	职称
郝亦柯	男	2500	医师
刘伟	男	2850	副主任医师
邓英超	女	3000	主任医师

表 2.28 $R_1 \underset{C=E}{|\times|} R_2$

A	B	C	D	E
医生姓名	医生性别	工资	职称	工资
郝亦柯	男	2500	医师	2500
刘伟	男	2850	副主任医师	2850
邓英超	女	3000	主任医师	3000

除以上两种常见连接外，还有半连接。它是给自然连接的第一个操作数加上投影运算，记为 $R_1 \propto R_2$，于是 $R_1 \propto R_2 = \pi_{R_1}(R_1 * R_2)$。半连接的结果只保留 R_1 的属性，R_2 只用于对 R_1 中的元组进行简化：只保留 R_1 中的那些与 R_2 有相同属性且相同属性的取值也在 R_2 中出现的元组。

小杨：老师，能再具体说说两张表是如何连接的吗？

老肖：好，我就以 Oracle 数据库为例，谈谈它是如何实现表的连接操作的。

在 SQL 语句上，含表连接的目标 SQL 的 From 部分会出现多张表，而这些 SQL 的 Where 条件部分则会定义具体的表连接条件。当 Oracle 的执行计划优化器解析这些含有表连接的目标 SQL 时，进行以下几种操作。

（1）根据 SQL 的写法来判断表连接的类型，分为内连接和外连接。内连接的 SQL 写法是：

```
Select a.col1,a.col2,b.col1,b.col2…
From t1 a,t2 b
Where a.col2 = b.col2;
```

外连接的关键词包括左连接（Left Outer Join）、右连接（Right Outer Join）和全连接（Full Outer Join）三种。

（2）选择表的连接顺序。不管目标 SQL 中有多少张表做表连接，Oracle 在实际执行该 SQL 时都只能先两两做表连接，再依次执行这样的两两表连接过程，直到目标 SQL 中所有的表都已连接完毕。

（3）在 Oracle 数据库中，两个表的连接方法有排序合并连接、嵌套循环连接、哈希连接和笛卡儿连接，优化器在解析含表连接的目标 SQL 时，需要从上述四种方法中选择一种，作为每一对表两两做表连接时所采用的方法。

（4）优化器在做完表之间的连接后，还要访问每张表。是采用全表扫描还是使用索引？如果使用索引，采用什么样的索引访问方法？这些都是优化器要考虑的问题。

4. 除运算

在介绍除运算之前先要了解几个基本概念：分量和象集。

设关系模式为 $R(A_1, A_2, \cdots, A_n)$。它的一个关系设为 R，$t[A_i]$ 则表示元组 t 中相应于属性 A_i 的一个分量。

给定一个关系 $R(X,Z)$，X 和 Z 为属性组。当 $t[X]=x$ 时，x 在 R 中的象集（Images Set）为

$$Z_x = \{t[Z] \mid t \in R,\ t[X] = x\}$$

它表示 R 中属性组 X 上值为 x 的诸元组在 Z 上分量的集合。

下面引入除的定义。

给定关系 $R(X,Y)$ 和 $S(Y,Z)$，其中 X、Y、Z 为属性组。R 中的 Y 与 S 中的 Y 可以有不同的属性名，但必须出自相同的域集，Z 可以为空。R 与 S 的除运算得到一个新的关系 $P(X)$，P 是 R 中满足下列条件的元组在 X 属性列上的投影：元组在 X 上分量值 x 的象集 Y_x 包含 S 在 Y 上投影的集合，记为

$$R \div S = \{t_r[X] \mid t_r \in R \wedge \pi_Y(S) \subseteq Y_x\}$$

式中，Y_x 是 x 在 R 中的象集；$x=t_r[X]$。

除操作是同时从行和列角度进行运算，适合于包含了短语"对所有的"及"全部"之类的查询。

【例 2-6】如表 2.29 所示，给定两个关系 R_1、R_2，求 $R_1 \div R_2$。

在关系 R_1 中，Pid 可以取 3 个值 {206001,206002,206003}。其中：

```
206001 的象集为{3501,3502,3503}
206002 的象集为{3501,3502}
206003 的象集为{3502}
R2 在 Did 上的投影为{3501,3502}
```

于是可以得出：206001 和 206002 的象集包含了 R_2 在 Did 上的投影，即

```
R1 ÷ R2 = {206001, 206002}
```

表 2.29　除法操作

（a）R_1

Pid	Did
206001	3501
206002	3501
206003	3502
206001	3502
206002	3502
206001	3503

（b）R_2

Did
3501
206003

（c）$R_1 \div R_2$

Pid
206001
206012

5. 更名运算

关系代数表达式的结果不像数据库中的关系那样，关系代数表达式的结果没有可供引用的名字。具有可赋给它们名字的能力是很有用的，用小写希腊字母 ρ 表示的更名运算使得我们可以完成这一任务。对给定关系代数表达式 E，表达式 $\rho_x(E)$ 返回表达式 E 的结果，并把名字 x 赋给了它。

关系 R 自身被认为是一个（最小的）关系代数表达式。因此，也可以将更名运算运用于关系 R，这样可得到具有新名字的一个相同的关系。

更名运算的另一形式：假设关系代数表达式 E 是 n 元的，则表达式 $\rho_x(A_1, A_2, \cdots, A_n)(E)$ 返回表达式 E 的结果，并赋给它名字 x，同时将各属性更名为 $A_1, A_2, \cdots, A_n$。

例如，查询所有医生的编号、姓名及其出生年份。

$$\rho_{\text{doc\_year(医生编号,姓名,出生年份)}}(\pi_{\text{医生编号,医生姓名,2010-年龄}}(\text{医生}))$$

使用更名运算符将投影属性依次更名为医生编号、姓名和出生年份，并将该表达式的结果更名为 doc_year。

更名运算一般运用于以下情况：给属性重新命名；给表达式结果重新命名；关系的自身连接（即单个关系与自己进行连接）中，将一个关系命名为多个名称便于区分等。例如，在关系医生中，查询与刘伟职称相同的所有医生的基本信息，则需要查询医生表两次。第一次查询刘伟的职称；第二次根据该职称查询所有职称与其相同的医生的基本信息。为了便于操作，我们可以将其分别更名。

2.6.3 扩展的关系运算

小杨：当我们根据数据库中的数据做报表分析的时候，大量使用统计函数，如求最大值、最小值、平均值、求和、公式计算等，在关系代数中可以定义这些函数吗？

老肖：可以，这时广义投影、聚集函数和分组就派上用场了。广义投影简单理解就是对某个属性使用计算公式，得到另一个属性值，如 $A*1.9=B$，B 可以称为虚拟列。聚集函数包括 avg、sum、count、max、min 等，主要用于对数据统计。

1. 广义投影

广义投影运算通过允许在投影列表中使用算术函数来对投影进行扩展。广义投影运算形式为

$$\pi F_1, F_2, \cdots, F_n(R)$$

这里 F_1, F_2, $\cdots$, F_n 是关系 R 属性上的函数，并可能含有常量。

例如，在关系药品(药品编号,药品名称,价格,包装单位,药品类型)中，药品类型为西药的药品的价格增加1%，则可用下式表示：

$$\pi_{药品编号, 药品名称, 价格*1.01, 包装单位, 药品类型}(\sigma_{药品类型='西药'}(药品))$$

又如，前面曾经提到的，在关系患者(患者编号,患者姓名,性别,年龄,社会保险号,身份证号)中，根据年龄计算出每个患者的出生年份，如下：

$$\pi_{患者编号, 患者姓名, 2010-年龄, 身份证号}(患者)$$

2. 聚集函数和分组

聚集函数输入值的一个集合，将单一值作为结果返回。常用的聚集函数包括求最大值 max、最小值 min、平均值 avg、总和值 sum 和计数值 count 等。

使用聚集函数的集合中，一个值可以出现多次，值出现的顺序是无关紧要的，这样的集合称为多重集。集合是多重集的特例，其中每个值都只出现一次。有时，我们只想对重复的值计算一次，可以使用 distinct 去除重复值。

例如，我们要统计医生有几种职称，这里每个职称应只计算一次，查询表达式为

$$\mathcal{G}_{count-distinct(职称)}(医生)$$

式中，符号 $\mathcal{G}$ 是字母 G 的手写体；关系代数运算符 $\mathcal{G}$ 表示聚集将被应用。

假设我们希望分别找出每级职称对应的医生人数而不是所有的医生人数，为了实现此功能，我们需要根据职称属性将关系医生分组（group），然后对每个分组独立地应用聚集函数，查询表达式为

$$_{group-by\ (职称)}\mathcal{G}_{count\ (医生编号)}(医生)$$

式中，$\mathcal{G}$ 左侧的下标职称属性表明输入关系医生按照职称的值进行分组；$\mathcal{G}$ 右侧下标的表达式 count（医生编号）表明对每组元组（每级职称）计数。

3. 递归闭包

关系代数也包含简单的运算用来进行元组的插入、删除和修改等操作。然而，即使有这些附加的运算，整个关系代数仍然有严重的缺陷。关系代数的一个基本缺陷是：它没有提供类似于传统编程语言中的"while 循环"那样的功能，来进行不确定次数的循环运算。对关系代数加以扩展，引入"递归闭包"运算即可解决这个问题。递归闭包应用于相同类型的元组之间的递归关系。

假定 k 是关系 R 的一个关键字；f 是 R 中的一个外关键字，且后向引用到 R；$S = \sigma_c(R) X_0 = S$ 是包含于 R 的一个初始元组集。对于 $i = 0, 1, 2\cdots$，考虑下面的操作序列：

$$X_i = X_{i-1} \bigcup \pi_R \sigma_{b_i} (\rho(X_{i-1}) \times R), i > 0, b_i = (X_{i-1} k = f)$$

R 中 S 的递归闭包用 $\sum_{k=f}(R, S) = \min\{i \mid X_i = X_{i+1}\}$。

R 的子集 S 是 R 中一些元组的集合，它被用作种子，且 S 的属性名与 R 相同。X_0 的取值为种子 S，以后每一个随后的 X_i+1 都给它的前趋 X_i 添加一些 R 中的元组。因为 R 中的元组个数是有限的，所以必定存在某个 i 使得 X_i+1 不能向 X_i 中添加更多的元组，即 $X_i = X_i+1 = X_i+2=\cdots$。这个 X_i 的稳定值便是 R 中 S 的递归闭包。

2.7　关 系 演 算

同关系代数一样，关系演算也是一种对关系数据库内容进行操作的语言。然而，关系演算是非过程的，换句话说，关系代数用过程化的方式指定了操作序列，但是关系演算仅仅指明获得什么信息而没有指明如何获得信息。用最一般的术语解释，一个关系演算采用的查询模式为：从数据库中检索出满足条件 Y 的 X，DBMS 将条件 Y 应用到数据库中大量的元组中，一些元组满足条件而另一些元组可能不满足条件。关系演算查询语法强调的是测试条件本身而不是构造测试的过程。选择满足条件的元组需要使用谓词，它是一种当应用于候选元组时返回真（成功）或假（失败）的函数。

谓词演算研究的是谓词及谓词的逻辑组合，它在数学中已有很长的历史。关系演算是谓词演算在数据库检索问题中的自然扩展。事实上，将谓词演算应用到关系数据库中去，用最基本的判断从数据库中得出明确的事实，就是关系演算。理论上，关系代数和关系演算被证明是完全等价的。

按谓词变元的不同，关系演算可以分为元组关系演算和域关系演算。

2.7.1　元组关系演算

元组关系演算以元组变量作为谓词变元的基本对象，每个元组变量值域通常会覆盖一个特定的数据库关系，也就是说，该变量可以从此关系中任选一个元组作为其值。元组关系演算中的查询表达为

$$\{t \mid \Phi(t)\}$$

该表达式的含义是使谓词 Φ 为真的元组 t 的集合。其中，t 为元组变量，表示一个定长的元组。谓词演算公式 $\Phi(t)$ 是由原子公式和运算符组成的公式。

原子公式有以下三类。

（1）$R(t)$。R 是关系名，t 是元组变量。

（2）$t[X] \theta u[Y]$。t 和 u 是元组变量，θ 是算术比较运算符。$t[X]$ 和 $u[Y]$ 分别表示 t 的 X 分量和 u 的 Y 分量。$t[X] \theta u[Y]$ 表示 t 的 x 分量与 u 的 Y 分量满足比较关系 θ。

（3）$t[X] \theta C$。这里 C 是常量。

例如，查询医院里面年龄大于 40 岁的医生的全部信息，其元组关系演算表达式为：

$$\{t \mid \text{医生}(t) \, t[\text{年龄}] > 40\}$$

公式的递归定义如下。

（1）每个原子公式是一个公式。

（2）设 Φ_1 和 Φ_2 是公式，则 $\neg\Phi_1$，$\Phi_1 \wedge \Phi_2$，$\Phi_1 \vee \Phi_2$ 也都是公式。

（3）若 Φ 是公式，s 是元组变量，则 $\exists s(\Phi)$ 和 $\forall s(\Phi)$ 也是公式。$\exists$ 为存在量词，$\forall$ 是全称量词。$\exists s(\Phi)$ 表示的命题是"存在一个元组 s 使得公式 Φ 为真"。$\forall s(\Phi)$ 表示的命题是"对于所有元组 s 都使得公式 Φ 为真"。如果元组变量不被 $\exists$ 和 $\forall$ 修饰，则称为自由变量。

在元组演算公式中，运算符的优先级有下面四项。

（1）算术比较运算符 $=$、$\neq$、$<$、$\leq$、$>$、$\geq$ 的级别最高。

（2）存在量词 $\exists$，全称量词 $\forall$。

（3）逻辑运算符的级别最低，$\neg$、$\wedge$、$\vee$ 优先级依次递增。

（4）如果有括号，则括号的优先级别最高。

按照以上四项优先级的要求对原子公式进行有限次的复合，即可求得元组演算的所有公式。

关系代数运算都可以等价地用元组关系演算表达式表示。等价是指双方运算表达式的结果关系相同。下面把五种基本运算表示成元组关系演算表达式。

（1）并 $R \cup S = \{t \mid R(t) \vee S(t)\}$。

（2）差 $R - S = \{t \mid R(t) \wedge \neg S(t)\}$。

（3）笛卡儿积

$$R \times S = \{t^{(n+m)} \mid (\exists u^n)(\exists v^m)(R(u) \wedge S(v) \wedge t[1] = u[1] \wedge t[2] = u[2] \wedge \cdots$$
$$\wedge t[n] = u[n] \wedge t[n+1] = v[1] \wedge t[n+2] = v[2] \wedge \cdots t[n+m] = v[m])\}$$

式中，$t^{(n+m)}$ 表示 t 是 $(n+m)$ 元组；u^n 表示 u 是 n 元组；v^m 表示 v 是 m 元组。

（4）选择 $\sigma_F(R) = \{t \mid R(t) \wedge P\}$，其中 P 为布尔函数。

（5）投影 $\Pi x(R) = \{t^k \mid (\exists u)(R(u) \wedge t[1] = u[i_1] \wedge t[2] = u[i_2] \wedge \cdots t[k] = u[i_k])\}$

式中，$x = i_1, i_2, \cdots, i_k$。

下面用元组关系演算进行查询。

【例 2-7】查询医院里所有职称为主任医师且年龄 <45 的医生的编号、姓名和工资。

$$\{t[\text{医生编号}], t[\text{医生姓名}], t[\text{工资}] \mid (\exists t)(\text{医生}(t) \wedge t[\text{职称}] = '\text{主任医师}' \wedge t[\text{年龄}] < 45)\}$$

【例 2-8】查询所有在门诊部工作的医生的基本信息。

$$\{t \mid (\exists t)\text{医生}(t) \wedge (\exists s)(\text{组织机构}(s) \wedge s[\text{部门编号}] = t[\text{部门编号}] \wedge s[\text{部门名称}] = '\text{门诊部}')\}$$

在演算表达式中使用全称量词、存在量词或谓词否定时，必须确保得到的表达式是有意义的。关系演算中的安全表达式是指该表达式可以保证得到的结果一定是有限数目的元组；否则，就称该表达式是不安全的。例如，表达式

$$\{t \mid \text{NOT}(\text{医生}(t))\}$$

就是不安全的，因为它会得到全域中除医生元组之外的所有元组，这样的元组有无限多个。而当使用全称量词时则可以得到一个安全表达式。通过引入元组关系演算表达式域的概念，可以更加准确地给出安全表达式的定义。元组关系表达式域是所有特定值的集合，这些值或者在表达式中作为常量出现，或者存在于表达式所引用关系的任何元组中。如果表达式结果中所有的值都来自该表达式的域，就认为此表达式是安全的。

2.7.2 域关系演算语言 QBE

通过例子查询（Query By Example，QBE）是一种域关系演算的关系语言，同时也指使用此语言

的关系数据库管理系统。

QBE 的特点如下。

1. QBE 是交互式语言

QBE 操作方式特别,它是一种高度非过程化的基于屏幕表格的查询语言,用户通过终端屏幕编辑程序以填写表格的方式构造查询要求,而查询结果也是以表格形式显示。

2. QBE 是表格语言

QBE 是在显示屏幕的表格上进行查询的,所以具有"二维语法"的特点,而其他语言的语法是线形的。

3. QBE 是基于例子的查询语言

它的操作方式对于用户来说易于掌握,特别被缺乏计算机和数学知识的非计算机专业人士接受。

使用 QBE 时,用户先向系统调用一张或几张空白表格,显示在终端上。然后,用户输入关系名。系统接收后,在空白表格的第一行从左到右依次显示该关系名和它们的各个属性名。这时用户就可以通过填表的方法进行查询或其他数据操作。

我们以学生选课数据库为例:

学生(学号,姓名,性别,年龄,系)

课程(课程号,课程名)

选课(学号,课程号,成绩)

例如,找出数学系的所有学生姓名,操作步骤如下。

(1)用户提出请求。

(2)屏幕显示空白表格:

(3)用户在最左边一栏输入关系名"学生":

学生					

(4)系统显示该关系的属性名:

学生	学号	姓名	性别	年龄	系

(5)用户构造查询条件:

学生	学号	姓名	性别	年龄	系
		P.T			数学系

表中,T 是示例元素,即域变量。QBE 要求示例元素下面一定要加下画线。数学系是查询条件,不用加下画线;P 是操作符,表示打印(Print),实际上是显示;查询条件中可以使用比较运算符>、<、

≤、≥、≠、＝，其中＝可以省略。

示例元素是这个域中可能的一个值，不必是查询结果中的元素。如果要求表示数学系的学生，则只要给出任意的一个学生名，而不必是数学系的某个学生名。本例中姓名使用"张三"表示：

学生	学号	姓名	性别	年龄	系
		P.张三			数学系

表中的查询条件是"系='数学系'"，其中"系="被省略。

（6）屏幕显示查询结果。

① 查询全部学生信息：

学生	学号	姓名	性别	年龄	系
	P.1001	P.张三	P.男	P.20	P.数学系

② 查询年龄大于 20 岁或性别为男的学生学号：

学生	学号	姓名	性别	年龄	系
	P.1001 P.1003		男	>20	

对于多行条件的查询，先输入哪一行是任意的，查询结果相同。这就允许查询者以不同的思考方式进行查询，十分灵活、自由。如果查询是在一个属性中的"与"关系，则它只能用"与"条件的第二种方式表示，即写两行，但示例元素相同。

③ 查询没有选修 C1 课程的学生姓名：

学生	学号	姓名	性别	年龄	系
	1001	P.张三			

选课	学号	课程号	成绩
ㄱ	1001	C1	

④ 求数学系学生的平均年龄：

学生	学号	姓名	性别	年龄	系
				P.AVG.ALL	数学系

QBE 提供如下主要函数。CNT：统计元组数；SUM：求数值表达式的总和；AVG：求数值表达式的平均值；MAX：求表达式中的最大值；MIN：求表达式中的最小值。

⑤ 把学号为 1001 学生的系修改为计算机系：

学生	学号	姓名	性别	年龄	系
	1001				U.计算机系

⑥ 把学号为 1001 学生的年龄-1：

学生	学号	姓名	性别	年龄	系
	1001			20	
U.	1001			20-1	

修改操作符为 "U"，在 QBE 中，关系的主码不允许修改，如果要修改主码，则首先删除该元组，然后将新的主码的元组插入。

⑦ 插入数据（1002，李四，20，数学系）：

学生	学号	姓名	性别	年龄	系
I.	1002	李四		20	数学系

插入操作符为 "I"。新插入的元组必须有码值，其他属性可以为 NULL。

⑧ 删除学号 1001 学生信息：

学生	学号	姓名	性别	年龄	系
D.	1001				

删除操作符为 "D"。

域关系演算与元组关系演算类似，但它们的变量变化范围不同。元组关系演算使用的变量在数据库中所有元组的范围内变化；而域关系演算使用的变量在数据库中所有的域的范围内变化。因此，尽管两种演算都是从数据库中提取基本事实，原子谓词的形式却不同。在域关系演算中，不需要使用属性函数从元组中提取值，因为当自由变量组装成元组时这些值已经获得，因此，属性值之间的比较由变量之间的直接比较来代替，通过相匹配的属性的共同变量，不同关系的元组能够被连接起来。域关系演算和元组关系演算的开发过程类似。通过对语法进行扩展来处理划分和查询问题，域关系演算能表达任何由关系代数表达的查询。

小   结

关系模型是目前最重要的一种数据模型。关系数据库系统采用关系模型作为数据的组织方式。关系数据模型包括数据结构、数据操作和完整性约束。在关系模型中存在以下一些基本术语。

● 关系：关系是笛卡儿积的一个有意义的子集。一个关系就是一张二维表，通常将一个没有重复行和重复列的二维表看成一个关系。
● 元组：表中的一行（即一条记录）。
● 属性：二维表中的每一列在关系中称为属性。
● 域：属性的取值范围称为域。
● 度：属性域的个数称为关系的目或度。
● 分量：元组中的一个属性值。
● 键：关系中能唯一区分不同元组的属性或属性组合，称为关系的一个键（Key），或者称为关键字或码。
● 候选键：关系中能够成为关键字的属性或属性组合可能不是唯一的，凡在关系中能够唯一区分确定不同元组的属性或属性组合，就称为候选键（Candidate Key）。

- 主键：当一个关系中有多个候选键时，从中选定一个作为关系的主键（Primary Key）。
- 外键：设 F 是关系 R 中某个属性或属性组合而并非该关系的键，但 F 却是另一个关系 S 的主键，则称 F 为关系 R 的外键（Foreign Key）。
- 关系模式：即对关系的描述。

一个关系通常有如下性质。

- 有一个关系名，它跟关系模式中所有其他关系不重名。
- 关系中的每一个分量都必须取原子值，即每一个分量都必须是不可分的数据项。
- 同一个属性名下的各个属性值都取自相同的域，是同一数据类型。
- 每个属性都有一个不同的名字，不同的属性可以来自同一个域。
- 任意两个元组的候选码不能相同，不存在重复元组。
- 属性的顺序并不重要，可以任意交换。
- 理论上讲，元组的顺序并不重要。

关系代数中的操作可分为三类。

- 传统的集合运算：并、差、交、笛卡儿积。
- 专门的关系运算：投影、选择、连接、除、更名。
- 扩展的关系运算：广义投影、聚集函数和分组、递归闭包。

在关系完整性中，我们提到以下知识点。

空值代表当前不知道或是对这个元组不可用的一个属性值。空值是处理不完整或异常数据的一种方法。但空值并不等于零值，或者空格所组成的字符串。零值和空格都是实际存在的值，而空值则表示没有这么一个值。因此，应该将空值与其他值区别对待。

实体完整性是指表中行的完整性。要求表中的所有行都有唯一的标识符，称为主关键字。主关键字是否可以修改或整个列是否可以被删除，取决于主关键字与其他表之间要求的完整性。

参照完整性就是表间主键与外键之间的引用规则。

习　　题

1．试述关系模型的三个组成部分。

2．试述关系数据语言的特点和分类。

3．试述关系模型的完整性规则。在参照完整性中，为什么外部码属性的值也可以为空？什么情况下才可以为空？

4．关系与普通的表格、文字有什么区别？

5．阐述笛卡儿积、等值连接、自然连接三者之间的区别。

6．关系代数的基本运算有哪些？如何用这些基本运算来表示其他运算？

7．设有如下关系：　学生（学号,姓名,性别,专业,出生日期）；教师（教师编号,姓名,所在部门,职称）；授课（教师编号,学号,课程编号,课程名称,教材,学分,成绩）。

（1）查找学习"数据库原理"课程且成绩不及格的学生学号和任课教师编号；

（2）查找学习"英语"课程的"计算机应用"专业学生的学号、姓名和成绩。

8．设有如下关系：

S(S#,SNAME,AGE,SEX)/*学生(学号,姓名,年龄,性别)*/

C(C#,CNAME,TEACHER)/*课程(课程号,课程名,任课教师)*/

SC(S#,C#,GRADE)/*成绩(学号,课程号,成绩)*/

查询：

（1）教师"程军"所授课程的课程号和课程名；

（2）"李强"同学不学课程的课程号；

（3）至少选修了课程号为 k1 和 k5 的学生学号；

（4）选修课程包含学号为 2 的学生所修课程的学生学号。

9．设有如下关系：

图书关系 B(图书编号 B#,图书名 T,作者 A,出版社 P)；

读者关系 R(借书证号 C#,读者名 N,读者地址 D)；

借阅关系 L(C#,B#,借书日期 E,还书标志 BZ)；

BZ='1'表示已还；BZ='0' 表示未还。

查询：

（1）"工业出版社"出版的图书名；

（2）查询 99 年 12 月 31 日以前借书未还的读者名与书名。

10．简述关系模型的优点。

11．为什么关系中不允许有重复元组？

12．描述键、候选键、主键和外键的定义？

13．什么是数据库的完整性约束条件？可分为哪几类？

14．如何理解数据库中的参照完整性？

第3章 数据库设计过程与方法

对于数据库开发人员来说，数据库设计是指对于一个给定的应用环境，构造最优的数据库模式，建立数据库及其应用系统，有效存储数据，满足用户信息要求和处理要求的过程。

数据库应用系统的开发是一项软件工程，但又有它自身的特点，因此也称为"数据库工程"。一项数据库工程可以分为两部分：一部分是作为系统核心的数据库模式的设计与实现；另一部分是相应的应用软件的设计与实现。本章主要研究前一部分的内容。

本章主要从数据库工程的角度讨论数据库设计和开发的基本过程和方法，以及影响数据库设计的主要因素。

学习目标：

- 了解数据库的设计方法
- 掌握软件和数据库开发生命周期
- 掌握数据库设计各阶段的主要工作内容
- 了解和掌握数据库设计的基本概念、设计原则

3.1 数据库设计概述

数据库技术是信息资源管理最有效的手段。数据库设计是指根据用户需求研制数据库结构的过程，具体地说，是指对于一个给定的应用环境，构造最优的数据库模式，建立数据库及其应用系统，有效地存储数据，满足用户的信息要求和处理要求的过程。也就是把现实世界中的数据，根据各种应用处理的要求，合理地加以组织，满足硬件和操作系统的特性，利用已有的DBMS来建立能够实现系统目标的数据库。

数据库提供对数据进行有组织和计划的存储、管理及检索。数据库使用表的方式来组织各种数据信息，每张表又包含了很多数据行，每一行是数据库中的一条记录。分解来看，数据库就是采用单条记录实现对数据信息的表示和存储。但是，数据信息的存储并不是数据库的最终目的。数据库系统需要对这些记录实现有组织和计划的存储，以达到最终可以方便和高效地存取所需数据信息资料的目标。因此，有效的数据库实现是应用相关的，应有针对性地对用户的数据信息处理要求展开设计工作。

数据库设计包括数据库的结构设计和数据库的行为设计两个方面的内容。

数据库的结构设计是指根据给定的应用环境，进行数据库的模式或子模式的设计。它包括数据库的概念设计、逻辑设计和物理设计。数据库模式是各应用程序共享的结构，是静态的、稳定的，一经形成后通常情况下是不容易改变的，所以结构设计又称为静态模型设计。

数据库的行为设计是指确定数据库用户的行为和动作。而在数据库系统中，用户的行为和动作是指用户对数据库的操作，这些要通过应用程序来实现，所以数据库的行为设计就是应用程序的设计。用户的行为总使数据库的内容发生变化，所以行为设计是动态的，行为设计又称为动态模型设计。

在20世纪70年代末80年代初，人们为了便于研究数据库设计方法学，曾主张将结构设计和行为设计两者分离，随着数据库设计方法学的成熟和结构化分析、设计方法的普遍使用，人们主张将两者一体化考虑，这样可以缩短数据库的设计周期，提高数据库的设计效率。

现代数据库设计的特点是强调结构设计与行为设计相结合，是一种"反复探寻，逐步求精"的过

程。首先从数据模型开始设计，以数据模型为核心展开，数据库设计和应用系统设计相结合，建立一个完整、独立、共享、冗余小、安全有效的数据库系统。

3.1.1　数据库的设计方法

老肖：一个好的软件系统背后总有一个强大的数据库系统，它不被用户所知，默默地支撑着整个系统的数据存储，优秀的数据库设计往往决定着系统的性能。在前两章我们学习了和数据库有关的基本概念、关系模型和关系代数，为同学们今后的学习打下了良好的基础。在第 3 章，我们将学习如何设计数据库。

小杨：好！成为一名出色的数据库工程师，不懂得如何设计数据库岂不是"糗大了"。

老肖：数据库系统的应用存在一定的生命周期，数据库系统的设计应充分考虑系统生命周期的特点，以实现尽可能稳定的系统运行期。此外，设计应充分考虑系统的可扩展性，尽量延长系统的有效生存周期。

小杨：那么设计数据库复杂吗？

老肖：数据库的设计是一项较为复杂的工作，涉及多种技术的综合使用。此外，大型数据库的设计和开发是一项庞大的工程，也必然会使用很多工程化的设计方法。从数据库应用行业的发展过程来看，数据库的设计方法也经历了一个逐步改进和完善的发展过程。

小杨：数据库的设计方法包含哪些呢？

老肖：数据库的设计方法目前可分为 4 种：直观设计法、新奥尔良设计法、面向对象设计法和计算机辅助设计法。下面我们分别介绍这 4 种方法。

1. 直观设计法

早期的数据库设计一般采用直观设计方法，由经验丰富和知识渊博的数据库设计者手工实现。这种方法依赖于设计者的经验和技巧，缺乏科学理论和工程原则的支持，设计的质量很难保证，常常是数据库运行一段时间后又发现各种问题，这样再重新进行修改，增加了系统维护的代价。随着数据库、实体和联系规模的扩大，手工设计的管理工作很难开展。因此，这种方法越来越不适应信息管理发展的需要。随着数据库理论的进一步发展和完善，这种采用直观的数据库设计方法也就逐渐被更规范可靠的设计方法所替代。

2. 新奥尔良设计法

新奥尔良设计法将数据库设计分成需求分析（分析用户需求）、概念设计（信息分析和定义）、逻辑设计（设计实现）和物理设计（物理数据库设计）。常用的规范设计方法大多数起源于新奥尔良设计法，并在设计的每个阶段采用一些辅助方法来具体实现。也有一些设计方法在新奥尔良设计法的基础上进行扩展，引入了数据库的实施阶段及数据库的实现与运行维护阶段。

1976 年 P.P.S.Chen 提出的基于实体-关系（E-R）模型的数据库设计方法也具有相当大的影响力。其基本的思想是在需求分析的基础上，采用实体-联系图的方式构造出可反映现实世界的概念模型，进而再转化为特定的 DBMS 逻辑模型。

基于 3NF 的数据库设计方法是结构化设计方法，其基本思想是在需求分析的基础上，确定数据库模式中的全部属性和属性间的依赖关系，将它们组织在一个单一的关系模式中，然后再分析模式中不符合 3NF 的约束条件，将其进行投影分解，规范成若干个 3NF 关系模式的集合。3NF 是目前关系数据库应用最为广泛的规范化类型，3NF 设计方法也因此受到了广泛的使用。

3. 面向对象设计法

随着面向对象技术的成熟与发展，面向对象的思想也被引入了数据库设计领域，对象定义语言 ODL 设计方法就是典型的面向对象的数据库设计方法。该方法使用面向对象的概念和术语来描述和完成数据库的结构设计，并可方便地转换为面向对象的数据库。

4. 计算机辅助设计法

计算机技术的发展也极大地推动了数据库设计技术的发展，计算机辅助设计工具的开发和实现为更方便、快捷地数据库开发提供了良好的条件。许多用于数据库设计的计算机辅助软件工具已经被普遍地应用到数据库的设计工作中，并取得了良好的效果。

CASE 工具为数据库设计者提供了以下设计功能。

- 创建数据字典、存储数据库应用程序的数据。
- 支持数据分析的设计工具。
- 开发企业数据模型、概念和逻辑数据模型的工具。
- 使用 E-R 图和其他各种符号（如实体型、联系型、属性和关键字等）绘制概念模式图。
- 根据模型映像和执行算法，用 SQL DDL 生成各种 DBMS 的模式或代码。
- 分解和规范化。
- 建立索引。
- 建立应用程序原型的工具。
- 性能监控和统计。

CASE 工具具有如下优点。

- 提高开发过程效率。
- 提高所开发系统的有效性。
- 降低实现数据库应用程序的时间和费用。
- 提高数据库用户的满意度。
- 有助于软件的标准化。
- 确保系统所有部分的一体化。
- 改善文档。
- 一致性检测。
- 将设计规范说明自动转化为可执行代码。

常用的数据库设计 CASE 工具如表 3.1 所示。

表 3.1　常用的数据库设计 CASE 工具

序　号	CASE 工具	功　　能	供　应　商
1	Rational Rose	UML 建模 用 C++和 Java 生成应用程序	Rational
2	Developer and Designer	数据库建模 应用程序开发	Oracle
3	ER Studio	用 E-R 图进行数据库建模	Embarcadero Technologies
4	DB Artisan	数据库管理 空间管理 安全管理	Embarcadero Technologies

续表

序　号	CASE 工具	功　　能	供　应　商
5	Enterprise Application Studio	数据库建模 业务逻辑建模	Sybase
6	Visio Enterprise	数据建模 Visual Basic 和 Visual C++设计与重构工程	Visio
7	ERWin	数据建模 业务组件建模 过程建模	CA

3.1.2　数据库开发生命周期方法

1．软件开发生命周期

小杨：现在 IT 行业有好多职位，如需求分析师、软件工程师、技术支持工程师，对了，还有数据库工程师。

老肖：随着 IT 技术的发展，从小型、中型发展到大型复杂应用程序。软件开发完成之后，这些程序还需要进行不断维护，包括修改错误、功能完善、系统升级、业务需求变更等。因此诞生了以上这些职位。

小杨：原来如此。

老肖：但是，从项目统计资料来看，花费在软件维护上的资源以惊人的速度增长，这导致许多软件工程项目延期、超过预算、可靠性低且难于维护。这就是我们所知道的软件危机。解决软件危机的一个方法是采用软件开发生命周期（SDLC）方法。

小杨：尽管软件危机术语是在 20 世纪 60 年代末被提出来的，但在 40 多年后的今天，软件危机仍然伴随我们左右。

老肖：对，如果让你来开发一套软件系统，你想想该怎么做？

小杨：啊，我试试。开始，我们要明白系统应该做什么，满足哪些功能；其次，需要设计系统的架构，了解被用到的技术，完成模块的开发工作；最后，当系统完成之后，上线实施，并且要派人对系统进行维护。

老肖：基本思路是正确的。软件生命周期大体上可以分为以下几个阶段。

- 需要（或概念）阶段：研究和精炼概念，同时确定和分析客户（用户或计划）的需求。
- 规格说明阶段：将用户需求写成规格说明文档，阐述软件产品的预期功能。
- 计划阶段：草拟软件项目管理计划，细化软件开发的各个方面。
- 设计阶段：为实现软件规格说明文档中的功能而经历两个连续的设计阶段。第一个阶段是概要设计阶段，软件被分成多个模块；第二个阶段是详细设计阶段，对每个模块进行详细设计。这两个设计阶段的文档描述如何实现软件产品。
- 编程（编码或实现）阶段：用特定的计算机编程语言编写各个模块的代码。
- 集成（测试）阶段：完成模块的单独测试和集成测试，经历 Alpha 测试和 Beta 测试。
- 维护阶段：完成所有维护工作。当增强和更改软件时，需要更新相应的软件规格说明文档。
- 衰退阶段：软件产品停止使用。

小杨：软件开发的步骤被划分得更加详细完整了。一个复杂大型的系统必须按照这些步骤进行，否则容易出现不可控的灾难，导致项目的失败。

2．数据库开发生命周期

小杨：数据库系统是大型组织信息系统的基本组成部分，那么它也应该存在生命周期。

老肖：数据库系统的应用存在一定的生命周期，从数据库系统的需求提出，到设计与实现，再到运行和维护，最终会随着应用的发展而走向终结。因此，数据库系统的设计应充分考虑系统生命周期的特点，以实现尽可能稳定的系统运行期。此外，设计应充分考虑系统的可扩展性，尽量延长系统的有效生存周期。

数据库开发生命周期（DDLC）是一个设计、实现和维护数据库系统的过程，需要符合组织战略和操作信息的需求。数据库开发生命周期与信息系统软件开发生命周期（SDLC）是内在关联的。DDLC 与 SDLC 是同步进行的，数据库开发工作正好开始于需求阶段。信息系统规划是数据库开发的重要资源。信息系统规划完成后，由数据流图（DFD）得到的数据存储作为数据库设计过程的输入信息。数据库开发生命周期的各个阶段如图 3.1 所示。

（1）可行性研究和需求分析：了解企业或组织的运营状况，分析信息系统如何帮助解决经营过程中存在的问题，然后确定系统需求，完成功能规格说明书（FSD）。可行性研究和需求分析涉及以下内容：

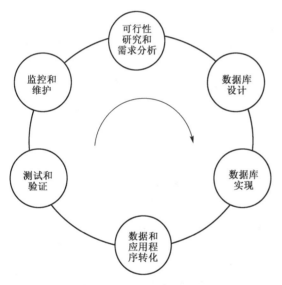

图 3.1　数据库开发生命周期的各个阶段

- 对现存系统和程序的分析；
- 系统的技术可行性、操作可行性和经济可行性分析；
- 信息需求和业务过程分析；
- 运行环境和用户特征分析；
- 性能和条件约束分析；
- 数据项、数据量、数据存储和数据处理过程分析；
- 数据属性和内在联系（数据依赖关系）分析；
- 数据操作需求分析；
- 数据安全需求分析。

（2）数据库设计：确定符合组织需求的数据库模型（数据库的概念模型）。以功能规格说明书作为数据库设计阶段的输入，进行基于选定的 DBMS 设计数据库的逻辑结构和物理结构，并完成数据库设计规格说明书（DSD）。数据库设计涉及以下内容：

- 概念数据库设计，包括定义数据库的元素及相互之间的联系，定义特定数据项的取值约束；
- 逻辑数据库设计；
- 物理数据库设计。

（3）数据库实现：根据选定的 DBMS，将详细的概念模型转化为 DBMS 的实现模型。数据库实现阶段涉及以下内容：

- 根据业务需求特点和运行环境进行 DBMS 选型；
- 详细说明概念的、外部的和内部的数据定义；

- ● 概念模型到功能数据库的映射；
- ● 构建数据字典；
- ● 创建空的数据库文件；
- ● 开发并实现应用程序软件；
- ● 用户培训。

（4）数据和应用程序转化：加载应用数据，将旧系统切换到新系统。

（5）测试和验证：测试新的数据库，验证预期结果。

（6）监控和维护：监控数据内容和应用程序的发展和扩充，并可实施数据库模式的修改或重组。

3.1.3　数据库设计的基本过程

小杨：老师，数据库的设计需要经过 6 个阶段：需求分析、概念设计、逻辑设计、物理设计、实现、运行与维护阶段。您能简单介绍这 6 个阶段吗？

老肖：在数据库设计过程中，需求分析和概念设计可以独立于任何数据库管理系统进行，逻辑设计和物理设计与选用的 DBMS 相关。

数据库设计过程如图 3.2 所示。

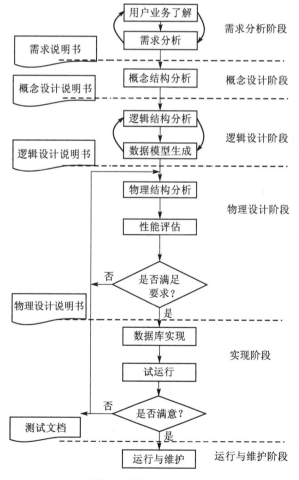

图 3.2　数据库设计过程

1. 需求分析阶段

数据库需求分析是指具体分析用户期望和数据库预期用途的过程，它是数据库设计中费时但很重要的一个阶段。同任何其他大的系统开发一样，首先要明确系统需要完成何种工作任务。如果需求理解错误，必然会导致所生成的系统不是用户所期望的系统。实际情况是，用户往往并不是非常明确地知道或准确地刻画出他们所需要的产品。所以，需求分析要求分析人员要和用户进行大量的沟通和交流工作。这个阶段的参与人员也非常多，会花费很长的时间。

需求分析的主要任务是通过详细调查要处理的对象，包括某个组织、某个部门、某个企业的业务管理等，充分了解原手工或原计算机系统的工作概况及工作流程，明确用户的各种需求，产生数据流图和数据字典，然后在此基础上确定新系统的功能，并产生需求说明书。值得注意的是，新系统必须充分考虑今后可能的扩充和改变，不能仅按当前应用需求来设计数据库。

2. 概念设计阶段

软件工程所对应的设计阶段在数据库设计中被划分为 3 个设计阶段，系统的概念结构设计是其中的第一个设计阶段。概念模型将具体的客观现实世界进行抽象的理解和表达，是实现从现实世界到数字化表示的过渡形式。

概念设计的任务是在需求分析阶段产生的需求说明书的基础上，按照特定的方法把它们抽象为一个不依赖于任何具体机器的数据模型，即概念模型。概念模型使设计者的注意力能够从复杂的实现细节中解脱出来，而只集中在最重要的信息的组织结构和处理模式上。数据库概念设计将用户的需求抽象为用户与开发人员都能接受的概念模型，是用户现实需求与数据库产品之间的纽带。该环节是数据库设计中非常关键的一环，决定了对用户需求的理解能否正确转化为系统开发人员的理解方式，对最终数据库的实现和使用都将产生深远的影响。

在数据库概念设计阶段，通常采用自顶向下策略，使用高层数据模型（如 E-R 模型和 EER 模型）来创建数据库的概念模式。

3. 逻辑设计阶段

数据库逻辑设计所要完成的任务是将概念结构进一步转化为某一 DBMS 所支持的数据模型，然后根据逻辑设计的准则、数据的语义约束、规范化理论等对数据模型进行适当的调整和优化，形成合理的全局逻辑结构，并设计出用户子模式。概念设计向逻辑设计的转换依赖于具体实现要求的 DBMS 产品。

在数据库逻辑设计阶段，通常采用自底向上策略，根据关系数据库理论将概念数据模型转化为关系模式，然后细化事务、报表、显示和查询（视图），同时确定数据库的完整性规则、安全性控制及数据库的容量。

4. 物理设计阶段

数据库物理设计阶段的任务是根据具体计算机系统（DBMS 和硬件等）的特点，为给定的数据库模型确定合理的存储结构和存取方法。所谓的"合理"主要有两个含义：一个是要使设计出的物理数据库占用较少的存储空间；另一个是对数据库的操作具有尽可能高的速度。

在数据库物理设计阶段，需要描述基本关系用于实现数据有效访问的文件组织和索引、所有相关的完整性约束和安全性控制措施。数据库的物理设计要求在逻辑结构的基础上，考虑不同的物理运行环境。不同的 DBMS 所提供的物理环境有很大的差别。因此，对物理结构的时间性能和空间效率的评估，是该阶段的重要工作内容。

5. 实现阶段

完成数据库的设计工作后，开发人员就开始着手完成各项设计阶段规划出的任务，进行数据库的构建工作。这一阶段也包括对数据库的应用程序开发和调试，以及现实数据的录入和试运行等基本工作。

6. 运行与维护阶段

数据库投入运行后进入系统的稳定阶段，但这并不意味着不会有故障或突发事件发生。数据库在运行过程中应经常对数据进行备份和维护，以保证数据库系统的效率，以及根据实际运行情况和用户的需求变动进行调整。

大型的数据库系统的开发过程是一个不断完善的交互过程，上述的各个阶段相互之间也存在较为紧密的联系。因此，整个过程是渐进而反复进行的。每个阶段都有相应的文档生成，以形成对系统开发和质量追踪的控制记录。

数据库设计有一个起始点，但对其进行的优化几乎是一个无终止的过程。一般地讲，商业数据库管理系统（DBMS）提供了一些辅助工具软件来辅助进行物理数据库设计和调整，例如，微软公司的 SQL Server 有一个调整向导提供了创建索引的建议，当其他索引的增加导致索引维护的代价超过了查询带来的好处时，该向导将建议删除这个索引。同样，IBM 公司的 DB2、甲骨文公司的 Oracle 也提供了这样的向导。

综上所述，数据库设计中需求分析阶段综合各个用户的应用需求（现实世界的需求）；概念设计阶段形成独立于机器特点、独立于各个 DBMS 产品的概念模式（信息世界模型），用 E-R 图来描述；逻辑设计阶段将 E-R 图转换成具体的数据库产品支持的数据模型，如关系模型，形成数据库逻辑模式，然后根据用户处理的要求，安全性的考虑，在基本表的基础上再建立必要的视图形成数据的外模式；物理设计阶段根据 DBMS 特点和处理的需要，进行物理存储安排，设计索引，形成数据库内模式。

3.2　数据库需求分析

需求分析是数据库设计的基础，其错误将影响整个设计。需求分析也是令设计人员感到最烦琐和困难的一个阶段。软件工程理论认为，在软件的生命周期中，需求分析是最为重要的一个阶段。对于数据库应用系统的开发，这个阶段同样非常重要。需求分析是数据库设计的起点，为以后的具体设计做准备。需求分析的结果是否准确地反映了用户的实际要求，将直接影响后面各个阶段的设计，并且影响设计结果是否合理和实用。经验证明，如果到了系统测试阶段才发现由于设计要求的不正确或误解造成的错误，则纠正起来要付出很大的代价。因此，必须高度重视系统的需求分析。

数据库的需求分析对整个开发过程将起到深远和全局的影响。需求分析中最基本的一项原则就是必须正确理解客户的需求，这也意味着所要开发的项目能否实现用户最终所需要的数据库产品。在对用户需求理解的基础上，需求分析人员必须与用户之间达成一致的需求认识，并最终形成双方必须共同遵循的条文。数据库的需求分析是一个相当耗时而又复杂的过程，需要多方人员的共同参与。

需求分析一般包含了需求的获取、分析、规则说明、变更、验证及管理等工程内容。

3.2.1　需求描述与分析

小杨：老师，需求分析是整个数据库设计的第一步，它是不是对后续开发起着很重要的作用呢？

老肖：在项目确定之后，用户和设计人员对数据库应用系统所涉及的内容和功能的整理和描述，是从用户的角度来认识系统的。需求分析是后续开发的基础，以后的逻辑结构设计、物理结构设计及应用程序的设计都将以此为依据。如果这一阶段的工作没有做好，势必会对以后的工作带来困难。

小杨：这一阶段的工作没有做好可能会造成返工，重新做需求分析，影响整个项目的进展，在人力、物力等方面造成浪费。

老肖：对，所以需求分析是很关键的，如需求不明确，往往事倍功半，导致没日没夜地加班。因此，需求分析要求做到耐心细致，这是整个设计开发过程中最困难、最耗时的一步。

需求是解决用户想要"做什么"的问题。需求分析的基本任务是完成对产品开发的可行性研究，包括调查应用领域，对各种应用的信息和操作要求（如业务需求、产品需求和功能需求）进行详细分析，列出系统中所有的输入流、输出流和数据存储，得到完整的数据流图、数据字典和数据加工的描述，形成需求说明书。需求分析的过程如图 3.3 所示。

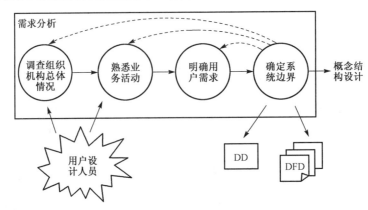

图 3.3　需求分析的过程

需求分析的重点是调查、收集和分析用户数据管理中的信息需求、处理需求、安全性与完整性要求。信息需求是指用户需要从数据库中获得信息的内容和性质。由用户的信息需求可以导出数据需求，即在数据库中应该存储哪些数据。处理需求是指用户要求完成什么处理功能，对某种处理要求的响应时间，处理方式是指联机处理或批处理等。明确用户的处理需求，将有利于后期应用程序模块的设计。

总之，需求分析就是将现实世界的系统，从用户的需求角度出发，得到对用户所期望产品的详细描述。需求分析的最终结果以需求说明书确定下来，成为用户和开发方共同遵守的文档。

3.2.2　需求分析的步骤

老肖：为了生成有效的需求说明书，需求分析人员在前期需要做大量的需求分析工作，以达到对用户不同层次需求的充分理解。一般来说，需求分析工作可分为需求调研、需求分析、编写需求说明书和需求验证 4 个步骤。

1．需求调研

小杨：如果我需要新的数据库系统，那么需求分析人员一定要了解我的业务活动状况，知道我的业务所涉及的功能域和数据域，准确地掌握我的需求目标。

老肖：正确。所以我们必须做需求调研。调查、收集用户要求的具体做法如下。

（1）了解组织机构的情况，调查这个组织由哪些部门组成，各部门的职责是什么，为分析信息流程做准备。

（2）了解各部门的业务活动情况，调查各部门输入和使用什么数据，如何加工处理这些数据。输出什么信息，输出到什么部门，输出的格式等。在调查活动的同时，要注意对各种资料的收集，如票证、单据、报表、档案、计划、合同等，要特别注意了解这些报表之间的关系，各数据项的含义等。

（3）确定新系统的边界。确定哪些功能由计算机完成或将来准备让计算机完成，哪些活动由人工完成。由计算机完成的功能就是新系统应该实现的功能。

在调查过程中，根据不同的问题和条件，可采用的调查方法有很多，如跟班作业、咨询业务权威、设计调查问卷、查阅历史记录等。但无论采用哪种方法，都必须有用户的积极参与和配合。强调用户的参与是数据库设计的一大特点。

收集用户需求的过程实质上是数据库设计人员对各类管理活动进行调查研究的过程。设计人员与各类管理人员通过相互交流，逐步取得对系统功能的一致认识。但是，由于用户还缺少软件设计方面的专业知识，而设计人员往往又不熟悉业务知识，要准确地确定需求很困难，特别是某些很难表达和描述的具体处理过程。针对这种情况，设计人员在自身熟悉业务知识的同时，应该帮助用户了解数据库设计的基本概念。对于那些因缺少现成的模式、很难设想新的系统、不知道应有哪些需求的用户，还可应用原型化方法来帮助用户确定他们的需求。也就是说，先给用户一个比较简单的、易调整的真实系统，让用户在熟悉使用它的过程中不断发现自己的需求，而设计人员则根据用户的反馈调整原型反复验证，最终协助用户发现和确定他们的真实需求。

在用户活动的调查分析结束后，应生成用户业务需求的整体项目视图和业务范围的详细描述文档，并形成对项目开发的可行性评价。

2．进行需求分析

小杨：如果我是一名需求分析人员，应该掌握哪些需求分析方法呢？从而能够确定用户的产品需求。

老肖：较为常用的有原型化方法、结构化分析方法及数据流图分析方法等。

原型化方法（Prototype）是一种可快速、形象地描述用户产品需求的分析方法。所谓原型，就是指系统早期的一种可运行版本，它能够体现出所要建设系统的部分或全部功能。原型化方法的目的就是能尽可能快速地搭建起一个简化的模型产品系统，帮助用户能够直观地感受目标产品的形态，以确定产品的适用性和有效性。

原型系统的构建可以使用快速建模工具、Shell 编程及面向对象的建模等方法，使开发方能够快速搭建起系统的基本界面，实现一些展示性的功能，提供给用户来感受。开发方听取用户的反馈意见，确定是否满足用户的产品需求，然后决定是否在原型系统的基础上进行开发。

结构化分析方法（Structured Analysis）是一种常用的需求分析方法。结构化分析方法简单实用，一般使用自顶向下，或者自底向上的分析方式，如图 3.4 所示。该方法采用自顶向下，逐层分解的方式分析系统，用数据流图（Data Flow Diagram，DFD）、数据字典（Data Dictionary，DD）描述系统。

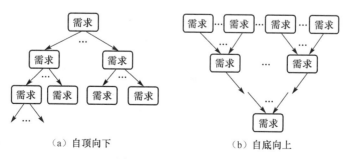

（a）自顶向下　　　　　　　　　　（b）自底向上

图 3.4　结构化分析方法

数据流图是软件工程中专门描绘信息在系统中流动和处理过程的图形化工具。因为数据流图是逻辑系统的图形表示，即使不是专业的计算机技术人员也容易理解，所以是极好的交流工具。图 3.5 给出了数据流图的符号及其含义。

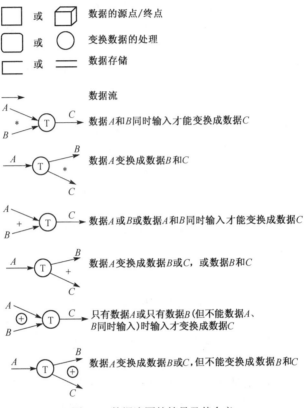

图 3.5　数据流图的符号及其含义

数据流图是有层次之分的，越高层次的数据流图表现的业务逻辑越抽象，越低层次的数据流图表现的业务逻辑则越具体。在结构化分析方法中，我们可以把任何一个系统都抽象为图 3.6 所示的形式。它是最高层次抽象的系统概貌，要反映更详细的内容，可将处理功能分解为若干个子功能，每个子功能还可继续分解，直到把系统工作过程表示清楚为止。在处理功能逐步分解的同时，它们所用的数据也逐级分解，形成若干层次的数据流图，如图 3.7 所示。

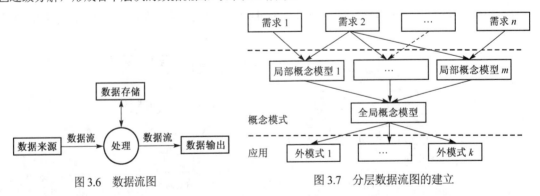

图 3.6　数据流图　　　　　　　　　　　图 3.7　分层数据流图的建立

当然，需求分析方法的使用也可以是综合的，分析人员可以根据不同抽象层次（见图 3.7）的特点选择所需要使用的分析方法。

　　小杨：用户与系统的开发人员之间有不同的视角和各自的专业领域。为了达到准确获得用户需求的目标，需求分析人员应该注意哪些基本原则呢？

　　老肖：需求分析时应使用符合用户习惯的表达。

　　需求是针对用户的业务，用户可能对计算机知识或数据库知识并不了解，使用符合用户习惯的表达方式，可以避免对用户真实需求的误解。

　　● 尊重用户的意见。

　　当开发人员与用户之间不能完全相互理解时，避免诱导用户听从自己的意见或建议。分析人员应选择更好的交流方案，以使用户得到的产品是真正所需要的。

　　● 对需求及产品实施提供解决方案。

　　这也就是在用户的业务需求上提出可行的技术解决方案。用户的需求仅是对客观作业流程的描述，需求分析人员必须确定数字化实现的可行性。

　　● 产品的使用特性。

　　除了功能性要求，还应该注意产品的易用性、健壮性等非功能性要求。这些性质能够帮助用户更加准确、高效地完成各项任务。因此，分析人员在平衡性能和代价的基础上，应尽可能为用户提供方便。

　　● 允许组件重用。

　　好的系统一般都会兼顾产品具有一定的灵活性。用户的实际业务流程可能会有微小的改变，需求分析人员应考虑提供一些可配置组件，让用户可以根据实际需要进行调整，以提高业务处理的性能。

　　● 对变更或扩展提供真实可靠的评估。

　　用户可能会对不同的解决方案感兴趣，也可能会对将来的业务有考虑。他们需要在不同的方案上进行选择。需求分析人员应尽可能帮助用户对影响、成本及得失上进行评估，以便他们做出正确的决策。

　　这些原则的实施，将有助于开发方和用户方加深理解，确实界定出用户的需求；并将需求反映到可操作的技术层面，形成双方都能接受的固定条款，编制完成需求说明书。

3．编写需求说明书

　　小杨：当我们进行完需求调研和需求分析后，收集了很多有用的需求，我们应把这些资料整理成文件的形式，以便于在以后的开发过程中参考。

　　老肖：需求说明书阐述数据库应用系统所必须提供的功能和性能要求，以及运行的实际约束条件。需求说明书以书面方式记录用户与开发方所达成的产品需求协议条款，它不仅是用户对最终产品接受的基础，也是开发方进行设计、实现与测试运行的规范。因此，它应尽可能完整和详细地描述系统的行为。为得到高质量的需求说明书，需求分析工作往往会反复进行，并不断改进和完善。典型的需求说明书应包含下述几个方面的内容。

　　● 编写的目的、背景和定义。
　　● 用户的特点和系统的目标。
　　● 系统的概况。
　　● 系统的总体结构和子系统结构划分。
　　● 通信接口定义。
　　● 系统功能需求说明。
　　● 系统非功能需求说明。
　　● 数据处理流程的描述，数据管理能力的要求。

- 系统方案的可行性论证。
- 运行环境和故障处理的要求。

编制需求说明书时，应采用标准的书写模板，必要时也可根据项目的特点对模板进行适当改动。需求说明书完成后，还需要完成对说明书的验证工作。因为需求说明书对于整个项目的成败有极大的影响，所以必须严格控制其可能导致的风险。需求说明书的验证应在项目单位的领导下组织相关技术专家进行评审，确定文档不会遗漏重要内容，或者存在重大错误的危险。

4. 需求验证

小杨：当写完需求说明书后，我们可能存在表述不恰当或从调研时就存在理解错误的情形，所以我们需要对需求说明书做最后的验证，以防止出现不清晰或错误的需求，导致后续的开发工作增加许多的困难。

老肖：需求验证主要包含 3 个方面的内容。

（1）有效性验证。

有效性验证是指开发人员和用户双方应该对需求说明书中的每条项目进行认真核查，用以确认用户的需求被充分、完整地表达出来。应保证这些项目能够满足用户的需求，切实解决用户的问题。

（2）一致性验证。

一致性是指在各项需求说明之间不会产生冲突，对相关联的系统功能的描述不应该存在矛盾的约束条件。一致性验证是指需求说明书中所使用的算法模型是否相互兼容，以及保证接口定义的一致性。

（3）完备性验证。

完备性验证是指对用户的所有功能和非功能性约束进行检验，对各项需求进行编号和按优先级排序，排查可能隐藏的故障或缺陷。

在需求分析过程中每一个重要的阶段完成后都有一个审查的工作内容，由项目方组织相关分析人员和用户成员，对阶段性的工作结果进行确认。

3.2.3　数据字典

老肖：需求分析除了生成需求说明书外，系统开发方更关注生成的数据流图。数据流图描述了系统中对数据对象的处理流程，但它只能给出对系统逻辑功能总框架的一个简要描述，缺乏详细和具体的内容。

数据字典对数据流图做进一步的说明和补充。数据字典是进行数据库设计的重要内容，是系统中所使用数据元素的定义和描述的集合。数据字典实际上可看作关于数据对象的数据表和视图。

数据字典存放了系统所用到的数据信息，通常数据字典包含 5 个基本组成部分：数据项、数据结构、数据流、数据存储和数据处理过程。

1. 数据项

数据项记录了数据对象的基本信息，是不可再分的基本数据单位，描述了数据的静态特性。除了对数据对象的区分，数据项还包含了数据对象完整性、一致性约束的描述。数据项一般包含下述内容。

数据项描述=｛数据项名,数据项含义说明,别名,数据类型,长度,取值范围,取值含义,与关联数据项之间的约束关系｝

2. 数据结构

将一些在逻辑上联系较为紧密的数据项结合在一起，形成有意义的数据项集合，称为数据结构。

数据结构反映了数据之间的组合关系，也可以是由多个数据结构的复合。数据结构的描述包含以下内容。

数据结构描述={数据结构名,数据结构的含义说明,组成:{数据项或数据结构}}

3．数据流

数据流是对数据动态特性的描述，表示数据结构沿着系统的事务和处理过程中的传输流向。除了传输的方向性，数据流也对数据传输量的信息进行描述。数据流描述通常包含下述基本内容。

数据流描述={数据流名,数据流的含义说明,数据流来源,数据流去向,组成:{数据结构},数据平均流量,数据峰期流量}

4．数据存储

数据存储是在事务和处理过程中，数据所停留和保存过的地方。数据存储包含了各类数据存储介质，如手工凭单、计算机文档等。同时，数据存储也包含了对数据存取的频度信息和存取方式等相关内容。数据存储的基本内容描述如下。

数据存储描述={数据存储名,数据存储的含义说明,数据存储的编号,流入的数据流,流出的数据流,组成:{数据结构},存储的数据量,存取频度,存取方式}

5．数据处理过程

数据处理过程仅是对处理相关信息的简要描述，一般应包含下述几个方面的内容。

处理过程描述={处理过程名,处理过程的含义说明,所处理的输入数据流: {数据流}, 所处理的输出数据流: {数据流}, 处理行为描述: {简要说明}}

从上述内容可知，数据字典涵盖了对数据库系统所用到数据对象的所有信息描述，对于系统的组织结构有清晰的体现。数据字典是对数据库中元数据的描述，而不是数据本身。数据字典在需求分析阶段开始建立，在数据库的设计过程中，仍然需要不断进行充实和完善。

3.3　数据库概念设计

需求分析人员和用户共同完成需求分析后，系统的开发者需要将现实世界中存在的具体要求，抽象成信息结构的表达方式，以方便选择具体的 DBMS 进行实现。这一转换过程称为概念设计，概念设计对整个数据库的设计非常关键。

3.3.1　概念设计的必要性

小杨：在需求分析阶段所得到的应用需求，我们如何把这些信息转换为信息世界的语言呢？

老肖：概念设计可以很好地满足这一需求，它是以用户的观点，对用户信息进行抽象和描述，从认识论的角度来讲，是从现实世界到信息世界的第一次抽象，并不考虑具体的数据库管理系统。

小杨：这么说来，概念设计阶段仅从用户的需求角度来抽象概念模型。这样的模型只反映用户的观点，同时又可以把零散、分离的用户需求，有条理地组织成为系统的数据抽象模型。

老肖：对，概念设计的主要优点如下。

● 概念设计与逻辑设计分离，可使设计人员更专注于对系统数据信息本身的表示和分析，也使各个设计阶段的划分更加明确和清晰，各阶段的目标任务相对单一化，有效降低系统设计的复杂性。

● 抽象的概念模型避免了考虑系统具体的实现细节，不受特定 DBMS 的限制。概念模型因此具有更大的伸缩性和更高的稳定性。

- 概念模式是以信息抽象方式对用户需求进行重新表达，由于不涉及技术实现层面的内容，因此也易于被用户接受和确认。
- 能够真实、完善地反映出现实世界的内容，体现出事物本身的属性和事物之间的相互联系，从而能够准确地再现用户的现实需求，是对现实世界的真实抽象。
- 表现的形象性和直观性。既然是对用户客观需求的再现，所以也应该易于被不具有数据库专业技术知识的用户所理解，以避免在模型的转换过程中出现误解和偏差，导致后续的设计工作偏离正确的方向。
- 高度的独立性和抽象性。这样的特征使得模型对用户系统的描述有较好的灵活性和扩展性。当现实世界中用户的需求和系统的使用环境发生变动时，在概念设计的层面将尽可能小地受到冲击。
- 易于实现与其他数据模型表示方式的相互转换。

目前有很多可供概念设计使用的概念模式，其中最常用的模式就是实体-关系模型（E-R）。市面上也有许多成熟的类似可视化工具，可以帮助设计人员能方便、迅速地建立起系统的概念模式。

3.3.2　概念设计的方法和步骤

小杨：既然概念设计有这么多的好处，通常有哪些设计方法呢？

老肖：常用的概念设计有 4 种方式。

1．自底向上

这种方式通过分析用户的子需求，首先构建起局部概念模式，然后再向上组合成全局模式，自底向上方式比较直观。用户子需求相对较为具体和确定，只需要把有关联的需求模块进行合并，就能较为方便地建立起局部概念模式，如图 3.8 所示。

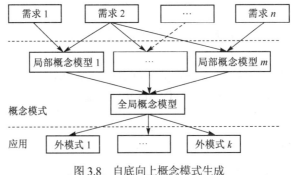

图 3.8　自底向上概念模式生成

2．自顶向下

同传统的系统设计方法一样，自顶向下的设计方式首先要有对系统全局概貌的框架，其次再采用总分方式将大的概念模式逐步分解为更详细的较小划分模式，如图 3.9 所示。

自顶向下的方式相比自底向上的方式更加难以控制。这是因为要直接抽象出全局的概念模式，再分解为局部的概念模式，并通过局部模式投影到各个子需求模块上，这是一个从抽象到具体的逆向思维的过程，因此更加难以把握。

3．逐步扩张

逐步扩张采用了层状扩展的方式，先定义出用户需求中核心的概念结构，然后在此基础上向外扩展，逐步将非核心的需求融入模式中，最终完成系统的概念设计，如图 3.10 所示。

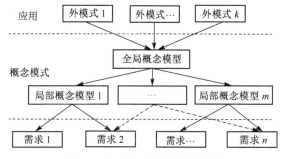

图 3.9　自顶向下概念模式生成

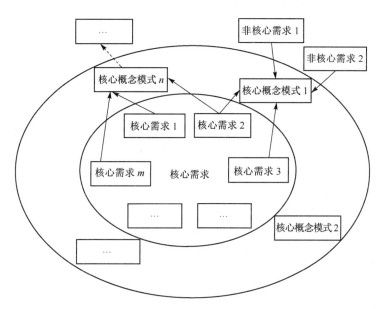

图 3.10　逐步扩张设计方式

4．混合策略

将自顶向下和自底向上相结合，用自顶向下策略设计一个全局概念结构的框架，以它为骨架集成自顶向下策略中涉及的各局部概念结构。

这些概念模型的设计方法也可以混合使用。经常采用的方法是自顶向下地分解用户的需求，自底向上地完成核心概念模式的设计，再围绕核心模式逐步扩展完成整个数据库的概念设计工作。

采用典型的自底向上设计方式时，概念模式的设计过程可分为 3 个基本步骤完成，如图 3.11 所示。

● 数据的抽象，设计局部概念模式。

● 视图的集成，将局部概念模式综合形成全局概念模式。

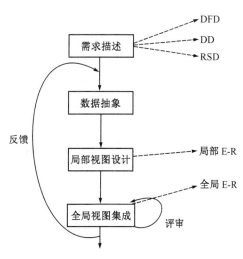

图 3.11　自底向上的概念设计步骤

● 对生成的概念模式进行评审。

3.3.3　概念设计工具：E-R 图

E-R 图方法是实体-联系方法的简称，是一种非常典型的数据库概念模式设计方法。E-R 图方法能够很好地抽象出现实世界的基本内容，并以图形化的表现方式为概念设计人员与用户提供对数据库系统的直观表达。

E-R 模型详细介绍见第 4 章。

3.4　数据库逻辑设计与优化

概念设计是对客观世界的描述，独立于任何一种数据模型，与具体的实现无关。从数据库逻辑设计所导出的数据库结构则是特定 DBMS 支持下的数据库定义，因此逻辑设计依赖于实现的 DBMS 基础。逻辑设计的任务就是把概念设计阶段生成的全局 E-R 视图，转换为特定 DBMS 产品所能支持的数据模型。

3.4.1　逻辑设计环境

老肖：E-R 图所表示的概念模型可以转换成任意一种数据模型。在设计逻辑结构时，理论上应选择最适合相应概念模型的数据模型进行转换，在此基础上对比各种可支持该数据模型的 DBMS，从中选出最适合的 DBMS 产品。目前 DBMS 产品普遍比较支持的数据模型有关系、网状、层次模型 3 类。对于特定的数据模型，由于 DBMS 产品的选择不同，提供给逻辑设计的工具和环境也存在差异，所以逻辑设计一般要分为 3 个步骤进行。

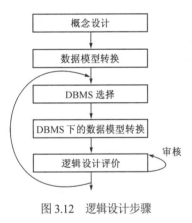

图 3.12　逻辑设计步骤

（1）将概念模式转换为适合的 3 类常用关系、网状、层次模型中的一种。

（2）为转换后的数据模型确定 DBMS 产品，并在该环境下实现数据模型向 DBMS 所支持的数据模型转换。

（3）对完成转换后的数据模型进行优化和评估。

图 3.12 所示是逻辑设计步骤的示意图。

目前设计的数据库应用系统大多数采用了支持关系数据模型的 RDBMS，下面着重对 E-R 模型向关系模型的转换进行讨论。

3.4.2　E-R 模型向关系模型的转换

老肖：E-R 模型描述的是现实世界中数据对象，以及数据对象之间的联系。实体、实体的属性及实体之间的联系是 E-R 图的基本组成要素。关系模型的逻辑结构则是一组关系模型的集合。所以，E-R 模型向关系模型的转换，最主要的工作就是要确定如何将 E-R 中的 3 个基本要素转换为关系模型集合的表示，这种转换可遵循下述的转换规则。

（1）将一个实体转换为一个关系模型，实体的属性就是关系的属性，而实体的键就是关系的键。

（2）实体之间的联系转换为关系模型，联系的属性直接转换为关系的属性。与联系相连的实体的键转化为关系模型时，则分下述 3 种情况考虑。

● 一个 1:1 的联系可以转换为一个独立的关系模型，也可以与任意一端对应的关系模型合并。当转换为独立的关系模型时，与之相连的每个实体的键均成为此关系模型的候选键，联系所具有的属性成为关系的属性。如果采用与其中一端实体对应的关系模型合并方式，则合并后的关系模型属性应该加入另一端未合并的实体键和联系本身所具有的属性。

- 一个 1∶n 的联系可以转换为一个独立的关系模型，并与 n 端所对应的关系模型合并。如果采用转换为一个独立的关系模型，则与此联系相连接的各个实体的键，以及联系本身的属性均被转换为关系的属性，关系的键为 n 端实体的键。
- 一个 m∶n 联系转换为一个关系模型。与此联系相连的各个实体的键及联系本身的属性均转换为关系的属性，各个相连实体的键的组合成为关系的键。

下面给出一个具体的 E-R 图转换为关系模型的示例。

【例 3-1】将图 3.13 所示的患者与医生之间的就诊 E-R 图转换为关系模型。

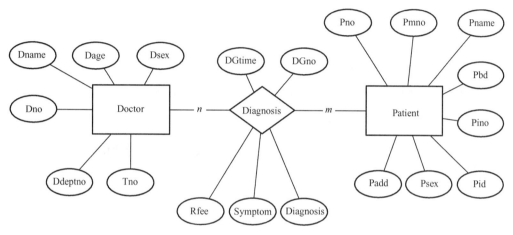

图 3.13 患者与医生之间的就诊 E-R 图

解：

（1）将 Patient（患者）实体转换为 Patient 模型如下。

Patient(Pno,Pmno,Pname,Pbd,Pino,Pid,Psex,Padd)

（2）将 Doctor（医生）实体转换为 Doctor 模型如下。

Doctor(Dname,Dage,Dsex,Dno,Ddeptno,Tno)

（3）将 Diagnosis（就诊）联系转换为 Diagnosis 模型如下。

Diagnosis(DGno,Diagnosis,Symptom,DGtime,Rfee)

3.4.3 用关系规范化理论对关系模型进行优化

老肖：从前述内容可知，概念模型向关系模型的转换可以有多种选择方式，因此数据库逻辑设计的结果也不是唯一的。在完成 E-R 图向 RDBMS 的转换之后，为了提高数据库系统的性能，还应该对转换后的关系模型进行适当的修改、调整和优化方面的工作。这些工作通常在针对关系模型的规范理论指导下完成，可以减少和消除关系模型中存在的各类异常情况，提高设计的完整性和一致性。可分为理论检测和实施规范化来完成该优化过程。

1. 确定范式的使用

采用各级范式来确定关系模型中的各种关系是否符合规范，检测数据依赖关系、函数依赖关系、传递依赖等。

2．实施规范化

根据需求说明书，分析实际应用环境中，确定对关系模型的选择和使用是否得当，以及是否需要调整和改进。

3.5　数据库的物理设计

完成对数据库逻辑结构的设计后，则进入数据库的物理设计阶段。数据库系统最终会在具体的物理设备上实现，对数据库在物理设备上存储结构和存取方法的选择将会直接影响最终数据库系统实现的性能。数据库的物理设计内容就是为确定的逻辑数据模型制定出适合的物理结构。

数据库的物理设计包含两个方面的内容。

（1）为逻辑数据模型确定物理结构，即前述的存储结构和存取方法。

（2）对整体物理结构的时间和空间性能进行评价。

结合需求设计说明书，若物理设计可达到数据库性能的要求，则将进入到数据库的物理实施阶段。否则，需要重新进行物理设计，甚至会返回到对逻辑数据模型的分析和修改。

3.5.1　数据库的物理结构确定

老肖：数据库在物理设备上的存储结构与存取方法称为数据库的物理结构，它依赖于选定的数据库管理系统。可以举例说明有哪些存储结构吗？

小杨：机械硬盘、SSD 和磁带都是不同的存储结构，如果数据库存储在不同的存储结构上，其物理结构也要做出相应调整。

老肖：对，那么存取方法又包含哪些呢？

小杨：索引存取方法、聚簇存取方法和 Hash 存取方法。

老肖：正确。要确定数据库的物理结构，要求设计人员对不同的数据库产品所能提供的物理环境有清晰的认识。不同 DBMS 产品提供了相异的数据存储结构和存取方法，可供设计人员使用的设计变量和参数范围也不尽相同，只有深入了解和掌握相关的物理特性，设计人员才能为逻辑数据模型设计出高性能的物理结构。

物理结构的确定应结合数据库事务的需求，考虑实际产品的物理参数特性进行选取，需要分析下述数据库事务处理的一些基本信息：

- 数据的查询关系；
- 查询条件和涉及的属性；
- 查询的投影操作；
- 连接条件和涉及的属性；
- 插入记录的属性要求；
- 插入记录的关联关系；
- 记录更新的关系；
- 更新操作条件和涉及的属性；
- 记录删除的关联关系。

这些内容涵盖了数据库查询、插入、删除和更新等基本操作。此外，事务在各类关系上的运行频度和性能要求也是必须考虑的内容。这些内容是确定物理结构的直接依据，在此基础上设计出关系数据的存储结构和存取方法。

1. 存储结构的设计

在数据库中，数据的操作一般是以存储记录为单位来进行的。从逻辑设计中得到的数据结构，如数据项的组成、类型和长度等信息，均可供物理设计考虑实际存储空间的部署和分配。

数据记录集合在存储空间中的保存称为文件，文件的组织方式可以是定长的，也可以是变长的。文件组织的结构涉及物理上的存储表示格式：文件的格式、逻辑排列顺序、物理存储顺序、访问路径、物理存储设备的分配等。

通常存储结构的设计是存储空间效率、存取时间性能，以及维护成本等方面综合考虑的结果。有两个方面的因素在存储结构设计时需要考虑。

（1）数据的存放位置。

数据根据操作或存取的性质进行区分存放。可根据应用情况把数据按照稳定部分、易变动部分、高频使用数据和不常使用数据等分类组织，并有针对性地采用不同的存储设备和存取策略进行设计，折中考虑性能和成本等因素。

（2）确定系统配置。

决定使用的 DBMS 产品后，需要对相应产品的系统配置变量、存储分配参数进行分析。DBMS所提供的默认配置只是针对大多数一般使用环境下的考虑，设计人员在进行物理设计时，应对具体的使用环境进行深入了解，优化这些系统参数的设置，以达到对数据库性能实现物理优化的目标。

2. 存取方法的设计

存取方法是为存取物理设备上的数据而提供存储和检索的方法。数据库管理系统一般都提供了多种存取方法。较为常用的有顺序存储（聚簇）、索引和 Hash 存取方法。

（1）聚簇。

聚簇是指为了提高某个属性，或者属性组的查询速度，把这些属性（聚簇键）按照具有相同键值的元组集中存放的原则，组织存储在连续的物理块中。

聚簇可以极大地提高这类属性的查询效率，有下述两个方面的好处。

● 节省存储空间。

相同聚簇键值的元组集中存储，只需为聚簇存储键值，可以避免为每个聚簇元组单独存储键值的开销。

● 提高查询速度。

聚簇数据查询时，可一次性提取聚簇元素的记录，可以避免对分散存储数据的多 I/O 操作，显著降低对低速存储设备的访问次数。

（2）索引。

索引是指根据应用要求，确定对关系的哪些属性列建立索引、组合索引及唯一索引等。为主关系键建立索引是一种常见的情况，这样不仅能够提高检索速度，还能够避免关系键重复值的录入，保证了数据的完整性。

关系上定义的索引并非越多越好，索引的建立和维护都需要较高的代价，索引的查找也需要额外的开销。当关系使用情况较少，而更新频度又很高时，需要仔细考虑索引的构建情况。因为关系的更新将导致关系上的索引也会有相应的修改，会极大地增加维护成本和时间开销。

（3）Hash 存取方法。

有些 DBMS 提供了 Hash 存取方法。它是一种直接存取方法，通过对 Hash 值的计算来获得存取地址。Hash 存取方法主要考虑 Hash 函数的设计，既要保证很好的计算效率，又要具有较好的散列性。

3.5.2　物理结构的评价

小杨：前面提到，在设计一个数据库时，应该尽量使数据库上运行的各种事务响应时间小、存储空间利用率高、事务吞吐率大，但是三者之间如何协调会成为很头疼的问题，因此会产生几种不同的物理结构设计方案。

老肖：在数据库设计过程中需要对时间效率、空间效率、维护代价和各种用户要求进行权衡，其结果可以产生多种方案。数据库设计人员选择一个较优化的方案执行。评价数据库物理结构的方法几乎完全依赖于所选用的 DBMS 产品，使用其提供的各种性能参数，计算得到准确的量化结果，以此来得到设计方案正确性的判断结果。

3.6　数据库的实施和运行维护

在完成数据库的各项设计工作后，系统开发人员就要使用 DBMS 所提供的数据定义语言和程序来实现数据库系统了。数据库的实现主要包括数据库实际结构的建立、装载数据、应用程序开发测试和数据库试运行等内容。

3.6.1　数据库实际结构的建立

小杨：当数据库物理结构设计完成后，我们需要创建数据库，用 DDL 来创建表、索引、视图等对象，那么利用什么工具来创建呢？

老肖：开发人员可以编写 SQL 语句来创建数据库、创建表和定义视图等，也可以使用数据库系统提供的管理工具来完成数据库的实施。例如，可以在 SQL Server 数据库中使用企业管理器的可视化工具来完成创建库和表等操作。

3.6.2　装载数据

小杨：当创建完表后，此时数据库里存在的都是空表，没有任何数据。为了测试数据库是否正常运行，我们需要一部分真实数据。

老肖：数据库建立起来后，在进入实施运行阶段前，必须有真实的数据存在，将真实数据录入数据库，这个过程称为数据的装载。

小杨：往往一个公司的业务数据十分庞大，而且数据来源于不同的业务部门，针对不同的处理业务，表现形式也多种多样，如数据文件、表单和报表等。要把这些数据全部装载到数据库中，需要极大的工作量。在数据导入的过程中，可能还存在一些问题。

老肖：要很好地和新建立的数据库系统融合，还存在下述一些问题。

（1）由于数据的来源各不相同，在局部应用中需要完成对数据的抽取、计算机录入、数据转换、分类整合等工作。

（2）数据量很大，数据录入工作需要耗费很大的人力和物力。

（3）数据中可能存在大量的冗余，录入过程中也可能会存在差错，因此对录入的数据还需要进行检测，以避免不正确的数据入库。

（4）现实的数据结构和设计、数据结构与组织方式等也可能会存在一定的差距，还需要考虑数据的载入调整。

小杨：针对这些问题，有什么好的解决方案吗？

老肖：由于上述问题的存在，在初期对数据库进行数据装载时，一次性全部装载显然并不是一个很好的主意。实际的最初数据装载仅小部分地尝试，这样既可以检测数据库对所装载数据的适应性，也可减少不匹配数据录入所致的浪费。另外，提高数据装载的自动化程度和录入效率，充分使用 DBMS 提供的数据转换工具，都可以帮助改进数据装载的性能。

3.6.3　应用程序开发测试

小杨：在物理设计阶段完成后，为了加快系统开发速度，DBA 和软件工程师需要同时开工，DBA 负责数据库中对象的创建和参数调整，软件工程师需要为数据库编写应用程序，这两条线应并行工作。

老肖：对，但是有一点需要注意，一旦物理结构确定后，不要反复改动，否则会对应用程序的开发造成很大困难。比如说，一张 Student(Name,No,Sex)表，应用程序插入数据时要编写 SQL 语句，如果应用程序快开发结束了，突然被告知 Student 表中把 Sex 属性去除，软件工程师会发疯的，因为需要检查整个应用程序，修改 SQL，否则运行过程中存在报错的可能性。

小杨：记住了，这如同修建大楼，如果不断改动地基，会对建筑造成潜在的危害。

老肖：在软件开发过程中，数据库应用程序要考虑批量数据的处理能力，外围的数据使用和展示，以及数据完整性检测的要求。数据库应用程序对数据库中数据的操作也存在多样性，特定的 DBMS 产品一般为各类程序设计语言都提供了存取接口，可方便实现各种类型的数据库应用程序开发。当然，整个数据库应用程序的开发过程与软件开发过程一样，需要经历设计、编码、调试和测试等步骤。

3.6.4　数据库试运行

小杨：装载了部分实际数据后，就可以运行数据库系统检测各项功能和事务处理是否正常，以及调整系统的各种参数了。

老肖：这个阶段的主要工作任务有 3 个方面。

1．功能性测试

实际运行数据库应用程序，执行数据库的各种操作，检测应用程序能否正确完成需求的各项功能。

2．性能测试

作为系统正式投入运行前的磨合期，这个阶段还要测试系统的各项性能指标，检测其是否能够达到设计的要求，并且根据系统试运行的实际情况，调整物理设计中所设定的各类运行参数，以达到运行时的最优。

3．非功能性测试

系统是为用户定制的，试运行过程中应充分让用户参与进来，让用户对人机交互友好性、操作合理性，以及稳定性等方面提出自己的意见和建议，以便及时进行改进。

试运行阶段处于新系统正式运行之前的磨合阶段，系统在软件、硬件方面存在的故障都可能会发生。系统的操作人员也是逐渐适应的阶段，可能会产生误操作的情况。因此，这个阶段应重视对数据库的备份和还原工作，以免在系统运行过程中，故障发生后导致数据受到破坏，增加额外的数据装载工作。

3.6.5　数据库运行与维护

小杨：当完成了数据库实际结构的建立、装载数据、应用程序开发测试和数据库试运行后，数据库就可以正式投入运行了，进入运行与维护阶段。

老肖：这时软件工程师的任务就暂告一段落了，DBA 开始进入主要角色，他需要运行与维护这个数据库系统。运行与维护需要保证 4 个方面的内容。

1. 数据库的备份和恢复

数据库的备份和恢复是系统运行中最基本的维护工作。数据库的特点是大数据量的处理，数据是其所有事务和工作的根本来源。一旦数据因故障而发生破坏或丢失，将会导致许多业务工作无法正常开展，同时这些数据的重新装载也会花费大量的人力和物力。因此，DBA 应针对不同的应用需求，制定相应的数据备份和转储计划，以达到尽可能降低故障损失的目标。

2. 数据库的完整性和安全性

当系统的应用环境发生变化时，不同用户的操作权限及数据存储的安全性要求也可能随之而发生相应的变化。DBA 应及时根据实际的情况监控和调整数据库的安全性，以保证用户的资料和信息不会受到损害。另外，变动也可能会导致对数据的完整性约束条件发生更改，需要 DBA 进行修正，以确保各类数据库应用程序的正常运行。

3. 数据库性能满足既定的要求

数据库系统发生变动后，DBA 需要对变动进行追踪，除保证变动后系统的功能应保持正常外，还应检测系统的性能是否仍然能满足用户的要求。DBMS 产品一般都提供了一些系统性能的监测工具，当 DBA 检测到系统的性能下降时，应分析下降原因并及时调整系统参数，以及进行数据库重组或重构的工作。

4. 数据库的重组和重构

在数据库运行过程中，存储的数据也在不断发生改变。记录的增加、删除和修改操作都会导致数据库的物理存储情况发生变化，这也会直接影响到对数据的存取效率。因此，DBA 应制定周期性的重组织计划，重新安排和整理数据的存储结构，处理存储碎片的合并与回收，以保证数据的存储效率和存取性能。

重组并不会改变原设计的逻辑和物理结构，然而数据库的重构却会改变数据库的模式和内模式。

重构一般发生在用户需求发生变动时，增加了新的应用和实体，或者实体之间的联系发生了变化等，这都将导致数据库的模式发生改变。所以，重构基本上是对系统的扩展性维护。数据库的重构是有限的，当用户的应用需求变化太大，即使采用了重构仍然无法控制时，标志着数据库应用系统的生命周期结束，需要进行新的数据库系统设计了。

小　　结

数据库的设计方法目前可分为四类：直观设计法、新奥尔良设计法、面向对象设计法和计算机辅助设计法。早期的数据库设计一般采用直观设计法，这种方法依赖于设计者的经验和技巧，缺乏科学理论和工程原则的支持，设计的质量很难保证。新奥尔良设计法将数据库设计分成需求分析（分析用户需求）、概念设计（信息分析和定义）、逻辑设计（设计实现）和物理设计（物理数据库设计）。面向对象设计法使用面向对象的概念和术语来描述和完成数据库的结构设计，并可方便地转换为面向对象的数据库。计算机辅助设计法借助于计算机辅助设计工具，为更方便、快捷地进行数据库开发提供了良好的条件。

数据库的设计需要经过 6 个阶段：需求分析、概念设计、逻辑设计、物理设计、实现、运行与维护阶段。

需求分析阶段的主要任务是通过详细调查要处理的对象，明确用户的各种需求，产生数据流图和数据字典，然后在此基础上确定新系统的功能，并产生需求说明书。

需求分析方法有原型化方法、结构化分析方法及数据流图分析方法。

需求分析的步骤分为需求调研、进行需求分析、编写需求说明书和需求验证。

数据字典是进行数据库设计的重要内容，是系统中所使用数据元素的定义和描述的集合。数据字典实际上可看作关于数据对象的数据表和视图。

概念设计阶段任务是在需求分析阶段产生的需求说明书的基础上，按照特定的方法把它们抽象为一个不依赖于任何具体机器的数据模型。

概念设计的方法有 4 种：自底向上、自顶向下、逐步扩张和混合策略。

逻辑设计阶段将概念结构进一步转化为某一 DBMS 所支持的数据模型，然后根据逻辑设计的准则、数据的语义约束、规范化理论等对数据模型进行适当的调整和优化，形成合理的全局逻辑结构，并设计出用户子模式。

逻辑设计一般分为 3 个步骤进行。

（1）将概念模型转换为适合的 3 类常用关系、网状、层次模型中的一种。

（2）为转换后的数据模型确定 DBMS 产品，并在该环境下实现数据模型向 DBMS 所支持的数据模型转换。

（3）对完成转换后的数据模型进行优化和评估。

数据库物理设计阶段的任务是根据具体计算机系统（DBMS 和硬件等）的特点，为给定的数据库模型确定合理的存储结构和存取方法。通常要考虑数据的存放位置和系统配置。

实现阶段的主要任务是对数据库的应用程序开发和调试，以及现实数据的录入和试运行等，包括数据库实际结构的建立、装载数据、应用程序开发测试和数据库试运行。

运行与维护阶段的主要任务是对数据进行备份和维护，以保证数据库系统的效率，以及根据实际运行情况和用户的需求变动进行调整。主要工作包括数据库的备份和恢复、数据库的完整性和安全性、数据库性能满足既定的要求和数据库的重组和重构。

习　　题

1. 试述数据库设计过程。
2. 试述数据库设计过程各个阶段中的设计描述。
3. 试述数据库设计过程中结构设计部分形成的数据库模式。
4. 试述数据库设计的特点。
5. 数据字典的内容和作用是什么？
6. 需求分析阶段的设计目标是什么？调查的内容是什么？
7. 什么是数据库的概念结构？试述其特点和设计策略。
8. 试述数据库概念设计的重要性和自底向上方法的设计步骤。
9. 什么是数据库的逻辑设计？试述其设计步骤。
10. 试述数据库物理设计的内容和步骤。
11. 试述数据库实施部署维护的内容和步骤。

第4章　实体-联系模型

实体-联系（E-R）模型的提出是为了帮助数据库设计，这是通过允许定义企业模型来实现的，企业模型代表了数据库的全局逻辑结构。E-R 模型是一种语义模型，力图从语义方面去表达数据的意义。E-R 模型在将现实世界的含义和相互关联映射到概念模式方面非常有用。因此，许多数据库设计工具都利用了 E-R 模型的概念。

本章主要介绍 E-R 模型的相关概念、设计和工具。

学习目标：

- 掌握 E-R 模型的实体、联系和属性
- 掌握 E-R 模型约束、扩展 E-R 属性
- 学会 E-R 图的设计
- 熟练使用 E-R 图的设计工具
- 了解统一建模语言 UML
- 了解数据建模的其他方法

4.1　实体-联系模型概述

4.1.1　实体集

小杨：老师，什么是实体？

老肖：实体是客观世界中描述客观事物的概念，是一个数据对象。实体可以是人，也可以是物或抽象的概念；可以指事物本身，也可以指事物之间的联系，如一个人、一件物品、一个部门等都可以是实体。

小杨：那么实体集就是具有相同属性（或性质）的实体集合了？

老肖：对！比如说，某个银行的所有客户的集合可以定义为实体集。实体集分为强实体集和弱实体集。强实体集是指不依赖于其他实体集存在的实体集。强实体集的特点是：每个实例都能被实体集的主键唯一标识。强实体集有时也称为父实体、主实体或统治实体。弱实体集是指依赖于其他实体集存在的实体集。弱实体集的特点是：每个实例不能用实体集的属性唯一标识。弱实体集也称为子实体、依赖实体或从实体。

4.1.2　属性

小杨：老师，属性又是什么呢？

老肖：属性是指实体具有的某种特性。属性用来描述一个实体。如医生实体可由编号、姓名、年龄、性别、所在病区、技术级别等属性来刻画。在一个实体中，能够唯一标识实体的属性或属性集称为实体标识符。但一个实体只有一个标识符，没有候选标识符的概念。实体标识符有时也称为实体的主键或主属性。

小杨：听说属性还能被分成简单属性、复合属性、单值属性、多值属性、派生属性、空值属性？

老肖：是的。下面听我慢慢说来。

1. 简单属性和复合属性

根据属性的类别，属性可分为简单属性（Simple Attribute）和复合属性（Composite Attribute）。简单属性是不可再划分的属性，如性别和年龄都是简单属性。复合属性是可以再划分为更小的部分（即属性可以嵌套），例如，患者的地址属性可分解为省份、城市、街道和邮政编码 4 个子属性，而街道又可分为街道名、门牌号 2 个子属性。因此，复合属性可以形成属性的层次结构，将相关属性聚合起来，从而使模型更加清晰。图 4.1 所示为复合属性"地址"的层次结构。

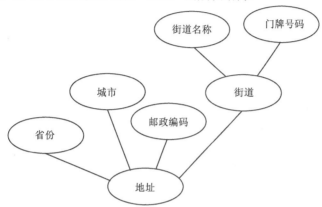

图 4.1　复合属性"地址"的层次结构

2. 单值属性和多值属性

根据属性的取值特点，属性又可以分为单值属性（Single-Valued Attribute）和多值属性（Multi-Valued Attribute）。单值属性是指同一个实体的属性只能取一个值。例如，同一个医生只能有一个性别，因此性别是一个单值属性。多值属性是指同一个实体的某些属性可能对应一组值。例如，一个患者可能有多个电话号码。多值属性用双线椭圆形框表示，具有多个电话号码的患者实体表示（多值属性的表示方法）如图 4.2 所示。在应用中可以对某个多值属性的取值数目进行上、下限的限制，如患者的电话号码可以限制在两个以内，这个限制表明实体患者的电话号码属性的值可以是 0～2 个。

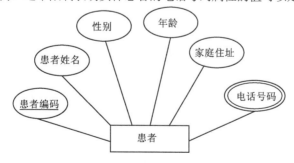

图 4.2　多值属性的表示方法

如果用上述方法简单地表示多值，在数据库的使用过程中将会产生大量的数据冗余，也会造成数据库潜在的数据异常、数据不一致性和完整性的问题。因此，我们需要修改原来的 E-R 模型，对多值属性进行变换。多值属性的变换通常有两种方法。

（1）将原来的多值属性用几个新的单值属性来表示。

例如，患者的"电话号码"属性可以用家庭电话、办公电话、移动电话等进行分解，变换结果如图 4.3 所示。

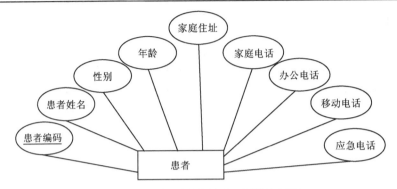

图 4.3　多值属性的变换结果（新属性方法）

（2）将原来的多值属性用一个新的实体类型表示。

这个新的实体类型和原来的实体类型之间是 $1:N$ 联系，新的实体依赖于原来的实体而存在，因此称新的实体为弱实体。在 E-R 模型中，弱实体用双线矩形框表示，与弱实体相关的联系用双线菱形框表示。关于弱实体在后面将详细讲解。在医院管理信息数据库中可以增加一个电话号码弱实体，患者实体与该电话号码弱实体之间具有"拥有"联系，其变换结果如图 4.4 所示。

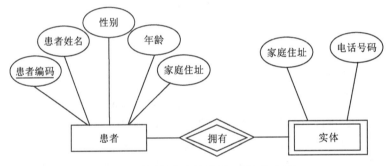

图 4.4　多值属性的变换结果（弱实体方法）

3. 派生属性

通过别的相关属性或实体推导出来的属性称为派生属性（Derived Attribute）。例如，在患者实体中，患者年龄可以由患者的出生日期与当前就诊日期推导出来。派生属性的值不仅可以从其他属性导出，也可以从相关的实体导出。派生属性用虚线椭圆形与实体相连，如图 4.5 所示。

4. 空值属性

当实体在某个属性上没有值时应该使用空值（Null Value）。例如，新应聘到医院的医生尚未分配岗位，则该医生所属科室的属性值应该为空值，表示未知或无意义。

4.1.3　联系集

小杨：描述客观世界，除实体和属性外，还有别的吗？

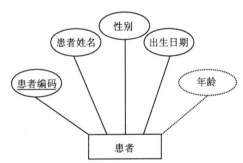

图 4.5　派生属性的表示

老肖：还有，就是联系。联系表示一个或多个实体之间的关联关系。现实世界的事物总是存在着这样或那样的联系，这种联系必然要在信息世界中得到反映。在信息世界中，事物之间的联系可分为两类：一类是实体内部的联系，如组成实体的各属性之间的关系；另一类是实体之间的联系。这里我们主要讨论实体之间的联系。联系是实体之间的一种行为，一般用动词来命名联系，如"就诊""交费""发药"等。

4.2　约　　束

4.2.1　映射基数

小杨：映射基数这一名词的英文是"Mapping Cardinality"。

老肖：对，映射基数又称为基数比率，指的是一个实体通过一个联系能同时与多少个实体相关联。

小杨：在前面的内容中，已经描述了一对一、一对多和多对多联系的例子。

老肖：现在我们只讨论二元联系（两个实体之间的关联）。现有实体集 A 和 B，映射的基数分为 4 种情况。

● 一对一：A 中的一个实体至多同 B 中的一个实体相关联，B 中的一个实体也至多同 A 中的一个实体相关联。

● 一对多：A 中的一个实体可以同 B 中的任意数目实体相关联，而 B 中的一个实体至多同 A 中的一个实体相关联。

● 多对一：B 中的一个实体可以同 A 中的任意数目实体相关联，而 A 中的一个实体至多同 B 中的一个实体相关联。

● 多对多：A 中的一个实体可以同 B 中的任意数目的实体相关联，B 中的一个实体也可以同 A 中的任意数目的实体相关联。

4.2.2　参与约束

老肖：如果实体集 A 中的每一个实体都参与到联系集 R 的至少一个联系中，则称实体集 A 全部参与到联系集 R 中。如果实体集 A 中部分实体参与到联系集 R 的联系中，则称实体集 A 部分参与联系集 R。

4.3　实体-联系图

小杨：在数据库设计中我们提到需求分析完成之后，开始进行概念设计，其中要使用 E-R 图。

老肖：嗯，所以今天我们来具体介绍 E-R 图的使用，首先来看 3 个概念。

1. 实体（Entity）

在 E-R 图中，实体用方框表示，方框内注明实体的名称。实体名通常用大写字母开头的具有特定含义的英文名词表示。但建议实体名在需求分析阶段使用中文表示，这样有利于分析人员和需求方之间的交流。而在设计阶段再根据需要转换成英文形式，则有利于技术人员的实现。例如，医生实体表示如图 4.6 所示。

2. 属性（Attribute）

在 E-R 图中，属性用椭圆形框表示，并用无向边将属性与对应的实体连接起来。实体的主键用下画线加以标注。例如，医生实体的属性表示如图 4.7 所示。

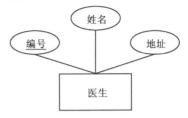

图 4.6　医生实体表示

图 4.7　医生实体的属性表示

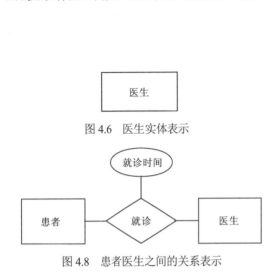

图 4.8　患者医生之间的关系表示

3．联系（Relationship）

在 E-R 图中，联系用菱形框表示，并用无向边将其与相关的实体连接起来。

联系也可能会有属性，用于描述联系的特征，如就诊时间、发药数量等，但联系本身没有标识符。例如，患者与医生之间的关系表示如图 4.8 所示。

4.4　扩展的实体-联系模型特性

小杨：E-R 模型有什么用呢？它没缺点吗？

老肖：采用 E-R 模型能够建立一些基本的数据库应用系统，如进销存管理、客户关系管理等系统。然而，自 20 世纪 80 年代以来，许多新型的数据库应用系统得到快速发展，它们比传统的应用系统提出了更多的数据库需求。这些数据库应用系统包括计算机辅助设计（CAD）、计算机辅助制造（CAM）、计算机辅助软件工程（CASE）、办公信息系统（OIS）和地理信息系统（GIS）等。只使用 E-R 模型的基本概念，已经无法充分地表示这些新的复杂应用系统。

小杨：哦，那怎么办？没有更好的解决方案吗？

老肖：基于以上这些情况，需要促使新的语义建模概念的发展。顺应发展，对基本 E-R 模型做了某些扩展来更恰当地表述。支持附加语义概念的 E-R 模型也称为增强的实体联系（Enhanced Entity-Relationship，EER）模型。下面将学习扩展的 E-R 特性。

1．特殊化/概化

特殊化/概化的概念与一些特殊实体类型及属性继承联系在一起，这些特殊的实体类型称为超类（Superclass）和子类（Subclass）。

（1）超类和子类的概念。

一个实体类型表示一些同类型实体的集合。这一实体类型可能包含一些子集，子集中的实体在某些方面区别于实体集中的其他实体，也可以将实体类型组织成包含超类和子类的分层结构。

当较低层上的实体类型表达了与之联系的较高层上的实体类型的特殊情况时，就称较高层上实体类型为超类，较低层上实体类型为子类。

（2）超类和子类的性质。

● 子类与超类之间具有继承性的特点，即子类实体继承超类实体的所有属性。但子类实体本身还可以包含比超类实体更多的属性。

● 这种继承性是通过子类实体和超类实体有相同的实体标识符实现的。

超类一般含有独立子类。例如，"患者"实体类型可以分为"自费患者"和"社保患者"。这里的"患者"实体类型应看作超类；"自费患者"和"社保患者"实体类型应看作子类。超类和它的任意一个子类之间的联系称为一个超类/子类联系。例如，患者/自费患者就是超类/子类联系。

子类中的每个成员同样也是超类的成员，也就是说，子类中的实体也是超类中的一个实体，但有着不同的角色。超类和子类之间是一对一的关系。有些超类的子类可能存在重叠，例如，医院院长既是一名管理人员又可能是一名医生，因此，医院院长是员工超类的两个重叠子类。

为了避免在一个实体中描述那些不同类型的员工可能具有的不同属性，就可以采用超类和子类。例如，"自费患者"和"社保患者"一般都分别具有一些特殊的属性，如果在每个"患者"实体中既描述所有"患者"的属性，又描述那些仅与特定类型"患者"相关的特殊属性，这就会导致某些"患者"实例中与其无关的那些属性是空值。例如，"社保患者"实体可以有"社保编号"和"社保类型"属性，而普通的"自费患者"就没有这些属性数据，从而造成存在空值的现象。试图用单个实体来表示所有的"患者"时，那些无法共享的属性就带来了问题。

将超类和子类的概念引入 E-R 模型有两个主要原因：第一，避免对相似的概念进行重复描述，使E-R 图具有更好的可读性；第二，通过一种很多人都非常熟悉的形式为设计添加更多的语义信息。例如，"社保患者是一名患者"这些断言使用一种简练的形式传递了有意义的语义内容。

2. 属性继承

例如，"社保患者"子类的成员继承了超类"患者"的所有属性，包括患者编码、姓名、性别、年龄等，同时还具有"社保患者"子类特有的属性"社保编号"和"社保类型"。

一个子类也是一类实体，因而子类也可以有一个或多个自己的子类。同样，子类的子类也可以有自己的子类，以此类推。例如，"社保患者"可以有自己的子类"省级社保患者""市级社保患者"和"区级社保患者"等。这就形成了类型层次。类型层次有两类：一类是特殊化层次，如"社保患者"是"患者"的一个特殊化；另一类是概化层次，如"患者"是"社保患者"的概化，可标记为"社保患者" IS-A "患者"。

当一个子类不止有一个超类时，这个子类则为共享子类。共享子类的成员必须是所有相关超类的成员。因此，超类的属性都被共享子类所继承，同时，共享子类还可以有子集的附加属性，这种继承称为多继承。

3. 特殊化过程

特殊化过程是通过标识实体成员的差异特征使成员间的差异最大化的过程。特殊化是一种自上而下的方法。这种方法定义一系列的超类和它们相关的子类，而子类的定义是建立在超类中实体之间差异特征的基础之上的。当为一个实体类型确定子类时，将属性和特殊子类关联起来，并确定子类之间的联系，以及子类和其他实体类型或子类之间的联系。例如，对"患者"实体进行特殊化过程时，需要确定该实体成员之间的差异，如成员的独特属性和联系。具有不同医疗费用报销处理方法的患者类型，如"自费患者"和"社保患者"，它们拥有各自特有的属性，所以就将"患者"确定为超类，"自费患者"和"社保患者"确定为"患者"超类的子类。

4. 概化过程

概化过程过程是通过标识实体成员间的共同特征使成员间的差异最小化的过程。概化是一种自下而上的方法，最终的结果是从一些最初的实体类型中概化出一个超类。例如，根据医疗费用报销的方法差异，医疗中存在"省级社保患者""市级社保患者"和"区级社保患者"这些独立的实体类型，如果要对这些实体类型进行概化，就需要标识出这些实体具有的属性和联系。这些实体共享"社保患者"所具有的属性"社保编码"，所以可以将"省级社保患者""市级社保患者""区级社保患者"子类概化成为一个"社保患者"超类。而"自费患者"和"社保患者"又具有共同属性"患者编码""姓名""性别"和"年龄"等，因此，可以将"自费患者"和"社保患者"概化为"患者"超类。

由于概化过程可以看作特殊化过程的逆过程，因此称这种建模概念为特殊化/概化。患者实体的特殊化/概化如图 4.9 所示。

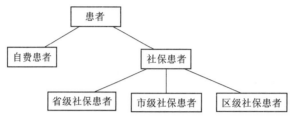

图 4.9　患者实体的特殊化/概化

4.5　实体-联系设计

4.5.1　E-R 图设计

小杨：在介绍完这么多的概念之后，我们该利用这些知识开始 E-R 图的设计了吧。

老肖：是的，E-R 图的设计分为局部设计、全局设计两个内容。

1. 设计局部 E-R 图

设计局部 E-R 图的主要工作是要确定实体和联系的定义、属性的分配，以及根据系统的实际情况，恰当地划分出各个分系统的局部结构范围。

由于在现实世界中，实际的应用基本上对实体和属性已经做了大体的自然划分，因此，在局部 E-R图设计中，在前述的抽象工作的基础上可较方便地完成。数据抽象后得到的实体和属性需要做适当的调整，在调整的过程中应遵循两个基本原则。

● "属性"是不可分的最小数据项，不能再具有需要描述的性质。因此，属性不能是聚集性质，也不能包含其他的属性项。

● "属性"不能与其他的实体具有联系，联系只能发生在实体之间。

只要是满足上述两个原则的对象，都可以被看作属性。和实体相比，属性更加简单，不具备独立的使用特征，因而不能与其他实体具有联系。如果某个实体对象对于具体应用来说没有进一步划分的必要，并且仅作为对某类实体特征的描述，则该实体对象可被划分为属性。图 4.10 所示为在岗编号分别作为实体和属性两种类别的情况。

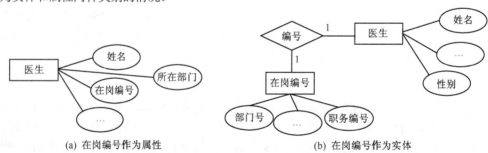

(a) 在岗编号作为属性　　　　　　　　　　(b) 在岗编号作为实体

图 4.10　在岗编号两种不同的情况

在图 4.10（a）中，用户不关心在岗编号的应用，只作为表征医生的一种属性存在。在图 4.10（b）

中，实体医生没有标记部门的属性，而是通过与之联系的在岗编号实体的属性来决定医生所在的部门。

一般情况下，只要能够作为属性对待的数据对象，应尽量设计为属性，以达到简化 E-R 图的目的。

随后更多的设计工作将放在对局部子模式结构的范围确定上。采用模块化的设计方法，可把大系统划分为多个相对独立的子系统。这种设计方法可以降低系统设计的复杂性，还可以使得各个子模块的工作内容更加清晰，增强模块的可重用性。对局部子模式的划分主要需要处理好子模块的内聚性和各个子模块之间的接口情况。

图 4.11 所示为 HIS 中的全局 E-R 图。为了简洁表达，图 4.11 中省略了实体的属性。图 4.12 所示是 HIS 中的局部 E-R 图。图 4.12（a）描述了部门（Dept）实体的自关联局部 E-R 图；图 4.12（b）描述了医生与部门之间的工作联系（Work）的局部 E-R 图；图 4.12（c）描述了患者与其联系电话的拥有联系（Own）局部 E-R 图；图 4.12（d）描述了患者、医生和药品之间的就诊、处方和交费联系的局部 E-R 图。

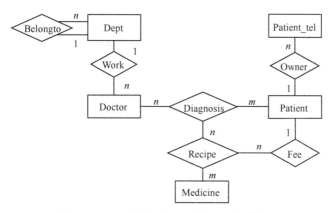

图 4.11 HIS 中的全局 E-R 图（不含属性）

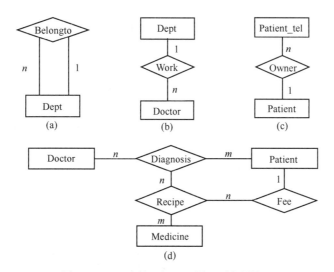

图 4.12 HIS 中的局部 E-R 图（不含属性）

局部模块的划分也可以考虑根据实际的业务或工作环境的需要进行设计。

2．全局 E-R 图集成

在局部 E-R 图设计完成之后，接下来的工作就是集成这些局部图，形成全局 E-R 图。常用的集成方法有多元集成法和二元集成法。多元集成即一次性把多个局部 E-R 图集成为一个全局 E-R 图；二元集成则把局部图两两合并，然后再逐层向上合并成全局 E-R 图。图 4.13 所示是局部 E-R 图合并成全局 E-R 图。

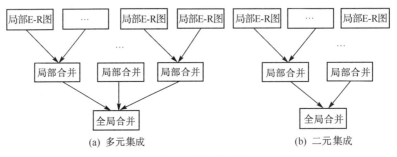

(a) 多元集成   (b) 二元集成

图 4.13　局部 E-R 图合并成全局 E-R 图

　　具体选择何种合并方法应主要根据实际系统的复杂情况来考虑。但不论用那种合并方法，都需要考虑合并过程中可能存在的冲突情况。如果局部图在合并过程中出现冲突，必须考虑到对局部图的修改和重构。这个过程也很类似在对软件系统集成时，子模块使用全局数据发生冲突或接口不一致产生冲突时的解决。

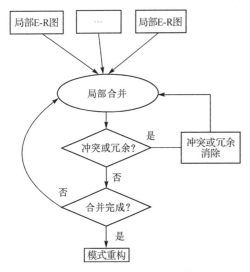

图 4.14　对冲突、冗余的消除与模式的重构过程

　　图 4.14 所示为全局合并时对冲突、冗余的消除与模式的重构过程。

　　全局视图集成的主要工作为冲突发生时的消除、冗余发生时的消除及模式的重构。下面分别对这 3 个方面进行介绍。

　　（1）消除冲突。

　　E-R 图局部模式之间的冲突主要有 3 种类型：属性冲突、命名冲突和结构冲突。

　　① 属性冲突。

　　属性冲突中包括类型、取值范围、取值单位的冲突。 例如，对某个病的患者年龄的记录追踪，其中一个部门是进行基础信息的记录存档，因此仅需使用出生年月日的标记；而另一个部门则因为要对患者的年龄分布进行分析，所以采用了实际岁数的存储方式。此属性对应不同部门的类型和取值范围都不同，部门交互时发生属性冲突。在实际应用中，属性冲突的问题可以通过部门协商方式解决，也可以根据实际应用需求考虑是否将属性统一或分离表示。

　　② 命名冲突。

　　局部模式中使用的数据对象名字与其他模块产生冲突。同名异义和异名同义是常见的命名冲突。同名异义是指同一名字使用在不同的局部模式中表示了不同的含义，在集成时该名字就会发生语义冲突，不知应该如何赋予该事物含义。异名同义带来的问题一般是不一致或冗余，可以考虑协商以统一命名方式解决。

　　③ 结构冲突。

　　结构冲突常见的一种情况是同一实体在不同的局部 E-R 图中包含的属性个数不完全相同，这种情况的发生是因为不同的局部模式所关注数据对象的侧重点是不完全一样的。实际情况中可考虑取属性的合集来解决这一问题。

集成过程中消除冲突后，需要进一步考虑的一个问题是消除冗余。

（2）消除冗余。

冗余存在于实体数据和实体间的冗余联系。冗余数据是指可由基本数据导出得到的数据，冗余联系则是指可由其他关系联合导出的联系。当然，这类冗余也是相对的，有时考虑到性能和效率等综合因素，一些冗余的存在还是可以被接受的。

（3）模式重构。

进行模式重构，在消除了冲突和冗余后，需要对整个集成模式进行调整，使其满足全部完整性约束条件。

4.5.2　用实体集还是用属性

小杨：现在有一个关系，职员(职员姓名,职员 ID,电话)，但是电话类型有好几种，可以有家庭联系电话和手机联系电话，这时应该怎么办呢？

老肖：这里需要考虑的是用实体集还是用属性。显然电话可以有"家庭""办公室""移动电话"，所以我们要考虑把电话作为一个新的实体，不再是职员实体中的一个属性，重新定义如下。

实体集：职员(职员姓名,职员 ID)

实体集：电话(电话号码,电话类型)

联系集：职员-电话(职员 ID,电话号码)

如果将电话处理成为职员实体下的一个属性，则表示对于每个职员，正好有一个电话号码与之联系。当然我们也可以通过将电话定义为一个多值属性来允许一个职员有多个电话。那么，职员的这两种定义模式主要有什么差别呢？

这两者的主要差别是，将电话作为一个实体来建模可以保存关于电话的额外信息，如它的类型。因此把电话作为一个新的实体比属性更为实用。

小杨：那么究竟怎么区分实体和属性呢？

老肖：这个问题不能简单地回答，需要具体问题具体分析。区分它们主要依赖于被建模的实际企业的结构，以及被讨论的属性的相关语义。

4.5.3　用实体集还是用联系集

老肖：我们今天来讨论一个对象应该定义为实体集还是联系集，一般情况下，需要依据实际情况而定。现在有客户和运营商两个实体：客户(客户 ID,客户姓名,所在单位)；运营商(运营商 ID,公司名称,法人代表)，现在，客户 A 需要向运营商中国移动申请手机号码，客户和运营商产生联系，现在我们是否可以重新定义客户呢？

小杨：(客户 ID,客户姓名,所在单位,手机号码,运营商 ID)。

老肖：但是某一天，客户 A 想再拥有一个电信手机号码，移动的公用，电信的私用，这时客户关系如何存储两个手机号码呢？

小杨：(客户 ID,客户姓名,所在单位,手机号码 1,运营商 1ID,手机号码 2,运营商 2ID)。

老肖：如果今后客户 A 还想申请新的手机号码，客户的表结构会不断变化，则会导致应用程序出现危险（错误）。因此，我们可以重新定义客户和运营商的联系，使用客户-运营商联系(客户 ID,运营商 ID,手机号码)，这样客户 A 就可以同时拥有多个号码，客户的表结构也不需要发生变动。但是，这样会产生问题，更新客户-运营商联系中的客户 ID，可能导致数据产生不一致的状态。根据实际情况选择一个后，避免了危险的出现，现时有可能产生新的问题。

4.5.4　二元还是 *n* 元联系集

老肖：现在有 3 个实体：卖家(卖家 ID,卖家名称,开店时间)；买家(买家 ID,买家名称,账户余额)；商品(商品 ID,商品名称,商品类别)。

3 个实体通过卖家出售商品给买家建立一个三元联系订单(订单编号,卖家 ID,买家 ID,商品 ID,数量,金额)，这种三元结构有什么优劣呢？

小杨：好处是可以清晰地表示几个实体参与到一个联系集中，但是三元联系一致性难以维护。例如，订单表中有 100 万条数据，其中商品 ID = 1001 的记录有 1 万条，如果有一天，需要将 1001 更新成 1002，可能会出现不一致的结果。

老肖：对，数据库中联系通常都是二元的。一些看来非二元的联系实际上可以用多个二元关系更好地表示。例如，上面的联系可以拆分为(订单编号,卖家 ID,买家 ID)和(订单编号,买家 ID,商品 ID,数量,金额)。

事实上，一个非二元的联系集总可以用一组不同的二元联系集来替代。

4.6　数据建模的其他表示法及工具

4.6.1　统一建模语言

小杨：上面说了那么多 E-R 模型的有关知识，我们可以使用什么工具来表达这种模型呢？

老肖：首先出场的是 UML，使用它可以很好地对数据建模。

统一建模语言（Unified Modeling Language，UML）是非专利的第三代建模和规约语言。UML 是一种开放的方法，用于说明、可视化、构建和编写一个正在开发的、面向对象的、软件密集系统的制品的开放方法。UML 展现了一系列最佳工程实践，这些最佳工程实践在对大规模、复杂系统进行建模方面，特别是在软件架构层次方面已经被验证有效。

UML 集成了 Booch、OMT 和面向对象软件工程的概念，将这些方法融合为单一的、通用的，并且可以广泛使用的建模语言。UML 将成为可以对并发和分布式系统的标准建模语言。

UML 并不是一个工业标准，但在 OMG（Object Management Group）的主持和资助下，UML 正在逐渐成为工业标准。OMG 之前曾经呼吁业界向其提供有关面向对象的理论及实现的方法，以便制作一个严谨的软件建模语言（Software Modeling Language）。有很多业界的领袖也真诚地回应 OMG，帮助它建立一个业界标准。

在 UML 系统开发中有 3 个主要的模型。

● 功能模型：从用户的角度展示系统的功能，包括用例图。

● 对象模型：采用对象、属性、操作、关联等概念展示系统的结构和基础，包括类图、对象图。

● 动态模型：展现系统的内部行为，包括序列图、状态图、活动图。

下面详细介绍一些图形。

（1）用例图。

用例图描述了系统提供的一个功能单元。用例图的主要目的是帮助开发团队以一种可视化的方式理解系统的功能需求，包括基于基本流程的"角色"（Actors，也就是与系统交互的其他实体）关系，以及系统内用例之间的关系。用例图一般表示出用例的组织关系：要么是整个系统的全部用例，要么是完成具有功能（如所有安全管理相关的用例）的一组用例。要在用例图上显示某个用例，可绘制一个椭圆，然后将用例的名称放在椭圆的中心或椭圆下面的中间位置。要在用例图上绘制一个角色（表示一个系统用户），可绘制一个人形符号。角色和用例之间的关系使用简单的线段来描述，如图 4.15 所示。

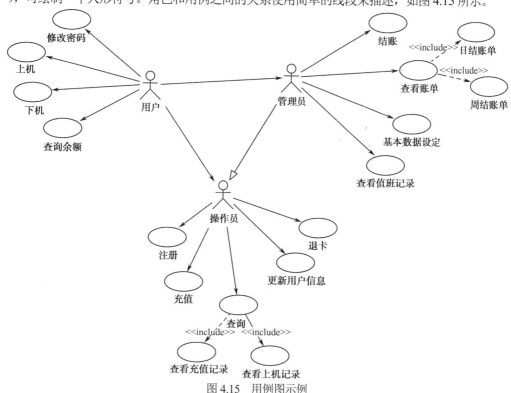

图 4.15 用例图示例

（2）类图。

类图表示不同的实体（人、事物和数据）如何彼此相关。换句话说，它显示了系统的静态结构。类图可用于表示逻辑类，逻辑类通常就是业务人员所谈及的事物种类，如摇滚乐队、CD、广播剧，或者贷款、住房抵押、汽车信贷及利率。类图还可用于表示实现类，实现类就是程序员处理的实体。实现类图或许会与逻辑类图显示一些相同的类。但是，实现类图不会使用相同的属性来描述，因为它很可能具有对诸如 Vector 和 HashMap 这种事物的引用。

类在类图上使用包含 3 部分的矩形来描述，如图 4.16 所示。最上面的部分显示类的名称，中间部分包含类的属性，最下面的部分包含类的操作（或方法）。

（3）序列图。

序列图显示具体用例（或用例的一部分）的详细流程。它几乎是自描述的，并且显示了流程中不同对象之间的调用关系，同时还可以详细地显示对不同对象的不同调用。

序列图有两个维度：垂直维度，以发生的时间顺序显示消息/调用的序列；水平维度，显示消息被发送到的对象实例。

序列图的绘制非常简单。横跨图的顶部，每个框表示每个类的实例（对象）。在框中，类实例名称和类名称之间用空格/冒号/空格来分隔。如果某个类实例向另一个类实例发送一条消息，则绘制一条具有指向接收类实例的开箭头的连线，并把消息/方法的名称放在连线上面。对于某些特别重要的消息，可以绘制一条具有指向发起类实例的开箭头的虚线，将返回值标注在虚线上。建议绘制出包括返回值的虚线，这些额外的信息可以使得序列图更易于阅读。

阅读序列图也非常简单。从左上角启动序列的"驱动"类实例开始，然后顺着每条消息往下阅读，如图 4.17 所示。

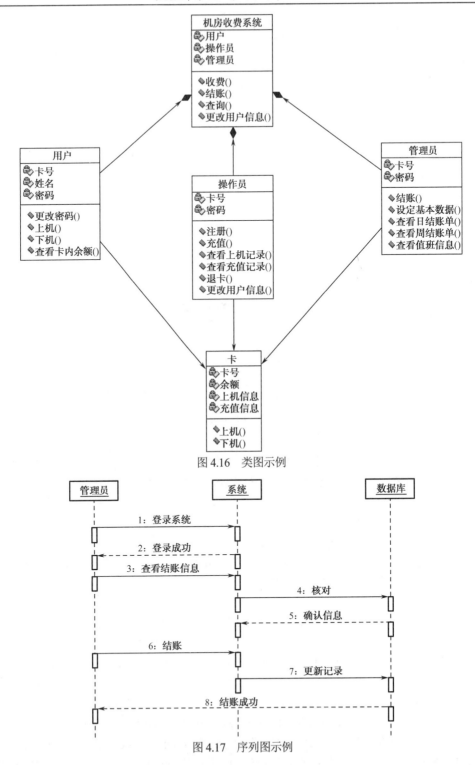

图 4.16　类图示例

图 4.17　序列图示例

（4）状态图。

状态图表示某个类所处的不同状态和该类的状态转换信息。有人可能会说每个类都有状态，但不是每个类都应该有一个状态图。只对"感兴趣的"状态的类（也就是说，在系统活动期间具有 3 个或更多潜在状态的类）才进行状态图描述。

　　如图 4.18 所示，状态图的符号集包括 5 个基本元素：初始起点，使用实心圆来绘制；状态之间的转换，使用具有开箭头的线段来绘制；状态，使用圆角矩形来绘制；判断点，使用空心圆来绘制；一个或多个终止点，使用内部包含实心圆的圆来绘制。要绘制状态图，首先绘制起点和一条指向该类的初始状态的转换线段。状态本身可以在图上的任意位置绘制，然后只需使用状态转换线条将它们连接起来即可。

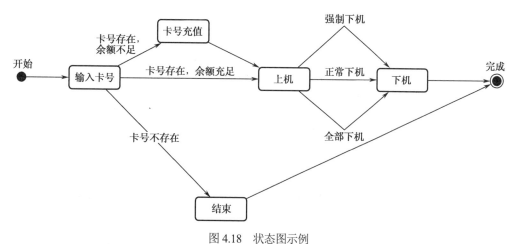

图 4.18　状态图示例

　　（5）活动图。

　　活动图表示在处理某个活动时，两个或更多类对象之间的过程控制流。活动图可用于在业务单元的级别上对更高级别的业务过程进行建模，或者对低级别的内部类操作进行建模。活动图最适合用于对较高级别的过程建模，如公司当前在如何运作业务，或者业务如何运作等。这是因为活动图与序列图相比，在表示上"不够技术性"，但有业务头脑的人们往往能够更快速地理解它们。

　　活动图的符号集与状态图中的符号集类似。像状态图一样，活动图也从一个连接到初始活动的实心圆开始。活动是通过一个圆角矩形（活动的名称包含在内）来表示的。活动可以通过转换线段连接其他活动，或者连接判断点。这些判断点连接由判断点的条件所保护的不同活动。结束过程的活动连接一个终止点（就像在状态图中的一样）。作为一种选择，活动可以分组为泳道（Swimlane），泳道用于表示实际执行活动的对象，如图 4.19 所示。

　　（6）组件图。

　　组件图提供系统的物理视图。它的用途是显示系统中的软件对其他软件组件（如库函数）的依赖关系。组件图可以在一个非常高的层次上显示，从而仅显示粗粒度的组件，也可以在组件包层次上显示。

　　组件图的建模最适合通过例子来描述。图 4.20 显示了 5 个组件：机房收费系统、机房收费系统 FRM、机房收费系统 EXE、报表和 Excel。从机房收费系统组件指向机房收费系统 FRM、机房收费系统 EXE、报表和 Excel 组件的带箭头的线段，表示机房收费系统依赖于其余 4 个组件。

　　（7）部署图。

　　部署图表示该软件系统如何部署到硬件环境中。它的用途是显示该系统不同的组件将在何处物理地运行，以及它们如何彼此通信。因为部署图是对物理运行情况进行建模的，所以系统的生产人员可以很好地利用这种图。

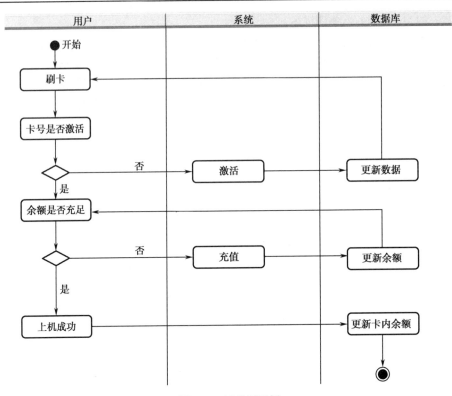

图 4.19　活动图示例

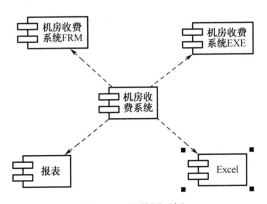

图 4.20　组件图示例

部署图中的符号包括组件图中所使用的符号元素，另外还增加了几个符号，包括节点的概念。一个节点可以代表一台物理机器，或者代表一个虚拟机器节点（如一个大型机节点）。要对节点进行建模，只需绘制一个三维立方体，节点的名称位于立方体的顶部。所使用的命名约定与序列图中的相同：[实例名称]：[实例类型]（如"Dell PowerEdge 2650:Web Server"），如图 4.21 所示。

现在已经有多种软件工具可以帮助把 UML 图集成到软件开发过程中，其中常用的 UML 建模工具有 StarUML、Rose、PowerDesigner 和 Visio。

1. StarUML

StarUML（简称 SU）是一种创建 UML 类图，生成类图和其他类型的 UML 图表的工具。StarUML

是一个开源项目，具有发展快、灵活、可扩展性强等特点。

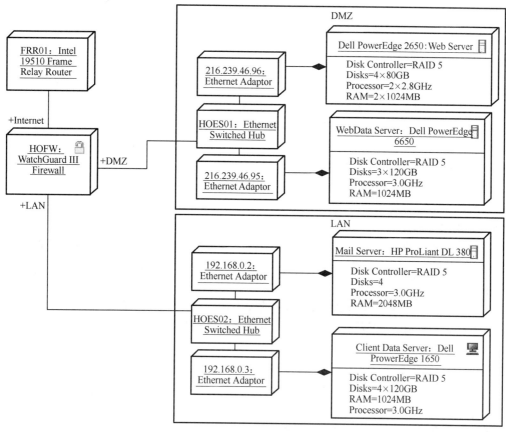

图 4.21 部署图示例

2. Rose

Rose 是直接从 UML 发展而诞生的设计工具，它的出现就是为了对 UML 建模的支持。它主要是在开发过程中的各种语义、模块、对象及流程、状态等描述比较好，主要体现在能够从各个方面和角度来分析和设计，使软件的开发蓝图更清晰，内部结构更明朗，对系统的代码框架生成有很好的支持。但它对数据库的开发管理和数据库端的迭代不是很好。

3. PowerDesigner

PowerDesigner 原来是对数据库建模而发展起来的一种数据库建模工具。直到其 7.0 版才开始对面向对象开发的支持，后来又引入了对 UML 的支持。但是由于 PowerDesigner 侧重点不一样，所以它对数据库建模的支持很好，支持了市面上 90%左右的数据库。如果使用 UML 分析，它的优点是生成代码时对 Sybase 的产品 PowerBuilder 的支持很好（其他 UML 建模工具则没有或需要一定的插件），对其他面向对象语言如 C++、Java、VB、C#等的支持也不错。

4. Visio

UML 建模工具 Visio 原来仅是一种画图工具，能够用来描述各种图形（从电路图到房屋结构图），从 Visio 2000 才开始引进软件分析设计功能到代码生成的全部功能。它可以说是目前最能够用图形方式来表达各种商业图形用途的工具（对软件开发中的 UML 支持仅是其中很少的一部分）。它跟微软公司的 Office 产品能够很好兼容，能够把图形直接复制或内嵌到 Word 文档中。但是对于代码的生成更多的是支持微软公司的产品，如 VB、VC++、MS SQL Server 等（这也是微软公司的传统），所以它用于图形语义的描述比较方便，但用于软件开发过程的迭代有些牵强。

4.6.2　数据建模的其他方法

IDEF 的含义是集成计算机辅助制造（Integrated Computer－Aided Manufacturing，ICAM）DEFinition。最初的 IDEF 方法是在美国空军 ICAM 项目中建立的，开发了三种方法：功能建模（IDEF0）、信息建模（IDEF1）、动态建模（IDEF2）。后来随着信息系统的相继开发，又开发出了下列 IDEF 族方法：数据建模（IDEF1X）、过程描述获取方法（IDEF3）、面向对象的设计（OO 设计）方法（IDEF4）、使用 C++语言的 OO 设计方法（IDEF4C++）、实体描述获取方法（IDEF5）、设计理论获取方法（IDEF6）、人-系统交互设计方法（IDEF8）、业务约束发现方法（IDEF9）、网络设计方法（IDEF14）等。根据用途，可以把 IDEF 族方法分成两类。

第一类 IDEF 方法的作用是沟通系统集成人员之间的信息交流。主要有 IDEF0、IDEF1、IDEF3、IDEF5。IDEF0 通过对功能的分解、功能之间关系的分类（如按照输入、输出、控制和机制分类）来描述系统功能。IDEF1 用来描述企业运作过程中的重要信息。IDEF3 支持系统用户视图的结构化描述。IDEF5 用来采集事实和获取知识。

第二类 IDEF 方法的重点是系统开发过程中的设计部分。目前有两种 IDEF 设计方法：IDEF1X 和 IDEF4。IDEF1X 可以辅助语义数据模型的设计。IDEF4 可以产生面向对象实现方法所需的高质量的设计产品。

IDEF1X 模型的基本结构和 E-R 模型基本类似，主要有以下元素。

（1）实体（如人、地点、概念、事件等）用矩形方框表示。

（2）实体之间的关系（联系），用方框之间的连线表示。

（3）实体的属性，用方框内的属性名称来表示。

实体（IDEF1 方法 1）：

● 独立实体用直角方形框表示，从属实体用圆角方形框表示；

● 实体用实体名/实体号标识；

● 从属实体的实例依赖于独立实体实例的存在而存在。

独立/从属实体示例如图 4.22 所示。

图 4.22　独立/从属实体示例

联系（IDEF1 方法 2）是实体之间的一种连接关系，有连接联系、分类联系和非确定性联系。

其中，连接联系又称父子联系或依存联系，又可进一步分为标定联系与非标定联系，其示例如图 4.23 和图 4.24 所示。标定联系中的儿子实体的实例都是由它与父亲实体的联系而确定的。父亲实体的主关键字是儿子实体主关键字的一部分。非标定联系是指儿子实体的实例能够被唯一标识而无须依赖与其实体的联系。父亲实体的主关键字不是儿子实体的主关键字。

关于连接联系的规则（工程化的要求）：标定联系用实直线表示，非标定联系用虚直线表示；在儿子实体一侧有圆圈，联系名标注在直线旁。非标定联系/标定联系示例如图 4.25 所示。

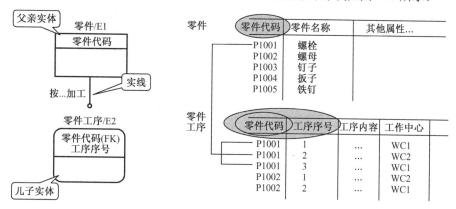

图 4.23 标定联系示例

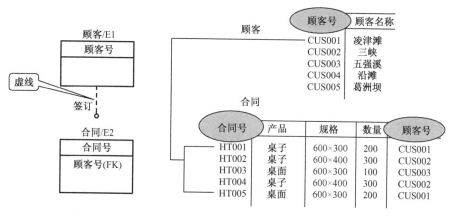

图 4.24 非标定联系示例

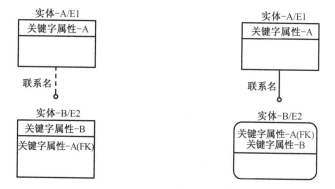

图 4.25 非标定联系/标定联系示例

分类联系（IDEF1 方法 3）：一个实体实例是由一个一般实体实例及一个分类实体实例构成的。通常一个一般实体是若干具体实体（分类实体）的类；分类实体与一般实体具有相同的标识符；不同分类实体除具有一般实体特征外，各自还具有不同的属性特征；分类联系又可分为完全分类联系与非完全分类联系。完全分类/非完全分类联系示例如图 4.26 所示。

关于分类联系的规则：完全分类联系用一个圆圈带两条横线表示；非完全分类联系用一个圆圈带

一条横线表示。

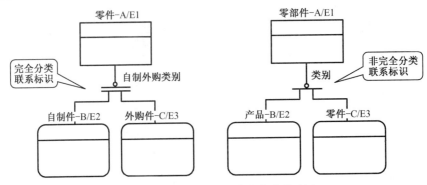

图 4.26　完全分类/非完全分类联系示例

一般实体/分类实体示例如图 4.27 所示。

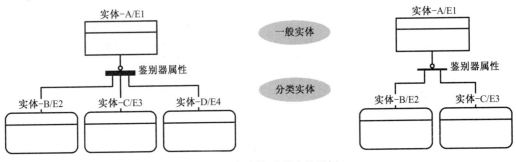

图 4.27　一般实体/分类实体示例

非确定性联系为多对多的联系；非确定性联系需要分解为若干个一对多的联系。非确定性联系示例如图 4.28 所示。

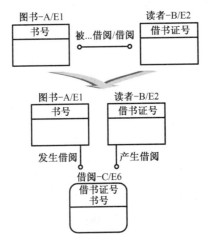

图 4.28　非确定性联系示例

确定性联系通过属性继承实现两个实体之间的连接；非确定性联系通过引入相交实体或相关实体实现两个实体的连接。

确定性联系示例如图 4.29 所示。

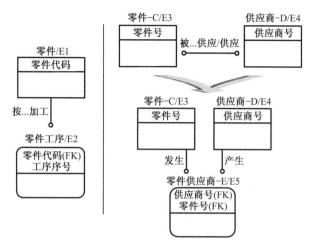

图 4.29　确定性联系示例

其他数据模型包括：

- EER - Enhanced Entity-Relationship Model（扩展 E-R 模型）；
- IE（Information Engineering）模型；
- Richard Barker's Notation；
- EXPRESS-G 表示法；
- ORM（Object-Role Modeling）。

如果读者对以上模型感兴趣，可以自行深入研究。

小　　结

实体是客观世界中描述客观事物的概念，是一个数据对象。实体集就是具有相同属性（或性质）的实体集合。实体集可以分为强实体集和弱实体集。

- 强实体集的特点是：每个实例都能被实体集的主键唯一标识。
- 弱实体集的特点是：每个实例不能用实体集的属性唯一标识。

属性是指实体具有的某种特性。属性用来描述一个实体。属性还被分成简单属性、复合属性、单值属性、多值属性、派生属性、空值属性。

（1）简单属性是不可再分的属性，如性别和年龄都是简单属性。

（2）复合属性是可以再划分为更小的部分（即属性可以嵌套）。例如，患者的地址属性可分解为省份、城市、街道和邮政编码 4 个子属性。

（3）单值属性是指同一个实体的属性只能取一个值。例如，同一个医生只能有一个性别。

（4）多值属性是指同一个实体的某个属性可能对应一组值，如一个患者可能有多个电话号码。

（5）派生属性是指通过别的相关属性推导出来的属性。例如，患者年龄可以由患者的出生日期与当前就诊日期推导出来。

（6）空值属性是指当实体在某个属性上没有值时使用空值。

联系表示一个或多个实体之间的关联关系。在信息世界中，事物之间的联系可分为两类：一类是实体内部的联系，如组成实体的各属性之间的关系；另一类是实体之间的联系。

映射基数指的是一个实体通过一个联系能同时与多少个实体相关联，可分为一对一、一对多、多对一和多对多。

当谈到 E-R 图的设计时，需要了解三个基本概念：

● 实体用方框表示，方框内注明实体的名称；

● 属性用椭圆形框表示，并用无向边将属性与对应的实体连接起来；

● 联系用菱形框表示，并用无向边将其与相关的实体连接起来。

E-R 图的设计分为局部设计、全局设计、消除冲突。

（1）设计局部 E-R 图的主要工作是要确定实体和联系的定义、属性的分配，以及根据系统的实际情况，恰当地划分出各个分系统的局部结构范围。

（2）在局部 E-R 图设计完成之后，接下来的工作就是集成这些局部图，形成全局 E-R 图。常用的集成方法有多元集成法和二元集成法。多元集成即一次性把多个局部 E-R 图集成为一个全局 E-R 图；二元集成则把局部图两两合并，然后再逐层向上合并成全局视图。

（3）在视图集成的过程中会发生冲突，包括属性冲突、命名冲突和结构冲突。

随着新型数据库的发展和越来越复杂的需求，传统的 E-R 模型无法满足要求，因此出现了增强的实体联系模型。需要了解以下概念。

（1）当较低层上实体类型表达了与之联系的较高层上的实体类型的特殊情况时，就称较高层上实体类型为超类，较低层上实体类型为子类。

（2）子类中的实体表示某个在超类中客观存在的同一对象，它除具有其所在子类特有的属性外，同时还具有超类的所有属性。

（3）特殊化过程是通过标识实体成员的差异特征使成员间的差异最大化的过程。

（4）概化是通过标识实体成员间的共同特征使成员间的差异最小化的过程。

当我们对数据建模时，除 E-R、EER 模型外，还可以使用 IDEF1X、IE 模型、Richard Barker's Notation、EXPRESS-G 表示法和 ORM。

在软件工程中，UML 扮演着重要的角色。软件开发者需要了解用例图、类图、序列图、状态图、活动图、组件图、部署图的使用，并且至少掌握一种 UML 建模工具。

习　　题

1. 为医院设计一个 E-R 图并构建合适的表，医院有很多病人和医生，同每个病人相关的是一系列各种检查和化验的记录。

2. 解释弱实体集和强实体集之间的区别。

3. 既然我们可以很简单地通过增加一些合适的属性将弱实体集转变为强实体集，那么为什么还要弱实体集呢？

4. 给出聚集的概念，举出这个概念的两个应用实例。

5. 为车辆保险公司设计一个 E-R 图。每个客户有一辆或多辆车，每辆车可以关联 0 次或任意次事故的记录。

6. 考虑一个用于记录学生各门课程考试成绩的数据库。（1）构造一个将考试建模成实体的 E-R 图，为以上的数据库设计一个三元联系。（2）构造另一个 E-R 图，其中只用二元联系来连接 students 和 course_offerings。要求在特定学生和课程对之间只有一个联系，而且可以表示出学生在一门课程的不同考试中的成绩。

7. 设计一个 E-R 图来跟踪记录（读者最喜欢的运动队的成绩）。可以保存进行过的比赛，每场比赛的分数，上场的队员和每个队员在每场比赛中的统计数据。总的统计数据应该建模成派生属性。

8．考虑有相同实体集重复多次出现的一个 E-R 图。简述为什么这样的冗余是应尽量避免的不良设计。

9．一个弱实体集可以通过在自己的属性中加入其标识实体集中的主码属性来变成一个强实体集。简述如果我们这么做会产生什么样的冗余。

10．阐述映射基数的概念及其四种情况。

11．E-R 图局部模式之间的冲突主要有三种类型，请分别阐述。

12．解释局部设计、全局设计之间的关系。

13．为机动车辆销售公司设计一个概化-特殊化层次结构。该公司出售摩托车、小客车、货车和公共汽车。

14．阐述数据建模的方法。

15．将图 4.10 转换为 UML。

16．现有一局部应用，包括两个实体："出版社"和"作者"，这两个实体是多对多的联系，请读者自己设计适当的属性，画出 E-R 图，再将其转换为关系模型（包括关系名、属性名、码和完整性约束条件）。

17．设计一个图书馆数据库，此数据库中对每个借阅者保存读者记录，包括读者号、姓名、地址、性别、年龄、单位。对每本书存储书号、书名、作者、出版社。对每本被借出的书存储读者号、借出日期和应还日期。要求：画出 E-R 图，再将其转换为关系模型。

18．设某汽车运输公司数据库中有三个实体集。一是"车队"实体集，属性有车队号、车队名等；二是"车辆"实体集，属性有牌照号、厂家、出厂日期等；三是"司机"实体集，属性有司机编号、姓名、电话等。

车队与司机之间存在"聘用"联系，每个车队可聘用若干名司机，但每名司机只能应聘于一个车队，车队聘用司机有"聘用开始时间"和"聘期"两个属性；

车队与车辆之间存在"拥有"联系，每个车队可拥有若干辆车，但每辆车只能属于一个车队；

司机与车辆之间存在"使用"联系，司机使用车辆有"使用日期"和"公里数"两个属性，每名司机可使用多辆汽车，每辆汽车可被多名司机使用。

（1）根据以上描述，绘制相应的 E-R 图，并直接在 E-R 图上注明实体名、属性、联系类型；

（2）将 E-R 图转换成关系模型，画出相应的数据库模型图，并说明主键和外键。

19．设某商业集团数据库中有三个实体集。一是"仓库"实体集，属性有仓库号、仓库名和地址等；二是"商店"实体集，属性有商店号、商店名、地址等；三是"商品"实体集，属性有商品号、商品名、单价。

仓库与商品之间存在"库存"联系，每个仓库可存储若干种商品，每种商品存储在若干个仓库中，库存有"库存量""存入日期"属性；

商店与商品之间存在"销售"联系，每个商店可销售若干种商品，每种商品可在若干个商店里销售，每个商店销售一种商品，有"月份"和"月销售量"两个属性；

仓库、商店、商品之间存在一个三元联系"供应"，它反映了把某个仓库中存储的商品供应到某个商店，此联系有"月份"和"月供应量"两个属性。

（1）根据以上描述，绘制相应的 E-R 图，并直接在 E-R 图上注明实体名、属性、联系类型；

（2）将 E-R 图转换成关系模型，画出相应的数据库模型图，并说明主键和外键。

第 5 章 规 范 化

关系数据库设计的目标是将业务数据字段整理成有组织的结构，生成一组关系模式，这使我们既不存储不必要的冗余信息，又可以方便地获取信息，这一组关系模式需要满足适当的范式。

关系数据库的规范化设计理论是指针对具体的应用问题，设计选择一个比较好的关系模式集合。最小的数据冗余是数据库设计最重要的逻辑标准，一个设计得不好的数据库可能导致出现重复数据和信息，无法表示所需要的信息。而函数依赖和模式分解可以实现最小的数据冗余。

本章主要介绍函数依赖、模式分解和范式等内容。其中数据依赖是研究数据之间的联系，范式是关系模式的标准，而模式分解是数据库模式设计的基础。

学习目标：

- 了解数据库设计中潜在的问题
- 掌握函数依赖的定义及相关概念
- 了解 Armstrong 公理及其推导
- 理解无损分解和保持函数依赖，明白模式等价问题
- 重点掌握数据库范式和多值依赖

关系数据库在设计时应该遵守一定的规则，即遵守数据库的范式理论。数据库的数据是一切操作的基础，如果数据库设计不好，利用其他方法来提高数据库性能的效果都将是有限的。

关系数据库的逻辑设计就是解决如何构造一个合适的数据库模式问题。对应一个具体应用问题就是，合适的关系数据库模式应该构造多少个关系模式，以及每个关系模式应该包含哪些属性。

5.1　关系模式设计中的问题

老肖：第 3 章我们介绍了如何设计数据库，本章将进一步探讨如何设计数据库中的表结构。

小杨：好棒！

老肖：在学习如何设计表之前，先提一个问题：如果存在一些数据，需要存储到数据库中，应该怎么做？

小杨：创建一张表啊，然后把这些数据插到表中就可以了。

老肖：那么如果存在几百万条的海量数据呢？全部插到一张表里是不是会出现什么问题呢？

小杨：嗯……这确实好像有点……

老肖：将一个数据库只定义为一张表会导致大量的冗余数据，大量冗余数据的存储会对数据查询产生大量的搜索操作，同时也会使数据更新操作费时，成本高。也就是说，管理这样的大量数据会变得低效、数据不一致。设计得不好的数据库可能出现如下问题。

- 信息重复，即数据冗余。
- 不能表示某些信息，如数据操作异常。

【例 5-1】 设有一个医生与患者之间的就诊关系模式 $R(Dname, Ttype, Snumber, Pname, Fsum)$，其属性分别表示医生姓名、医生职称级别、医生工资、患者姓名、诊治费用。具体实例见表 5.1。

表 5.1　医生与患者之间的就诊关系模式 R 的实例

Dname	Ttype	Snumber	Pname	Fsum
罗晓	主任医师	3200	张珍	¥30.00
杨勋	副主任医师	2800	张珍	¥50.00
杨勋	副主任医师	2800	刘景	¥55.00
杨勋	副主任医师	2800	张柳	¥58.00
邓英超	主任医师	3200	李秀	¥75.00
罗晓	主任医师	3200	傅伟相	¥35.00

表 5.1 中的数据具有如下语义。
- 假设医生和患者的姓名分别都是唯一的。
- 医生与患者之间是多对多的关系，即医生可以为不同的患者看病，同时患者可以选择不同的医生。假设同一名患者不看相同的医生，即可以选择 Dname 和 Pname 组合属性作为就诊关系模式 R 的主键。
- 一名患者每次就诊都有一个花销总金额。
- 每名医生具有相应的职称级别。
- 职称级别决定了医生的工资金额。

根据以上语义，可以确定以下函数依赖：

$$F=\{\{Dname,Pname\}\rightarrow Fsum, Dname\rightarrow Ttype, Ttype\rightarrow Snumber\}$$

这些函数依赖关系如图 5.1 所示。

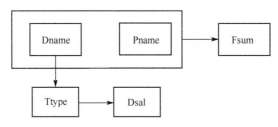

图 5.1　就诊关系模式的函数依赖关系

虽然这个就诊关系模式只有 5 个属性，但使用过程中会出现以下几个问题。

（1）数据冗余。

如果一名医生为几个患者看病，那么这名医生的职称和工资信息就需要重复存储几次。这将导致浪费大量的存储空间。

（2）操作异常。

由于数据的冗余，在对数据进行操作时将会引起各种异常。

- 更新异常（Update Anomalies）。例如，杨勋医生为 3 个患者看病，则会产生 3 个元组。如果杨勋医生的职称级别发生变化，从副主任医生升为主任医生，那么这 3 个元组的职称级别都需要改为主任医生。若有一个元组的职称级别没有发生改变，则会造成这名医生的职称级别不唯一，从而造成数据不一致现象。另外，如果医院调整工资，则所有医生的工资都需要根据职称级别做对应调整。这时就会引起更新异常。
- 删除异常（Delete Anomalies）。如果需要取消邓英超医生的就诊任务，如医生退休，那么就要把邓英超医生的元组删除，这时邓英超医生的职称级别（主任医生）和工资信息也会一同被删除，从而丢失了主任医生对应的工资级别标准。这并不是此次删除的本意，所以，这是一种不合适的现象。

- 插入异常（Insert Anomalies）。如果一名医生刚到医院报到，但还未分配就诊任务，那么当将医生的姓名、职称和工资等信息存储到数据库时，患者姓名和诊疗费用就会出现空值。由于医生姓名和患者姓名是该模式的主键，主键上必须遵循实体完整性规则，即主键不允许出现空值，所以这名新医生的基本信息无法存储到数据库中。

因此，就诊关系模式 R 不是一个好的关系模式。

在例【5-1】中，就诊关系模式 R 存在数据冗余和操作异常的现象。如果用下面 3 个关系 R_1、R_2 和 R_3 代替 R：

R_1(Dname,Ttype)

R_2(Ttype,Snumber)

R_3(Dname,Pname,Fsum)

则其关系模式的分解见表 5.2。

表 5.2　就诊关系模式的分解

（a）R_1 的实例

Dname	Ttype
罗晓	主任医师
杨勋	副主任医师
邓英超	主任医师

（b）R_2 的实例

Ttype	Snumber
副主任医师	2800
主任医师	3200
主治医生	2400

（c）R_3 的实例

Dname	Pname	Fsum
罗晓	张珍	¥30.00
杨勋	张珍	¥50.00
杨勋	刘景	¥55.00
杨勋	张柳	¥58.00
邓英超	李秀	¥75.00
罗晓	傅伟相	¥35.00

这样分解后，【例 5-1】中的冗余和异常现象就可以消除。每名医生的职称级别只存放一次，职称对应的工资金额也只存放一次。因此，即使新医生没有分配就诊任务，同样可以将他的职称信息存放在 R_1 中。如果医院调整工资，则只需要调整 R_2 中的职称级别对应的工资金额，就可以保持所有医生的工资金额与其职称级别发生相应变化，从而不会出现漏调工资和错调工资的现象。

模式分解是解决数据冗余的主要方法，也是规范化的一条原则。但是将 R 分解成 R_1、R_2 和 R_3 这 3 个模式是否就是最佳分解也不是绝对的。如果需要查询某名医生的工资金额，就需要将两个关系进行连接操作，而连接的代价是很大的。但是，在原来的关系模式 R 中就可以直接查询到医生的工资金额。那么，到底什么样的关系模式是最优的？评价最优关系模式的标准是什么？如何得到最优的关系模式？下面介绍解决这些问题的方法——关系数据库的规范化理论。

5.2　函　数　依　赖

数据依赖是通过一个关系中数据间值的相等与否体现出来的数据间的相互关系，是现实世界属性间相互关系的抽象，是数据内在的性质。数据依赖中最重要的是函数依赖（Functional Dependency，FD）。数据依赖还包括多值依赖和连接依赖两种形式。本质上，函数依赖是关键码概念的推广。

5.2.1　函数依赖的定义

老肖：函数依赖是数据库中数据项之间最常见的关联特性，通常是指一个关系表中属性（列）之间的联系。函数依赖关注一个属性或属性集与另一个属性或属性集之间的依赖，也即两个属性或属性集之间的约束。函数依赖是关系中属性之间在语义上的关联特性。数据库设计者根据对关系 R 中的属性的语义理解确定函数依赖，确定约束 R 的所有元组 r 的函数依赖集，并获知属性间的语义关联。

函数依赖是一个从数学理论中派生的术语，它指明属性中的每一个元素存在唯一元素（在同一行中）与之对应。

采用下列符号：R 表示一个关系的模式，$U=\{A_1,A_2,\cdots,A_n\}$ 是 R 的所有属性的集合，F 是 R 中函数依赖的集合，r 是 R 所取的值，$t[X]$ 表示元组 t 在属性 X 上的取值。

【定义 5-1】设有一关系模式 $R(U)$，X 和 Y 为其属性 U 的子集，即 $X \subseteq U$、$Y \subseteq U$。设 t、s 是关系 R 中的任意两个元组，如果 $t[X]=s[X]$，则 $t[Y]=s[Y]$。那么称 Y 函数依赖于 X，或者 X 函数决定 Y。也可称 FD $X \rightarrow Y$ 在关系模式 $R(U)$ 上成立。

一个函数依赖要能成立，不但要求关系的当前值都能满足函数依赖条件，而且还要求关系的任一可能值都能满足函数依赖条件。对于当前关系 R 的任意两个元组，如果 X 值相同，则要求 Y 值也相同，即有一个 X 值就有一个 Y 值与之对应。或者说，Y 值由 X 值确定，因此这种依赖称为函数依赖。

函数依赖的左部称为决定因子，右部称为依赖因子。决定因子和依赖因子都是属性的集合。

在函数依赖图（FDD）中表示函数依赖的方法是：用矩形表示属性，用箭头表示依赖，$X \rightarrow Y$ 的函数依赖图如图 5.2 所示。

图 5.2　$X \rightarrow Y$ 的函数依赖图

确认一个函数依赖，需要弄清数据语义，而语义是现实世界的反映，不是主观的臆断。

如果 $Y \subseteq X$，显然 $X \rightarrow Y$ 成立，称之为平凡函数依赖（Trivial Functional Dependency）。平凡函数依赖必然成立，它不反映新的语义，如 $\{Dname,Pname\} \rightarrow \{Pname\}$。

所有关系都满足平凡函数依赖。例如，包含属性 X 的所有关系都满足 $X \rightarrow Y$。平凡函数依赖在实际的数据库模式设计中是不使用的，通常消除平凡函数依赖可以减少函数依赖的数量。我们平常所指的函数依赖一般都是非平凡函数依赖（Nontrivial Functional Dependency）。

如果 Y 不依赖于 X，则记为 $X \nrightarrow Y$。

如果 $X \rightarrow Y$ 且 $Y \rightarrow X$，则 X 与 Y 一一对应，可记为 $X \leftrightarrow Y$。

【定义 5-2】设 X、Y 是某关系的不同属性集，如 $X \rightarrow Y$，且不存在 $X' \subset X$，使 $X' \rightarrow Y$，则称 Y 完全函数依赖（Full Functioned Dependency）于 X，记为 $X \xrightarrow{\text{f}} Y$；否则称 Y 部分依赖（Partial Functional Dependency）于 X，记为 $X \xrightarrow{\text{p}} Y$。

完全函数依赖用来表明函数依赖的决定因子中的最小属性集，也就是说，属性集 Y 完全函数依赖于属性集 X，则满足下列条件：

● Y 函数依赖于 X；

● Y 函数不依赖于 X 的任何真子集。

在【例 5-1】中，{Dname, Pname} 是主键，故 {Dname, Pname} → Ttype，但 Dname ↛ Ttype，故 {Dname, Pname} $\xrightarrow{p}$ Ttype，而 {Dname, Pname} $\xrightarrow{f}$ Fsum。

【定义 5-3】设 X、Y、Z 是某关系的不同的属性集，如果 $X \to Y$、$Y \nrightarrow X$，$Y \to Z$，则称 Z 对 X 传递函数依赖（Transitive Functional Dependency）。

在上述定义中，由于有了条件 $Y \nrightarrow X$，所以说明 X 与 Y 不是一一对应的；否则，$X \leftrightarrow Y$，Z 就是直接函数依赖于 X，而不是传递函数依赖于 X 了。

由函数依赖的定义很容易证明：如果 Z 传递函数依赖于 X，则 $X \to Z$。设 t_1、t_2 是关系 R 中任意两个可能的元组，则此结论可证明如下。

根据传递函数依赖条件可知：

如果 $t_1[X] = t_2[X]$，则 $t_1[Y] = t_2[Y]$；

如果 $t_1[Y] = t_2[Y]$，则 $t_1[Z] = t_2[Z]$。

可得：

如果 $t_1[X] = t_2[X]$，则 $t_1[Z] = t_2[Z]$，即 $X \to Z$。

$X \to Z$ 并不是显式地表现出来的，而是从 $X \to Y$ 和 $Y \to Z$ 推出的，这可表示为

$$\{X \to Y, Y \to Z\} \vdash X \to Z$$

式中，$\vdash$ 表示逻辑蕴涵。

在讨论函数依赖时，经常需要从一些已知的函数依赖去判断另一些函数依赖是否成立。例如，如果 $A \to B$ 和 $B \to C$ 在某个关系中成立，记作 $F = \{A \to B, B \to C\}$，那么 $A \to C$ 在该关系中是否成立的问题称为逻辑蕴涵问题，若 $A \to C$ 成立，则称 F 逻辑蕴涵 $A \to C$，记作 $F \vdash A \to C$。

函数依赖的逻辑蕴涵可定义如下。

【定义 5-4】设 F 是 R 的函数依赖集，X、Y 是 R 的属性子集，$X \to Y$ 是 R 的一个函数依赖。如果一个关系模式 R 满足 F，则必然满足 $X \to Y$，这时称 F 逻辑蕴涵 $X \to Y$，或者表示为 $F \vdash X \to Y$。

一个关系模式可能有多个函数依赖形成函数依赖集，现在有一个新的函数依赖不在函数依赖集里，但能从集合里根据一定的规则（Armstrong 公理）推导出来，这就说明那个集合逻辑蕴涵这个新的函数依赖。

例如，"根据身份证号能确定出生年月和性别"是已知的函数依赖，根据知识能推导出"根据身份证号能确定出生年月"，即"根据身份证号能确定出生年月和性别"逻辑蕴涵"根据身份证号能确定出生年月"。

如果一个函数依赖能够由集合中的其他函数推出，则该函数依赖是多余的。

【定义 5-5】函数依赖集合 F 所逻辑蕴涵的函数依赖的全体称为 F 的闭包（Closure），记为 F^+，即 $F^+ = \{X \to Y \mid F \vdash X \to Y\}$。

函数依赖集的闭包（也称为完备集）定义了由给定函数依赖集所能推导出的所有函数依赖。通过 F 得到 F^+ 的算法可以由 Armstrong 公理推导出来。

5.2.2 Armstrong 公理

无冗余的函数依赖集和函数依赖的完备集（闭包）是好的关系设计。根据已知函数依赖集，推导其他函数依赖时所依据的规则称为推理规则。函数依赖的推理规则最早出现在 Armstrong 的论文里。这些规则常被称为 Armstrong 公理。

设 U 是关系模式 R 的属性集，F 是 R 上成立的只涉及 U 中属性的函数依赖集。FD 推理规则有以

下 3 条。

（1）自反性（Reflexivity）。

如果 $Y \subseteq X \subseteq U$，则 $X \rightarrow Y$ 成立。这是一个平凡函数依赖。

（2）增广性（Augmentation）。

如果 $X \rightarrow Y$ 成立，且 $Z \subseteq U$，则 $XZ \rightarrow YZ$ 成立。式中，XZ 和 YZ 是 $X \bigcup Z$ 和 $Y \bigcup Z$ 的简写。

（3）传递性（Transitivity）。

如果 $X \rightarrow Y$，$Y \rightarrow Z$ 成立，则 $X \rightarrow Z$ 成立。

Armstrong 公理可以表示成多种形式。例如，A2 可用下面的合并规则代替，即 $\{X \rightarrow Y, X \rightarrow Z\} \vdash X \rightarrow YZ$。而 A2 可以由 A1、A3 及合并规则导出：

$XZ \rightarrow X$	（A1）
$X \rightarrow Y$	（给定条件）
$XZ \rightarrow Y$	（A3）
$XZ \rightarrow Z$	（A1）
故得 $XZ \rightarrow YZ$	（合并规则）

【定理 5-1】Armstrong 公理是正确的，即如果 $X \rightarrow Y$ 是从 F 用推理规则导出的，那么 $X \rightarrow Y$ 在 F^+ 中。

证：设 t_1、t_2 是关系 R 中的任意两个元组。

A1：如果 $t_1[X] = t_2[X]$，则因 $Y \subseteq X$，有 $t_1[Y] = t_2[Y]$，故 $X \rightarrow Y$ 成立。

A2：如果 $t_1[XZ] = t_2[XZ]$，则有 $t_1[X] = t_2[X]$、$t_1[Z] = t_2[Z]$。

已知 $X \rightarrow Y$，因此可得 $t_1[Y] = t_2[Y]$。

由上可知 $t_1[YZ] = t_2[YZ]$，故 $XZ \rightarrow YZ$ 成立。

A3：已在论述传递函数依赖时证明。

【定理 5-2】FD 中的下列 5 条推理规则是正确的。

① 合并性（Union）：$\{X \rightarrow Y, X \rightarrow Z\} \vdash X \rightarrow YZ$

② 伪传递性（Pseudo-transitivity）：$\{X \rightarrow Y, WY \rightarrow Z\} \vdash XW \rightarrow Z$

③ 分解性（Decomposition）：$\{X \rightarrow Y, Z \subseteq Y\} \vdash X \rightarrow Z$

④ 复合性（Composition）：$\{X \rightarrow Y, W \rightarrow Z\} \vdash XW \rightarrow YZ$

⑤ 通用一致性（General Unification）：$\{X \rightarrow Y, W \rightarrow Z\} \vdash X \bigcup (W - Z) \rightarrow YZ$

证：① $X \rightarrow Y \vdash X \rightarrow XY$	（A2）
$X \rightarrow Z \vdash XY \rightarrow YZ$	（A2）
由上可得 $X \rightarrow YZ$	（A3）
② $X \rightarrow Y \vdash WX \rightarrow WY$	（A2）
$WY \rightarrow Z$	（给定条件）
故得 $XW \rightarrow Z$	（A3）
③ $Z \subseteq Y \vdash Y \rightarrow Z$	（A1）
$X \rightarrow Y$	（给定条件）
故得 $X \rightarrow Z$	（A3）

④和⑤的证明留给读者思考。

5.2.3　函数依赖与码的联系

老肖：前述章节对码给出了定义，这里用函数依赖的概念来定义码。

【定义 5-6】设 K 为 $R(U,F)$ 中的属性或属性组合,若 $K \xrightarrow{\text{f}} U$,则 K 为 R 的候选码（Candidate Key）。若候选码多于一个，则选定其中的一个为主码（Primary Key）。

包含在任何候选码中的属性称为主属性（Prime Attribute）。不包含在任何候选码中的属性称为非主属性（Non-Key Attribute）。最简单的情况是，单个属性是码。最极端的情况是，整个属性组是码，称为全码（All-key）。

例如，关系模式 R_1(Dno,Ttype,Snumber)中 Dno 是码，而在关系模式 R_2(Dno,Pno,Fsum)中的属性组合(Dno,Pno)是码。而 R_3(Dno,Pno,GMno)表示医生给患者开具的药品，假设一名医生可以给多名患者看病，一名患者可以选择不同的医生就诊，不同的医生可以给患者开具不同的药品，因此(Dno,Pno,GMno)为 R_3 的码，即全码。

【定义 5-7】关系模式 R_1 中属性或属性组合 X 并非 R_1 的码，但 X 是另一个关系模式 R_2 的码，则称 X 是 R_1 的外码（Foreign Key）。

例如，在上述的关系模式 R_2(Dno,Pno,Fsum)中，Dno 不是码，但 Dno 是关系模式 R_1(Dno,Ttype,Snumber)的码，则 Dno 是关系模式 R_2 的外码。

主码与外码提供了一个表示关系之间联系的手段。如上述关系模式 R_1 和 R_2 的联系就是通过 Dno 来体现的。

由 FD 推理规则的分解性可知，如果 $X \to \{A_1, A_2, \cdots, A_k\}$，则 $X \to A_i(i = 1, 2, \cdots, k)$。由合并性可知，如果 $X \to A_i(i = 1, 2, \cdots, k)$，则 $X \to \{A_1, A_2, \cdots, A_k\}$，故 $X \to \{A_1, A_2, \cdots, A_k\}$ 和 $X \to A_i(i = 1, 2, \cdots, k)$ 是等价的。由此可知，候选码唯一地决定一个元组；也可以说，候选码决定每个属性。这两种说法是等价的。

5.2.4　属性集的闭包

老肖：在实际使用中，经常要判断能否从已知的 FD 集推导出 FD $X \to Y$，那么可先求出 F 的闭包 F^+，然后再看 $X \to Y$ 是否在 F^+ 中。但是从 F 求 F^+ 是一个 NP 完全问题（指数级的时间复杂度）。下面引入属性集闭包概念，将使该问题化为多项式级的时间复杂度问题。

【定义 5-8】设 $X \subset U$，F 是属性集 U 上的 FD 集，那么相对于 F，属性集 X 的闭包用 X^+ 表示，它是一个从 F 集使用 FD 推理规则推出的所有满足 $X \to A$ 的属性 A 的集合：

$$X^+ = \{A \mid A \in U \text{ 且 } X \to A \text{ 在 } F^+ \text{中}\}$$

从属性集闭包的定义可以得到下面的定理。

【定理 5-3】$X \to Y$ 能用 FD 推理规则导出的充分必要条件是 $Y \subseteq X^+$。

证：设 $Y = \{A_1, A_2, \cdots, A_k\}$。

充分性：假定 $Y \subseteq X^+$，则根据 X^+ 的定义，$X \to A_i(i = 1, 2, \cdots, k)$ 可由 Armstrong 公理导出。根据合并规则，则有 $X \to Y$。

必要性：设 $X \to Y$ 可由 Armstrong 公理导出。根据分解规则，$X \to A_i(i = 1, 2, \cdots, k)$ 成立。根据 X^+ 的定义可得 $Y \subseteq X^+$。

从属性集 X 求 X^+ 并不太难，花费的时间与 F 中的 FD 数目成正比，是一个多项式级时间复杂度的问题。

【算法 5-1】

求属性集 X 相对于 FD 集 F 的闭包 X^+。

设属性集 X 的闭包为 closure，其计算算法如下：

```
    closure = x;
    do {
        if    F 中有某个 FD  U→V 满足 U⊆closure
        then    closure = closure ∪ V ;
        }
    while( closure 有所改变 );
```

【例 5-2】求属性集 U 为 $ABCD$，$FD = \{A \rightarrow B, B \rightarrow C, D \rightarrow B\}$。

用上述算法可求出 $A^+ = ABC$，$(AD)^+ = ABCD$，$(BD)^+ = BCD$。

5.2.5 FD 推理规则的完备性

老肖：推理规则的正确性是指"从 FD 集 F 使用推理规则推出的 FD 必定在 F^+ 中"，而推理规则的完备性是指"F^+ 中的 FD 都能从 F 集使用推理规则推出"。即正确性保证了推出的所有 FD 都是正确的，完备性保证了可以推出所有被蕴涵的 FD。这些就保证了推导的有效性和可靠性。

【定理 5-4】Armstrong 公理（FD 推理规则 {A1,A2,A3}）是完备的（Complete）。

证：所谓完备的是指 F 所蕴涵的每个函数依赖都可以根据 Armstrong 公理从 F 导出。

假设 $X \rightarrow Y$ 不能根据 Armstrong 公理从 F 导出，要证明 $X \rightarrow Y$ 必然不为 F 所蕴涵，分为如下 3 步。

① 如果 $V \rightarrow W \in F$ 且 $V \subseteq X^+$，则 $W \subseteq X^+$。

这个结论可证明如下。

$X \rightarrow V$ ($V \subseteq X^+, X^+$ 定义)

$X \rightarrow W$ ($V \rightarrow W \in F$,A3)

故得 $W \subseteq X^+$ (X^+定义)

② 构造一个两元组的关系 r，如图 5.3 所示，X^+ 是属性组 X 关于 F 的闭包，要证明 r 满足 F。

假设 $V \rightarrow W \in F$，但不为 r 所满足，则必然 $V \subseteq X^+$ 且 $W \not\subseteq X^+$，否则不可能获得 r 不满足 $V \rightarrow W$ 的结论。

图 5.3　关系 r

但由①应得 $W \subseteq X^+$，且与上述结论矛盾。即假设"$V \rightarrow W \in F$，但不为 r 所满足"不成立，因此，r 满足 F，当然也满足 F^+。

③ 证明 r 不满足 $X \rightarrow Y$。

开始已假设，$X \rightarrow Y$ 不能根据 Armstrong 公理从 F 导出，故 $Y \not\subseteq X^+$，Y 中至少有一个属性属于 $U - X^+$。从 r 的结构可知，r 不可能满足 $X \rightarrow Y$。

因此，凡是不能根据 Armstrong 公理从 F 导出的函数依赖，必然不被 F 所蕴涵。反之，F 所蕴涵的函数依赖必然会根据 Armstrong 公理从 F 导出。证毕。

5.2.6 FD 集的最小依赖集

【定义 5-9】设 F、G 为关系模式 $R(U)$ 上的两个函数依赖集，如果 $F^+ = G^+$，则称 F 和 G 是等价的函数依赖集，也可称 F 覆盖 G 或 G 覆盖 F，或者说 F、G 互相覆盖。

【定理 5-5】$F = G$ 的充分必要条件是 $F \subseteq G^+$、$G \subseteq F^+$。

证：显然，如果 $F \not\subseteq G^+$ 或 $G \not\subseteq F^+$，则 $F^+ \neq G^+$，故条件是必要的。再证明条件是充分的。

因 $F \subseteq G^+$，则 $F^+ \subseteq (G^+)^+$，但 $(G^+)^+ = G^+$，故 $F^+ = G^+$，同理可证 $G^+ \subseteq F^+$，故 $F^+ = G^+$。证毕。

【定理 5-5】提供了一个测试函数依赖集 F 和 G 是否等价的方法，即测试 $F \subseteq G^+$ 和 $G \subseteq F^+$ 是否成立。例如，要测试 $F \subseteq G^+$，则对于每一个函数依赖 $X \rightarrow Y \in F$，测试它是否在 G^+ 中，其测试方法同前，即先计算 X 关于 G 的闭包 X^+，然后再测试 $Y \subseteq X^+$ 是否成立即可。同理可测试 $G \subseteq F^+$。

【定理 5-6】任一函数依赖集 F 总可以为一右部恒为单属性的函数依赖集所覆盖。

证：构造 $G = \{X \rightarrow A \mid X \rightarrow Y \in F 且 A \subset Y\}$。

根据分解规则，$G \subseteq F^+$。根据合并规则，$F \subseteq G^+$。因此，$F^+ = G^+$ 成立，即 F 为 G 所覆盖。证毕。

【定义 5-10】设 F 是属性集 U 上的函数依赖集，如果 $F_{\min}$ 是 F 的一个最小依赖集，那么 $F_{\min}$ 应满足下列 4 个条件。

① $F_{\min}^+ = F^+$。

② F 中每个函数依赖的右部为单属性。

③ $F_{\min}$ 中没有冗余的 FD，（即在 $F_{\min}$ 中不存在这样的函数依赖 $X \rightarrow Y$，使得 $F_{\min} - \{X \rightarrow A\}$ 与 $F_{\min}$ 等价）。

④ 每个 FD 的左边没有冗余的属性（即在 $F_{\min}$ 中也不存在这样的 $X \rightarrow Y$，使得 $F_{\min} - \{X \rightarrow Y\} \bigcup \{W \rightarrow Y\}$ 与 $F_{\min}$ 等价，式中，$W \subset X$）。

显然，每个函数依赖集至少存在一个最小函数依赖集，但并不一定唯一。

【算法 5-2】计算函数依赖集 F 的最小依赖集 G。

第一步：根据推理规则的分解性，得到一个与 F 等价的 FD 集 G，G 中每个 FD 的右边均为单属性。

第二步：在 G 的每个 FD 中消除左边冗余的属性。

第三步：在 G 中消除冗余的 FD。

【例 5-3】设 F 是关系模式 $R(ABC)$ 的 FD 集，$F = \{A \rightarrow BC, B \rightarrow C, A \rightarrow B, AB \rightarrow C\}$，求 $F_{\min}$。

解：① 先将 F 中的 FD 写成右边为单属性形式：

$F = \{A \rightarrow B, A \rightarrow C, B \rightarrow C, A \rightarrow B, AB \rightarrow C\}$

删除上式中重复的 $A \rightarrow B$，得 $F = \{A \rightarrow B, A \rightarrow C, B \rightarrow C, AB \rightarrow C\}$。

② F 中的 $A \rightarrow C$ 可以由 $A \rightarrow B$ 和 $B \rightarrow C$ 推出，因此可以删除冗余的 $A \rightarrow C$，得 $F = \{A \rightarrow B, B \rightarrow C, AB \rightarrow C\}$。

③ F 中 $AB \rightarrow C$ 可以从 $B \rightarrow C$ 推出，因此可以删除冗余的 $AB \rightarrow C$，最后得到 $F = \{A \rightarrow B, B \rightarrow C\}$，即所求的 $F_{\min}$。

在【算法 5-2】中，操作步骤的顺序很重要，不能颠倒，否则就可能消除不了 FD 中左边冗余的属性。

5.3　模　式　分　解

模式分解是将组织中的函数依赖向更高级逐步分解细化的过程。在模式分解中，用一组其他函数依赖集描述一个函数依赖集。模式分解就是将模式分解到最小，将数据转换为规范格式以避免冗余。关系模式 R 的分解就是用两个或两个以上关系来替换 R，分解后的关系模式的属性集都是 R 中属性的子集，其并集与 R 的属性集相同。模式分解帮助消除不良设计中的一些问题，如冗余、不一致或异常。

5.3.1　模式分解问题

由函数依赖可以引起更新异常问题，同样，多值依赖和连接依赖也会引起类似的问题。解决这些问题的途径就是按照"一事一地"的原则，对关系模式进行分解，使之表达的语义概念单纯化。

【定义 5-11】设有关系模式 $R(U)$，属性集为 U，若用一关系模式的集合 $\{R_1(U_1), R_2(U_2), \cdots, R_k(U_k)\}$ 来取代，其中 $U = \bigcup\limits_{i=1}^{k} U_i$，则称此关系模式的集合为 R 的一个分解，以 $\rho = \{R_1, \cdots, R_k\}$ 表示。

一般把上述的 R 称为泛关系模式，R 对应的当前值 r 称为泛关系。数据库模式 ρ 对应的当前值 σ 称为数据库实例，它由数据库模式中的每一个关系模式的当前值组成，用 $\sigma = <r_1, \cdots, r_2>$ 表示。但这里就有以下两个问题。

σ 和 r 是否等价，即是否表示同样的数据。这个问题用"无损分解"特性表示。

在模式 R 上有一个 FD 集 F，在 ρ 的每一个模式 R_i 上有一个 FD 集 F_i，那么 $\{F_1, \cdots, F_k\}$ 与 F 是否等价。这个问题用"保持依赖"特性表示。

5.3.2　无损分解

一张关系表被分解成两个或两个以上的小表，通过连接被分解后的小表可以获得原始表的内容，称为无损连接分解。将 $R(X,Y,Z)$ 分解成 $R_1(X,Y)$ 和 $R_2(X,Z)$，如果 X 是 R_1 和 R_2 的共同属性或属性集，且存在函数依赖集 $F = \{X \rightarrow Y, X \rightarrow Z\}$，则该分解是无损的。

所有的模式分解必须是无损的。无损中的损是指信息丢失。无损连接分解总是关于特定函数依赖集 F 定义的。

【例 5-4】设有关系模式 $R(ABC)$，分解成 $\rho = \{AB, AC\}$。

① 图 5.4（a）所示是 R 上的一个关系 r，图 5.4（b）和图 5.4（c）所示是 r 在模式 AB 和 AC 上的投影 r_1 和 r_2。显然，此时有 $r_1 \bowtie r_2 = r$。也就是在 r 投影、连接后仍然能恢复成 r，即未丢失信息。这种分解称为"无损分解"。

r	A B C
	1　1　1
	1　2　1

（a）

r_1	A B
	1　1
	1　2

（b）

r_2	A C
	1　1

（c）

图 5.4　未丢失信息的分解

② 图 5.5（a）所示是 R 上的一个关系 r，图 5.5（b）和图 5.5（c）所示是 r 在模式 AB 和 AC 上的投影 r_1 和 r_2，图 5.5（d）所示是 $r_1 \bowtie r_2$。此时 $r_1 \bowtie r_2 \neq r$，也就是 r 在投影、连接后比原来 r 的元组还要多（增加了噪声），但把原来的信息丢失了。这种分解是不希望产生的，称之为"损失分解"。

实际上，分解是否具有无损性与函数依赖有直接的关系。

r	A B C
	1　1　4
	1　2　3

（a）

r_1	A B
	1　1
	1　2

（b）

r_2	A C
	1　4
	1　3

（c）

$r_1 \bowtie r_2$	A B C
	1　1　4
	1　1　3
	1　2　4
	1　2　3

（d）

图 5.5　丢失信息的分解

【定义 5-12】 设 R 是一个关系模式，F 是 R 上的一个 FD 集。R 分解成数据库模式 $\rho = \{R_1, \cdots, R_k\}$。如果对 R 中满足 F 的每一个关系 r，有

$$r = \pi_{R_1}(r) \bowtie \pi_{R_2}(r) \bowtie \cdots \bowtie \pi_{R_k}(r)$$

那么称分解 ρ 相对于 F 是"无损连接分解"（Lossless Join Decomposition），简称"无损分解"；否则，称为"损失分解"（Lossy Decomposition）。

其中符号 $\pi_{R_i}(r)$ 表示关系 r 在模式 R_i 属性上的投影。R 的投影连接表达式 $r = \pi_{R_1}(r) \bowtie \cdots \bowtie \pi_{R_2}(r)$ 用 $m_\rho(r) = \bowtie \pi_{R_i}(r)$，即 $m_\rho(r) = \bowtie \pi_{R_i}(r)$ 表示。

r 和 $m_\rho(r)$ 之间的联系可用下面的定理表示。

【定理 5-7】 设 $\rho = \{R_1, \cdots, R_k\}$ 是关系模式 R 的一个分解，r 是 R 的任一关系，$r_i = \prod R_i(r)$，则有：

① $r \subseteq m_\rho(r)$；

② 如果 $s = m_\rho(r)$，则 $\prod R_i(s) = r_i$；

③ $m_\rho(m_\rho(r)) = m_\rho(r)$，这个性质称为幂等性（Idempotent）。

证：

① 任取 $t \in r$，则 $t[R_i] \in r_i (i = 1, 2, \cdots, k)$。在进行 $\bowtie \prod R_i(r)$ 连接时，$t[R_1], t[R_2], \cdots, t[R_k]$ 本来取自 t 在 R_i 上的投影，必然互相匹配，拼接成元组 t，故 $t \in m_\rho(r)$。既然 $t \in r$，则 $t \in m_\rho(r)$，故 $r \subseteq m_\rho(r)$。

② 由①可知，$r \subseteq s$，$\prod R_i(r) \subseteq \prod R_i(s)$，或 $r_i \subseteq \prod R_i(s)$。现只需证明 $\prod R_i(s) \subseteq r_i$。

任取 $u \in \prod R_i(s)$，则必有 $t_s \in s$，使 $t_s[R_i] = u$。但 $s = \bowtie r_i$，故 $t_s[R_i] \in r_i (i = 1, 2, \cdots, k)$，即 $u \in r_i$。如上所证，若 $u \in \prod R_i(s)$，则 $u \in r_i$，故 $\prod R_i(s) \subseteq r_i$。由上可知，$\prod R_i(s) = r_i$。

③ 由于 $\prod R_i(s) = r_i$，可得 $m_\rho(m_\rho(r)) = m_\rho(s) = \bowtie \prod R_i(s) = \bowtie r_i = m_\rho(r)$。证毕。

由上述定理可得出下面的结论。

- 如果 $r \neq m_\rho(r)$，则 ρ 不是无损分解。
- 将 r 分解后再连接时，如果 ρ 不是无损分解，则所得结果的元组数总比原来的多。所谓"有损"就损在出现多余的元组上。

由上述定理的②可知，用投影后的关系 $r_i (i = 1, 2, \cdots, k)$ 进行连接，即对 r 进行 $m_\rho(r)$ 变换，所得 s 可满足条件 $\prod R_i(s) = r_i$。但是必须注意，如果 r_i 不是 r 的投影，而是独立的关系，则一般说来，连接后的关系 s 不满足条件 $\prod R_i(s) = r_i$，而是 $\prod R_i(s) \subseteq r_i$。这可由下例看出。

【例 5-5】 设有两个关系模式 $R_1(AB)$ 和 $R_2(BC)$，r_1、r_2 为其值。若 $r_1 = \{a_1 b_1\}$，$r_2 = \{b_1 c_1, b_2 c_2\}$，则 $s = r_1 r_2 = \{a_1 b_1 c_1\}$，$\prod R_2(s) = \{b_1 c_1\} \subset r_2$。$r_2$ 中的元组 $b_2 c_2$ 由于在 r_1 中找不到匹配的对象而不出现在 s 中。这些通过连接而被淘汰的元组称为悬挂元组（Dangling Tuple）。

模式分解能消除数据冗余和操作异常现象，并能使数据库中存储悬挂元组，即存储泛关系中无法存储的信息。但是分解以后，检索操作需要做笛卡儿积或连接操作，这将付出时间代价。一般认为，为了消除冗余和异常现象，对模式进行分解是值得的。

在把关系模式 R 分解成 ρ 以后，如何测试分解 ρ 是否是无损分解？下面的"追踪"（Chase）算法可以用于测试一个分解是不是无损分解。

【算法 5-3】 无损分解的测试算法。

输入：关系模式 $R(A_1, \cdots, A_n)$；

R 上成立的函数依赖集 F；

R 上的分解 $\rho = \{R_1, \cdots, R_k\}$。

输出：ρ 相对于 F 是否为无损分解。

方法：

① 构造一张 k 行 n 列的矩阵表格，每列对应一个属性 A_j，每行对应一个模式 R_i。如果 A_j 在 R_i 中，那么在表格的第 i 行第 j 列处填上符号 a_j；否则填上 b_{ij}。

② 把表格看成模式 R 的一个关系，反复检查 F 中每个 FD 在表格中是否成立，若不成立，则修改表格中的值。修改方法如下。

对于 F 中一个 FD $X \rightarrow Y$，如果表格中有两行在 X 值上相等，在 Y 值上不相等，那么把这两行在 Y 值上也改成相等的值。如果 Y 值中有一个是 a_j，那么另一个也改成 a_j；如果没有 a_j，那么用其中一个 b_{ij} 替换另一个值（尽量把下标 ij 改成较小的数）。一直到表格不能修改为止（这个过程称为 Chase 过程）。

③ 若修改的最后一张表格中有一行是全 a，即 $a_1 a_2 \cdots a_n$，那么称 ρ 相对于 F 是无损分解，否则称损失分解。

【例 5-6】设关系模式 $R(ABCDE)$，$\rho = \{R_1(AD), R_2(AB), R_3(BE), R_4(CDE), R_5(AE)\}$ 是 R 的一个分解。如果 R 上有函数依赖集 $F = \{A \rightarrow C, B \rightarrow C, C \rightarrow D, DE \rightarrow C, CE \rightarrow A\}$，试判断 ρ 是否为无损分解。

解： 对于 F，Chase 过程中 M 矩阵的修改见表 5.3。

表 5.3 Chase 过程中 M 矩阵的修改

(a)

	A	B	C	D	E
R_1	a_1	b_{12}	b_{13}	a_4	b_{15}
R_2	a_1	a_2	b_{23}	b_{24}	b_{25}
R_3	b_{31}	a_2	b_{33}	b_{34}	a_5
R_4	b_{41}	b_{42}	a_3	a_4	a_5
R_5	a_1	b_{52}	b_{53}	b_{54}	a_5

(b)

A	B	C	D	E
a_1	b_{12}	b_{13}	a_4	b_{15}
a_1	a_2	b_{13}	b_{24}	b_{25}
b_{31}	a_2	b_{13}	b_{34}	a_5
b_{41}	b_{42}	a_3	a_4	a_5
a_1	b_{52}	b_{13}	b_{54}	a_5

(c)

A	B	C	D	E
a_1	b_{12}	a_3	a_4	b_{15}
a_1	a_2	a_3	a_4	b_{25}
a_1	a_2	a_3	a_4	a_5
a_1	b_{42}	a_3	a_4	a_5
a_1	b_{52}	a_3	a_4	a_5

先构造初始矩阵 M 见表 5.3（a），然后按下列次序反复检查和修改 M。

$$A \rightarrow C$$

$$b_{13},b_{23},b_{53} \rightarrow b_{13}$$

$B \rightarrow C$

$$b_{13},b_{33} \rightarrow b_{13}$$

$C \rightarrow D$

$$a_4,b_{24},b_{34},b_{54} \rightarrow a_4$$

$DE \rightarrow C$

$$a_3,b_{13} \rightarrow a_3 \text{（该列其余行的 } b_{13} \text{ 都必须改成 } a_3\text{，以保持它们的一致性）}$$

$CE \rightarrow A$

$$b_{31},b_{41},a_1 \rightarrow a_1$$

再进行下去，M 将无任何改变，检查和修改到此结束。最后的 M 见表 5.3（c）。从中可以看出，第 3 行都是 a，故 ρ 是无损分解。

【算法 5-3】是一个普遍的算法，无论一个关系模式分解为多少个关系模式，都可以用此算法进行检验。如果一个关系模式只分解为两个关系模式，则可以使用下面更简单的方法检验。

【定理 5-8】设 $\rho = \{R_1(U_1),R_2(U_2)\}$ 是关系模式 $R(U)$ 的一个分解，则 ρ 是无损分解的充分必要条件是：

$$(U_1 \bigcap U_2) \rightarrow (U_1 - U_2) \text{ 或 } (U_1 \bigcap U_2) \rightarrow (U_2 - U_1)$$

这个定理的证明可以用【算法 5-3】的 Chase 过程来实现。

【例 5-7】医生关系模式 $R(\text{Dno,Ttype,Snumber})$ 的属性分别表示医生编号、职称等级和工资，R 上函数依赖集 $F = \{\text{Dno} \rightarrow \text{Ttype,Ttype} \rightarrow \text{Snumber}\}$。若 $R_1(\text{Dno,Ttype})$ 和 $R_2(\text{Ttype,Dsal})$ 为 R 的一个模式分解，试证明 $\rho = \{R_1,R_2\}$ 是 R 的无损分解。

证：

令 $U_1 = \{\text{Dno,Ttype}\}$，$U_2 = \{\text{Ttype,Snumber}\}$。

则 $U_1 \bigcap U_2 = \{\text{Ttype}\}$，$U_1 - U_2 = \{\text{Dno}\}$，$U_2 - U_1 = \{\text{Dsal}\}$。

因为 Ttype $\nrightarrow$ Dno，故 $(U_1 \bigcap U_2) \nrightarrow (U_1 - U_2)$。

因为 Ttype $\rightarrow$ Snumber，故 $(U_1 \bigcap U_2) \rightarrow (U_2 - U_1)$。

上述两个条件有一个成立，故 ρ 是无损分解。

【定理 5-9】如果 FD $X \rightarrow Y$ 在模式 R 上成立，且 $X \bigcap Y = \varnothing$，那么 R 分解成 $\rho = \{R-Y,XY\}$ 是无损分解。

这个定理也可用【算法 5-3】的 Chase 过程来证明。

5.3.3　保持函数依赖的分解

模式分解的另一个特性是分解的过程中能否保持函数依赖集，如果不能保持函数依赖，那么数据的语义就会出现混乱。分解要保持函数依赖，因为函数依赖集 F 中的每一个函数依赖都代表数据库的一个约束。如果模式分解不保持函数依赖，那么在模式分解中就会丢失一些依赖。

【定义 5-13】设 F 是属性集 U 上的 FD 集，Z 是 U 的子集，F 在 Z 上的投影用 $\pi_z(F)$ 表示，定义为：$\pi_z(F) = \{X \rightarrow Y | X \rightarrow Y \in F^+,\text{且 } XY \subseteq Z\}$。

【定义 5-14】设 $\rho = \{R_1,\cdots,R_k\}$ 是 R 的一个分解，F 是 R 上的 FD 集，如果有 $\bigcup_{i=1}^{k} \prod R_i(F) \vDash F$，那么称分解 ρ 保持函数依赖集 F。

从投影的定义可知 $F \models \bigcup_{i=1}^{k} \prod R_i(F)$，从保持函数依赖的定义可知 $\bigcup_{i=1}^{k} \prod R_i(F) \models F$。因此，在分解 ρ 保持依赖集情况下有 $(\bigcup_{i=1}^{k} \prod R_i(F))^+ = F^+$。

根据投影的定义，测试一个分解是否保持 FD，比较可行的方法是逐步验证 F 中每个 FD 是否被 $\bigcup_{i=1}^{k} \prod R_i(F)$ 逻辑蕴涵。

如果 F 的投影不蕴涵 F，而又用 $\rho = \{R_1, \cdots, R_k\}$ 表达 R，很可能会找到一个数据库实例 σ 满足投影后的依赖，但不满足 F。对 σ 的更新也有可能使 r 违反 FD。下面的例子说明了这种情况。

【例 5-8】设医生关系模式 $R(\text{Dno}, \text{Ttype}, \text{Snumber})$ 的属性分别表示医生编号、职称等级和工资数目。假设每名医生只有一个职称级别，每个职称级别只有一个工资数目。那么 R 上函数依赖集 $F = \{\text{Dno} \rightarrow \text{Ttype}, \text{Ttype} \rightarrow \text{Snumber}\}$。

如果将 R 分解成 $\rho = \{R_1(\text{Dno}, \text{Ttype}), R_2(\text{Dno}, \text{Snumber})\}$，可以验证这个分解是无损分解。

R_1 上的函数依赖是 $F_1 = \{\text{Dno} \rightarrow \text{Ttype}\}$，$R_2$ 上的函数依赖是 $F_2 = \{\text{Dno} \rightarrow \text{Snumber}\}$。但是从这两个函数依赖推导不出在 R 上成立的函数依赖 $\text{Dno} \rightarrow \text{Snumber}$。因此分解 ρ 把函数依赖 $\text{Dno} \rightarrow \text{Snumber}$ 丢失了，即 ρ 不保持 F。

【算法 5-4】保持函数依赖的测试算法。

输入：分解 $\rho = \{R_1, R_2, \cdots, R_k\}$ 和函数依赖集 F。

输出：ρ 是否保持 F。

方法：令 $G = \bigcup_{i=1}^{k} \prod U_i(F)$。

为了检验 G 是否覆盖 F，可对 F 中的每一函数依赖 $\rightarrow$ 进行下列检查。

计算 X 关于 G 的闭包 X^+，并检查 Y 是否包含在 X^+ 中。为了计算 X^+，不必求出 G，可以分别地、反复地计算 $\prod U_i(F)(i = 1, 2, \cdots, k)$ 对 X^+ 所增加的属性。可以用下面的算法：

```
Z = X;
while Z 有所改变 do {
        for i=1 to k do {
            Z=Z∪((Z∩Uᵢ)⁺∩Uᵢ);
        }
    }
```

$Z \cap U_i$ 是 Z 中与 R_i 有关的属性。$(Z \cap U_i)^+$ 是 $Z \cap U_i$ 关于 F 的闭包。$(Z \cap U_i)^+ \cap U_i$ 是 $\prod U_i(F)$ 对 X^+ 所增加的属性。经过反复计算，直至 Z 不变为止。最终的 Z 就是关于 G 的闭包 X^+。如果 $Y \subseteq X^+$，则 $X \rightarrow Y \in G^+$。

如果对 F 中所有函数依赖经检查都属于 G^+，则 ρ 保持函数依赖，否则 ρ 不保持函数依赖。

【例 5-9】设有关系模式 $R(ABCD)$，$F = \{A \rightarrow B, B \rightarrow C, C \rightarrow D, D \rightarrow A\}$，试判别分解 $\rho = \{R_1(AB), R_2(BC), R_3(CD)\}$ 是否保持函数依赖。

解：$\prod U_1(F) = \{A \rightarrow B\}$，$\prod U_2(F) = \{B \rightarrow C\}$，$\prod U_3(F) = \{C \rightarrow D\}$，$F$ 的前 3 个函数依赖已经明显地在 G 中，只要验证 $D \rightarrow A$ 是否为 G 所覆盖即可。

令 $Z = \{D\}$ 作为 Z 的初始值。

第 1 趟：

```
i = 1
    Z∩U₁ = {D}∩{A,B} = Φ，Z 不变
i = 2
    Z∩U₂ = {D}∩{B,C} = Φ，Z 不变
i = 3
    Z∩U₃ = {D}∩{C,D} = {D}
        Z = {D}∪({D}⁺∩{C,D})
          = {D}∪({A,B,C,D}∩{C,D})
          = {C,D}
```

第 2 趟：

```
i = 1
    Z∩U₁ = {C,D}∩{A,B} = Φ，Z 不变
i = 2
    Z∩U₂ = {C,D}∩{B,C} = {C}
        Z = {C,D}∪({C}⁺∩{B,C})
          = {C,D}∪({A,B,C,D}∩{B,C})
          = {B,C,D}
i = 3
    Z∩U₃ = {B,C,D}∩{C,D} = {C,D}
        Z = {B,C,D}∪({C,D}⁺∩{C,D})
          = {B,C,D}∪({A,B,C,D}∩{C,D})
          = {B,C,D}，Z 不变
```

第 3 趟：

```
i = 1
Z∩U₁ = {B,C,D}∩{A,B} = {B}
Z = {B,C,D}∪({B}⁺∩{A,B})
  = {B,C,D}∪({A,B,C,D}∩{A,B})
  = {A,B,C,D}
```

Z 已经等于全部属性的集合，不可能再发生变化，故 $\{D\}^{+} = \{A,B,C,D\}$。因为 $\{A\} \subseteq \{A,B,C,D\}$，故 $D \to A$ 属于 G^{+}，即 ρ 可保持依赖。值得注意的是，D、A 两属性虽然不同时出现在任何分解的关系中，但 $G(D \to A)$，故仍保持依赖。

如果某个分解能保持函数依赖集，那么在数据输入或更新时，只要每个关系模式本身的函数依赖约束被满足，就可以确保整个数据库中的语义完整性不被破坏。显然这是一种良好的特性。

5.3.4　模式分解与模式等价问题

本节讨论的关系模式分解的两个特性实际上涉及两个数据库模式的等价问题，这种等价包括数据等价和依赖等价两个方面。数据等价是指两个数据库实例应表示同样的信息内容，用"无损分解"衡量。如果是无损分解，那么对泛关系反复的投影和连接都不会丢失信息。依赖等价是指两个数据库模式应有相同的依赖集闭包。在依赖集闭包相等的情况下，数据的语义是不会出错的。违反数据等价或

依赖等价的分解很难说是一个很好的设计模式。

但是要同时达到无损分解和保持函数依赖的分解也不是一件容易的事情，需要认真对待。下面的例子表示关系模式 $R(ABC)$ 在不同函数依赖集上即使对同样的分解也会产生不同的结果。

【例 5-10】设关系模式 $R(ABC)$，$\rho = \{AB, AC\}$ 是 R 的一个分解。试分析分别在 $F_1 = \{A \rightarrow B\}$，$F_2 = \{A \rightarrow C, B \rightarrow C\}$，$F_3 = \{B \rightarrow A\}$，$F_4 = \{C \rightarrow B, B \rightarrow A\}$ 情况下，ρ 是否具有无损分解和保持 FD 的分解集。

解： ① 相对于 $F_1 = \{A \rightarrow B\}$，分解 ρ 是无损分解且保持 FD 的分解。

② 相对于 $F_2 = \{A \rightarrow C, B \rightarrow C\}$，分解 ρ 是无损分解，但不保持 FD 集。因为 $B \rightarrow C$ 丢失了。

③ 相对于 $F_3 = \{B \rightarrow A\}$，分解 ρ 是损失分解但保持 FD 集的分解。

④ 相对于 $F_4 = \{C \rightarrow B, B \rightarrow A\}$，分解 ρ 是损失分解且不保持 FD 集的分解（丢失了 $C \rightarrow B$）。

从上例可以看出模式分解的无损分解与保持 FD 的分解两个特性之间没有必然的联系。

5.4 范　式

范式（Normal Form，NF）是一种关系的状态，也是衡量关系模式好坏的标准。范式的种类与数据依赖有着直接的联系。在关系模式中存在函数依赖时就有可能存在数据冗余，引出数据操作异常现象。如表 5.1 给出了一个存在冗余数据的就诊关系模式 $R(Dname, Ttype, Snumber, Pname, Fsum)$，$R$ 不是一个好的设计，在名为罗晓和杨勋的医生所在的行存在冗余信息（重复存储的职称和工资）。数据冗余不仅浪费存储空间，而且会使数据库难以保持数据的一致性。范式可以用于确保数据库模式中没有各种类型的异常和不一致性。为了确定一个特定关系是否符合范式要求，需要检查关系中属性间的函数依赖，而不是检查关系中的当前实例。

基于函数依赖的范式有 1NF、2NF、3NF、BCNF 等多种。

规范化是把一组有异常的关系分解成更小的、结构良好的关系的过程，使得这些关系有最小的冗余或没有冗余。规范化是决定关系中属性如何分组的一个形式化过程。规范化给设计者提供了对关系中的属性进行系统、科学的划分过程。有了规范化，对数据库中存储的数据值的更改都可以通过最少的更新操作来实现。

规范化过程是为将一组基于函数依赖和主键的关系模式逐步简化成一些好的格式的过程，以能够最小化冗余、最小化插入、删除和更新异常。规范化过程首先由 E.F.Codd 提出，是一种自底向上的关系数据库设计技术。

一个规范化的模式有最小的数据冗余，它要求除了与元组进行连接的外键（在另一个关系中是主键的属性组）外，数据库实例中其他属性的值都不能被复制。规范化主要作为验证和改进逻辑数据库设计的工具，使得逻辑设计能够满足特定约束并避免不必要的数据重复。规范化的过程为数据库设计者提供了以下内容。

● 基于主键和属性间的函数依赖，分析关系模式的形式化框架。

● 一系列可以在单个关系模式上执行的范式测试，使得关系数据库能够规范化到希望的程度。

但在规范化过程中，必须确保规范化模式：

● 不丢失规范化前模式的任何信息；

● 当重构原始模式时，不包含伪信息；

● 保留原始模式的函数依赖。

5.4.1 第一范式（1NF）

小杨：在关系数据库中每一张关系表都必须符合第一范式吗？

老肖：是的，第一范式简单理解就是每个属性都是不可以划分的，必须满足原子性。在任何一个关系数据库中，第一范式（1NF）是对关系模式的基本要求，不满足第一范式的数据库就不是关系数据库。

【定义 5-15】在关系模式 R 的每个关系 r 中，如果每个属性值都是不可再分的原子值，那么称 R 是第一范式（1NF）的模式。

在 1NF 中，所有的域都是简单的，每个简单域中所有元素都是原子的。关系模式中每个元组的每个属性只有一个值，也不存在重复的元组。因此，1NF 不允许每个元组的每个属性对应一组值、一行值或两个值的组合。

简单地说，1NF 中不允许出现"表中有表"的现象。1NF 是关系模式应具有的最基本的条件。满足 1NF 的关系称为规范化的关系；否则称为非规范化的关系。关系数据库研究的关系都是规范化的关系。

例如，就诊关系模式 R(Dno,Pno,Ttype,Snumber,Fsum)中每个属性都不可再分，因此 R 满足 1NF。但在医生关系模式 D(Dno,Dname,Dresume)中，如果 Dresume 包括工作单位和工作时间两列信息，在某名医生可能曾经工作过多个单位而出现多值，则 D 不满足 1NF。将 D 修改为 D_1(Dno,Dname,Dorganise,Ddate)，则 D_1 就满足了 1NF。

5.4.2 第二范式（2NF）

小杨：在第一范式的基础上，出现了第二范式，那么什么是 2NF 呢？

老肖：如果关系模式中存在部分函数依赖，那么它就不是一个好的关系模式，它很可能出现数据冗余和操作异常现象。因此，需要对这样的关系模式进行分解，以排除局部函数依赖，使模式达到 2NF 的标准。

【定义 5-16】如果关系模式 $R \in$ 1NF，且每个非主属性（不是组成主键的属性）完全函数依赖于候选码，那么称 R 属于 2NF 的模式。

满足 2NF 的关系模式中的属性都不函数依赖于复合主键的一部分。2NF 是基于完全函数依赖的，只有在主键是复合属性下才可能不符合 2NF。2NF 是通往更高范式的中间步骤，它消除了 1NF 存在的部分问题。

【例 5-11】设有关系模式 R(Dno,Pno,Ttype,Snumber,Fsum)的属性分别表示医生编号、患者编号、医生职称级别、医生工资和诊疗费用。(Dno,Pno)是 R 的候选码。

R 上有两个 FD：(Dno,Pno)→(Ttype,Snumber)和 Dno→(Ttype,Snumber)，因此前面一个 FD 是局部依赖，所以 R 不是 2NF。此时 R 会出现冗余和异常。例如，某名医生为 N 名病人看病，则在关系中会出现 N 个元组，而医生的职称级别和工资就会重复 N 次。

如果将 R 分解为 R_1(Dno,Ttype,Snumber) 和 R_2(Dno,Pno,Fsum) 后，局部依赖 (Dno,Pno)→(Ttype,Snumber)就消失了，R_1 和 R_2 都是 2NF 了。

在关系模式 R 中消除非主属性对候选码的局部依赖可以用下面的算法表示。

【算法 5-5】将关系模式 R 分解成 2NF 模式子集。

设有关系模式 $R(U)$，主键是 W，R 上还存在函数依赖 $X \rightarrow Z$，其中 Z 是非主属性和 $X \subset W$，则 $W \rightarrow Z$ 就是一个局部依赖。此时应该把 R 分解成两个模式：

① $R_1(XZ)$，主键是 X；

② $R_2(U\text{-}Z)$，主键仍为 W，外键是 X（参考 R_1）。

利用外键和主键的连接可以从 R_1 和 R_2 中重新得到 R。

如果 R_1 和 R_2 还不是 2NF，则重复上述过程，一直到数据库模式中每一个关系模式都是 2NF 为止。

5.4.3 第三范式（3NF）

小杨：在第二范式中，提到每一个非主属性完全函数依赖于候选码，那么第三范式是什么呢？

老肖：第三范式也是表设计中应该满足的规范。下面给出具体定义。

【定义 5-17】如果关系模式 $R \in$ 1NF，且每个非主属性都不传递依赖于 R 的候选码，那么称 R 属于 3NF 的模式。

在 3NF 中，关系模式是由主键和一组相互独立的非主属性组成的，它满足两个条件：（1）R 中的非主属性相互独立；（2）R 中的非主属性函数依赖于主键。

【例 5-12】在【例 5-11】中，R_2 是 2NF 模式，而且也是 3NF 模式。但是 R_1(Dno,Ttype,Snumber) 是 2NF 模式，但不一定是 3NF。因为如果 R_1 中存在函数依赖 Dno→Ttype 和 Ttype→Snumber，那么 Dno→Snumber 就是一个传递依赖，即 R_1 不是 3NF 模式。此时 R_1 的关系也会出现冗余和异常。例如，R_2 中存在 M 个职称级别同为主任的医生，则 R_1 中需要重复存储 M 个相同的工资数目。

如果将 R_1 分解为 R_{11}(Dno,Ttype) 和 R_{12}(Ttype,Snumber) 后，Dno→Snumber 就不会出现在 R_{11} 和 R_{12} 中，因此 R_{11} 和 R_{12} 都是 3NF 的模式。

在关系模式中消除非主属性对候选键传递依赖的方法可以用下列算法表示。

【算法 5-6】将关系模式 R 分解为 3NF 模式集。

设关系模式 $R(U)$，主键是 W，R 上还存在 FD $X→Z$，其中 Z 是非主属性，$Z \nsubseteq X$ 且 X 不是候选键，这样 $W→Z$ 就是一个传递依赖。此时应把 R 分解成两个模式：

① $R_1(XZ)$，主键是 X；

② $R_2(Y)$，其中 $Y = U - Z$，主键仍是 W，外键是 X（参考 R_1）。

利用外键和主键相匹配机制，R_1 和 R_2 通过连接可以重新得到 R。

如果 R_1 和 R_2 还不是 3NF，则重复上述过程，一直到数据库模式中每一个关系模式都是 3NF 为止。

局部依赖的存在必定蕴涵传递依赖的存在，因此有下面的定理。

【定理 5-10】如果 R 是 3NF 模式，那么 R 也是 2NF 模式。

证： 只要证明模式中局部依赖的存在蕴涵传递依赖即可。设 A 是 R 的一个非主属性，K 是 R 的一个候选键，且 $K→A$ 是一个局部依赖。那么 R 中必存在某个 $K' \subset K$，有 $K'→A$ 成立。由于 A 是非主属性，因此 $A \cap KK' = \varnothing$。从 $K' \subset K$ 可知 $K' \nrightarrow K$，但 $K→K'$ 成立。因此从 $K→K'$ 和 $K'→A$ 可知 $K→A$ 是一个传递依赖。

局部依赖和传递依赖是关系模式产生数据冗余和异常的两个重要原因。由于 3NF 模式中不存在非主属性对候选键的局部依赖和传递依赖，因此 3NF 消除了很大一部分存储异常，具有较好的性能。而对于非 1NF、1NF 和 2NF 的关系模式，由于它们的性能较差，通常不宜作为数据库模式，需要将这些关系模式变换为 3NF 或更高级的范式。这种变换过程称为"关系的规范化处理"。

【定理 5-11】设关系模式 R，当 R 上每一个函数依赖 $X→A$ 满足下列 3 个条件之一时，关系模式 R 就是 3NF 模式。

① $A \in X$（即 $X→A$ 是一个平凡的函数依赖）。

② X 是 R 的码。

③ A 是主属性。

如果上面 3 个条件都不成立，那么对于 $X \rightarrow A$，就有 A 不是主属性且 X 不是超码。这时若设 W 是候选码，就有 $W \rightarrow X, X \rightarrow A$，因此 $W \rightarrow A$ 是一个传递依赖，即非主属性 A 传递依赖于 R 的候选码 W。

根据上述定理，3NF 也可以定义为：设 F 是关系模式 R 的函数依赖集，如果对 F 中每个非平凡的函数依赖 $X \rightarrow Y$，都有 X 是 R 的超码，或者 Y 的每个属性都是主属性，那么称 R 是 3NF 的模式。

如果非平凡的函数依赖 $X \rightarrow Y, X$ 不包含超码（且 Y 不是主属性），那么 Y 必须传递依赖于候选码，因此 R 不是 3NF 模式。

5.4.4 BC 范式（BCNF）

小杨：在 3NF 模式中，并未排除主属性对候选键的传递依赖，是否有必要提出更高一级的范式呢？

老肖：是的，它就是 BCNF。BCNF 是由 Boyce 与 Codd 提出的，比上述的 3NF 又进了一步，通常认为 BCNF 是修正的第三范式，有时也称之为扩充的第三范式。

【定义 5-18】 如果关系模式 $R \in$ 1NF，且每个属性都不传递依赖于 R 的候选码，那么称 R 是 BCNF 的模式。

由 BCNF 的定义可以得到以下结论，一个满足 BCNF 的关系模式有：

- 所有非主属性对每一个码都是完全函数依赖；
- 所有的主属性对每一个不包含它的码，也是完全函数依赖；
- 没有任何属性完全函数依赖于非码的任何一组属性。

由于 $R \in$ 3NF，按定义排除了任何属性对码的传递依赖与部分依赖，所以 $R \in$ 3NF，因此有下面的定理。

【定理 5-12】 如果 R 是 BCNF 模式，那么 R 也是 3NF 模式。

证：设 R 是 BCNF，但不是 3NF，那么 R 上必存在传递依赖 $X \rightarrow Y, Y \rightarrow A$，这里 X 是 R 的码，A 不属于 Y, X 不函数依赖于 Y。显然 Y 不包含 R 的码。否则，$Y \rightarrow X$ 也成立。因此，$Y \rightarrow A$ 违反了 BCNF 的定义，与假设 R 是 BCNF 矛盾。证毕。

但是，若 $R \in$ 3NF，则 R 未必属于 BCNF。

【例 5-13】 设有关系模式 R(Bno,Bname,Author) 的属性分别表示书号、书名和作者名。假如每个书号只有一个书名，但不同的书号可以有相同的书名；每本书可以有多个作者，但每个作者参与编著的书名应该互补相同。R 上的 FD 如下：

$$\text{Bno} \rightarrow \text{Bname} \text{ 和}(\text{Bname,Author}) \rightarrow \text{Bno}$$

因此 R 的关键码是 (Bno,Author) 或 (Bname,Author)，因此模式 R 的属性都是主属性，R 是 3NF 模式。但从上述两个 FD 可知，属性 Bname 传递依赖于关键码 (Bname,Author)，所以 R 不是 BCNF。例如，一本书由多个作者编写时，其书名与书号之间的联系在关系中将多次出现，这会导致数据冗余和操作异常。

如果将 R 分解为 R_1(Bno,Bname) 和 R_2(Bno,Author)，则能够解决上述问题，且 R_1 和 R_2 都是 BCNF。但这样分解可能会导致新的问题，例如，这个分解把 (Bname,Author) $\rightarrow$ Bno 丢失了，数据语义将会引起新的矛盾。

【算法 5-7】 将关系模式 R 无损分解成 BCNF 模式集。

对于关系模式 R 的分解 ρ （初始时 $\rho = \{R\}$ ），如果 ρ 中有一个关系模式 R_i 相对于 $\prod R_i(F)$ 不是 BCNF，并且 R_i 中存在一个非平凡 FD $X \rightarrow Y$，有 X 不包含超码，那么把 R_i 分解成 XY 和 $R_i - Y$ 两个模式。重复上述过程，一直到 ρ 中每一个模式都是 BCNF。

上述方法能保证把 R 无损分解成 ρ，但不一定能保证 ρ 可以保持 FD。

【算法 5-8】将关系模式 R 无损分解且保持依赖地分解成 3NF 模式集。

① 对于关系模式 R 和 R 上成立的 FD 集 F，先求出 F 的最小依赖集，然后再把最小依赖集中那些左部相同的 FD 用合并性合并起来。

② 对最小依赖集中每个 FD $X \rightarrow Y$ 去构成一个模式(XY)。

③ 在构成的模式集中，如果每个模式都不包含 R 的候选码，那么把候选码作为一个模式放入模式集中。

这样得到的模式集是关系模式 R 的一个分解，并且这个分解是无损分解，又能保持 FD。

【例 5-14】设关系模式 R(ABCDE)，R 的最小依赖集为 $\{A \rightarrow B, C \rightarrow D\}$。从依赖集可知 R 的候选码为 ACE。

先根据最小依赖集，可知 $ρ = \{AB, CD\}$，然后再加入由候选码组成的模式 ACE。因此，最后结果 $ρ = \{AB, CD, ACE\}$ 是一个 3NF 模式集，R 相对于该依赖集是无损分解且保持函数依赖。

3NF 和 BCNF 是在函数依赖的条件下对模式分解所能达到的分离程度的测度。一个数据库模式中的关系模式如果都属于 BCNF，那么在函数依赖范畴内，它已实现了彻底的分离，已消除了插入和删除的异常。3NF 的"不彻底性"表现在可能存在主属性对码的部分依赖和传递依赖。

5.5　多值函数依赖与 4NF

5.5.1　多值函数依赖

小杨：以上完全是在函数依赖的范畴内讨论问题。属于 BCNF 的关系模式是否就很完美了呢？

老肖：函数依赖揭示了数据之间的一种联系。通过对函数依赖的观察和分析，有助于消除关系模式中的冗余现象。但是函数依赖还不足以描绘现实世界中数据之间的全部关系，有些联系需要用多值依赖来描述。

【例 5-15】就诊关系模式 R(Dno,Pno,Ptel) 的属性分别表示医生编号、患者编号、患者电话号码。该模式描述了患者就诊的医生和患者的电话号码两种独立的信息。其实例见表 5.4。在模式 R 中，不存在非平凡的函数依赖，关键码由 3 个属性组成。模式 R 已经是 BCNF，因此模式 R 不能根据函数依赖得到进一步分解。但是模式 R 的关系中存在着数据冗余。例如，患者 p_1 看过两名医生 d_1 和 d_2，而患者 p_1 具有两个不同的电话号码 t_1 和 t_2，因此需要在表中存储 4 个元组，即每名患者去看一次医生，系统就需要存储多个元组（元组个数为该患者的电话号码个数）。

表 5.4　就诊模式 R 的多值实例

Dno	Pno	Ptel
d_1	p_1	t_1
d_1	p_1	t_2
d_2	p_1	t_1
d_2	p_1	t_2
d_3	p_2	t_1
d_3	p_2	t_2
d_3	p_2	t_3

如果将模式 R 分解为：

R_1(Dno,Pno)

R_2(Pno,Ptel)

则上述冗余就可以得到消除。产生这个问题的原因就是 Dno 与 Ptel 之间的联系不是直接联系，而是间接联系。把有间接联系的属性放在一个模式中就会产生数据冗余和异常现象。

在模式 R 中，一名医生可以为多名患者看病（一对多的联系），一名患者可以有多个电话号码（一对多的联系），但是医生与患者电话之间没有直接的联系。

这种属性间的一对多联系称为多值依赖。

【定义 5-19】设 U 是关系模式 R 的属性集，X 和 Y 是 U 的子集，$Z=U-X-Y$，xyz 表示属性集 XYZ 的值。对于 R 的关系 r，在 r 中存在元组 (x,y_1,z_1) 和 (x,y_2,z_2) 时，也存在元组 (x,y_2,z_1) 和 (x,y_1,z_2)，那么称多值依赖（Multivalued Dependency，MVD）$X\rightarrow\rightarrow Y$ 在模式 R 上成立。

在【例 5-15】中，模式 R 的属性值之间的一对多联系可以用下列 MVD 表示：

$$Pno\rightarrow\rightarrow Dno$$

$$Pno\rightarrow\rightarrow Ptel$$

关于 FD 和 MVD，已经找到一个完备的推理规则集，这个集合有 8 条规则，3 条是关于 FD 的，3 条是关于 MVD 的，还有 2 条是关于 FD 和 MVD 相互推导的规则，具体如下。

设 U 是关系模式 R 上的属性集，W、V、X、Y、Z 为 U 的子集，关于 FD 和 MVD 的推理规则有以下几条。

A1（FD 的自反性）：若 $Y\subseteq X$，则 $X\rightarrow Y$。

A2（FD 的增广性）：若 $X\rightarrow Y$，且 $Z\subseteq U$，则 $XZ\rightarrow YZ$。

A3（FD 的传递性）：若 $X\rightarrow Y$，$Y\rightarrow Z$，则 $X\rightarrow Z$。

A4（MVD 的补规则，Complementation）：若 $X\rightarrow\rightarrow Y$，则 $X\rightarrow\rightarrow (U-X-Y)$。

A5（MVD 的增广性）：若 $X\rightarrow\rightarrow Y$，且 $V\subseteq W\subseteq U$，则 $WX\rightarrow\rightarrow VY$。

A6（MVD 的传递性）：若 $X\rightarrow\rightarrow Y$，$Y\rightarrow\rightarrow Z$，则 $X\rightarrow\rightarrow (Z-Y)$。

A7（复制性，Replication）：若 $X\rightarrow Y$，则 $X\rightarrow\rightarrow Y$。

A8（结合性，Coalescence）：若 $X\rightarrow\rightarrow Y$，$Z\subseteq Y$，且存在 $W\subseteq U$ 有 $W\cap Y=\varnothing$ 和 $W\rightarrow Z$，那么 $X\rightarrow Z$。

像 A1～A3 的证明一样，可以用反证法证明 A4～A8 的正确性。

已经证明，推理规则 A1～A8 对于 FD 和 MVD 是完备的。和 FD 一样，也存在着平凡的 MVD。

【定义 5-20】对于属性集 U 上的 MVD $X\rightarrow\rightarrow Y$，如果 $Y\subseteq X$ 或 $XY=U$，那么称 $X\rightarrow\rightarrow Y$ 是一个平凡的 MVD；否则，称 $X\rightarrow\rightarrow Y$ 是一个非平凡的 MVD。

这是因为从 $Y\subseteq X$ 可根据 A1 和 A7 推出 $X\rightarrow\rightarrow Y$，从 $XY=U$ 可根据 A1、A7 和 A4 推出 $X\rightarrow\rightarrow Y$。

根据 A1～A8，还可以推出另外的推理规则。

A9（MVD 的并规则）：若 $X\rightarrow\rightarrow Y$，$Y\rightarrow\rightarrow Z$，则 $X\rightarrow\rightarrow YZ$。

A10（MVD 的交规则）：若 $X\rightarrow\rightarrow Y$，$X\rightarrow\rightarrow Z$，则 $X\rightarrow\rightarrow Y\cap Z$。

A11（MVD 的差规则）：若 $X\rightarrow\rightarrow Y$，$X\rightarrow\rightarrow Z$，则 $X\rightarrow\rightarrow Y-X\rightarrow\rightarrow Z-Y$。

A12（MVD 的伪传递）：若 $X\rightarrow\rightarrow Y$，$WY\rightarrow\rightarrow Z$，则 $WX\rightarrow\rightarrow Z$。

A13（混合伪传递）：若 $X\rightarrow\rightarrow Y$，$XY\rightarrow Z$，则 $X\rightarrow Z-Y$。

在有 FD 和 MVD 情况下，也可以用 Chase 过程来测试关系模式相对于已知的 FD 和 MVD 集分解成 ρ 是否为无损分解。另外，我们也可以用无损分解概念来定义 MVD。

【定义 5-21】若 U 是关系模式 R 的属性集，X、Y、Z 是 U 的一个分割。若对 R 的每一个关系 r 都有 $r=\pi_{XY}(r)\bowtie\pi_{XZ}(r)$，则称 MVD $X\rightarrow\rightarrow Y$ 在 $R(U)$ 上成立。

这个定义说明，如果一个模式可以无损分解成两个模式，那么蕴涵一个多值依赖。

5.5.2　4NF

小杨：4NF 是 BCNF 的直接推广吗？

老肖：对！4NF 就是限制关系模式的属性之间不允许有非平凡且非函数依赖的多值依赖。一个关系模式如果已达到 BCNF 但不是 4NF，这样的关系模式仍然具有不好的性质。

【定义 5-22】设 D 是关系模式 R 上成立的 FD 和 MVD 集合。如果 D 中的每个非平凡的 MVD

$X \to \to Y$ 的左部 X 都是 R 的超码，那么 R 是 4NF 的模式。

【例 5-16】在就诊模式 R(Dno,Pno,Ptel) 中，码是 (Dno,Pno,Ptel)，在 MVD Pno$\to \to$Dno 和 Pno$\to \to$Ptel 的左部都未包含码，因此 R 不是 4NF 的模式。若将 R 分解为 R_1(Dno,Pno) 和 R_2(Pno,Ptel)，则 R_1 和 R_2 都是 4NF 的模式。

【定理 5-13】关系模式 R 是 4NF 的模式，则 R 肯定是 BCNF 的模式。

证：假设关系模式 R 是 4NF，但不是 BCNF，那么 R 必存在某个非平凡函数依赖 $X \to Y$，有 X 不是 R 的超码。如果 $XY=R$，那么显然 X 是 R 的超码，与假设矛盾；如果 $XY \ne R$，从 $X \to Y$，根据规则 A7 可得 $X \to \to Y$ 成立且是非平凡的 MVD，此时 X 不是 R 的超码，则违反了 4NF 的条件。因此，R 不是 BCNF 的假设不成立，则 R 必是 BCNF。

5.6　函数依赖与 5NF

函数多值依赖定义为一个模式无损分解为两个模式，与之类似，对于一个模式无损分解成 n 个模式的数据依赖称为连接依赖。

【定义 5-23】设 U 是关系模式 R 的属性集，$R_1, R_2, \cdots, R_n$ 是 U 的子集，且满足 $U = R_1 \cup R_2 \cup \cdots \cup R_n$，$\rho = \{R_1, R_2, \cdots, R_n\}$ 是 R 的一个分解。如果对于 R 的每个关系 r 都有 $m_\rho(r) = r$，那么称连接依赖（Join Dependency，JD）在模式 R 上成立，记为 $*(R_1, R_2, \cdots, R_n)$。

如果 $*(R_1, R_2, \cdots, R_n)$ 中某个 R_i 就是 R，那么称这个 JD 是平凡的 JD。

【例 5-17】设关系模式 R(DPM) 的属性分别表示医生、患者和药品，表示医生给患者开具的处方关系。如果规定模式 R 的关系是 3 个二元投影 (DP,PM,MD) 的连接，而不是其中任何两个的连接，那么模式 R 中存在一个连接依赖 $*(DP, PM, MD)$。

模式 R 中存在这种连接依赖时，其关系也将存在冗余和异常现象。

【定义 5-24】如果关系模式 R 的每个 JD 均由 R 的候选码蕴涵，那么称 R 是 5NF 的模式，有时也称投影连接范式（Project-Join NF，PJNF）。

这里 JD 可由 R 的码蕴涵，是指 JD 可由码推导得到。如果 JD $*(R_1, R_2, \cdots, R_n)$ 中某个 R_i 就是 R，那么这个 JD 是平凡的 JD；如果 JD 中某个 R_i 包含 R 码，那么这个 JD 可用 Chase 方法验证。

连接依赖也是现实世界属性间联系的一种抽象，是语义的体现。但是它并不像 FD 和 MVD 的 $\to$ 语义那么直观，要判断一个模式是否为 5NF 比较困难。

对于 JD，已经找到一些推理规则，但尚未找到完备的推理规则集。可以证明，5NF 的模式也一定是 4NF 的模式。

根据 5NF 的定义，可以得出一个模式总是能够无损地分解成 5NF 模式集。

小　　结

在数据库的设计过程中，不当的设计会导致数据冗余、更新异常、删除异常和插入异常。

数据冗余会浪费大量的存储空间，由于数据冗余，当更新数据库中的数据时，系统要付出很大的代价来维护数据库的完整性，否则会面临数据不一致的危险。如果一个系刚成立，尚无学生，就无法把这个系及其系主任的信息存入数据库，这是典型的插入异常。如果某个系的学生全部毕业了，在删除该系学生信息的同时，把这个系及其系主任的信息也丢掉，这就产生了删除异常。

正是介于以上情况的出现，我们引入了范式这一概念。基于函数依赖的范式有 1NF、2NF、3NF、BCNF 等多种。

　　第一范式简单理解就是每个属性都是不可以划分的，必须满足原子性。在任何一个关系数据库中，第一范式是对关系模式的基本要求，不满足第一范式的数据库就不是关系数据库。在第一范式基础上，每个非主属性（不是组成主键的属性）完全函数依赖于候选码，就是第二范式。同理，在第一范式的基础上，每个非主属性都不传递依赖于候选码，它属于第三范式。如果关系模式 $R \in 1NF$，且每个属性都不传递依赖于候选码，则称为 BCNF 范式。

　　函数依赖是数据库中数据项之间最常见的关联特性，通常是指一个关系表中属性（列）之间的联系。函数依赖关注一个属性或属性集与另一个属性或属性集之间的依赖，也即两个属性或属性集之间的约束。

　　函数依赖的推理规则常被称为 "Armstrong 公理"。

- 自反性：如果 $Y \subseteq X \subseteq U$，则 $X \rightarrow Y$ 成立。这是一个平凡函数依赖。
- 增广性：如果 $X \rightarrow Y$ 成立，且 $Z \subseteq U$，则 $XZ \rightarrow YZ$ 成立。
- 传递性：如果 $X \rightarrow Y$，$Y \rightarrow Z$ 成立，则 $X \rightarrow Z$ 成立。

　　模式分解是将组织中的函数依赖向更高级逐步分解细化的过程。模式分解就是将模式分解到最小，将数据转换为规范格式，帮助消除不良设计中的一些问题，如冗余、不一致或异常。

　　评价一个模式分解的好坏通常使用 "无损分解" 和 "保持依赖" 特性。

　　无损分解是指一张关系表被分解成两张或两张以上的小表，通过连接被分解后的小表可以获得原始表的内容。所有的模式分解必须是无损的。无损中的损是指信息丢失。

　　函数依赖是指分解的过程中，函数依赖集 F 中的每一个函数依赖都不能丢失，如果模式分解不保持函数依赖，那么在模式分解中就会丢失一些依赖。

　　关于模式分解的几个重要事实是：

- 若要求分解保持函数依赖，那么模式分解总可以达到 3NF，但不一定能达到 BCNF；
- 若要求分解既保持函数依赖，又具有无损连接性，那么可以达到 3NF，但不一定能达到 BCNF；
- 若要求分解具有无损连接性，那么一定可以达到 4NF。

习　　题

1．理解并给出下列术语的定义：函数依赖、部分函数依赖、完全函数依赖、传递函数依赖。

2．解释 1NF、2NF、3NF、BCNF。

3．指出下列关系模式是第几范式？说明理由。

（1）$R(X,Y,Z)$　　$F=\{XY \rightarrow Z\}$

（2）$R(X,Y,Z)$　　$F=\{Y \rightarrow Z, XZ \rightarrow Y\}$

（3）$R(X,Y,Z)$　　$F=\{Y \rightarrow Z, Y \rightarrow X, X \rightarrow YZ\}$

（4）$R(X,Y,Z)$　　$F=\{X \rightarrow Y, X \rightarrow Z\}$

（5）$R(X,Y,Z)$　　$F=\{XY \rightarrow Z\}$

（6）$R(W,X,Y,Z)$　　$F=\{X \rightarrow Z, WX \rightarrow Y\}$

4．设有关系模式 $R(U,F)$，其中：

$U=\{A,B,C,D,E,P\}$，$F=\{A \rightarrow B, C \rightarrow P, E \rightarrow A, CE \rightarrow D\}$

求出 R 的所有候选关键字。

5．设有关系模式 $R(C,T,S,N,G)$，其上的函数依赖集：

$F=\{C \rightarrow T, CS \rightarrow G, S \rightarrow N\}$

求出 R 的所有候选关键字。

6. 设有关系模式 $R(U,F)$，其中：

$U=\{A,B,C,D,E\}$，$F=\{A\rightarrow D,E\rightarrow D,D\rightarrow B,BC\rightarrow D,DC\rightarrow A\}$

（1）求出 R 的候选关键字。

（2）判断 $\rho=\{AB,AE,CE,BCD,AC\}$ 是否为无损连接分解。

7. 设有关系模式 $R(U,F)$，其中：

· $U=\{E,F,G,H\}$，$F=\{E\rightarrow G,G\rightarrow E,F\rightarrow EG,H\rightarrow EG,FH\rightarrow E\}$

求 F 的最小依赖集。

8. 设有关系模式 $R(U,F)$，其中：

$U=\{A,B,C,D\}$，$F=\{A\rightarrow B,B\rightarrow C,D\rightarrow B\}$，把 R 分解成 BCNF 模式集：

（1）如果首先把 R 分解成 $\{ACD,BD\}$，试求 F 在这两个模式上的投影。

（2）ACD 和 BD 是 BCNF 吗?如果不是，请进一步分解。

9. 已知关系模式 $R(CITY,ST,ZIP)$和函数依赖集：

$F=\{(CITY,ST)\rightarrow ZIP,ZIP\rightarrow CITY\}$

试找出 R 的两个候选关键字。

10. 设有关系模式 $R(A,B,C,D,E)$，R 的函数依赖集：

$F=\{A\rightarrow D,E\rightarrow D,D\rightarrow B,BC\rightarrow D,CD\rightarrow A\}$

（1）求 R 的候选关键字。

（2）将 R 分解为 3NF。

11. 设有关系模式 $R(U,V,W,X,Y,Z)$，其函数依赖集：

$F=\{U\rightarrow V,W\rightarrow z,Y\rightarrow U,WY\rightarrow X\}$，现有下列分解。

（1）$\rho_1=\{WZ,VY,WXY,UV\}$。

（2）$\rho_2=\{UVY,WXYZ\}$。

判断上述分解是否具有无损连接性。

12. 设有关系模式 $R(F,G,H,I,J)$，R 的函数依赖集：

$F=\{F\rightarrow I,J\rightarrow I,I\rightarrow G,GH\rightarrow I,IH\rightarrow F\}$

（1）求出 R 的所有候选关键字。

（2）判断 $\rho=\{FG,FJ,JH,IGH,FH\}$ 是否为无损连接分解。

（3）将 R 分解为 3NF，并具有无损连接性和依赖保持性。

13. 设有关系模式 $R(A,B,C,D,E)$，其上的函数依赖集：

$F=\{A\rightarrow C,C\rightarrow D,B\rightarrow C,DE\rightarrow C,CE\rightarrow A\}$

（1）求 R 的所有候选关键字。

（2）判断 $\rho=\{AD,AB,BC,CDE,AE\}$ 是否为无损连接分解。

（3）将 R 分解为 BCNF，并具有无损连接性。

14. 建立一个关于系、学生、班级、学会等信息的关系数据库。

学生：学号、姓名、出生年月、系名、班号、宿舍区。

班级：班号、专业名、系名、人数、入校年份。

系：系名、系号、系办公地点、人数。

学会：学会名、成立年份、办公地点、人数。

语义如下：一个系有若干个专业，每个专业每年只招一个班，每个班有若干个学生。一个系的学生住在同一宿舍区。每个学生可参加若干个学会，每个学会有若干个学生。学生参加某学会有一个入会年份。

请给出关系模式，写出每个关系模式的极小函数依赖集，指出是否存在传递函数依赖，对于函数依赖左部是多属性的情况讨论函数依赖是完全函数依赖，还是部分函数依赖。指出各关系模式的候选码、外部码，有没有全码存在？

15. 下面的结论哪些是正确的？哪些是错误的？对于错误的请给一个反例说明。

（1）任何一个二目关系属于 3NF。

（2）任何一个二目关系属于 BCNF。

（3）任何一个二目关系属于 4NF。

第 6 章　基础 SQL 语言

第 2 章我们介绍了如何使用关系代数进行数据操作以获取有用的数据。从本章开始将介绍另一种数据操作语言 SQL。目前，SQL 作为标准化的关系数据库语言已在数百个数据库管理系统中使用，运行环境包括从 PC 到大型主机的多种硬件平台，它的广泛应用使数据库用户受益匪浅，包括应用程序员、DBA 和终端用户。我们将分两章依次介绍基础 SQL 语言和高级 SQL 语言，本章重点关注 SQL 的数据类型和内置函数、关系模式的定义、数据查询、数据更新、视图及完整性约束等基础 SQL 语句。第 7 章将进一步为大家介绍数据库编程相关的高级 SQL 语言，包括游标、存储过程、函数、触发器、递归查询及排序和分页。

学习目标：

- 了解 SQL 的目的及发展历史
- 了解 SQL 标准数据类型及内置函数
- 理解数据定义功能
- 掌握 SQL 查询语句的基本结构 SELECT…FROM…WHERE
- 掌握查询语句中使用的基础运算符
- 掌握用聚集函数、分组查询、集合运算及对查询结果的排序
- 掌握各种连接查询及嵌套查询
- 掌握用 INSERT、UPDATE、DELETE 进行数据插入、数据更新和数据删除
- 了解视图的作用，掌握视图的定义
- 掌握完整性约束的定义，了解完整性约束的检查

6.1　SQL 概述

在使用 SQL 之前，有必要先了解一下 SQL 的发展历史、SQL 提供的功能及 SQL 的特点。

一般来说，用户使用数据库时需要对数据库进行各种的操作，如：

- 创建、修改数据模式；
- 完成对数据的管理，如查询、添加、修改和删除数据。

一种数据库语言应能实现上述功能，且语法结构相对简单、易于用户掌握。SQL 作为关系数据库的标准语言具有上述特点。

6.1.1　SQL 标准与历史

最早的 SQL 原型是 IBM 公司的研究人员在 20 世纪 70 年代开发的，该原型被命名为 SEQUEL（Structured English Query Language）。1976 年又出了一个改进版 SEQUEL/2，并更改名字为现在使用的 SQL（Structured Query Language）。随着 SQL 的发布，各数据库厂商纷纷在其产品中引入并支持 SQL。20 世纪 70 年代末出现的第一个商业数据库系统 Oracle 就是以 SQL 为基础的关系 DBMS 产品。尽管大多数生产厂商对 SQL 的支持大部分是相似的，但它们之间仍存在一定的差异，SQL 的使用处于一种混乱的状态。

1986 年，第一个 SQL 标准 SQL-86 是由美国 ANSI（American National Standards Institute）颁布的。

随后，ISO（International Standards Organization）于 1987 年采纳它为国际标准。

1989 年，ISO 对 SQL-86 做出改进，颁布了具有完整性特征的 SQL，称之为 SQL-89。

在 1992 年，ISO 和 ANSI 又共同颁布了新的 SQL 标准，对 SQL-89 中存在的不足之处进行改进，但没有增加新的特征，这个版本被称为 SQL-92，也被称为 SQL2。目前，所有主要的关系数据库管理系统支持某些形式的 SQL 语言，大部分数据库遵守 SQL-92 标准，支持 SQL-92 标准的一个子集，并在此基础上进行了扩展。

在 1999 年颁布的 SQL:1999（又称为 SQL3）标准中增加了一些额外的特征以支持面向对象的数据管理。

第 4 版的 SQL 标准是 2003 年颁布的 SQL:2003。SQL:1999 和 SQL:2003 标准与单一级别 Core SQL 保持一致，除了 Core SQL 外，SQL:1999 和 SQL:2003 将不包含在 Core SQL 中的其余的特征以包的形式出现。

SQL 2006 或 ISO / IEC 9075:2006 标准是 SQL 数据库查询语言的 ISO 标准第 5 版。这个版本对原来的第十四部分进行了扩展。这一部分定义了 SQL 可以与 XML 一起使用的方法，使应用程序能够集成到其 SQL 代码中，使用 XQuery 并发访问普通 SQL 数据和 XML 文档。

SQL 2008 是对 SQL 数据库查询语言 ISO 和 ANSI 标准的第 6 次修订，于 2008 年 7 月正式通过。基金会的增加包括：增强合并和诊断语句；截断表语句；在 case 表达式中的子句分隔的逗号，而不是数据库触发器；分区连接表；支持各种 XQuery 正则表达式/模式匹配功能；派生列名称的增强。

SQL 2011 或 ISO / IEC 9075:2011 是对 ISO（1987）标准和 ANSI（1986）的 SQL 数据库查询语言标准的第 7 次修订版本。它于 2011 年 12 月正式通过，新特性主要是该基金会对时态数据库的支持。

SQL 2016 或 ISO / IEC 9075:2016 是 ISO（1987）和美国（1986）的 SQL 数据库查询语言标准的第 8 次修订版本。它于 2016 年 12 月正式通过，引入了 44 种新的可选功能，其中 22 个和 JSON 相关，10 个和多态的表格功能相关。

本书主要以 SQL Server 2008 使用的语言介绍 SQL 的功能。

6.1.2　SQL 标准数据类型及 SQL 标准内置函数

1. SQL 标准数据类型

表 6.1 所示是 ISO 标准所支持的 SQL 数据类型，而 SQL Server 在 ISO 标准数据类型之上定义了自己所支持的数据类型。

表 6.1　SQL 数据类型

数 据 类 型	申　　明
boolean	BOOLEAN
character	CHAR，VARCHAR
bit	BIT，BIT VARYING
exact numeric	NUMERIC，DECIMAL，INTEGER，SMALLINT
approximate numeric	FLOAT，REAL，DOUBLEPRECISION
datetime	DATE，TIME，TIMESTAMP
interval	INTERVAL
large objects	CHARACTER LARGE OBJECT，BINARY LARGE OBJECT

2．SQL 标准内置函数

尽管 SQL 标准没有指明内置函数，但是大多数数据库都包含若干有用的内置函数。这些内置函数提供数据类型转换功能，也经常用于数据的重新格式化。通常内置函数可以在 SQL 表达式中指定同一数据类型的常量的任何地方指定。表 6.2 所示是部分常用 SQL 标准内置函数。

表 6.2　部分常用 SQL 标准内置函数

函　　数	返　回　值
BIT LENGTH(string)	位串中的位数
CAST(value AS data_type)	被转换为指定数据类型的值
CHAR_LENGTH(string)	字符串的长度
CONVERT(string USING conv)	由指定转换函数转换字符串
CURRENT_DATE	当前日期
CURRENT_TIME(precision)	具有指定精度的当前时间
CURRENT_TIMESTAMP(precision)	具有指定精度的当前时间和日期
EXTRACT(part FROM source)	在 DATETIME 值中指定的部分（DAY、HOUR 等）
LOWER(string)	将字符串全部转换为小写字母
OCTET_LENGTH(string)	在字符串中的 8 位字节数
POSITION(target IN source)	目标串出现在源串中的位置
SUBSTRING(source FROM n FOR len)	源串的一部分，从第 n 个字符开始，长度为 len
TRANSLATE(string USING trans)	按已命名的解释函数指定的那样解释字符串
TRIM(BOTH char FROM string)	在字符串的前端和尾端剪掉 char
TRIM(LEADING char FROM string)	在字符串的前端剪掉 char
TRIM(TRAILING char FROM string)	在字符串的尾端剪掉 char
UPPER(string)	将字符串全部转换为大写字母

6.1.3　SQL 的功能与特点

1．SQL 的功能

SQL 的功能可分为三部分，如表 6.3 所示。大多数的数据定义语句及数据控制语句只有数据库管理员才会使用到。

数据定义功能：SQL 的 DDL（Data Definition Language）提供语句定义关系模式、索引、视图。

数据操纵功能：SQL 的 DML（Data Manipulation Language）包括数据查询语句 SELECT、向数据库追加新的数据语句 INSERT、修改数据库中数据的语句 UPDATE、删除数据库中数据的语句 DELETE。

数据控制语句：SQL 的 DCL（Data Control Language）提供对关系和视图的授权语句、事务的控制语句及并发控制中的加锁操作等。

表 6.3　SQL 功能

SQL 功能	命　　令	目　　的
数据定义功能	CREATE	创建新的库、表、索引、视图
	ALTER	修改库定义、表定义
数据操纵功能	SELECT	检索表中的内容
	UPDATE，DELETE，INSERT	修改、删除、增加元组
数据控制功能	GRANT，REVOKE	授予/回收用户的存取权限
	COMMIT，ROLLBACK	提交、回滚事务
	CREATE ASSERTION	定义断言约束
	CREATE TRIGGER	定义触发器

2．SQL 的特点

（1）非过程化语言。

非关系数据模型的操纵语言是过程性的语言，用户在使用它进行数据库操作时必须指定存取路径。SQL 是一个非过程化的语言，不要求用户指定对数据的存放方法，用户无须了解存取路径。所有的关系数据库系统都使用查询优化器，由查询优化器进行存取路径的选择。这种特性使用户更易集中精力于要得到的结果，提高了数据的独立性。

（2）统一的语言。

SQL 集 DDL、DML、DCL 功能为一体，能够完成数据库的所有操作。用户在数据库系统运行期间可以随时根据需要修改模式，而不会像非关系数据模型的语言一样会影响数据库的运行。因此系统具有良好的扩展性。

此外，关系模型中的实体和实体之间的联系在数据库中都是使用关系表来表示的，由此带来数据操作符的统一。用户在对其进行操作的过程中无须关注其操作对象是实体还是实体之间的联系，操作符只有一种。而在非关系模型中，用户就必须对其加以区分，以决定选择什么样的操作符。

（3）面向集合的操作方式。

非关系数据模型的操作语言其操作方式是面向记录的，操作对象是一条记录。而 SQL 的操作方式是面向集合的，一次操作的操作对象可以是一批元组。

（4）可独立使用又可嵌入主语言使用。

SQL 可以在带有专用编辑器的独立语言环境使用，也可以嵌入到其他计算机语言中使用，即 SQL 能在两种环境中使用：独立语言和嵌入式语言。在独立语言中，使用者在专用的编辑器中提交 SQL 语句。这种编辑器能检查并报告语法错误给用户，并且将 SQL 语句提交给 DBMS 处理。本章使用独立语言的用法。在嵌入式语言中，可执行程序提交 SQL 语句，DBMS 返回结果给执行程序。这种程序包括 SQL 语句和主语言程序语句，如 C++、Visual Basic、Delphi、PowerBuilder 等主语言开发工具都支持 SQL 语句的嵌入使用。

6.2　数据库基本结构定义

SQL 支持关系数据库系统的三级模式结构，与模式、外模式和内模式相对应的对象包括表、视图、索引，因此数据的定义功能包括定义表、定义视图、定义索引。这些对象都是存储在一个数据库实例中的，因此在定义它们之前还应先创建一个数据库实例。表 6.4 描述了 SQL 的数据定义语言。

表 6.4　SQL 的数据定义语言

操 作 对 象	操 作 方 式		
	创　　建	修　　改	删　　除
数据库	CREATE DATABASE	ALTER DATABASE	DROP DATABASE
表	CREATE TABLE	ALTER TABLE	DROP TABLE
视图	CREATE VIEW		DROP VIEW
索引	CREATE INDEX		DROP INDEX

大多数数据库系统不提供对视图和索引的修改功能。用户若需修改视图和索引，只能先将其删除，再重新创建。

本节只介绍数据库及表的创建、修改和删除操作，视图的定义在 6.8 节阐述，索引的定义在 9.2 节阐述。

6.2.1　数据库的创建、修改与删除

数据库的创建一般由 DBA 来完成。ISO 标准并没有对如何创建数据库进行详细规定，因此，数据库的创建过程在不同的商用数据库系统中差异较大。

在 SQL Server 中使用一组操作系统文件来映射数据库，数据库中的所有数据和对象（如表、存储过程、触发器和视图）都存储在三类操作系统文件中。第一类是主文件，扩展名为.mdf。该文件包含数据库的启动信息及数据信息，每个数据库都有一个主文件。第二类是次要文件，也称从文件，扩展名为.ndf。这些文件含有主文件以外的所有数据。如果主文件可以包含数据库中的所有数据，那么数据库就不需要次要文件。次要文件的主要用处是，当数据库中的数据量非常大时，需要多个次要文件来提高数据访问效率，或者使用多个次要文件将数据扩展到多个不同的磁盘驱动器上。第三类是事务日志，扩展名为.ldf。这些文件包含用于恢复数据库的日志信息。每个数据库都必须至少有一个日志文件。

1. 数据库的创建

为了创建数据库，用户必须是系统管理员或被授权使用 CREATE DATABASE 语句。CREATE DATABASE 语句的语法形式如下。

```
CREATE DATABASE <数据库名>
 [<On Primary>]
([Name = 系统使用的逻辑名],
[Filename = 完全限定的 NT Server 文件名],
[Size = 文件的初始大小],
[MaxSize = 最大的文件尺寸],
[FileGrowth = 系统的扩展文件量])…]
[<Log On>]
([Name = 系统使用的逻辑名],
[Filename = 完全限定的 NT Server 文件名],
[Size = 文件的初始大小],
[FileGrowth = 系统的扩展文件量])]
```

上述语法中用到一些常用符号，它们不是 SQL 语句的部分。这里我们简单介绍一下这些符号的含义。

尖括号（< >）中的内容表示是必须有的。方括号（[ ]）中的内容则表示是可选的，可出现 0 次或 1 次。花括号（{}）与省略号（…）一起，表示其中的内容可以出现 0 次或多次。竖杠（|）表示在多个选择中选择一个。

On Primary 为关键字，表明与该关键字相邻的文件为主文件，它用于存储该数据库的系统表和初始化信息；未使用 On Primary 关键字的文件为次要文件，用于保存主文件以外的数据。

Name 为关键字，用来指定 SQL Server 使用的逻辑名称。

Filename 为关键字，用来指定完全限定的 NT Server 文件名。

Size 为关键字，用来指定文件的初始大小，默认值是 Model 数据库主文件（model.mdf）的大小。

MaxSize 为关键字，用来指定最大的文件尺寸，默认值是占满整个空间。

FileGrowth 为关键字，用来指定 SQL Server 扩展文件的量，默认值是 10%。

Log On 为关键字，用来指定数据库的 SQL Server 事务日志将存储在一个与数据库对象不同的设备上。如果数据库所在的物理设备被破坏而日志还可以使用（该日志所在的设备没有被破坏），使用一个以前的数据库备份和一个未被破坏的日志的脱机复制，则可以将数据库恢复到发生故障时刻的数据库的状态。

如果在创建数据库时，只指定数据库名，而不指定其他参数，则系统默认把 SQL Server 的 Model 数据库定义的默认信息复制到新创建的数据库中。

【例 6-1】下面的语句创建了医院信息系统数据库 HIS，建立了主文件和事务日志文件。

```
CREATE DATABASE HIS
On Primary
(Name=HIS_DATA1,
FileName='E:\SQLServer\Data\HIS_DATA1.mdf',
Size=10,
MaxSize=1500,
FileGrowth=5),
(Name=HIS_DATA2,
FileName='E:\SQLServer\Data\HIS_DATA2.ndf',
Size=10,
MaxSize =500,
FileGrowth =5)
Log On
(Name=HIS_LOG,
Filename='E:\SQLServer\Data\HIS_LOG.ldf',
Size=5MB,
MaxSize =500MB,
FileGrowth=5MB)
```

2. 数据库的修改

创建数据库后，可以对其原始定义进行修改，修改包括：扩充数据库的数据或事务日志存储空间；收缩分配给数据库的数据或事务日志空间；添加或删除数据和事务日志文件；修改数据库的配置设置；修改数据库名称；修改数据库的所有者等。

注意，在更改数据库前，有时需要使数据库退出正常操作模式，终止事务的运行。

在数据库创建之后，可以使用 ALTER DATABASE 语句为数据库增加新文件、删除或修改已有的文件，其语法如下。

```
ALTER DATABASE <数据库名>
[<Add File>
(<Name = 系统使用的逻辑名>,
[Filename = 完全限定的 NT Server 文件名],
[Size = 文件的初始大小],
[MaxSize = 最大的文件尺寸],
[FileGrowth = 系统的扩展文件量])…]
[<Modify File>
(<Name = 系统使用的逻辑名>,
[Filename = 完全限定的 NT Server 文件名],
[Size = 文件的初始大小],
[MaxSize   = 最大的文件尺寸],
[FileGrowth = 系统的扩展文件量])…]
[<Remove File> <系统使用文件的逻辑名>,…]
[<Add Log File>
(<Name = 系统使用的逻辑名>,
[Filename = 完全限定的 NT Server 文件名],
[Size = 文件的初始大小],
[MaxSize = 最大的文件尺寸],
[FileGrowth = 系统的扩展文件量])…]
```

其中，Add File 用以表示按后面的文件说明，在指定的数据库中增加相应数据库文件；Modify File 用以表示按后面的文件说明，在指定的数据库中修改相应的数据库文件；Remove File 用以表示在指定的数据库中，删除指定的数据库文件，但是，只有在文件为空时才能删除；Add Log File 用以表示按后面的文件说明，在指定的数据库中增加相应数据库日志文件。

【例 6-2】下面的语句可在医院信息系统数据库 HIS 中增加一个新数据库文件，同时要修改原数据库文件 HIS_DATA1 的最大文件尺寸为 12MB，并且要删除医院信息系统数据库 HIS 的次要文件 HIS_DATA2。

```
ALTER DATABASE HIS
Add File
(Name=HIS_DATA3,
FileName='E:\SQLServer\Data\HIS_DATA3.mdf',
Size=10,
MaxSize=1000,
FilegGrowth=5)
ALTER DATABASE HIS
Modify File
(Name=HIS_DATA1,
FileName='E:\SQLServer\Data\HIS_DATA1.mdf',
Size=12,
```

```
MaxSize=1500,
FilegGrowth=5)
ALTER DATABASE HIS
Remove File HIS_DATA2
```

3. 数据库的删除

当不再需要数据库，或者数据库数据被移到其他数据库或服务器时，可删除该数据库。数据库删除之后，该数据库的文件及其数据都从服务器的磁盘中删除。不能删除系统数据库 Msdb、Master、Model 和 TempDB。如果在以前对系统数据库 Master 进行了备份，则建议在删除用户数据库后，重新备份 Master 系统数据库，因为删除数据库将更新 Master 中的系统表。如果用上次备份的 Master 数据库进行还原，则可能导致出现错误信息。

删除数据库的语句格式为：

```
DROP DATABASE 需要删除的数据库名;
```

【例6-3】如果需要删除医院信息系统数据库 HIS，其删除语句为：

```
DROP DATABASE HIS
```

6.2.2　基本表的定义、修改与删除

在创建了数据库后，我们就可以定义表结构了。关系数据库的表结构由列构成，每一列表明了要存储数据的某一方面的含义，以及要存储的数据类型。因此，在定义表结构时，必须指明每一列的数据类型。

不同的数据库厂商提供的数据库管理系统所支持的数据类型并不完全相同，与标准 SQL 也有差异。这里，我们只列出标准 SQL 支持的数据类型，具体到不同的数据库产品能够使用的数据类型请查阅相关的用户手册。

1. 基本表的定义

表是数据库中非常重要的对象，用于存储用户的数据。基本表（基表）的定义通过 CREATE TABLE 语句完成，其基本语法形式如下。

```
CREATE TABLE [数据库名.][用户名.]<基表名>(
    <列名1><列类型><列级约束>,
    <列名2><列类型><列级约束>,
    …
    <列名n><列类型><列级约束>,
    < 表级约束>
);
```

创建基表时建议明确指定基表所属的数据库、所属的用户。若选择默认，则为在当前用户、当前打开的数据库中创建基表。在同一数据库中，同一用户定义的基表的表名应是唯一的。

【例6-4】在医院信息系统数据库中，建立药品基本信息表 Medicine。

```
CREATE TABLE Medicine( Mno VARCHAR(10) PRIMARY KEY,
                       Mname VARCHAR(50) NOT NULL,
```

```
Mprice DECIMAL(18,2) NOT NULL,
Munit VARCHAR(10) DEFAULT '克',
Mtype VARCHAR(10)
)
```

2. 基本表的修改

当创建数据库表后，如果需求有变化，现有的表在结构方面不能满足实际需要，就要用 ALTER TABLE 语句修改基表结构。ISO 标准提供的 ALTER TABLE 语句包含 6 个方面的选择：为一张表增加新的列、删除已有的列、增加新的约束、删除已有的约束、为列设置默认值、删除列的默认值。可以通过更改类型、长度或指定默认值等来修改列的属性，也有可能需要增加、删除表的列或约束。但是，当修改列的数据类型时，如果已经有数据，那么只有原数据类型能够隐式转换为新的数据类型，才可对该列的数据类型进行修改，否则数据将丢失。

不同数据库产品的 ALTER TABLE 语句的格式存在差异，SQL Server 中该语句的基本语法格式如下。

```
ALTER TABLE 〈基表名〉
    [ ALTER COLUMN <列名> <数据类型>],
  | [ ADD  <新列名> <数据类型> <约束定义>],
  | [ DROP COLUMN <列名>],
  | [ADD [CONSTRAINT <约束名>]<约束定义>]
  | [ DROP [CONSTRAINT] <约束名>];
```

【例 6-5】在医院信息系统数据库中，如果医院的某些药品价格随着市场供求在不断调整，不同阶段的处方药品价格不一样，那么在处方明细表 RecipeDetail 中需要增加一列存储药品单价：

```
ALTER TABLE RecipeDetail
ADD Price Decimal(5,3)
```

注意，使用 ALTER TABLE 语句在表中增加列时，如果新增列定义为 NOT NULL 列，则必须用 Default 子句指定默认值，否则，当给表增加新列时，表中原有记录的新增列将自动为 NULL，这样就会因违背 NOT NULL 的定义而出错。

微软公司的 SQL Server 数据库管理系统，允许使用 ALTER COLUMN 语句改变列的数据类型、大小，但需要注意如下几点。

- 不能修改 TEXT、NTEXT、IMAGE 等类型的列。
- 不能修改计算的列、约束、默认值或索引中引用的列。
- 不能对已有空值的列设为 NOT NULL。
- 可以增加在索引引用的可变列的宽度，且可以修改带有唯一性约束或检查约束的可变列的宽度。

3. 基本表的删除

当基表建立后，由于用户需求的变化，有些基表将不再需要，可以将这些基表删除，但只有基表的拥有者或有 DBA（数据库管理员）权限的用户才能执行删除操作。当删除生效之后，数据将不存在，直接或间接地建立在该基表之上的视图将不能正常运行，与该基表相关的所有授权将被自动撤销。

删除基表的语句如下。

```
DROP TABLE  <基表名> ;
```

【例 6-6】删除表 RecipeDetail：

```
DROP TABLE RecipeDetail;
```

6.3　数据查询语句基本结构

6.3.1　查询语句概述

查询功能是 SQL 的核心功能，是数据库中使用最频繁的操作。查询语句也是 SQL 语句中比较复杂的一个语句。

SQL 中最简单的查询是找出关系中满足特定条件的元组，这种查询和关系代数中的选择操作类似。在介绍查询语句的格式之前，我们先来看一个简单的 SQL 查询语句。

【例 6-7】查询医生基本信息表中所有男医生的基本信息。

```
SELECT *FROM Doctor
WHERE Dsex='男'
```

查询结果如图 6.1 所示。

	Dno	Dname	Dsex	Dage	Ddeptno	Tno
1	21	刘伟	男	43	104	102
2	82	杨勋	男	36	104	104
3	140	郝亦柯	男	28	101	233
4	145	王军	男	28	101	233

图 6.1　例 6-7 查询结果

该查询语句显示了大部分 SQL 查询语句的结构特征，即 SELECT…FROM…WHERE 形式。它的特点如下。

（1）SELECT 子句说明满足约束条件的元组的哪些属性列显示输出。在本例中，输出显示满足男性医生的所有信息，包括医生的编号、医生的姓名、医生的性别、医生的年龄、医生所属的部门编号、医生的职称级别及医生的工资。

（2）FROM 子句给出查询所引用的关系，在本例中引用的关系是 Doctor。

（3）WHERE 子句是一个条件子句，就像关系代数中的选择条件一样。引用关系中的元组应满足查询条件。在本例中，查询条件是：元组中 Dsex 属性的分量值为"男"，满足这个约束的元组符合条件，否则不符合条件。

查询语句用于从数据库的一张或多张数据表（或视图）中检索满足条件的数据并显示出来。该语句功能非常强大，可以在一个语句中完成关系代数中的选择、投影和连接操作，并且可以对查询的结果进行排序、汇总、分组等。

一个完整的查询语句基本结构如下。

```
SELECT [DISTINCT|ALL]{*|属性列表达式[AS 新的属性列名][,…] }
FROM <基表名|视图名>[别名][,…]
[INTO <新表名>]
```

```
[WHERE <行选择条件>]
[GROUP BY <分组依据列>]
[HAVING <分组选择条件>]
[ORDER BY <排序依据列>[ASC|DESC]];
```

上述结构中各子句的排列顺序不能改变。SELECT 子句和 FROM 子句是必需的，其他子句都是可选的。SELECT 操作是一个闭包操作，对一张表的查询结果产生另一张表。

查询语句的处理顺序如下。

FROM	指定数据的来源（可以是一张表，也可以是多张表，甚至是视图）
INTO	将查询形成的结果放入指定的新表（默认输出到屏幕）
WHERE	依据约束条件对元组进行过滤
GROUP BY	对检索到的满足约束条件的元组按照指定分组列进行分组，在指定的分组列上将具有相同分量值的元组归为同一组
HAVING	依据分组的选择条件对组进行过滤（与 GROUP BY 搭配使用）
SELECT	对查询的结果按照列表达式选出元组中的属性分量值，形成结果集（DISTINCT 选项表示去掉结果集中的重复元组；系统默认为 ALL，表示不去重复）
ORDER BY	对结果集按指定列进行排序，ASC 表示按升序排序，DESC 表示按降序排序（系统默认为 ASC）

6.3.2 基本查询结构

下面介绍最基本的查询结构，即 SELECT…FROM…WHERE 结构。

1. 查询所有列

要查询表中的所有列有两种表达方式：一种是使用简略的表达方式，直接写星号 "*"；另一种是逐一列出表中的所有属性列。前面我们说过，使用 "*" 来查询时，结果集中属性列的显示顺序与其在基表（或视图）中的定义顺序相同；而采用第二种方式可以改变属性列之间的排列顺序。

【例 6-8】查询医生的所有信息。

```
SELECT * FROM Doctor
```

等价于：

```
SELECT Dno,Dname,Dsex,Dage,Ddeptno,Tno FROM Doctor
```

查询结果如图 6.2 所示。

	Dno	Dname	Dsex	Dage	Ddeptno	Tno
1	21	刘伟	男	43	104	1
2	73	邓英超	女	43	105	33
3	82	杨勋	男	36	104	35
4	140	郝亦柯	男	28	101	1
5	368	罗晓	女	27	103	4

图 6.2 例 6-8 查询结果

2. 查询指定列

在很多情况下，用户只对数据源中的一部分属性列感兴趣，这可以通过在 SELECT 子句中指定要查询的属性列来实现。

【例 6-9】查询所有医生的姓名、编号及所在科室。

```
SELECT Dname,Dno,Ddeptno FROM Doctor
```

该语句的执行过程是这样的：从 Doctor 表中取出一个元组，取出该元组在属性 Dname、属性 Dno 和属性 Ddeptno 上的分量值，形成一个新的元组输出。对 Doctor 表中的所有元组做相同的处理。

查询结果如图 6.3 所示。

【例 6-10】查询医院的所有科室。

```
SELECT  Ddeptno FROM Doctor
```

查询结果如图 6.4 所示。

	Dname	Dno	Ddeptno
1	郝亦伟	140	102
2	刘伟	21	103
3	罗晓	368	102
4	邓英超	73	201
5	杨勋	82	101

图 6.3　例 6-9 查询结果

	Ddeptno
1	102
2	103
3	102
4	201
5	101

图 6.4　例 6-10 查询结果

3．查询经过计算的列

SELECT 子句中的属性列表达式除上述的列名表示外，还可以是属性列的库函数运算表达式或属性列与常量之间的算术运算表达式。

【例 6-11】查询医生的姓名和出生年份。

```
SELECT Dname,2017-Dage FROM Doctor
```

	Dname	（无列名）
1	郝亦柯	1982
2	刘伟	1967
3	罗晓	1983
4	邓英超	1967
5	杨勋	1974

图 6.5　例 6-11 查询结果

查询结果如图 6.5 所示。

4．列的别名

从查询结果可以看出，经过计算的表达式在显示结果时都没有列标题，这不利于人们对输出结果的理解。通过指定列的别名的方法可以改变这种现象。

【例 6-12】查询医生的姓名及年薪。

```
SELECT Dname 姓名,2017-Dage 出生年份 FROM Doctor
```

查询结果如图 6.6（a）所示。

5．查询不重复的元组

在某些情况下，我们希望查询结果不带有重复元组，此时我们可以在列名前加 DISTINCT 字段来剔除重复元组。

【例 6-13】查询医院的所有科室，要求不重复显示。

```
SELECT DISTINCT Ddeptno FROM Doctor
```

查询结果如图 6.6（b）所示。

注意，DISTINCT 短语的作用范围是 SELECT 子句中的所有目标列。以下写法是错误的：

	姓名	出生年份
1	刘伟	1974
2	邓英超	1974
3	杨勋	1981
4	郝亦柯	1989
5	罗晓	1990

（a）例 6-12

	Ddeptno
1	101
2	103
3	104
4	105

（b）例 6-13

图 6.6　查询结果

```
SELECT DISTINCT Dno,DISTINCT Pno
FROM Diagnosis
```

正确的写法是：

```
SELECT DISTINCT Dno,Pno FROM Diagnosis
```

6．选择满足条件的元组

以上 SELECT 语句展示的都是检索一张表的所有元组，没有对表中的元组进行任何有条件的筛选。实际上，我们经常需要对检索的元组附加检索条件，使检索结果更加满足用户的要求。这可以通过在查询语句中增加 WHERE 子句来实现。

【例 6-14】查询医生基本信息表中年龄在 40 岁以上医生的姓名和专业职称。

```
SELECT Dname 医生姓名, Dage 年龄
FROM Doctor
WHERE Dage>40
```

查询结果如图 6.7 所示。

WHERE 子句可以使用多种运算符来构建筛选条件，6.3.3 节将具体介绍 WHERE 子句中使用的运算符。

	医生姓名	专业职称
1	刘伟	副主任医师
2	邓英超	主任医师

图 6.7　例 6-14 查询结果

6.3.3　查询语句中使用的运算符

WHERE 子句中的<行选择条件>表达形式主要有：

```
属性列 θ {属性列|常量}
属性列 [NOT] BETWEEN 常量 1 AND 常量 2
属性列 [NOT] LIKE 字符串常量
属性列 IS[NOT] NULL
{属性列|常量}{[NOT] IN| θ {ANY|ALL}{常量 1[,常量 2,…]|(SELECT 子句)}
[NOT] EXISTS (SELECT 子句)
<行选择条件>{AND|OR}<行选择条件>
```

上述表达形式中 θ 表示算术比较运算符。需要注意的是，表达式两边的数据类型必须一致或兼容，才能进行比较。

1．比较大小

SQL 语句中比较大小的语法格式为：

属性列 θ {属性列 | 常量}

在 SQL 中，比较大小的谓词包括：

=	相等	! =	不等于
< >	不等于	< =	小于或等于
<	小于	> =	大于或等于
>	大于		

【例 6-15】查询所有男医生的基本信息。

```
SELECT * FROM Doctor
WHERE Dsex='男'
```

查询结果如图 6.8 所示。

【例 6-16】查询年龄在 40 岁以下的医生信息。

```
SELECT * FROM Doctor
WHERE Dage<40
```

查询结果如图 6.9 所示。

	Dno	Dname	Dsex	Dage	Ddeptno	Tno
1	21	刘伟	男	43	104	1
2	82	杨勋	男	36	104	35
3	140	郝亦柯	男	28	101	1

图 6.8　例 6-15 查询结果

	Dno	Dname	Dsex	Dage	Ddeptno	Tno
1	82	杨勋	男	36	104	35
2	140	郝亦柯	男	28	101	1
3	368	罗晓	女	27	103	4

图 6.9　例 6-16 查询结果

另外，通过使用逻辑运算符 AND、OR 和 NOT 可以构造更复杂的表达形式。

【例 6-17】查询年龄在 40 岁以下的男医生信息。

```
SELECT * FROM Doctor
WHERE Dsex='男' AND Dage<40
```

查询结果如图 6.10 所示。

	Dno	Dname	Dsex	Dage	Ddeptno	Tno
1	82	杨勋	男	36	104	35
2	140	郝亦柯	男	28	101	1

图 6.10　例 6-17 查询结果

2. 确定集合

IN 作为逻辑运算符可以用来查找属性值属于指定集合的元组。语法格式为：

属性列 [NOT] IN (常量 1[,常量 2,…])

IN 的含义是指当属性列的值与指定集合中的某一个常量相等时，结果为真，此元组是符合查询条件的元组。NOT IN 含义正好相反，当属性列的值与指定集合中的某一个常量相等时，结果为假，此元组不是符合查询条件的元组。

【例 6-18】查询部门编号为 102、103 和 201 的医生信息。

```
SELECT * FROM Doctor
WHERE Ddeptno IN ('102','103','201')
```

查询结果如图 6.11 所示。

【例 6-19】查询既不是 102 科室，也不是 201 科室的医生信息。

```
SELECT * FROM Doctor
WHERE Ddeptno NOT IN ('102','201')
```

查询结果如图 6.12 所示。

	Dno	Dname	Dsex	Dage	Ddeptno	Tno
1	21	刘伟	男	43	104	1
2	73	邓英超	女	43	105	33
3	82	杨勋	男	36	104	35
4	140	郝亦柯	男	28	101	1
5	368	罗晓	女	27	103	4

	Dno	Dname	Dsex	Dage	Ddeptno	Tno
1	368	罗晓	女	27	103	4

图 6.11　例 6-18 查询结果　　　　　　　　　　图 6.12　例 6-19 查询结果

IN 操作并没有增强 SQL 语句的表达能力，我们可以用其他方式来表示此类查询。例如，【例 6-18】可以表述为：

```
SELECT * FROM Doctor
WHERE Ddeptno='102' OR Ddeptno='103' OR Ddeptno='201'
```

【例 6-19】可以表述为：

```
SELECT * FROM Doctor
WHERE Ddeptno!='102' AND Ddeptno!='201'
```

3. 确定范围

BETWEEN…AND 是逻辑运算符，可用来查找属性值在指定范围内的元组。语法格式为：

属性列 [NOT] BETWEEN 常量1 AND 常量2

"常量 1"是指定范围的下限，"常量 2"是指定范围的上限。

BETWEEN…AND 的含义是，如果属性列的取值在上限值和下限值之间，结果为真，此元组是符合查询条件的元组。NOT BETWEEN…AND 的含义正好相反，如果属性列的取值在上限值和下限值之间，结果为假，此元组不是符合查询条件的元组。

【例 6-20】查询年龄在 35～40 岁的医生信息。

```
SELECT * FROM Doctor
WHERE Dage BETWEEN 35 AND 40
```

查询结果如图 6.13 所示。

	Dno	Dname	Dsex	Dage	Ddeptno	Tno
1	82	杨勋	男	36	104	35

图 6.13　例 6-20 查询结果

与 IN 操作相同，BETWEEN…AND 并没有增强 SQL 语句的表达能力，我们可以用其他方式来表示此类查询。例如，【例 6-20】可以表述为：

```
SELECT * FROM Doctor
WHERE Dage>=35 AND Dage<=40
```

4．字符串比较

当两个字符串里的字符序列完全相同时称两个字符串相等。使用如< 或 >等比较运算符对字符串做比较运算时，实际上比较的是它们的字母表顺序。SQL 提供的另外一种字符串比较方式：

```
属性列 [NOT] LIKE 字符串常量
```

这里的字符串常量不仅指普通的字符，还可以包括通配符。使用 LIKE 运算符和通配符可以实现模糊查询。

通配符如下。

● _（下画线）：匹配任意一个字符。

● %（百分号）：匹配任意长度的字符。

● [ ]：查询一定范围的数据，用于指定一定范围内的任何单个字符，包括两端数据。

● [^]：用来查询不属于指定范围的，如([a-f]) 或集合 ([abcdef]) 的任何单个字符。

当用户要查询的字符串本身就含有 % 或 _ 时，要使用 ESCAPE '<换码字符>' 短语对通配符进行转义。

【例 6-21】查询编号为 140 的医生的详细信息。

```
SELECT * FROM  Doctor
WHERE  Dno LIKE '140'
```

查询结果如图 6.14 所示。

如果 LIKE 后面的匹配串中不含通配符，则可以用等号取代 LIKE 谓词，用不等号取代 NOT LIKE 谓词。本例等价于：

```
SELECT * FROM  Doctor
WHERE  Dno = '140'
```

	Dno	Dname	Dsex	Dage	Ddeptno	Tno
1	140	郝亦柯	男	28	101	1

图 6.14　例 6-21 查询结果

【例 6-22】查询姓"郝"且全名由三个汉字组成的医生的姓名。

```
SELECT Dname
FROM   Doctor
WHERE  Dname LIKE '郝_ _'
```

查询结果如图 6.15 所示，这个医生不存在。

【例 6-23】查询名字中第 2 个字为"英"的医生的姓名和编号。

```
SELECT Dname,Dno
FROM Doctor
WHERE Dname LIKE '_英%'
```

查询结果如图 6.16 所示。

	Dname
1	郝亦柯

图 6.15　例 6-22 查询结果

	Dname	Dno
1	邓英超	73

图 6.16　例 6-23 查询结果

【例 6-24】 查询药品名中含有"葡萄糖"的药品信息。

```
SELECT *
FROM Medicine
WHERE Mname LIKE '%葡萄糖%'
```

查询结果如图 6.17 所示。

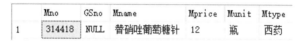

	Mno	GSno	Mname	Mprice	Munit	Mtype
1	314418	NULL	替硝唑葡萄糖针	12	瓶	西药

图 6.17　例 6-24 查询结果

6.3.4　用聚集函数统计查询结果

在访问数据库时，经常需要对表中的某列数据进行分析统计，如求其最大值、最小值、平均值或方差等。所有这些针对表中一列或多列数据的分析就称为聚合分析，而 SQL 提供了一些聚集函数，通过使用这些函数可以快速实现数据的聚合分析。

1. 聚集函数的种类

SQL 提供的聚集函数包括 SUM（求和函数）、MAX（最大值函数）、MIN（最小值函数）、AVG（平均值函数）和 COUNT（计数函数）等，聚集函数的名称及功能如表 6.5 所示。

表 6.5　聚集函数的名称及功能

函 数 名 称	函 数 功 能
SUM	返回选取结果集合中所有值的总和
COUNT	返回选取结果集合中所有记录行的数目
MAX	返回选取结果集中所有值的最大值
MIN	返回选取结果集中所有值的最小值
AVG	返回选取结果集中所有值的平均值

下面将分别介绍这些函数。

2. 计数函数 COUNT

COUNT 函数用来计算表中记录的个数或列中值的个数，计算内容由 SELECT 语句指定。使用 COUNT 函数时，必须指定一个列的名称或使用星号，星号表示计算一张表中的所有记录，其使用形式如下。

- COUNT(*)，计算表中行的总数，即使表中行的数据为 NULL，也被计入。
- COUNT(column)，计算 column 列包含的行的数目，如果该列中某行数据为 NULL，则该行不计入统计总数。

【例 6-25】统计医生人数和有医生的部门的数量。

```
SELECT  COUNT(*), COUNT(Ddeptno)
FROM Doctor
```

查询结果如图 6.18 所示。

3．求和函数 SUM

求和函数 SUM 用于对数据求和，返回选取结果集中所有值的总和。当然 SUM 函数只能作用于数值型数据。

【例 6-26】统计就诊表中就诊费用的总额。

```
SELECT SUM(Rfee)
FROM Diagnosis
```

查询结果如图 6.19 所示。

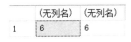

图 6.18　例 6-25 查询结果　　　　　　　图 6.19　例 6-26 查询结果

4．均值函数 AVG

AVG 函数用于计算结果集中所有数据的算术平均值，同样它也只能作用于数值型数据。当然除了显示表中某列的平均值，AVG 还可以用作 WHERE 子句的一部分。但是不能直接用于 WHERE 子句，而是必须以子查询的形式使用。

【例 6-27】统计医生的平均年龄。

```
SELECT AVG(Dage)
FROM Doctor
```

查询结果如图 6.20 所示。

5．最大值函数 MAX 和最小值函数 MIN

使用 MAX 和 MIN 函数可以获取结果集记录数据中的最大值和最小值。与前面介绍的函数不同，这里的数据可以是数值、字符串，或者是日期、时间数据类型，其中字符串是根据字符串的 ASCII 码值的顺序来获取最大值/最小值的。

在求取列中的最大（最小）值时，MAX（MIN）函数均忽略 NULL 值。但是如果在该列中，所有行的值都是 NULL，则 MAX、MIN 函数将返回 NULL 值。

【例 6-28】查询 Medicine 表中 Mprice 字段的最大值和最小值。

```
SELECT MAX(Mprice), MIN(Mprice)
FROM Medicine
```

查询结果如图 6.21 所示。

图 6.20　例 6-27 查询结果

图 6.21　例 6-28 查询结果

6. 聚集函数的重值处理 ALL、DISTINCT

与 SELECT 子句相同，在聚集函数中可以使用 ALL 或 DISTINCT 关键字，决定是对所选列中的所有记录还是只对非重值记录进行统计计算。

以 AVG 函数为例，其语法如下。

```
SELECT AVG ( [ALL/DISTINCT] colunm_name)
FROM table_name
```

默认状态下是 ALL 关键字，即不管是否有重复值，都处理所有数据。其他聚集函数的用法与 AVG 函数相同。

6.3.5　INTO 子句

SELECT INTO 可以把查询的结果集放在一张新建的表中。

1. 使用 SELECT INTO 语句为查询结果建立新表

【例 6-29】从药品表中查询药品类型为"中成药"的记录，并生成一张新的表，其 SQL 语句如下。

```
SELECT Mno,Mname,Mprice,Munit INTO Chinese_Medicine
FROM Medicine
WHERE Mtype = "中成药";
```

运行完毕后，数据库中就会增加一个名为 Chinese_Medicine 的数据表。表中的记录为药品表中类型为中成药的药品编号、名称、价格和包装单位。

2. 使用 SELECT INTO 语句复制表结构

当数据库使用的时间越来越长，表中的数据量越来越多时，可能会出现查询时间越来越长的情况，这个时候建立一张与原数据表的表结构完全相同的表，将很少被查询的数据转移到该数据表中，以加快原数据表的查询速度。

使用 SELECT INTO 语句可以建立一张新数据表，并且表的字段与查询的字段类型相同，在实现上，只要让 WHERE 子句返回 FALSE，查询出的结果集为空，就可以不在新建的表中插入数据，而只建立一张新表。

【例 6-30】新建一张与 Recipe_Master 表结构相同的表 Pro_Recipe_Master。

```
SELECT *
INTO Pro_Recipe_Master
FROM Recipe_Master
WHERE 0=1
```

注意，以上方法创建的新表结构与旧表结构完全一样，但不包括约束和标识等，仅字段类型与长度等和旧表一致。

6.3.6　GROUP BY 子句

在大多数情况下，使用聚集函数返回的是所有行数据的统计结果。如果需要将某一列数据的值进行分类，在分类的基础上进行查询，就要使用 GROUP BY 子句了。

使用 GROUP BY 子句创建分组查询的基本结构为：

```
[GROUP BY <分组依据列>]
```

其中分组依据列可以是一列或多列，当分组依据引为多列时，只要在查询的 GROUP BY 子句中列出所有定义分组所需的列即可。

在 SELECT 语句的 GROUP BY 子句中，列出的列的数值是没有上限的，对组合列的唯一限制是其必须是查询的 FROM 子句中列出表中的列。

【例 6-31】在医生基本信息表中，按部门编号统计不同部门的医生人数。

	部门编号	人数
1	101	2
2	103	1
3	104	2
4	105	1

图 6.22　例 6-31 查询结果

```
SELECT Ddeptno 部门编号,COUNT(Dno) 人数
FROM Doctor group by Ddeptno
```

查询结果如图 6.22 所示。

6.3.7　HAVING 子句

GROUP BY 子句分组只是简单地根据所选列的数据进行分组，将该列具有相同值的行划为一组。而在实际应用中，往往还要删除那些不能满足条件的行组，为了实现这个功能，SQL 提供了 HAVING 子句来指定组或聚合的搜索条件。

HAVING 子句通常和 GROUP BY 子句一起使用。如果不使用 GROUP BY 子句，则 HAVING 子句的作用与 WHERE 子句的一样，其语法如下。

```
[HAVING <search_condition>]
```

<search_condition>指定组或聚合应满足的搜索条件。当 HAVING 与 GROUP BY ALL 一起使用时，HAVING 子句代替 ALL。在 HAVING 子句中不能使用 TEXT、IMAGE、NTEXT 等数据类型。

【例 6-32】在医生基本信息表中，按部门统计男医生的平均年龄不超过 40 岁的部门编号，并按平均年龄升序显示。

```
SELECT Ddeptno 部门编号,AVG(Dage) 平均年龄
FROM Doctor
WHERE Dsex='男'
GROUP By Ddeptno
HAVING AVG(Dage)<=40
```

查询结果如图 6.23 所示。

HAVING 子句和 WHERE 子句的相似之处在于，它也定义搜索条件。但与 WHERE 子句不同的是，HAVING 子句与组有关，而不是与单个的记录行有关。

- 如果指定了 GROUP BY 子句，那么 HAVING 子句定义的搜索条件将作用于这个 GROUP BY 子句创建的那些分组。
- 如果指定了 WHERE 子句，而没有指定 GROUP BY 子句，那么 HAVING 子句定义的搜索条件将作用于 WHERE 子句的输出，并把这个输出看作一个组。
- 如果既没有指定 GROUP BY 子句，也没有指定 WHERE 子句，那么 HAVING 子句定义的搜索条件将作用于 FROM 子句的输出，并把这个输出看作一个组。

	部门编号	人数
1	101	2
2	103	1
3	104	2
4	105	1

图 6.23　例 6-32 查询结果

6.3.8　ORDER BY 子句

SELECT 语句获得的数据一般是未排序的。为了方便阅读和使用，SQL 可以对查询的结果进行排序。用于排序的子句是 ORDER BY，语法格式为：

```
ORDER BY 表达式 1 [ASC | DESC] [,表达式 2 [ASC | DESC] [, … n]]
```

其中，表达式是说明用于排序的列，可以对多列进行排序。在 SQL Server 中使用 ORDER BY 子句时，需要注意以下几点。

- 当使用 ORDER BY 子句根据两列或多列的结果进行排序时，用逗号分隔不同的关键字。实际的排序结果根据 ORDER BY 后面列名的顺序确定优先级，即查询结果首先按照第一列进行排序，只有当第一列出现相同信息时，才按照第二列进行排序。
- NTEXT、TEXT、IMAGE 或 XML 类型的列，不能用于 ORDER BY 子句。
- 在默认情况下，ORDER BY 按照升序进行排列，即默认使用的是 ASC 关键字。如果用户特别要求进行降序排列，则必须使用 DESC 关键字。
- 空值（NULL）被视为最低的可能值。
- 在与 SELECT…INTO 语句一起使用以从另一个来源插入行时，ORDER BY 子句不能保证按照指定的顺序来插入这些行。
- ORDER BY 子句一定要放在所有子句的最后面（无论包含多少子句）。

【例 6-33】在医生基本信息表中，按部门编号升序及年龄降序查询医生信息。

```
SELECT *
FROM Doctor
ORDER BY Ddeptno ASC,Dage DESC
```

	Dno	Dname	Dsex	Dage	Ddeptno	Tno
1	140	郝亦柯	男	28	101	1
2	368	罗晓	女	27	103	4
3	21	刘伟	男	43	104	1
4	82	杨勋	男	36	104	35
5	73	邓英超	女	43	105	33

图 6.24　例 6-33 查询结果

查询结果如图 6.24 所示。

6.3.9　用 TOP 谓词限制结果集

使用 SELECT 语句进行查询时，可能只希望列出结果集中的前几个结果而不是全部结果，如统计医生的年薪时只取前三名，这时就可以使用 TOP 谓词限制输出的结果。

在 SELECT 语句中，TOP 谓词的使用语法如下。

```
SELECT TOP n [PERCENT] [WITH TIES] 列名 1 [,列名 2,…列名 n] FROM 表名
```

TOP n 表示取查询结果的前 n 行，n 为非负整数；TOP n PERCENT 表示取查询结果的前 n%行；WITH TIES 表示包括并列的结果。

TOP 谓词放在 SELECT 的后面（如果有 DISTINCT，则在 DISTINCT 之后），查询列表的前面。

使用 TOP 谓词时通常会与 ORDER BY 子句一起使用，以表达前几名的含义。当使用 WITH TIES 时，要求必须使用 ORDER BY 子句。

【例 6-34】查询医院年龄最大的三名医生的姓名、年龄。

```
SELECT TOP 3 Dname,Dage
FROM Doctor
ORDER BY Dage DESC
```

查询结果如图 6.25 所示。如果不使用 ORDER BY 子句，则查询变为查找医生的姓名，只显示前三个元组的结果。

【例 6-35】查询医院三名医生的姓名、年龄。

```
SELECT TOP 3 Dname,Dage
FROM Doctor
```

查询结果如图 6.26 所示。

	Dname	Dage
1	刘伟	43
2	邓英超	43
3	杨勋	36

图 6.25　例 6-34 查询结果

	Dname	Dage
1	郝亦柯	28
2	王军	28
3	刘伟	43

图 6.26　例 6-35 查询结果

显然【例 6-35】的显示结果与【例 6-34】的不同，显示的不是年龄最大的前三名医生。造成这种结果的原因是系统对数据的默认排序方式通常是按主键进行的，当我们要求系统返回前三行结果时，系统按它的默认排序方式产生的结果来提取数据。因此，在使用没有 WITH TIES 的 TOP 谓词时，为使结果满足要求应考虑是否要加上 ORDER BY 子句。

若要包括年龄并列第一名的医生信息，则查询语句如【例 6-36】所示。

【例 6-36】查询医院年龄最大的医生的姓名、年龄。

```
SELECT TOP1 WITH TIES Dname,Dage
FROM Doctor
ORDER BY Dage DESC
```

查询结果如图 6.27 所示。

上述查询若没有 WITH TIES，则结果集中只包括一条元组，如图 6.28 所示。

	Dname	Dage
1	刘伟	43
2	邓英超	43

图 6.27　例 6-36 查询结果

	Dname	Dage
1	刘伟	43

图 6.28　例 6-36 无 WITH TIES 查询结果

6.4　集 合 运 算

在关系代数中可以用集合操作的并、交、差来组合关系。在查询结果上，SQL 提供了对应的操作，条件是这些查询结果提供的关系具有相同的属性和属性类型列表。在 SQL Server 中提供的集合运算符有 UNION、EXCEPT 和 INTERSECT。其中，UNION 运算符实现集合并运算，EXCEPT 运算符实现集合差运算，INTERSECT 运算符实现集合交运算。

6.4.1　并运算

并运算明确支持合并两个兼容的表的记录（两张表具有同样数目的字段，并且相应的字段有同样的数据类型）。并运算将两张表作为输入，并生成一张合并的查询结果表，其基本语法如下。

```
{<query specification> | (<query expression>)}
UNION [ALL]
<query specifition> | ( <query expression> )
[UNION [ALL] <query specifition> | ( <query expression> ) [… n ] ]
```

- <query specifition> | (<query expression>)：查询规范或查询表达式，用于返回与另一个查询规范或查询表达式所返回数据合并的数据。作为 UNION 运算符的一部分，列定义可以不同，但是它们必须通过隐式转换实现兼容。
- UNION：指定多个结果集并将其作为单个结果集返回。
- ALL：将全部行并入结果集中，其中包括重复行。如果未指定该参数，则删除重复行。

【例 6-37】在医院数据库中，为了提高系统处理效率，需要定期对患者的诊断信息归档。假定患者诊断归档信息表为 Diagnosis，如果医生要查询患者"刘景"的近期和历史诊断信息，以便分析患者的病因时，其查询语句如下。

```
SELECT DGno 诊断号,Dname 医生姓名,Symptom 症状,Diagnosis 诊断,DGtime 时间
FROM Diagnosis DiagB,Doctor Doc,Patient P
WHERE DiagB.Dno=Doc.Dno AND P.Pno=DiagB.Pno AND P.Pname='刘景'
UNION
SELECT DGno,Dname,Symptom,Diagnosis,DGtime
    FROM Diagnosis Diag,Doctor Doc,Patient P
    WHERE Diag.Dno=Doc.Dno AND P.Pno=Diag.Pno AND P.Pname='刘景'
```

查询结果如图 6.29 所示。

	诊断号	医生姓名	症状	诊断	时间
1	3265	杨勋	胃溃疡	螺杆菌感染	2007-07-23 10:59:42.000

图 6.29　例 6-37 查询结果

6.4.2　差/交运算

使用 EXCEPT 运算符可以实现集合差操作，即从左查询中返回右查询中没有找到的所有非重复值。使用 INTERSECT 运算符可实现集合交操作，即返回 INTERSECT 运算符左、右两边的两个查询

返回的所有非重复值。其语法如下。

```
{<query specification> | (<query expression>)}
{EXCEPT | INTERSECT}
{<query specification> | (<query expression>)}
```

同 UNION 一样，使用 EXCEPT 或 INTERSECT 比较结果集必须具有相同的结构，即它们的列数必须相同，并且相应的结果集列的数据类型必须兼容。

【例 6-38】在医院数据库中，查找有哪几名患者同时拿到就诊单和处方单，其语法形式如下。

```
SELECT Pname
FROM Patient
WHERE Pno IN (SELECT Pno
              FROM Diagnosis INTERSECT
                   SELECT Pno
                   FROM Recipe_Master)
```

查询结果如图 6.30 所示。

【例 6-39】在医院数据库中，查找只拿到处方单没有拿到就诊单的患者，只查患者编号即可。其语法形式如下。

```
SELECT Pno
FROM Recipe_Master EXCEPT
          SELECT Pno
          FROM Diagnosis
```

查询结果如图 6.31 所示。

	Pname
1	刘景
2	陈禄
3	曾华
4	傅伟相
5	张珍
6	李秀

图 6.30　例 6-38 查询结果

	Pno
1	481

图 6.31　例 6-39 查询结果

6.4.3　集合运算的使用原则

与其他 SQL 语句一起使用 UNION、EXCEPT 和 INTERSECT 运算符时，需要遵循以下使用原则。
- 第一个查询可以包含一个 INTO 子句，用来创建容纳最终结果集的表。只有第一个查询可以使用 INTO 子句。如果 INTO 子句出现在其他位置，则 SQL Server 将显示错误信息。
- ORDER BY 子句只能在语句的结尾处使用，不能在构成语句的各个查询中使用。
- GROUP BY 和 HAVING 子句只能在各个查询中使用，它们不能影响最终结果集。
- UNION、EXCEPT 和 INTERSECT 可以在 INSERT 语句中使用。

在执行集合运算操作时，默认按照最后结果集的表中第一列数据的升序方式排列记录。

6.5　连　接　查　询

6.5.1　连接概述

连接是关系数据库模型的主要特点。我们知道，一张数据表不应该存放数据库中所有的数据，因为这样做不符合数据规范化的要求，会带来数据高度冗余的弊端，所以我们通常会把数据分散在多张表中。而为了查询分散在各张表中的数据，可以使用连接符。这种同时涉及多个关系表的查询，称之为连接查询。用来连接两张表的条件称为连接条件或连接谓词。

连接可以对同一张表操作，也可以对两张表及多张表操作。对同一张表操作的连接又称为自连接。连接主要包括内连接、自连接及外连接。下面我们分别详细地讲述。

6.5.2　内连接

内连接是一种最常用的连接类型，也是在不明确指明连接类型的情况下默认的连接类型。它要求参与连接运算的表（或视图）满足给定的连接条件。SQL-89 引入的语法中，连接操作是通过在 WHERE 子句中制定连接条件来执行的，在 SQL-92 中，连接开始可以在 JOIN 子句中实现，两种语法都是 SQL 标准支持的。下面分别进行介绍。

1. 使用 WHERE 子句进行连接操作

在 SQL 标准中，连接的格式为：

```
FROM 表 1,表 2  WHERE  <连接条件>
```

其中连接条件指定两张表按照什么条件进行连接。连接条件的一般格式为：

```
[<表名 1>.]<列名 1>  <比较运算符>  [<表名 2>.]<列名 2>
```

为了避免相同列名出现在同一查询的多张表（或视图）中引起二义性，则需要在列的前面加上限定前缀，可以使用表名或表的别名作为前缀。

根据连接条件的不同特点，可分为等值连接、非等值连接。如果连接运算符是相等（=），并且参与比较运算的列的数据类型兼容，则称为等值连接；如果比较运算是除等号以外的运算符，则称为非等值连接。

【例 6-40】查询开出处方的医生的信息。

```
SELECT RMno,Pno,D.Dno,Dname,Dsex,Dage,Ddeptno,Tno
FROM Recipe_Master R,Doctor D
WHERE R.Dno = D.Dno
```

查询结果如图 6.32 所示。

	RMno	Pno	Dno	Dname	Dsex	Dage	Ddeptno	Tno
1	1282317	181	140	郝亦柯	男	28	101	1
2	1282872	161	368	罗晓	女	27	103	4
3	1283998	481	73	邓英超	女	43	105	33
4	1284041	501	368	罗晓	女	27	103	4
5	1284256	201	21	刘伟	男	43	104	1
6	1458878	421	82	杨勋	男	36	104	35

图 6.32　例 6-40 查询结果

2. 在 JOIN 子句中实现连接

（1）JOIN ON 子句实现连接操作。

```
FROM 表 1 [INNER] JOIN 表 2 ON <连接条件>
```

其中连接条件与 WHERE 子句的连接条件相同，可以是等值连接或非等值连接。

【例 6-41】查询开出处方的医生的信息。

```
SELECT RMno,Pno,D.Dno,Dname,Dsex,Dage,Ddeptno,Tno
FROM Recipe_Master R JOIN Doctor D
ON R.Dno = D.Dno
```

查询结果如图 6.33 所示。

	RMno	Pno	Dno	Dname	Dsex	Dage	Ddeptno	Tno
1	1282317	181	140	郝亦柯	男	28	101	1
2	1282872	161	368	罗晓	女	27	103	4
3	1283998	481	73	邓英超	女	43	105	33
4	1284041	501	368	罗晓	女	27	103	4
5	1284256	201	21	刘伟	男	43	104	1
6	1458878	421	82	杨勋	男	36	104	35

图 6.33　例 6-41 查询结果

（2）JION USING 子句实现连接操作。

```
FROM 表 1 [INNER] JOIN 表 2 USING(列名)
```

当使用 USING 语句来指明连接条件时，只有连接的两张表中相同的列名才可以作为 USING 语句的连接列名，效果等同于使用连接条件：[<表名 1>.]<列名>=[<表名 2>.]<列名>，属于等值连接。由于 SQL Server 2008 不再支持 USING 子句，故【例 6-42】在 SQL Server 2003 上执行。

【例 6-42】查询开出处方的医生信息。

```
SELECT RMno,Pno,D.Dno,Dname,Dsex,Dage,Ddeptno,Tno
FROM Recipe_Master R JOIN Doctor D USING(Dno)
```

查询结果与【例 6-41】的查询结果一致。

（3）自然连接。

连接中还有一种特殊的等值连接：自然连接，即使用 NATURAL JOIN 子句。自然连接要求两张关系表中进行比较的必须是相同的属性列，无须添加 ON 或 USING 子句，并且在结果中消除重复的属性列。由于 SQL Server 2008 不再支持 NATURAL JOIN，故【例 6-43】在 SQL Server 2003 上执行。

【例 6-43】查询开出处方的医生的信息。

```
SELECT RMno,Pno,D.Dno,Dname,Dsex,Dage,Ddeptno,Tno
FROM Recipe_Master  R NATURAL JOIN Doctor D
```

查询结果与【例 6-41】的查询结果一致。

6.5.3　自连接

自连接是一种特殊的内连接，它是指相互连接的表在物理上为同一张表，但是可以在逻辑上分为两张表。

使用自连接时必须为两张表取别名,使之逻辑上成为两张表。可以把自连接理解为同一张表(或视图)的两个副本之间的连接,使用不同别名来区别副本,处理过程与不同表之间的连接相同。其语法格式如下。

```
SELECT<查询列表>
FROM<基表 1>[别名 1],[<基表 1>[别名 2]]…
WHERE<别名 1.列名 1>=<别名 2.列名 2>…
[GROUP BY <分组内容>]
[HAVING<组内条件>]
[ORDER BY <排序列名>[ASC|DESC]]
```

【例 6-44】在医院部门表中,需要医院的各部门名称和上级部门名称。

```
SELECT First.DeptName 部门名称,Second.DeptName 上级
部门
FROM Dept First ,Dept Second
WHERE First.ParentDeptNo=Second.DeptNo
```

	部门名称	上级部门
1	门诊部	XX医院
2	社区医疗部	XX医院
3	消化内科	门诊部
4	急诊内科	门诊部
5	门内三诊室	门诊部
6	家庭病床病区	社区医疗部

查询结果如图 6.34 所示。

图 6.34　例 6-44 查询结果

6.5.4　外连接

内连接是指连接查询只显示完全满足连接条件的记录,可是有些时候,除要取得匹配的行外,还有必要从一张表或同时从两张表中获得不匹配的行,这样的操作,就叫作外连接。外连接的查询结果是内连接查询结果的扩展。

外连接分为左外连接、右外连接和全外连接三种。

(1)左外连接。

左外连接的结果包括了 LEFT OUTER JION 子句中指定的左表的所有行,而不仅是连接列所匹配的行。常见的格式为:

```
FROM 表 1 LEFT OUTER JOIN 表 2 ON <连接条件>
```

【例 6-45】查询医院的各部门名称和该部门医生姓名。

```
SELECT DeptName 部门名称,Dname 医生姓名
FROM Dept LEFT OUTER JOIN Doctor
ON Dept.DdeptNo=Doctor.Ddeptno
```

	部门名称	医生姓名
1	XX医院	NULL
2	门诊部	NULL
3	社区医疗部	NULL
4	消化内科	郝亦柯
5	急诊内科	NULL
6	门内三诊室	罗晓
7	家庭病床病区	NULL

查询结果如图 6.35 所示。

(2)右外连接。

右外连接是左外连接的反向连接,将返回右表的所有行。如果右表的某行在左表中没有匹配行,则左表返回空值。

图 6.35　例 6-45 查询结果

左外连接与右外连接的差别在于:不管左表里有没有匹配的记录,都从左表中返回所有记录。因此,左外连接就是在内连接的基础上加上左表失配的元组。

右外连接的常见格式为:

```
FROM 表 1 RIGHT OUTER JOIN 表 2 ON <连接条件>
```

【例6-46】查询处方单中每种药物的名称。

```
SELECT Rno 处方编号,Mname 药物名称
FROM RecipeDetail
RIGHT OUTER JOIN Medicine
ON RecipeDetail.Mno = Medicine.Mno
```

查询结果如图6.36所示。

（3）全外连接。

完整外部连接返回左表和右表中的所有行，全外连接定义为左外连接和右外连接的并集。换句话说，两张表中的所有行都显示在结果集中。常见格式为：

```
FROM 表1 FULL OUTER JOIN 表2 ON <连接条件>
```

【例6-47】查询处方单中医生的姓名和处方编号的对应关系。

```
SELECT RMno 处方编号,Dname 医生姓名
FROM Recipe_Master
FULL OUTER JOIN Doctor ON Recipe_Master.Dno = Doctor.Dno
```

查询结果如图6.37所示。

	处方编号	药物名称
1	NULL	卡托普利片
2	NULL	替硝唑葡萄糖针
3	16	肾石通颗粒
4	32	心胃止痛胶囊
5	NULL	阿奇霉素胶囊
6	NULL	L-谷氨酰胺胶囊
7	NULL	盐酸雷尼替丁胶囊
8	47	胃立康片
9	NULL	复方雷尼替丁胶囊
10	89	依诺沙星注射液
11	NULL	蒲公英胶囊

图6.36　例6-46查询结果

	处方编号	医生姓名
1	1282317	郝亦柯
2	1282872	罗晓
3	1283998	邓英超
4	1284041	罗晓
5	1284256	刘伟
6	1458878	杨勋

图6.37　例6-47查询结果

6.6　嵌套查询

6.6.1　嵌套查询的基本概念

上述查询语句的条件子句是简单运算表达式，查询返回值作为输出结果。如果在查询的条件子句含有SELECT查询子句，则称这样的查询为嵌套查询；外层的查询称为主查询（或父查询），内层的SELECT查询子句称为子查询。子查询不仅允许返回单条单列记录，也允许返回多条多列记录；子查询的查询对象可以是多张表，并且可以有条件子句和分组子句；子查询还允许嵌套查询，但最多嵌套255层。其语法格式如下。

```
SELECT <查询列表>
[ INTO <新表名> ]
```

```
FROM <基表名|视图名> [ 别名 ] ……
WHERE <列名或列表达式> <比较运算符>
( SELECT <查询列>
FROM <基表名|视图名> [ 别名 ] ……
WHERE <条件表达式>
[ GROUP BY <分组内容>]
[ HAVING <组内条件>] )
[ GROUP BY <分组内容>]
[ HAVING <组内条件>]
[ ORDER BY <排序列名>[ ASC | DESC ]
```

注意，在嵌套查询中，子查询只能在比较运算符的右边，不能在比较运算符的左边；与=、<>、<、<=、>、>=等比较运算符相连的子查询，必须是返回非空的单值集合；如果子查询返回的是空集或多值集合，则子查询只能与 IN、NOT IN、ANY、ALL、EXISTS、NOT EXISTS 等比较运算符相连。

【例 6-48】查询与医生刘伟有诊断关系的患者。

```
SELECT Pname
FROM Patient
WHERE Pno IN ( SELECT Pno
              FROM Recipe_Master
              WHERE Dno = (SELECT Dno
                           FROM Doctor
                           WHERE Dname='刘伟'))
```

	Pname
1	曾华

图 6.38 例 6-48 查询结果

查询结果如图 6.38 所示。

6.6.2 非相关子查询和相关子查询

一般而言，可以将嵌套查询分为非相关子查询和相关子查询。

1. 非相关子查询

非相关子查询是指作为子查询的查询能够独立运行，不依赖于外部查询的数据和结果。下面是一个非相关子查询的实例。

【例 6-49】查询所开处方不包含药品"胃立康片"的医生。

```
SELECT Dname
FROM Doctor
WHERE Dno IN (SELECT Dno
             FROM Recipe_Master
             WHERE Rno IN (SELECT Rno
                           FROM RecipeDetail
                           WHERE Mno NOT IN (SELECT Mno
                                             FROM Medicine
                                             WHERE Mname='胃立康片')
                          )
             )
```

	Dname
1	杨勋
2	郝亦柯
3	罗晓

图 6.39 例 6-49 查询结果

查询结果如图 6.39 所示。

2. 相关子查询

相关子查询与非相关子查询的区别在于：相关子查询引用了外部查询中的列。这种用外部查询来限制子查询的方法使 SQL 查询变得强大而灵活。因为相关子查询能够引用外部查询，所以它尤其适合编写复杂的WHERE 条件。下面是一个相关子查询的实例。

【例 6-50】查询开了两份及以上处方单的医生的信息。

```
SELECT * FROM Doctor d
WHERE 2 <= (SELECT COUNT(RMno) FROM Recipe_Master r
WHERE r.Dno = d.Dno)
```

查询结果如图 6.40 所示。

	Dno	Dname	Dsex	Dage	Ddeptno	Tno
1	368	罗晓	女	27	103	4

图 6.40 例 6-50 查询结果

6.6.3 IN 和 NOT IN 运算符

IN 运算符用于集合成员的测试。同样，当使用 IN 运算符引入子查询时，就告诉 DBMS 执行子查询集合成员测试，即把源表中的列与子查询的返回结果进行比较，如果列值与返回结果中的列数据值之一相匹配，那么 IN 判别式求值为 TRUE，查询结果就包含这行数据。简单的 IN 子查询语法如下。

```
SELECT column_name
FROM table_name
WHERE test exception [NOT] IN (subquery)
```

其中 test exception 可以是实际值、别名、表达式，或者是另一个返回单一值的子查询。IN 运算符前加上 NOT 关键字，表示与集合成员不匹配时，NOT IN 判别式的值为 TRUE。

使用[NOT] IN 引入子查询具有广泛的应用，前面介绍的许多查询功能都可以通过[NOT] IN 引入子查询来实现。

1. 使用子查询实现多表连接

在前面介绍表的自连接实例时，是通过比较运算符引入子查询的，接下来通过 IN 引入子查询。

【例 6-51】子查询实现多表连接，查询开过药物"肾石通颗粒"的医生信息。

```
SELECT Doctor.* FROM Doctor,Recipe_Master,RecipeDetail,Medicine
WHERE Doctor.Dno = Recipe_Master.Dno
AND Recipe_Master.Rno = RecipeDetail.Rno
AND RecipeDetail.Mno = Medicine.Mno
AND Medicine.Mname = '肾石通颗粒'
```

查询结果如图 6.41 所示。

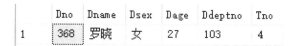

图 6.41　例 6-51 查询结果

【例 6-52】现在使用子查询来实现【例 6-51】。

```
SELECT * FROM Doctor
WHERE Dno IN(SELECT Dno from Recipe_Master
WHERE Rno IN(SELECT Rno from RecipeDetail
WHERE Mno IN (SELECT Mno FROM Medicine
WHERE Mname='肾石通颗粒')))
```

查询结果如图 6.42 所示。

	Dno	Dname	Dsex	Dage	Ddeptno	Tno
1	368	罗晓	女	27	103	4

图 6.42　例 6-52 查询结果

2. 使用 IN 子查询实现集合交/差操作

前面介绍过，在 SQL Server 中可以使用 INTERSECT 运算符和 EXCEPT 运算符实现集合交、集合差的操作，而这些操作也可以使用 IN 或 NOT IN 运算符来实现。

【例 6-53】使用 IN 子查询实现集合交、差操作。

子查询实现集合交：查询病人表 Patient 与诊断结果表 Diagnosis 中病人编号的交集。

```
SELECT Pno FROM Patient WHERE Pno in(SELECT Pno FROM Diagnosis)
```

查询结果如图 6.43 所示。

子查询实现差：查询病人表 Patient 与诊断结果表 Diagnosis 中病人编号的差集。

```
SELECT Pno FROM Patient WHERE Pno not in(SELECT Pno FROM Diagnosis)
```

查询结果如图 6.44 所示。

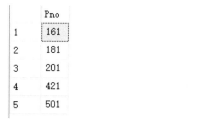

	Pno
1	161
2	181
3	201
4	421
5	501

图 6.43　例 6-53 子查询实现交

	Pno
1	481

图 6.44　例 6-53 子查询实现差

6.6.4　ANY 和 ALL 运算符

IN 测试的子查询检查数值是否等于子查询结果字段的某些值。SQL 提供了两个限定测试 ANY 和 ALL，它们把这种概念扩展到其他比较运算符上，如大于（＞）和小于（＜）。这两个测试把一个数据值和由子查询产生的数据值字段进行比较。

ANY 运算符是检查在子查询结果集中是否满足给定的条件。如果在结果集中至少有一个值满足条件，则比较运算结果为真，否则为假。

ALL 运算符是检查在子查询结果集中所有值是否都满足给定的条件。只有当结果集中的所有值都满足给定的条件时，比较运算结果才为真，否则为假。

【例 6-54】查询比任意一名女医生年龄大的男医生的姓名和年龄。

```
SELECT Dname 姓名,Dage 年龄
FROM Doctor
WHERE Dsex='男' AND Dage >ANY(SELECT Dage
                             FROM Doctor
                             WHERE Dsex='女')
```

查询结果如图 6.45 所示。

	姓名	年龄
1	刘伟	43
2	杨勋	36
3	郝亦柯	28

图 6.45　例 6-54 查询结果

等价于：

```
SELECT Dname 姓名,Dage 年龄
FROM Doctor
WHERE Dsex='男' AND Dage > (SELECT MIN(Dage)
                           FROM Doctor
                           WHERE Dsex='女')
```

查询结果一致。

6.6.5　EXISTS 和 NOT EXISTS 运算符

在嵌套查询中，还可用 EXISTS 运算符与相关子查询相连，其语法格式如下。

```
WHERE [NOT] EXISTS (子查询)
```

带 EXISTS 运算符的子查询不返回查询的数据，只产生逻辑真值和逻辑假值。基本思想为：如果 EXISTS 运算符限定的子查询有查询记录返回，那么该条件为真，否则为假。NOT EXISTS 运算符限定的子查询返回的记录集为空，那么该条件为真，否则为假。

【例 6-55】查询给姓名为"刘景"的患者开过处方的医生。

```
SELECT Dno 医生编号,Dname 姓名,Dsex 性别,Dage 年龄,Tno 职称编号
FROM Doctor
WHERE EXISTS ( SELECT *
              FROM Recipe_Master
              WHERE Recipe_Master.Dno=Doctor.Dno
              AND EXISTS(SELECT *
                   FROM Patient
```

```
                    WHERE  Patient.Pname='刘景'AND  Patient.Pno=Recipe_Master.
Pno ))
```

查询结果如图 6.46 所示。

	医生编号	姓名	性别	年龄	职称编号
1	368	罗晓	女	27	4

图 6.46　例 6-55 查询结果

当采用非相关子查询实现时，等价于：

```
SELECT Dno 医生编号,Dname 姓名,Dsex 性别,Dage 年龄 Tno 职称编号
FROM Doctor
WHERE Doctor.Dno IN(SELECT Dno
                    FROM Recipe_Master
                        WHERE Recipe_Master.Pno IN(SELECT Pno
                                        FROM Patient
                                            WHERE Patient.Pname='刘景'))
```

查询结果一致。

当采用连接查询实现时，等价于：

```
SELECT D.Dno 医生编号,Dname 姓名,Dsex 性别,Dage 年龄,Tno 职称编号
FROM Doctor D,Recipe_Master R,Patient P
WHERE D.Dno=R.Dno AND R.Pno=P.Pno AND Pname='刘景'
```

查询结果一致。

6.7　数　据　修　改

前面我们讨论了如何检索数据库中的数据，通过 SELECT…FROM…WHERE 语句将返回的行和列组成的结果。当然还有很多其他形式的不返回结果的语句，它们只改变数据库的状态。在本节中，我们将讨论数据插入、数据更新和数据删除语句。

6.7.1　数据插入

在创建表之后，就可以使用 INSERT 语句向数据库中添加元组了。插入语句通常有两种形式，一种是插入一个元组，另一种是插入子查询的结果。

1. 插入元组

插入元组的 INSERT 语句格式为：

```
INSERT INTO <基表名>[(<属性列表>)] VALUES (<属性值列表>)
```

其中，<基表名>是指要插入数据的目标表；<属性列表>是指表中已经定义好的属性列名；<属性值列表>是指具体要插入的值，可以是常量也可以是 NULL，它们之间用逗号分隔。

如果<属性列表>给出要插入数据的列，则 VALUES 指定的值的顺序与指定的列的顺序相对应，且数据类型和长度兼容；如果不指明具体的列，则要求 VALUES 指定的值与基表列的顺序相对应，且

数据类型和长度兼容。

　　表中属性列若在 INTO 子句中没有出现，则新元组在这些列上将取空值。但是，必须保证在创建表时定义允许为 NULL，否则，系统将拒绝插入。

　　若 INTO 子句没有指明任何属性列，则新插入的元组必须为每一个属性列赋予一个值，且赋值顺序必须与该表属性列在定义时的描述顺序一致。

　　【例 6-56】在医院数据库中，需要向医生信息表中插入('145','王军','男',28,'101','1')记录，其语法形式如下。

```
INSERT
INTO Doctor(Dno,Dname,Dsex,Dage,Ddeptno,,Tno)
VALUES('145','王军','男',28,'101',1)
```

等价于：

```
INSERT
INTO Doctor VALUES('145','王军','男',28,'101',1)
```

2. 插入子查询的结果

　　上面给出的 INSERT 语句仅仅只插入一个元组到关系中去，我们还可以将子查询计算出的元组集合插入到一个关系中，即插入批量数据。

　　插入子查询的 INSERT 语句格式为：

```
INSERT INTO <基表名>[(<属性列表>)]
```

　　子查询可以使用前面介绍的所有 SELECT 查询语句，但要保证子查询中选择的列与<属性列表>中的列一一对应，且数据类型和长度兼容。列名可以不同，只要求位置相对应。

　　【例 6-57】在医院数据库中，统计每个医生每天诊断的患者数量，并把结果存入数据库。

　　首先建立一张新表 DiagNum，包含医生编码、诊断日期和患者数量。

```
CREATE TABLE DiagNum (Dno VARCHAR(10) NOT NULL,
                      DiagDate DATETIME,
                      PatientNum INT
                      )
```

然后插入：

```
INSERT
INTO DiagNum (Dno, DiagDate, PatientNum)
SELECT Dno,Rdatatime,COUNT(DGno)
FROM Recipe_Master
GROUP BY Dno,Rdatatime
```

3. 插入大容量数据

　　当我们需要插入大容量数据到数据库时，如果让 DBMS 重复地执行元组插入 INSERT 语句的开销很大。为此，大多数商用的 DBMS 提供大容量导入特性，可以很快地把数据从文件装载到表中。例如，SQL Server 中的数据向导工具 SQL Server Native Client。

6.7.2　数据更新

如果某些数据发生了变化，就需要对表中已有的数据进行更新。可以使用 UPDATE 语句对数据进行更新，其语句的一般格式为：

```
UPDATE <基表名>
SET <属性列名>=<表达式>[,<属性列名>=<表达式>,…]
[WHERE <行选择条件>]
```

其功能就是更新指定表中满足 WHERE 子句条件的元组，将这些元组在 SET 子句给出的属性列分量值用<表达式>的值取代。

1. 无条件更新

UPDATE 语句中 WHERE 子句的作用和写法与 SELECT 语句中的 WHERE 子句一样。其中 WHERE 子句是可选的，如果省略 WHERE 子句，则表示要无条件更新表中所有元组。

【例 6-58】将医院所有工资等级的工资数量增加 1000。

```
UPDATE Salary
SET Snumber = Snumber+1000
```

2. 更新指定元组的值

在 UPDATE 语句中，我们可以通过在 WHERE 子句中指定的筛选条件来更新指定元组的值。

【例 6-59】在医院数据库中，将编号为"421"的患者的社会保障号更新为"20073425"，其更新语句如下。

```
UPDATE Patient SET Pino='20073425'
WHERE Pno='421'
```

3. 带子查询的更新语句

子查询也可以嵌套在 UPDATE 语句中，用以构成更新的条件。

【例 6-60】将消化内科所有医生的初级护师等级改为初级，其语句为：

```
UPDATE Doctor
SET Tno = 233
WHERE Ddeptno IN (SELECT Deptno
                  FROM Dept
                  WHERE DeptName='消化内科')
```

6.7.3　数据删除

当确定不再需要某些元组时，可以使用删除语句 DELETE。删除语句的一般格式为：

```
DELETE FROM <基表名>
  [WHERE<行选择条件>]
```

其功能是从指定表中删除满足 WHERE 子句条件的所有元组。如果省略 WHERE 子句，则表示删除表中所有元组，但表的定义仍在字典中。也就是说，DELETE 语句删除的是表中的数据，而不是关于表的定义。

1. 无条件删除

DELETE 语句中的 WHERE 子句是可选的，如果在 DELETE 语句中省略了 WHERE 子句，目标表的所有记录将被删除。

【例 6-61】删除 Diagnosis 表中的所有记录。

```
DELETE FROM Diagnosis
```

2. 删除指定元组

在 DELETE 语句中，我们可以通过在 WHERE 子句中指定的筛选条件来删除指定元组的值。

【例 6-62】删除病号为 418 的患者的所有诊断记录。

```
DELETE FROM Diagnosis where Pno = 418
```

3. 带子查询的删除语句

带有简单查询条件的 DELETE 语句，完全基于记录本身的内容选择要删除的记录。有时，记录的选择必须基于其他表中的数据进行，所以我们需要利用子查询筛选出需要删除的语句。

【例 6-63】在医院数据库中，将姓名为"刘景"的患者的收费记录从系统中删除，其语句表示为：

```
DELETE FROM Fee WHERE Pno in (
SELECT Pno FROM  Patient WHERE Pname='刘景')
```

6.8　视　　图

6.8.1　视图的定义

视图（View）是一张表，但它是一张特殊的表，是从一张或多张表（或视图）导出的表。但视图与表不同的地方在于，视图是一张虚表，即视图所对应的数据不进行实际存储，数据库中只存储视图的定义，在对视图的数据进行操作时，系统根据视图的定义去操作与视图相关联的基表。

换句话说，视图是原始数据库数据的一种变换，是查看表中数据的另一种方式。可以将视图看成一个移动的窗口，通过它可以看到感兴趣的数据。视图的定义保存在数据库中，与此定义相关的数据并没有再保存一份于数据库中。通过视图看到的数据存放在基表中。

定义视图的 SQL 语句是 CREATE VIEW，其一般格式为：

```
CREATE VIEW <视图名>  [(视图列表)]
AS <子查询>
[ WITH CHECK OPTION ]
```

视图列表可以省略，但在下列三种情况下必须明确指定视图的所有列名：
● 某个目标列是聚集函数或列表达式，而不是单纯的属性名；
● 多表连接时选出几个同名列作为视图的字段；

● 需要在视图中为某个列启用新的更合适的名字。

若视图列表不省略，则属性列的个数应与子查询的目标列个数一致。视图不能为列指定数。

视图看上去非常像数据库的物理表，对它的操作同任何其他表一样。当通过视图修改数据时，实际上是在改变基表中的数据；相反，基表数据的改变也会自动反映在由基表产生的视图中。由于逻辑上的原因，有些视图可以修改对应的基表，而有些则不能（仅能查询）。

【例 6-64】为消化内科诊断的患者信息建立一个视图。

```
CREATE VIEW DiagView
AS
SELECT DGno,P.Pno,Pname,Doc.Dno,Symptom,Diagnosis,DGtime
FROM Diagnosis Diag,Doctor Doc,Patient P
WHERE Diag.Dno=Doc.Dno
AND P.Pno=Diag.Pno
AND Doc.Ddeptno IN(SELECT Ddeptno FROM Dept WHERE DeptName='消化内科')
```

6.8.2　查询中使用视图

在已经定义好视图的环境下，我们可以通过 SELECT 语句，把视图当成一张表来进行查询。

【例 6-65】查询视图 DiagView 中的记录。

```
SELECT * FROM DiagView
```

查询结果如图 6.47 所示。

	DGno	Pno	Pname	Dno	Symptom	Diagnosis	DGtime
1	2170	201	曾华	21	皮肤和软组织感染	细菌感染	2007-07-22 10:10:03.000
2	3265	161	刘景	82	胃溃疡	螺杆菌感染	2007-07-23 10:59:42.000
3	3308	181	陈禄	82	消化不良	胃病	2007-07-23 11:11:34.000
4	3523	501	李秀	73	心力衰竭	高血压	2007-07-23 02:01:05.000
5	7816	421	傅伟相	368	肾盂结石	肾结石	2008-01-08 05:17:03.000

图 6.47　例 6-65 查询结果

6.8.3　视图的更新

根据视图的定义，一个视图要么是只读的视图，要么是可更新的视图。对一个只读的视图就只能执行 SELECT 语句，所有视图都至少是可读的。对于可更新的视图，用户就可以执行 INSERT、UPDATE 或 DELETE 操作。

由于视图是不存储数据的虚表，数据是来自其他基表的部分数据，对视图的更新最终就是对基表的更新。因此，只能对特殊的视图进行更新。下面介绍视图更新操作的限制条件。

（1）只能对直接定义在一张基表上的视图进行插入、修改、删除等操作，对定义在多张基表或其他视图之上的视图，数据库管理系统不允许进行更新操作。

【例 6-66】在医院数据库中，创建了医生与患者的诊断信息视图。该视图为不可修改视图。

```
CREATE VIEW DiagView
AS
SELECT DGno,P.Pno,Pname,Doc.Dno,Dname, Symptom,Diagnosis,DiagDateTime
```

```
FROM Diagnosis Diag , Doctor Doc, Patient P
WHERE Diag.Dno=Doc.Dno AND P.Pno=Diag.Pno
```

（2）尽管视图数据只来源于一张基表，但如果SELECT语句含有GROUP BY、DISTINCT或聚集函数等，则可执行删除操作，不能进行插入或修改操作。

【例6-67】 在医院数据库中，如果需要统计每名医生每天诊断工作量，则建立如下视图，该视图可执行删除操作，不能进行插入或修改操作。

```
CREATE VIEW DiagNum (Dno, DiagDate, PatientNum)
AS
SELECT Dno,Rdatetime,COUNT(DGno)
FROM Recipe_Master
GROUP BY Dno,Rdatetime
```

（3）如果视图中包含由表达式计算的列，则不允许进行更新操作。

【例6-68】 在药品信息表中，如果为药品单价提高15%后建立药品价格视图，则不能修改该视图中的药品单价。

```
CREATE VIEW MedicineNewPrice(Mno,Mname ,Newprice ,Munit,Mtype)
AS
SELECT Mno,Mname ,Mprice*1.15,Munit,Mtype
FROM Medicine
WHERE Mprice*1.15>=30
```

（4）尽管视图满足上述3个条件，但如果该视图中没有包含基表的所有NOT NULL列，则不能对该视图进行插入操作。主要原因是，对视图的插入操作实际上是对基表的插入操作，当视图没有包含基表的所有NOT NULL列时，在向视图进行插入操作时，系统默认为NULL，这与定义中的NOT NULLL相矛盾，因此系统就会拒绝插入并给出错误提示。

6.8.4　视图的作用

合理使用视图能给用户带来很多好处。

1．视图能简化用户的操作

视图能让用户体会到看到的就是需要的，不仅可以简化用户对数据的理解，也可以简化他们的操作。那些被经常使用的查询可以定义为视图，从而使得用户不必为以后的操作每次指定全部的条件。

2．提高数据的安全性

通过视图，用户只能查询和修改他们所能见到的数据，对于数据库中的其他数据他们则既看不见也取不到。数据库授权命令可以使每个用户对数据库的检索限制到特定的数据库对象上，但不能授权到数据库特定行和特定列上。通过视图，用户可以被限制在数据的不同子集上。

3．视图对重构数据库提供一定程度的逻辑独立性

视图可以使应用程序和数据库表在一定程度上独立。如果没有视图，则应用一定是建立在表上的。有了视图之后，程序可以建立在视图上，从而程序与数据库表被视图分割开来。

视图可以从以下几个方面与数据独立。

（1）如果应用建立在数据库表上，则当数据库表发生变化时，可以在表上建立视图，通过视图屏

蔽表的变化，从而应用程序可以不动。

（2）如果应用建立在数据库表上，则当应用发生变化时，可以在表上建立视图，通过视图屏蔽应用的变化，从而使数据库表不动。

（3）如果应用建立在视图上，则当数据库表发生变化时，可以在表上修改视图，通过视图屏蔽表的变化，从而应用程序可以不动。

（4）如果应用建立在视图上，则当应用发生变化时，可以在表上修改视图，通过视图屏蔽应用的变化，从而数据库可以不动。当然，视图只能在一定程度上提供数据的逻辑独立性。如果视图是不可更新的，则应用程序中修改数据的语句仍要随着基表结构的改变而改变。

4．视图为用户提供多个视角看待同一数据

针对同一数据，视图可以为不同类型的用户提供不同的视角。

5．保证数据的完整性

若在视图定义时使用了 WITH CHECK OPTION 选项，那么 SQL 就能保证进入基表中的元组都能满足 WHERE 子句中给出的限定条件。

6.9　完整性约束

6.9.1　完整性约束的定义

数据库系统是对现实世界的真实反映，用户在进行数据库访问的过程中，有很多原因可能导致更新数据出现错误，因此保护存储数据的一致性和正确性很有必要。

完整性约束是加在数据库模式上的一个具体条件，它规定什么样的数据能够存储到数据库系统当中。若一个数据库实例满足所有的完整性约束，则它就是一个符合逻辑的实例。DBMS 确保完整性约束条件的定义及检查，以使只有符合逻辑的实例能够存储到数据库中。

DBA 或用户定义完数据模式后，就指明在数据库中的所有模式应满足的完整性约束条件。当数据库应用程序运行后，DBMS 就会检查所有的冲突，以防止与完整性约束有冲突的数据进入系统。

6.9.2　PRIMARY KEY 约束

一个关系只能有一个主键。在使用 CREATE TABLE 语句定义关系表时，可以有两种方法定义主键：

（1）在一个属性的类型定义完毕后，直接在后面加上 PRIMARY KEY；

（2）在所有属性定义完毕后，增加一个 PRIMARY KEY 的声明，指出主键包含哪些属性。

【例 6-69】定义 PRIMARY KEY 约束。

```
CREATE TABLE Recipe_Master(Rno VARCHAR(10) PRIMARY KEY,
                           DGno VARCHAR(10),
                           Rdatetime datetime
                           )
```

6.9.3　UNIQUE 约束

UNIQUE 约束用于指明某一列或多个列的组合上的取值必须唯一。定义了 UNIQUE 约束的那些列称为唯一键，系统自动为唯一键建立唯一索引，从而保证唯一键的唯一性。

尽管 UNIQUE 约束和 PRIMARY KEY 约束都强制唯一性，但想要强制一列或多列组合（不是主键）的唯一性时，应使用 UNIQUE 约束而不是 PRIMARY KEY 约束。对一张表可以定义多个 UNIQUE 约束，这一点与 PRIMARY KEY 约束不同。不过，当和参与 UNIQUE 约束的任何值一起使用时，每列只允许一个空值。

【例 6-70】定义 UNIQUE 约束。

```
CREATE TABLE dept(DeptNo VARCHAR(10) PRIMARY KEY,
            DeptName varchar(50) unique,
            ParentDeptNo VARCHAR(10),
            Manager VARCHAR(10)
            )
```

6.9.4 NOT NULL 约束

NOT NULL 约束禁止在该属性上插入一个空值。任何一个导致向一个声明为 NOT NULL 的属性插入一个空值的数据库修改都会产生错误信息。在有些情况下，空值对于某些属性来说是不合适的。

【例 6-71】定义 NOT NULL 约束。

```
CREATE TABLE Diagnosis(DGno VARCHAR(10) PRIMARY KEY,
            Pno VARCHAR(10) NOT NULL,
            Dno VARCHAR(10) NOT NULL,
            Symptom VARCHAR(100),
            Diagnosis VARCHAR(100),
            DGtime datetime,
            Rfee decimal(18,2) NOT NULL
            )
```

6.9.5 CHECK 约束

CHECK 子句的一般应用是保证属性值满足指定的条件。CHECK 子句括号内的条件可以是取值的简单限制。一张表中可以定义多个 CHECK 约束，在多个字段上定义 CHECK 约束时，必须将 CHECK 约束定义为表级约束。CHECK 约束不能包含子查询。

CHECK 子句中的条件可以涉及关系表中的其他属性、元组。每当关系中插入一个新元组或有元组被修改时，CHECK 约束中的条件都会被立即进行检查，若条件为假，则更新操作被拒绝。

【例 6-72】定义 CHECK 约束。

```
CREATE TABLE Doctor(Dno VARCHAR(10),
            Dname VARCHAR(50) NOT NULL,
            Dsex VARCHAR(2),
            Dage INT,
            DeptNo VARCHAR(10),
            Dlevel VARCHAR(50),
            Dsalary DECIMAL(18,2),
            PRIMARY KEY(Dno),
            CHECK(Dsex IN('男','女'))
        )
```

6.9.6　FOREIGN KEY 约束

我们对外码的取值限定称为 FOREIGN KEY 约束。

1. 外码的定义

设 F 是基本关系 R 的一个或一组属性，但不是关系 R 的码。如果 F 与基本关系 S 的主码 K 相对应，则称 F 是基本关系 R 的外码（Foreign-Key）。R 中每个元组在 F 上的值必须为：或者取空值，或者等于 S 中某个元组的主码值。

外码的声明有两种形式。

（1）若外码为单属性，则可在属性名称、类型声明之后，用 REFERENCES 指出被参照的关系、属性，形式为：

```
REFERENCES <被参照表表名>（<属性名>）
```

（2）在 CREATE TABLE 定义语句的属性列描述之后，将一个或多个属性列声明为外码，形式为：

```
FOREIGN KEY（<属性名>）REFERENCES <被参照表表名>（<属性名>）
```

【例 6-73】定义列级 FOREIGN KEY 约束。

```
CREATE TABLE Doctor ( Dno VARCHAR(10),
            Dname VARCHAR(50) NOT NULL,
            Dsex VARCHAR(2),
            Dage INT,
            Ddeptno VARCHAR(10)  REFERENCES Dept(DeptNo),
            Dlevel VARCHAR(50),
            Dsalary DECIMAL(18,2),
            PRIMARY KEY(Dno),
            CHECK( Dsex IN ('男','女'))
    )
```

【例 6-74】定义表级 FOREIGN KEY 约束。

```
CREATE TABLE RecipeDetail
( Rno VARCHAR(10),
Mno VARCHAR(10) NOT NULL,
Mamount DECIMAL(18,0),
PRIMARY KEY(Rno,Mno),
FOREIGN KEY (Mno) REFERENCES Medicine(Mno)
);
```

系统保证表在外部键上的取值要么是主表中某一个主键值或唯一键值，要么取空值，以此保证两张表之间的连接，确保实体的参照完整性。

2. 参照完整性约束的保证

前面介绍了外码的定义及外码属性应满足的约束条件。当数据库中的数据发生变化，违反了参照完整性约束时，如何保证参照完整性规则不会被破坏呢？系统通常的处理方法是拒绝导致完整性破坏的操作。但是，FOREIGN KEY 子句中可以指明：如果被参照关系上的一个删除或修改动作违反了约束，则系统会采取一些步骤修改参照关系中的元组来恢复完整性约束，而不是拒绝操作。系统的处理策略如下。

（1）受限策略（RESTRICTED）。

这是系统的默认方式。当出现违背参照完整性规则的更新操作请求时，系统拒绝执行该操作。以【例 6-74】中的外码定义为例，看一下哪些操作请求会被系统拒绝。

● 用户试图向 RecipeDetail 插入一个新的元组。若该元组在 Mno 属性列上非空，且属性列的值在 Medicine 的任何元组中都不存在，则这个插入操作请求将被拒绝，元组不能进入 RecipeDetail 表。

● 用户试图修改 RecipeDetail 中某一元组在 Mno 属性列的分量值。若修改后的 Mno 值在 Medicine 的任何元组中都不存在，则这个修改操作请求将被拒绝。

● 用户试图删除 Medicine 中的一条记录。若该记录在 Mno 属性列的值仍然在 RecipeDetail 的某一元组中存在，则这个删除操作请求将被拒绝，没有元组能从 Medicine 表中被删除。

● 用户试图修改 Medicine 中的某一元组在 Mno 属性列的分量值。若修改前的 Mno 值在 RecipeDetail 的某一元组中存在，则这个修改操作请求将被拒绝。

（2）置空策略（SET-NULL）。

依照参照完整性规则，外码是可以取空值的，但具体能否取空值要根据应用环境的语义来定。

在 Doctor 关系表中，DeptNo 是外码，参照 Dept 关系表的主码 DeptNo。Doctor 中某一元组的 DeptNo 列若为空值，则表示这个职工尚未被分配到任何一个具体的部门工作。这和应用环境的语义是相符合的，Doctor 的 DeptNo 列可以取空值。

在 RecipeDetail 关系表中，Mno 是外码，参照 Medicine 关系表的主码 Mno。RecipeDetail 中某一元组的 Mno 列若为空值，则表明一种并不存在的药被医生开出。这和应用环境的语义是不相符合的，RecipeDetail 的 Mno 列不可以取空值。

【例 6-75】定义置空策略。

```
CREATE TABLE Doctor
( Dno VARCHAR(10) PRIMARY KEY,
Dname VARCHAR(50) NOT NULL,
Dsex VARCHAR(2),
Dage INT,
Dlevel VARCHAR(50),
Dsalary DECIMAL(18,2),
Ddeptno VARCHAR(10) REFERENCES Dept(DeptNo) ON DELETE SET NULL
);
```

根据上述设定，当用户删除 Dept 关系的某一元组时（假设该元组在 DeptNo 列的取值为"内科"），系统自动修改 Doctor 关系中所有 DeptNo 属性列上取值为"内科"的元组，将它们在 DeptNo 属性列上的取值置为空。

（3）级联策略（CASCADE）。

这是另一种维持完整性规则而不用拒绝用户操作请求的处理方式。以【例 6-74】中的外码定义为例，来看系统的处理情况。

● 用户试图删除 Medicine 中的一条记录。若该记录在 Mno 属性列的值仍然在 RecipeDetail 的某一元组中存在，则系统自动将 RecipeDetail 中所有此类元组删除。例如，删除了 Medicine 中药品编号为 314418 的记录，则系统自动将 RecipeDetail 中所有药品编号为 314418 的记录都删除。
如果参照关系同时又是另一个关系的被参照关系，则这种删除操作会继续级联进行下去。

● 用户试图修改 Medicine 中的某一元组在 Mno 属性列的分量值。若修改前的 Mno 值在
RecipeDetail 的某一元组中存在，则系统自动将 RecipeDetail 中这些元组在 Mno 列的值改为新
值。例如，用户将药品编号为 314418 的记录改为 314172，则系统自动将 RecipeDetail 中所有
药品编号为 314418 的记录都改为 314172。如果参照关系同时又是另一个关系的被参照关系，
则这种修改操作会继续级联进行下去。

● 用户试图向 RecipeDetail 插入一条新的元组，该元组在 Mno 属性列上非空，且属性列的值在
Medicine 的任何元组中都不存在，则系统自动首先在 Medicine 中插入相应的元组，其主码值
等于参照关系插入元组的外码值，然后向参照关系插入元组。例如，用户向 RecipeDetail 关系
插入(1282317,50000,1)，系统首先向 Medicine 关系新增药品编号为 50000 的元组，然后再向
RecipeDetail 关系插入(1282317,50000,1)元组。

【例 6-76】定义级联策略。

```
CREATE TABLE RecipeDetail
( Rno VARCHAR(10),
Mno VARCHAR(10) NOT NULL,
Mamount DECIMAL(18,0),
PRIMARY KEY(Rno,Mno),
FOREIGN KEY (Mno) REFERENCES Medicine (Mno)
ON DELETE CASCADE
ON UPDATE CASCADE
);
```

在有些 RDBMS 中，修改关系主码的操作是不允许的。只能先删除该元组，然后再把具有新主码
值的元组插入到关系中。若 RDBMS 允许修改关系主码，则必须保证主码的唯一性和非空，否则拒绝
修改。

从上面的讨论可知，DBMS 在实现参照完整性时，除需要提供定义主码、外码的机制外，还需要
提供不同策略供用户选择。选择哪种策略，要根据应用环境的具体语义要求确定。

6.9.7 域约束

通过 CREATE DOMAIN 可以定义一个新的域，通过对域进行约束可以达到对属性列取值的约束。
SQL-92 用一个特殊的关键字 VALUE 表示域的一个值。

【例 6-77】创建新的域并定义域约束。

```
CREATE DOMAIN SexVal CHAR(2)
CHECK (VALUE IN('男', '女'));
```

我们定义一个域 SexVal，只能取"男"和"女"两个值。这样，在创建 Patient 关系表时，就可以
引用该域，而无须再使用 CHECK 语句约束 Psex 的取值。

```
CREATE TABLE Patient
( Pno VARCHAR(10),
Pname VARCHAR(50) NOT NULL,
Psex SexVal,
```

```
Page INT,
Pino VARCHAR(50),
Pid VARCHAR(18),
PRIMARY KEY(Pno)
);
```

6.9.8 断言

SQL 中的断言可以解决多张关系表关联的约束定义。前面介绍的域约束和参照完整性约束是断言的特殊形式，它们容易检测并适用于很多数据库应用。可以有效地弥补表级约束不适用于两张以上表的缺陷。

SQL 中的断言为如下形式。

```
CREATE ASSERTION <断言名> CHECK<谓词>;
```

【例 6-78】创建断言。

```
CREATE ASSERTION salarycheck CHECK
( NOT EXISTS(
SELECT * FROM Doctor x
WHERE Dsalary >=SOME ( SELECT Dsalary FROM Doctor y
WHERE x.Deptno=y.Deptno AND y.Dno =(
SELECT Manager FROM Dept
WHERE x.Deptno =Dept.Deptno)))
);
```

6.9.9 完整性约束的修改

完整性约束的修改涉及创建、修改和删除约束。修改方式的表述依赖于该约束是涉及属性、表，还是数据库模式。

1. 约束的创建

在 SQL Server 中，对于基表的约束分为列约束和表约束，它们的创建方式不同。

列约束是对某一个特定列的约束，包含在列定义中，直接跟在该列的其他定义之后，用空格分隔，不必制定列名。

表的约束与列定义相互独立，不包含在列定义中，通常用于对多个列一起进行约束，与列定义用"，"分隔，定义表约束时必须指出要约束的那些列的名称。

【例 6-79】创建列约束和表约束。

```
CREATE TABLE RecipeDeteail(
        Rno varchar(10) Constraint  pk_rd  primary key,
        Pno varchar(20),
        Dno varchar(20),
        Constraint  un_pname_pm  unique(Pno,Dno))
```

此处新建了一张表，Rno 字段设置为主键，主键约束名为 pk_rd，此主键约束为列主键约束 Pno 和 Dno 的组合字段设置唯一性约束，此约束为表级约束。

2. 约束的添加

可以通过 ALTER TABLE 语句为已有表添加各种约束。

【例 6-80】添加约束。

```
ALTER TABLE RecipeDetail
    ADD CONSTRAINT rno_mnokey PRIMARY KEY(Rno,Mno);
    ALTER TABLE RecipeDetail
    ADD CONSTRAINT mnoforeignkey FOREIGN KEY(Mno) REFERENCES Medicine
(Mno);
    ALTER TABLE Patient
    ADD CONSTRAINT mORf CHECK( Psex IN ('男', '女'));
    ALTER TABLE Patient
    ADD CONSTRAINT Rightinput CHECK(Psex='女' AND test_id(Pid)= '0')
```

3. 约束的修改

本节介绍的 ALTER 语句，除可以完成表结构的修改外，还可以修改约束。通过 ALTER TABLE 语句，可以修改 PRIMARY KEY、FOREIGN KEY、CHECK、UNIQUE、NOT NULL 约束；通过 ALTER DOMAIN 语句修改域约束；通过 DROP ASSERTION 语句删除一个断言。

在 ALTER TABLE 语句中，使用 DROP CONSTRAINT 关键字删除一个约束，使用 ADD CONSTRAINT 关键字添加一个约束。

【例 6-81】删除约束 rno_mnokey。

```
ALTER TABLE RecipeDetail DROP CONSTRAINT rno_mnokey;
```

【例 6-82】删除约束 mnoforeignkey。

```
ALTER TABLE RecipeDetail DROP CONSTRAINT mnoforeignkey;
```

【例 6-83】删除约束 mORf。

```
ALTER TABLE Doctor DROP CONSTRAINT mORf;
```

【例 6-84】删除约束 Rightinput。

```
ALTER TABLE Doctor DROP CONSTRAINT Rightinput;
```

若系统今后还是希望能够保留上述约束控制，则可以使用如下语句添加约束。

【例 6-85】添加约束。

```
ALTER TABLE RecipeDetail ADD CONSTRAINT rno_mnokey PRIMARY KEY(Rno,Mno);
    ALTER TABLE RecipeDetail ADD CONSTRAINT mnoforeignkey FOREIGN KEY (Mno)
REFERENCES Medicine (Mno);
    ALTER TABLE Doctor ADD CONSTRAINT mORf CHECK( Psex IN ('男', '女'));
    ALTER TABLE Doctor ADD CONSTRAINT Rightinput CHECK(Psex='女' AND test_id(Pid)=
'0');
```

通过 ALTER TABLE 语句新增的约束都是表级约束。

域约束的新增和修改通过 ALTER DOMAIN 语句完成。在 ALTER DOMAIN 语句中使用 DROP CONSTRAINT 关键字删除一个域约束，使用 ADD CONSTRAINT 关键字增加一个域约束。

【例 6-86】删除和添加域约束。

```
ALTER DOMAIN rfee DECIMAL DROP CONSTRAINT rfee_test;
ALTER DOMAIN rfee DECIMAL ADD CONSTRAINT rfee_test CHECK(VALUE >0);
```

断言的删除通过 DROP ASSERTION 语句完成。

【例 6-87】删除断言。

```
DROP ASSERTION salarycheck;
```

4．约束的删除

可以通过 ALTER TABLE 语句删除已有表中的各种约束。

【例 6-88】删除约束。

```
ALTER TABLE RecipeDetail DROP CONSTRAINT rno_mnokey;
```

6.9.10 完整性约束的验证

为满足数据库对数据的多种操作要求，我们需要 DBMS 对某些约束的检查能够延迟进行。任何约束都可以声明为 DEFERRABLE（可延迟的）或 NOT DEFERRABLE（不可延迟的）。这两个关键字设置该约束是否可延迟。一个不可延迟的约束在每条 SQL 语句执行后都必须校验是否违反约束规则。

可延迟的约束意味着，当事务开始后，对约束的检查可以延迟到晚些时候，但不晚于当前事务的结束（使用 SET CONSTRAINTS 语句）。默认是 NOT DEFERRABLE。

如果约束是可延迟的，则可进一步声明为 INITIALLY IMMEDIATE（初始化立即执行）或 INITIALLY DEFERRED（初始化延迟执行）。这个子句声明检查约束的默认时间。如果约束是 INITIALLY IMMEDIATE，那么每条语句之后就检查它（默认）。如果约束是 INITIALLY DEFERRED，那么只有在事务结尾才检查它。约束检查的时间可以用 SET CONSTRAINTS 语句修改。

【例 6-89】初始化延迟检查约束。

```
CREATE TABLE t_test
(  NAME VARCHAR(12) CONSTRAINT pk_name PRIMARY KEY
DEFERRABLE INITIALLY DEFERRED,
AGE NUMBER(5)
);
```

通过这个语句增加一个延迟检查的主键约束。

执行如下操作：

```
SQL>INSERT into t_test values ('Tom',32);
1 row inserted
SQL> COMMIT;
COMMIT complete
SQL> SELECT * FROM t_test;
NAME     AGE
```

```
------------ ------
Tom       32
SQL> INSERT into t_test values ('Tom',32);
1 row inserted
SQL> COMMIT;
COMMIT
ORA-00001: 违反唯一约束条件 (SCOTT.PK_NAME)
```

这个唯一约束条件的检查是在 COMMIT 时刻进行检查的，而不是在 INSERT 了违反约束条件的值之后马上进行的。下面，看一下初始化立即执行和初始化延迟执行的区别。

【例 6-90】初始化立即执行约束和初始化延迟执行约束的区别。

```
CREATE TABLE t
(  X int CONSTRAINT CHECK_X CHECK(x>0)
DEFERRABLE INITIALLY IMMEDIATE,
Y int CONSTRAINT CHECK_Y CHECK(y>0)
DEFERRABLE INITIALLY DEFERRED
);
```

执行如下操作：

```
SQL> INSERT into t values ( 1,1 );
1 row created.
SQL> COMMIT;
COMMIT complete.
```

因此，当两个约束同时满足时才能正确无误地插入行。但是，如果试图插入违反 CHECK_X 约束（初始化立即执行的约束）的行，则系统会立即检验约束，并得到下面的结果。

```
SQL> INSERT into t values ( -1,1);
INSERT into t values ( -1,1);

ERROR at line 1:
ORA-02290: check constraint
(OPS$TKYTE.CHECK_X) violated
```

由于 CHECK_X 是可延迟但初始化为立即执行的约束，所以这一行立刻被拒绝了。而 CHECK_Y 则不同，它不仅是可延迟的，而且初始化为延迟执行，这就意味着直到用 COMMIT 语句提交事务或将约束状态设置为立即执行时才检验约束。

```
SQL> INSERT into t values ( 1,-1);
1 row created.
```

现在它是成功的（总之到目前为止是成功的）。约束检验延迟到了执行 COMMIT 的时刻。

```
SQL> COMMIT;
COMMIT

ERROR at line 1:
```

```
ORA-02091: transaction rolled back
ORA-02290: check constraint
(OPS$TKYTE.CHECK_Y) violated
```

此时数据库将事务回滚，因为违反约束导致了 COMMIT 语句的失败。上例说明了初始化立即执行与初始化延迟执行约束之间的区别。初始化部分指定什么时候会进行默认的约束检验，是在语句结束时立即执行，还是在事务结束时延迟执行。

可以使用语句，让所有可延迟的约束变为延迟执行的约束，也可以对一个约束使用该语句。

【例 6-91】所有可延迟的约束变为延迟执行的约束。

```
SQL> set constraints all deferred;
Constraint set.
SQL> INSERT into t values ( -1,1);
1 row created.
```

由于将初始化立即执行的约束设置为延迟执行的模式，这个语句似乎执行成功。但是，当用 COMMIT 语句提交事务时，看一下会发生什么。

```
SQL> COMMIT;
COMMIT
ERROR at line 1:
ORA-02091: transaction rolled back
ORA-02290: check constraint
(OPS$TKYTE.CHECK_X) violated
```

事务提交失败并回滚，因为在 COMMIT 语句之后对约束进行了检验。相反，我们可以将初始化为延迟执行的约束变为立即执行的约束。

```
SQL> set constraints all immediate;
Constraint set.
SQL> INSERT into t values ( 1,-1);
INSERT into t values ( 1,-1)

ERROR at line 1:
ORA-02290: check constraint
(OPS$TKYTE.CHECK_Y) violated
```

前面在提交前能执行的语句现在立即出了问题，这是因为手动修改了默认的约束模式。

延迟约束的用处有很多，虽然它会暂时破坏数据的完整性，但最后不会发生冲突。它主要用于物化视图（快照）。这些视图会使用延迟约束来进行视图刷新。在刷新物化视图的过程中，可能会破坏完整性，而且将不能逐句检验约束。但到执行 COMMIT 语句时，数据完整性就没有问题了，并能满足约束。

习　　题

1. 试述 SQL 语言的特点。
2. 试述 SQL 的定义功能。

3. 图书出版社管理数据库中有两张基表：

图书(书号,书名,作者编号,出版社,出版日期)

作者(作者编号,作者名,年龄,地址)

试用 SQL 语句写出以下查询：

检索年龄低于作者平均年龄的所有作者的作者名、书名和出版社。

4. 设有两个关系 $R(A,B,C)$ 和 $S(C,D,E)$，试用 SQL 查询语句表达下列关系代数表达式：

（1）$\pi_{A,E}(\sigma_{B=D}(R\infty S))$

（2）$\pi_{A,\ E}(\sigma_{B=50}(R\infty S))\bigcup\pi_{A,\ E}(\sigma_{B=60}(R\infty S))$

5. 什么是基表？什么是视图？两者的联系和区别是什么？

6. 试述视图的优点。

7. 哪类视图是可以更新的？哪类视图是不可以更新的？各举一例说明。

8. 说明 PRIMARY KEY 约束和 UNIQUE 约束的异同点？

9. 设数据库中有三个关系：

员工表 EMP(E#,ENAME,AGE,SEX,ECITY)，其属性分别表示员工编号、姓名、年龄、性别和所在城市；

公司表 COMP(C#,CNAME,CITY,MANAGER)，其属性分别表示公司编号、公司名称、公司所在城市和管理者的员工编号；

工作表 WORKS(E#,C#,SALARY)，其属性分别表示员工编号、公司编号和工资。

试用 SQL 语句写出下列操作：

（1）用"CREATE DATABASE"创建一个存放上述三张表的数据库；

（2）用"CREATE TABLE"创建上述三张表，需指出主键和外键。

10. 假设已经创建了上题中的数据库和表，根据数据库表的结构特点用 SQL 语句实现以下数据检索、更新和删除操作：

（1）检索超过 50 岁的男性员工的编号和姓名，按年龄的降序输出；

（2）假设每名员工只能在一个公司工作，检索工资超过 1500 元的男性员工编号和姓名；

（3）检索"华联公司"中低于本公司平均工资的员工编号和姓名；

（4）在每一个公司中为 50 岁以上的员工加薪 100 元；

（5）删除年龄大于 60 岁的员工信息。

11. 假如你正在开发一个电影评级的网站，并且收集了一些评论家对于各种电影的评价。以下是表结构：

```
Movie ( mID, title, year, director )
Reviewer ( rID, name )
Rating ( rID, mID, stars, ratingDate )
```

完成以下查询语句。

（1）找出所有 Steven Spieberg 导演的电影的标题。

（2）找出至少有一个电影获得 4 分或 5 分的所有年份并把它们按照升序排列。

（3）找出所有没有评分的电影的标题。

（4）有一些评论家在他们评分的时候没有写日期，找出那些在评分中日期存在空值情况的评论家的名字。

（5）编写一个查询语句来返回一组更加易读的评分数据：评论家姓名、电影名称、星级和评分日期。同时对数据进行排序，首先按照评论家姓名，其次按照电影名称，最后按照星级来排列。

（6）假设每个电影都至少有一个评分，找出每个电影的最高评分。查询语句应该返回电影名称和评分星级并按照电影名称进行排序。

12. 在某个学校，学校中的学生想用数据库对他们学校的社交网络进行组织和管理。到目前为止，他们已经收集了 9～12 年级的 16 个学生的信息。以下是数据表结构。

```
Highschooler ( ID, name, grade )
```

表示在某个年级中拥有特定 ID 和名字的一个学生。

```
Friend ( ID1, ID2 )
```

表示 ID 为 ID1 的学生和 ID 为 ID2 的学生是朋友。朋友关系是相互的，即如果(123,456)在这张表中，那么(456,123)也在这张表中。

```
Likes ( ID1, ID2 )
```

表示 ID 为 ID1 的学生喜欢 ID 为 ID2 的学生。喜欢某个人不一定是相互的，所以如果(123,456)在 Likes 表中，不能保证(456,123)也在其中。

用 SQL 语句完成以下查询。

（1）找出所有和 Gabriel 是朋友的所有学生的名字。

（2）对于喜欢比他自己低两个年级或以上的学生的每个学生，返回这个学生的姓名和年级，以及他喜欢的同学的姓名和年级。

（3）对相互喜欢的每对学生，返回两个学生的姓名和年级。要求每对学生在按照字母排列的顺序表只显示一次。

（4）找出其所有朋友都和他在同一个年级的学生的姓名和年级。返回结果首先按照年级，其次每个年级中按照姓名进行排序。

(5)有些学生不止被一个其他学生喜欢（有两个或两个以上的学生喜欢该学生），返回所有这类学生的姓名和年级。

13. 基于图书馆数据库的三张表：

图书(图书号,书名,作者,出版社,单价)

读者(读者号,姓名,性别,办公电话,部门)

借阅(读者号,图书号,借出日期,归还日期)

用 SQL 建立以下视图。

（1）建立视图 VIEW_BOOK，包括全体图书的图书号、书名、作者、出版社、单价。

（2）建立视图 VIEW_PRESS，包括电子工业出版社、科学出版社、人民邮电出版社的图书信息。

（3）建立视图 VIEW_PRESS_PHEI，包括电子工业出版社图书的平均价格、最高价、最低价。

（4）建立视图 VIEW_READERS，包括读者的读者号、姓名、借阅的图书名、借出日期、归还日期。

第 7 章　高级 SQL 语言

本章主要介绍数据库应用开发过程中所涉及的高级 SQL 编程，包括游标、存储过程、函数、触发器、递归查询，以及对查询结果的分页和排序等。

学习目标：
- 掌握游标种类及其基本操作
- 掌握存储过程和函数的编程
- 了解触发器的工作原理，掌握触发器的创建和使用
- 了解 SQL 递归查询，掌握使用递归 CTE 实现递归查询
- 了解对查询结果进行分页和排序的方法

7.1　游　　标

小杨：用 SELECT 语句查询数据表后返回了多行记录，那么可以一行一行地处理这些记录吗？

老肖：当然可以，这要用到高级 SQL 语言中的游标了。在数据库中，游标提供了能从包括多条数据记录的结果集中每次提取一条记录的机制，使得用户能够灵活地处理 SQL 操作返回的结果集。

小杨：太好啦。那游标是怎样实现这样的操作呢？

老肖：游标通过为用户开设的一个数据缓冲区，用于存放查询语句的执行结果，这样用户就可以逐一地处理每一条查询结果了，下面将具体讲解游标的概念和使用。

7.1.1　游标的基本概念

游标提供了一种对从表中检索出的数据进行操作的灵活手段，就本质而言，游标实际上是一种能从包括多条数据记录的结果集中每次提取一条记录的机制。游标总与一条 SQL 选择语句（SELECT）相关联。因为游标由结果集（可以是零条、一条或由相关的选择语句检索出的多条记录）和结果集中指向特定记录的游标位置组成。当需要对结果集进行逐条记录处理时，必须声明一个指向该结果集的游标。如果曾经用 C 语言写过对文件进行处理的程序，那么游标就像打开文件所得到的文件句柄一样，只要文件打开成功，该文件句柄就可代表该文件。对于游标而言，其道理是相同的。可见游标能够实现按与传统程序读取平面文件类似的方式处理来自基表的结果集，游标充当指针，从而把表中数据以平面文件的形式呈现给程序。尽管游标能够遍历查询结果中的所有行，但它一次只能指向一行。

游标通过以下方式来处理结果集：

（1）允许定位在结果集中的特定行；

（2）从结果集的当前位置检索一行或多行；

（3）支持对结果集中当前位置的行进行数据修改；

（4）为由其他用户对显示在结果集中的数据库数据所做的更改提供不同级别的可见性支持。

游标提供了逐行操作表中数据的方法，下面给出一个简单的游标实例，帮助大家了解游标的概念。

小杨：在学习基本 SQL 语句的时候，记得有一个例子是按部门统计男医生的平均年龄，当时返回的结果是一张表。如果我想一条一条地处理结果，使得查询输出的形式为"101 部门男医生平均年龄

为 36 岁"，用 SQL 语句应该如何实现呢？

老肖：如果你想一条一条地处理查询结果，最好的方式就是使用游标。如这个例子，我们可以首先声明一个游标 DeptMaleAvgAge，表示各部门男医生的平均年龄。

```
DECLARE DeptMaleAvgAge CURSOR
FOR
SELECT Ddeptno,AVG(Dage)
FROM Doctor
WHERE Dsex='男'
GROUP BY Ddeptno;
```

小杨：声明这个游标之后就可以得到各部门男医生的平均年龄了吗？

老肖：还没有，必须先将其打开才能使用。通过打开游标语句

```
OPEN DeptMaleAvgAge;
```

执行游标定义中的 SELECT 语句，并将查询结果存放在游标缓冲区中，如图 7.1 所示。这时游标中就包含了查询得到的结果和一个"指针"，指向第一行。我们可以在游标的结果集上滚动指针，返回结果集中的任何一行。只要游标没有关闭，就可以一直检索下去，一旦游标关闭，检索就不能继续进行下去了。

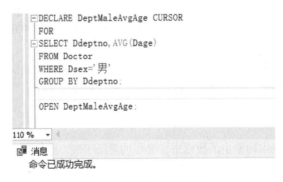

图 7.1　游标命令示意图

小杨：明白了，那么如何逐条输出既定形式的结果呢？

老肖：使用 FETCH 语句读取游标中的数据，然后用 PRINT 语句格式化输出就可以了。

小杨：听起来有点复杂呢。

老肖：别着急，接下来我会详细介绍游标的种类和具体操作步骤。

7.1.2　游标种类

SQL Server 支持三种类型的游标：Transact_SQL 游标、API 游标和客户游标。

（1）Transact_SQL 游标。

Transact_SQL 游标是最常用的游标类型，也是本节的重点，通常用在 Transact_SQL 脚本、存储过程和触发器中。Transact_SQL 游标主要用在服务器上，由从客户端发送给服务器的 Transact_SQL 语句，或者批处理、存储过程、触发器中的 Transact_SQL 进行管理。 Transact_SQL 游标不支持提取数据块或多行数据。

（2）API 游标。

API 游标支持在 OLE DB、ODBC 及 DB_library 中使用游标函数，主要用在服务器上。每一次客户端应用程序调用 API 游标函数，SQL Sever 的 OLE DB 提供者、ODBC 驱动器或 DB_library 的动态链接库（DLL）都会将这些客户请求传送给服务器以对 API 游标进行处理。

（3）客户游标。

客户游标主要是当在客户机上缓存结果集时才使用。在客户游标中，有一个默认的结果集被用来在客户机上缓存整个结果集。客户游标仅支持静态游标而非动态游标。由于服务器游标并不支持所有的 Transact_SQL 语句或批处理，所以客户游标常常仅被用作服务器游标的辅助。因为在一般情况下，服务器游标能支持绝大多数的游标操作。

由于 API 游标和 Transact_SQL 游标使用在服务器端，所以称为服务器游标，也称为后台游标，而客户端游标称为前台游标。在本节中我们主要讲述服务器游标。

7.1.3　游标操作

每一个游标必须有四个组成部分，这四部分必须符合下面的顺序：

（1）声明（DECLARE）游标；

（2）打开（OPEN）游标；

（3）读取（FETCH）游标区中的数据；

（4）关闭（CLOSE）或释放（DEALLOCATE）游标。

1. 声明游标

SQL Server 中支持两种声明游标的方法：一种是 SQL-92 标准的方法；另一种是 T-SQL 的方法。本节主要介绍 SQL-92 标准的方法，其语法格式如下。

```
DECLARE cursor_name [INSENSITIVE] [SCROLL] CURSOR
FOR select_statement
[FOR {READ ONLY | UPDATE [OF column_name [,...n]]}]
```

各参数说明如下。

cursor_name：游标的名字。

INSENSITIVE：将游标定义所选取出来的数据记录存放在一张临时表内。对该游标的读取操作皆由临时表来应答。因此，对基表的修改并不影响游标提取的数据，即游标不会随着基表内容的改变而改变，同时也无法通过游标来更新基表。如果不使用该保留字，那么对基表的更新、删除都会反映到游标中。

SCROLL：表明所有的提取操作（如 FIRST、LAST、PRIOR、NEXT、RELATIVE、ABSOLUTE）都可用。如果不使用该保留字，那么只能进行 NEXT 提取操作。由此可见，SCROLL 极大地增加了提取数据的灵活性，可以随意提取结果集中的任一行数据记录，而不必关闭再重开游标。

select_statement：定义结果集的 SELECT 语句。应该注意的是，在游标中不能使用 COMPUTE、COMPU-TE BY、FOR BROWSE、INTO 等语句。

READ ONLY：表明不允许游标内的数据被更新（尽管在默认状态下游标是允许更新的）。而且在 UPDATE 或 DELETE 语句的 WHERE CURRENT OF 子句中，不允许对该游标进行引用。

UPDATE：定义在游标中可被更新的列，如果不指出要更新的列，那么所有的列都将被更新。当游标被成功创建后，游标名成为该游标的唯一标识，在以后的存储过程、触发器或 Transact_SQL 脚本中使用的名字。

【例 7-1】将 RecipeDetail 中的处方编号为"1284041"所包含的药品信息声明为 MedicineList 游标。

```
DECLARE MedicineList CURSOR
FOR
SELECT M.Mno, D.Mamount, M.Mname, M.Mprice, M.Munit, M.Mtype
FROM RecipeDetail D LEFT JOIN Medicine M ON D.Mno = M.Mno
WHERE D.Rno = '1284041'
```

2. 打开游标

定义游标之后，必须先将其打开才能使用。打开游标语句执行游标定义中的查询语句，查询结果存放在游标缓冲区中，并使游标指针指向游标区中的第一个元组，作为游标的默认访问位置。查询结果的内容取决于查询语句的设置和查询条件。打开游标的语法如下。

```
OPEN 游标名称;
```

【例 7-2】打开名为 MedicineList 的游标。

```
OPEN MedicineList;
```

当游标被打开时，行指针将指向该游标集第 1 行之前，如果要读取游标集中的第 1 行数据，则必须移动行指针使其指向第 1 行。就本例而言，可以使用下列操作读取第 1 行数据。

```
FETCH FIRST FROM MedicineList;
或 FETCH NEXT FROM MedicineList;
```

如果打开的游标为 INSENSITIVE 游标，在打开时将产生一张临时表，将定义的游标数据集合从其基表中复制过来。在 SQL Server 中，游标打开后，可以从全局变量@@CURSOR_ROWS 中读取游标结果集合中的行数。

【例 7-3】显示游标结果集合中的数据。

```
SELECT 数据行数 = @@CURSOR_ROWS;
```

3. 读取游标区中的数据

读取游标区数据语句是读取游标区中当前元组的值，并将各分量依次赋给指定的共享主变量。FETCH 语句用于读取游标中的数据，语句格式如下。

```
FETCH [[NEXT|PRIOR|FIRST|LAST| ABSOLUTE n| RELATIVE n]
from ] 游标名
[INTO @局部变量[,…n]]
```

各参数说明如下。

NEXT：表示返回结果集中当前行的下一行记录，如果第一次读取则返回第一行。默认的读取选项为 NEXT。

PRIOR：表示返回结果集中当前行的前一行记录，如果第一次读取则没有行返回，并且把游标置于第一行之前。

FIRST：表示返回结果集中的第一行，并且将其作为当前行。

LAST：表示返回结果集中的最后一行，并且将其作为当前行。

ABSOLUTE n：如果 *n* 为正数，则返回从游标头开始的第 *n* 行，并且返回行变成新的当前行。如果 *n* 为负数，则返回从游标末尾开始的第 *n* 行，并且返回行为新的当前行，如果 *n* 为 0，则返回当前行。

RELATIVE n：如果 *n* 为正数，则返回从当前行开始的第 *n* 行，如果 *n* 为负，则返回从当前行之前的第 *n* 行，如果 *n* 为 0，则返回当前行。

INTO：表示将游标当前字段值赋值给对应的局部变量。

【例 7-4】获取游标 MedicineList 中的下一个元组的药品名称。

```
DECLARE @Mno    VARCHAR(50);
DECLARE @Mname  VARCHAR(50);
DECLARE @Mtype  VARCHAR(50);
DECLARE @Munit  VARCHAR(50);
DECLARE @Mamount Integer;
DECLARE @Mprice Decimal(8,2);
FETCH NEXT FROM MedicineList
INTO @Mno,@Mamount,@Mname,@Mprice,@Munit,@Mtype;
```

4．关闭游标

在处理完游标中的数据后必须关闭游标来释放数据结果集和定位于数据记录上的锁。CLOSE 语句关闭游标，但不释放游标占用的数据结构。如果准备在随后的使用中再次打开游标，则应使用 CLOSE 语句。关闭游标的语法规则如下。

```
CLOSE { { cursor_name } | @cursor_variable_name}
```

游标可应用在存储过程、触发器和 Transact_SQL 脚本中。如果在声明游标与释放游标之间使用了事务结构，则在结束事务时游标会自动关闭。

【例 7-5】关闭名为 MedicineList 的游标。

```
CLOSE MedicineList;
```

5．释放游标

在使用游标时，各种针对游标的操作或者引用游标名，或者引用指向游标的游标变量。当 CLOSE 语句关闭游标时，并没有释放游标占用的数据结构，因此常使用 DEALLOCATE 语句。通过该语句可以删除游标与游标名或游标变量之间的联系，并且释放游标占用的所有系统资源。其语法规则如下。

```
DEALLOCATE { { cursor_name } | @cursor_variable_name}
```

当使用 DEALLOCATE @cursor_variable_name 来删除游标时，游标变量并不会被释放，除非超过使用该游标的存储过程、触发器的范围（即游标的作用域）。

【例 7-6】释放名为 MedicineList 的游标。

```
DEALLOCATE MedicineList;
```

6．游标操作综合示例

为了将声明游标、打开游标、读取游标区中的数据、关闭游标和释放游标操作形成整体示例，在此将上述分散的例子组织为一个完整的示例，该示例按照 SQL Server 的语法实现。

【例 7-7】将 RecipeDetail 中的处方编号为"1284041"所包含的药品信息通过游标显示。

```
DECLARE @Mno     VARCHAR(50);
DECLARE @Mname   VARCHAR(50);
DECLARE @Mtype   VARCHAR(50);
DECLARE @Munit   VARCHAR(50);
DECLARE @Mamount INTEGER;
DECLARE @Mprice  DECIMAL(8,2);
DECLARE MedicineList CURSOR FOR
        SELECT M.Mno,D.Mamount,M.Mname,M.Mprice,M.Munit,M.Mtype
            FROM RecipeDetail D LEFT JOIN Medicine M ON D.Mno = M.Mno
            WHERE D.Rno = '1284041';
OPEN MedicineList;
FETCH NEXT FROM MedicineList INTO @Mno,@Mamount,@Mname,@Mprice,@Munit,
@Mtype;
WHILE (@@Fetch_Status = 0)
        BEGIN
            PRINT '药品编号: '+@Mno+'; 数量: '+LTRIM(STR(@Mamount)) + @Munit + ';
名称: ' + @Mname;
            FETCH NEXT FROM MedicineList INTO @Mno,@Mamount,@Mname,@Mprice,
@Munit,@Mtype;
        END
CLOSE MedicineList;
DEALLOCATE MedicineList;
```

执行结果如下。

```
------------------------------------------------------------------------
药品编号: ; 数量: 盒; 名称: L-谷氨酰胺胶囊
药品编号: ; 数量: 粒; 名称: 盐酸雷尼替丁胶囊
药品编号: ; 数量: 盒; 名称: 胃立康片
```

7.2　存 储 过 程

小杨：在之前使用 C++或 Java 语言编写程序时，通常把一些经常使用的功能作为子程序或方法来调用，在写 SQL 语句时也会有一些查询操作经常使用，可不可以也把它们组合成为一个子程序来调用呢？

老肖：当然可以了，在 SQL Server 数据库系统中，提供了存储过程这样一种数据对象，它可以将一些固定的 SQL 操作集中起来并放在 SQL Server 数据库服务器上，以后可以随时调用，就像 Java 程序里面调用方法一样方便。

小杨：哇，太好了，这样就极大地提高了数据库应用程序的复用性和可移植性了。

老肖：是的，接下来就让我们对存储过程进行深入了解吧。

7.2.1　存储过程的概念

存储过程是一组已被编辑在一起的，存储在服务器上的，执行某种功能的预编译 SQL 语句。它是一种封装重复任务操作的方法，支持用户提供的参数变量，具有强大的编程能力。

存储过程类似于 DOS 系统中的批处理文件。它将完成某项任务的许多 SQL 语句写在一起，组成命令集合的形式，然后通过执行该存储过程就可以完成相应的任务。

存储过程具有许多优点。

（1）加快程序的执行速度。

存储过程不像解释执行的 SQL 语句那样在提出操作请求时才进行语句分析和优化工作，而是在运行之前，数据库已对其进行了语法和句法分析，并给出了优化执行方案。由于存储过程在第一次被执行之后，其执行规划就存储在高速缓存中，而在以后的操作中，只需要从高速缓存中调用编译好的存储过程的二进制代码执行即可。这种已经编译好的过程可极大地改善 SQL 语句的性能。所以存储过程能以极快的速度运行，提高了系统的性能。

（2）减少网络的数据流量。

这是使用存储过程的非常重要的原因。例如，如果有 1000 条 SQL 语句的命令，一条条地通过网络在客户机和服务器之间传递，那么这种传递所耗费的时间将使任何用户都无法忍受。存储过程使一个需要数百行 SQL 代码的操作由一条执行存储过程代码的单独指令即可实现，极大地减轻了网络的负担，提高了系统的响应速度。

（3）提供了一种安全机制。

如果用户被授予了执行某些存储过程的权限，那么不管他是否拥有该存储过程中所涉及的表或视图的使用权限，都可以完全执行该存储过程而不会受到限制。因此，可以创建存储过程来完成所有的增加、删除操作，并且可以通过编程的方式控制上述操作中对信息的访问。

（4）允许程序模块化设计。

对于同一个任务操作，只需创建一次存储过程并将其存储在数据库中，以后便可以在不同的程序中多次调用。而且，模块化的封装方法使存储过程可独立于程序源代码而单独修改，提高了程序的可用性，可减少数据库开发人员的工作量。另外，可共享的存储过程使用相同的逻辑处理结构保证了数据修改的一致性。

（5）提高编程的灵活性。

存储过程可以用流控制语句编写，具有很强的灵活性，可以完成复杂的判断和运算，可以根据条件执行不同的 SQL 语句。

7.2.2　存储过程的类型

目前的几大数据库厂商提供的编写存储过程的工具都没有统一，虽然它们的编写风格有些相似，但由于没有标准，所以各厂家的开发调试过程也不一样。本节以 SQL Server 为例介绍存储过程的开发和使用，其他厂家的存储过程可以参照相应的联机帮助来使用。

在 SQL Server 中，存储过程包括系统存储过程、用户自定义存储过程和扩展存储过程。

（1）系统存储过程（System stored procedures）。

以"sp_"开头，用来进行系统的各项设定、取得信息和相关管理工作。系统存储过程是由 SQL Server 自己创建、管理和使用的一种特殊的存储过程，不要对其进行修改或删除。

（2）用户自定义存储过程（User-defined stored procedures）。

由用户自行创建的存储过程，可以输入参数、向客户端返回表格或结果、消息等，也可以返回输出参数。事实上，一般所说的存储过程就是指用户自定义存储过程。

（3）扩展存储过程（Extended stored procedures）。

扩展存储过程是用户可以使用外部程序语言编写的存储过程，而且扩展存储过程的名称通常以

"xp_"开头。不过该功能在以后的 SQL Server 版本中可能会被废除，所以尽量不要使用。

7.2.3　存储过程的操作

存储过程的操作包括创建、修改、执行和删除四种。

1．创建存储过程

存储过程包括过程首部和过程体两部分，其创建语句的基本格式如下。

```
CREATE [PROC |PROCEDURE ] procedure_name [ ; number ]    /* 存储过程首部*/
    [ { @parameter data_type }
        [ VARYING ] [ = default ] [ OUTPUT ]
    ] [ ,...n ]
[ WITH
    { RECOMPILE | ENCRYPTION | RECOMPILE , ENCRYPTION } ]
[ FOR REPLICATION ]
AS{ < sql_statement> [ ...n ]}           /* 存储过程体，描述该存储过程的操作 */
```

各参数说明如下。

procedure_name：存储过程名称，必须符合标识符规则，不能超过 128 个字符，且对于数据库及其所有者必须唯一。要创建局部临时过程，可以在 procedure_name 前面加一个编号符 (#procedure_name)，要创建全局临时过程，可以在 procedure_name 前面加两个编号符 (##procedure_name)。

[;number]：是可选的整数，用来对同名的过程分组，以便用一条 DROP PROCEDURE 语句即可将同组的过程一起除去。

@parameter：参数列表，用户必须在执行过程时提供每个所声明参数的值（除非定义了该参数的默认值）。

① 每个存储过程中最多设定 1024 个参数。

② 用名字来标识调用时给出的参数值，必须指定值的参数类型。

③ 每个参数名前要有一个"@"符号，每个存储过程的参数仅为该程序内部使用。

④ data_type，参数的数据类型。所有数据类型（包括 TEXT、NTEXT 和 IMAGE）均可以用作存储过程的参数。不过，CURSOR 数据类型只能用于 OUTPUT 参数。如果指定的数据类型为 cursor，也必须同时指定 VARYING 和 OUTPUT 关键字。

⑤ VARYING，指定作为输出参数支持的结果集（由存储过程动态构造，内容可以变化）。仅适用于游标参数。

⑥ OUTPUT，表明参数是返回参数。该选项的值可以返回给 EXEC[UTE]。使用 OUTPUT 参数可将信息返回给调用过程。使用 OUTPUT 关键字的输出参数可以是游标占位符。存储过程的参数可以定义输入参数（INPUT）、输出参数（OUTPUT）、输入/输出参数（INPUT/OUTPUT）。默认为 INPUT 参数。

⑦ default，参数的默认值。如果定义了默认值，不必指定该参数的值即可执行过程。默认值必须是常量或 NULL。

{RECOMPILE | ENCRYPTION | RECOMPILE, ENCRYPTION}：RECOMPILE 表明 SQL Server 不会缓存该过程的计划，该过程将在运行时重新编译。在使用非典型值或临时值而不希望覆盖缓存在内存中的执行计划时，需要使用 RECOMPILE 选项。ENCRYPTION 表示 SQL Server 加密 syscomments 表中包含 CREATE PROCEDURE 语句文本的条目。使用 ENCRYPTION 可防止将过程作为 SQL Server

复制的一部分发布。

FOR REPLICATION：指定不能在订阅服务器上执行为复制创建的存储过程。使用 FOR REPLICATION 选项创建的存储过程可用作存储过程筛选，且只能在复制过程中执行。本选项不能和 WITH RECOMPILE 选项一起使用。

sql_statement：用于指定该存储过程要执行的操作，可以是存储过程中要包含的任意数目和类型的 SQL 语句块。

【**例 7-8**】利用存储过程计算患者支付处方中药品的总金额。

```sql
CREATE PROCEDURE procPaymentSum
    @RecipeNo VARCHAR(10),
    @PaymentSum DECIMAL(18,2) OUTPUT
AS
    SELECT @PaymentSum = SUM(RDnumber *Mprice)
    FROM RecipeMaster RM LEFT JOIN RecipeDetail RD ON RM.Rno = RD.Rno
        INNER JOIN Medicine M ON M.Mno = RD.Mno
    WHERE RM.Rno = @RecipeNO
```

这个例子建立了一个名为 procPaymentSum 的简单存储过程，它根据用户指定处方编号（@RecipeNo）从处方主表和处方明细表中计算该处方的总费用（一张处方包含的所有药品的数量与价格乘积的和），并通过输出参数@PaymentSum 将处方的总金额返回给调用者。

【**例 7-9**】在存储过程中利用游标计算患者支付处方中药品的总金额。其中要求对药品类型为"中药"的药品按照价格的 90%计算。

```sql
CREATE PROCEDURE procPaymentSumCursor
    @RecipeNo VARCHAR(10),
    @PaymentSum DECIMAL(18,2) OUTPUT
AS
DECLARE @amount INTEGER;
DECLARE @price DECIMAL(8,2);
DECLARE @mtype  VARCHAR(10);
DECLARE MedicineList CURSOR
FOR
    SELECT RD.Mamount,M.Mprice,M.Mtype
        FROM RecipeMaster RM LEFT JOIN RecipeDetail RD ON RM.Rno = RD.Rno
                INNER JOIN Medicine M ON M.Mno = RD.Mno
        WHERE RM.Rno = @RecipeNO;
OPEN MedicineList;
SET @PaymentSum = 0;
FETCH NEXT FROM MedicineList INTO @amount,@price,@mtype;
WHILE(@@fetch_status = 0)
    BEGIN
        IF @mtype = '中药'  SET @price = @price * 0.9;
        SET @PaymentSum = @PaymentSum + @amount * @price;
        FETCH NEXT FROM MedicineList INTO @amount,@price,@mtype;
    END
CLOSE MedicineList;
DEALLOCATE MedicineList;
```

本例利用游标 MedicineList 实现了计算指定处方编号的处方总金额。当然，本例的功能也可以不用游标实现。

2. 修改存储过程

如果需要更改存储过程中的语句或参数，那么可以删除并重新创建该存储过程，也可以通过 ALTER PROCEDURE 语句直接修改该存储过程。使用 ALTER PROCEDURE 语句修改已存在的存储过程，格式与创建存储过程相同，只要把 CREATE 改为 ALTER 即可。

修改【例 7-8】创建的 procPaymentSum 存储过程，实现只查询患者支付处方中西药的价格，代码如下。

```
ALTER PROCEDURE procPaymentSum
    @RecipeNo VARCHAR(10),
@PaymentSum DECIMAL(18,2) OUTPUT
AS
    SELECT @PaymentSum = SUM(RDnumber *Mprice)
    FROM RecipeMaster RM LEFT JOIN RecipeDetail RD ON RM.Rno = RD.Rno
        INNER JOIN Medicine M ON M.Mno = RD.Mno
    WHERE RM.Rno = @RecipeNO AND M.Mtype='西药'
```

如果只需要修改存储过程名，则可以重命名存储过程，其语句格式如下。

```
ALTER PROCEDURE old_procedure_name RENAME TO rew_procedure_name;
```

3. 执行存储过程

存储过程的实质就是部署在数据库端的一组定义代码及 SQL 语句。将常用的或很复杂的工作预先用 SQL 语句写好并用一个指定的名称存储起来，那么以后要让数据库提供与已定义好的存储过程的功能相同的服务时，只要调用 EXECUTE 即可自动完成命令。

存储过程的执行语句格式如下。

```
[{ EXEC | EXECUTE }]
{
    [ @return_status = ]
    { procedure_name [ ;number ] | @procedure_name_var }
    [ [ @parameter = ] { value | @variable [ OUTPUT ] | [ DEFAULT ]}]
    [ ,...n]
    [ WITH RECOMPILE]
}
```

各参数说明如下。

@return_status：可选整型变量，表示存储过程的返回状态。如果这个变量用于 EXECUTE 语句前，必须在存储过程中声明过。

procedure_name：存储过程的名称，如果没有制定数据库名称，则 SQL Server 会在用户默认数据库中查找该存储过程。

number：可选整数，用于对同名的存储过程分组。

@procedure_name_var：局部定义的变量名，代表存储过程的名称。

parameter: 存储过程的参数,与在存储过程中定义的相同。参数名称前必须加上符号"@"。

在使用@parameter_name=value 格式时,参数名称和常量不必按存储过程定义的顺序提供。但是,如果任何参数使用@parameter_name=value 格式,则对后续的所有参数均必须使用该格式。

value: 传递给存储过程的参数值。如果参数名称没有指定,则参数值必须以在存储过程定义的顺序提供。

@variable: 用来存储参数或返回参数的变量。

OUTPUT: 指定存储过程返回一个参数。

WITH RECOMPILE: 表示执行存储过程后,强制编译、使用和放弃新计划。

在大多数 DBMS 中数据库服务器支持存储过程的嵌套调用。

【例 7-10】执行处方费用计算的存储过程 procPaymentSum。

```
DECLARE @FeeSum DECIMAL(18,2);
EXECUTE procPaymentSum '1282317' , @FeeSum OUTPUT;
PRINT @FeeSum;
```

4. 删除存储过程

存储过程的删除语句格式如下。

```
DROP PROCEDURE procedure_name;
```

【例 7-11】删除处方费用计算的存储过程 procPaymentSum。

```
DROP PROCEDURE procPaymentSum;
```

7.3　函　　数

小杨:存储过程真的是提高了数据库应用编程的复用性,但是如果想要直接处理子程序的返回结果,如赋值或直接打印输出返回值,用存储过程就不能实现了吗?

老肖:是的,所以在高级 SQL 中给出了另一种形式的子程序,我们称其为函数。与其他高级设计编程语言中的函数一样,SQL 中用户定义函数可以接受参数,执行操作并将操作结果以值的形式返回,它是由一个或多个 SQL 语句组成的子程序,可用于封装代码,以便重复使用,同样提高了代码的可移植性。

小杨:存储过程可以把重复使用的功能作为子程序来调用,函数也可以用来实现这个功能,那么它们之间有什么区别呢?

老肖:存储过程与函数都为用户提供了强大而灵活的编程,下面我会详细讲解函数的概念、操作,以及和存储过程的区别。

7.3.1　SQL 中函数的概念

SQL 中的函数与编程语言中的函数类似,数据库中用户定义函数是接受参数、执行操作(如复杂计算)并将操作结果以值的形式返回的例程。返回值可以是单个标量值或结果集。

用户定义函数是 SQL Server 的数据库对象,它不能用于执行一系列改变数据库状态的操作,但它可以像系统函数一样在查询或存储过程等的程序段中使用,也可以像存储过程一样通过 EXECUTE 命令来执行,可以返回一定的值。

用户定义函数可以嵌套，也就是说，用户定义函数可相互调用。被调用函数开始执行时，嵌套级别将增加；而被调用函数执行结束后，嵌套级别将减少。用户定义函数的嵌套级别最多可达 32 级。如果超出最大嵌套级别数，整个调用函数链将失败。

使用用户定义函数有以下优点。

（1）允许模块化程序设计。

（2）只要创建一次函数并将其存储在数据库中，以后便可以在程序中调用任意次。用户定义的函数可以独立于程序源代码进行修改。

（3）执行速度更快。与存储过程相似，用户定义函数通过缓存计划并在重复执行时重用它来降低 SQL 代码的编译开销。这意味着每次使用用户定义函数时均无须重新解析和重新优化，从而缩短了执行时间。

（4）减少网络流量。基于某种无法用单一标量的表达式表示的复杂约束来过滤数据的操作，可以表示为函数。然后，此函数便可以在 WHERE 子句中调用，以减少发送至客户端的数字或行数。

7.2 节介绍了存储过程，它与函数一起向用户提供了强大而灵活的编程能力。存储过程和用户定义函数的区别如下。

（1）存储过程功能强大，可以执行包括修改表等一系列数据库操作。用户定义函数不能用于执行一组修改全局数据库状态的操作。

（2）存储过程可以使用非确定函数，用户定义函数不允许在用户定义函数主体中内置非确定函数。

（3）存储过程可返回记录集，用户定义函数可以返回表变量。

（4）存储过程的返回值不能被直接引用，用户定义函数的返回值可以被直接引用。

（5）存储过程用 EXECUTE 语句执行，而用户定义函数在查询语句中调用。

7.3.2　函数的类型

在 SQL Server 中根据函数返回值形式的不同将用户定义函数分为三种类型。

1．标量函数（Scalar Functions）

用户定义标量函数返回在 RETURNS 子句中定义的类型的单个数据值。标量值是单个语句的结果。对于多语句标量函数，定义在 BEGIN…END 块中的函数体包含一系列返回单个值的 Transact_SQL 语句。返回类型可以是除 TEXT、NTEXT、IMAGE、CURSOR 和 TIMESTAMP 外的任何数据类型。

2．内联表值型函数（Inline Table-valued Functions）

内联表值型函数以表的形式返回一个返回值，即它返回的是一张表，内联表值型函数没有由 BEGIN…END 语句括起来的函数体。其返回的表由一个位于 RETURN 子句中的 SELECT 命令段从数据库中筛选出来。内联表值型函数功能相当于一个参数化的视图。用户定义表值函数返回 TABLE 数据类型。

3．多声明表值型函数（Multi-statement Table-valued Functions）

多声明表值型函数可以看作标量函数和内联表值型函数的结合体。它的返回值是一张表，但它和标量函数一样有一个用 BEGIN…END 语句括起来的函数体，返回值的表中的数据是由函数体中的语句插入的。由此可见，它可以进行多次查询，对数据进行多次筛选与合并，弥补了内联表值型函数的不足。

7.3.3　函数的操作

函数的操作可分别使用 CREATE FUNCTION、ALTER FUNCTION 及 DROP FUNCTION 语句来

分别实现用户定义函数的创建、修改和删除。

1. 创建函数

所有用户定义函数都具有相同的结构：标题和正文。函数可接收零个或多个输入参数，返回标量值或表。SQL Server 为三种类型的用户定义函数提供了不同的语句创建格式。

（1）创建标量函数的语法。

```
CREATE FUNCTION [owner_name. ] function_name
( [ { @parameter_name parameter_data_type [ = default ] }[ ,...n ] ] )
RETURNS return_data_type
   [ WITH <function_option> [ ,...n ] ]
   [ AS ]
   BEGIN
       function_body
       RETURN scalar_expression
END

<function_option>::=
{ [ ENCRYPTION ] | [ SCHEMABINDING ] }
```

各参数说明如下。

owner_name：指定用户定义函数的所有者。

function_name：指定用户定义函数的名称。database_name.owner_name.function_name 应是唯一的。

@parameter_name：定义一个或多个参数的名称。一个函数最多可以定义 1024 个参数，每个参数前用"@"符号标明。参数的作用范围是整个函数。参数只能替代常量，不能替代表名、列名或其他数据库对象的名称。用户定义函数不支持输出参数。

parameter_data_type：指定标量型参数的数据类型，可以为除 TEXT、NTEXT、 IMAGE、CURSOR、TIMESTAMP 和 TABLE 类型外的其他数据类型。

return_data_type：指定标量型返回值的数据类型，可以为除 TEXT、NTEXT、IMAGE、CURSOR、TIMESTAMP 和 TABLE 类型外的其他数据类型。

scalar_expression：指定标量型用户定义函数返回的标量值表达式。

function_body：指定一系列的 Transact_SQL 语句，它们决定了函数的返回值。

ENCRYPTION：加密选项。让 SQL Server 对系统表中有关 CREATE FUNCTION 的声明加密，以防止用户定义函数作为 SQL Server 复制的一部分被发布（Publish）。

SCHEMABINDING：计划绑定选项将用户定义函数绑定到它所引用的数据库对象。如果指定了此选项，则函数所涉及的数据库对象从此将不能被删除或修改，除非函数被删除或去掉此选项。应注意的是，要绑定的数据库对象必须与函数在同一数据库中。

【例 7-12】通过用户输入的处方编号，计算该处方包含所有药品的总金额。

```
CREATE FUNCTION funcRecipeFee ( @recipeID VARCHAR(10) )
RETURNS Decimal(18,2)
AS
BEGIN
    DECLARE
```

```
                @recipeFee Decimal(18,2)
            SELECT @recipeFee = sum(d.Mamount*m.Mprice)
            FROM RecipeDetail d inner join Medicine m on d.Mno = d.Mno
            WHERE d.Rno = @recipeID
            RETURN @recipeFee
        END
```

（2）创建内联表值型函数的语法。

```
        CREATE FUNCTION [owner_name.] function_name
        ([{@parameter_name parameter_data_type [=default]} [ ,...n ]])
        RETURNS TABLE
            [ WITH <function_option> [ ,...n ] ]
            [ AS ]
            RETURN [ ( ) select_stmt [ ) ]
```

各参数说明如下。

TABLE：指定返回值为一张表。

select-stmt：单个 SELECT 语句，确定返回的表的数据。

其余参数与用户定义标量函数相同。

【例 7-13】通过用户指定医生编号，统计该医生为所有患者开具的药品金额和数量。

```
        CREATE FUNCTION dbo.funcMedicineSales (@Dno VARCHAR(10))
        RETURNS TABLE
        AS
        RETURN
        (   SELECT M.Mname As '药品名称', Sum(RD.Mamount) AS '药品数量',
                   SUM(RD.Mamount*M.Mprice) AS '药品总金额'
            FROM Doctor As D
            INNER JOIN RecipeMaster As RM On D.Dno = RM.Dno
            INNER JOIN RecipeDetail As RD On RM.Rno = RD.Rno
            INNER JOIN Medicine AS M  On RD.Mno = M.Mno
            INNER JOIN Patient AS P On RM.Pno = P.Pno
            WHERE D.Dno = @Dno
            GROUP BY  M.Mname
        );
```

本例返回了表值类型的结果集，由药品名称、药品数量、药品总金额三个字段组成。

（3）创建多声明表值型函数的语法。

```
        CREATE FUNCTION [ owner_name. ] function_name
        ([{ @parameter_name parameter_data_type [=default]}[ ,...n ]])
        RETURNS @return_variable TABLE < table_type_definition >
            [ WITH <function_option> [ ,...n ] ]
            [ AS ]
            BEGIN
                function_body
                RETURN
```

```
END

<table_type_definition>:: =
( { <column_definition> <column_constraint>
  | <computed_column_definition> }
      [ <table_constraint> ] [ ,...n ]
)
```

各参数说明如下。

@return_variable：一个 TABLE 类型的变量，用于存储和累积返回的表中的数据行。

其余参数与用户定义标量函数相同。

在多声明表值型函数的函数体中允许使用下列 Transact_SQL 语句：赋值语句、流程控制语句、定义作用范围在函数内的变量和游标的 DECLARE、SELECT 语句、编辑函数中定义的表变量的 INSERT、UPDATE 和 DELETE 语句。

【例 7-14】通过用户指定的部门编号，查询该部门的所有下级部门，包括该部门的子节点、子节点的子节点等，直到某节点为叶节点为止。

```
CREATE FUNCTION funcDescendantDept(@DeptNo VARCHAR(10))
RETURNS
@DescendantDept  TABLE
(   DeptNo VARCHAR(10),
    DeptName VARCHAR(50),
    ChildDeptNo VARCHAR(10),
    ChildDeptName VARCHAR(50),
    DeptLevel INT
)
AS
BEGIN
    WITH  Descendant(DeptNo,DeptName,ChildDeptNo,ChildDeptName,DeptLevel)
AS
    ( SELECT Parent.DeptNo, Parent.DeptName, Child.DeptNo,Child.DeptName,1
      FROM Dept AS Parent LEFT JOIN Dept AS Child On Parent.DeptNo =
Child.ParentDeptNo
      WHERE Parent.DeptNo = @DeptNo
       UNION ALL
      SELECT P.ChildDeptNo AS DeptNo,P.ChildDeptName AS DeptName,
            C.DeptNo AS ChildDeptNo,C.DeptName AS ChildDeptName,
            P.DeptLevel+1 AS DeptLevel
      FROM  Descendant AS P INNER JOIN Dept AS C On P.ChildDeptNo =
C.ParentDeptNo
    )
    INSERT @DescendantDept
    SELECT DeptNo,DeptName,ChildDeptNo,ChildDeptName,DeptLevel
    FROM Descendant
    RETURN
END;
```

本例通过多声明表值函数，递归使用递归公用表表达式来生成层次结构的组织机构。

2．调用函数

用户定义函数是作为提供可重用代码的数据库对象存储的。用户定义函数不能用于执行修改数据库状态的操作。与系统函数一样，用户定义函数可从查询中调用。标量函数和存储过程一样，可使用 EXECUTE 语句执行。

可以在使用标量表达式的位置调用标量值函数。这包括计算列和 CHECK 约束定义。也可以使用 EXECUTE 语句执行标量值函数。在允许表表达式的情况下，可在 SELECT、INSERT、UPDATE 或 DELETE 语句的 FROM 子句中调用表值函数。

（1）调用标量函数。

可以在 SELECT 语句中使用标量函数，对【例 7-12】的函数调用如下。

```
SELECT dbo.funcRecipeFee('1282317') As RecipeFee;
```

可以得到的结果如图 7.2 所示。

图 7.2　查询结果 1

（2）调用内联表值型函数。

可以在 SELECT 语句中使用标量函数，对【例 7-12】，如果用户指定医生编号为"82"，则通过查询语句

```
SELECT * From funcMedicineSales('82')
```

可以得到结果，如图 7.3 所示。

药品名称	药品数量	药品总金额
L-谷氨酰胺胶囊	2	53.8000
复方雷尼替丁胶囊	12	27.6000
胃立康片	2	53.0000
心胃止痛胶囊	2	53.8000
盐酸雷尼替丁胶囊	30	3.8010

图 7.3　查询结果 2

（3）调用多声明表值型函数。

与调用内联表值型函数一样，可以通过查询语句使用多声明表值型函数，对【例 7-14】，如果用户指定一个组织机构的编号如"00"，使用如下函数查询语句：

```
SELECT * FROM funcDescendantDept('00')
```

系统返回的结果如图 7.4 所示。

DeptNo	DeptName	ChildDeptNo	ChildDeptName	DeptLevel
00	XX 医院	10	门诊部	1
00	XX 医院	20	社区医疗部	1
20	社区医疗部	201	家庭病床病区	2
10	门诊部	101	消化内科	2
10	门诊部	102	急诊内科	2
10	门诊部	103	门内三诊室	2
102	急诊内科	1021	急诊内一科	3

图 7.4　查询结果 3

3. 修改函数

通过 ALTER FUNCTION 语句可以修改之前创建的函数，该语句的语法与 CREATE FUNCTION 相同。不能用 ALTER FUNCTION 语句将标量函数更改为表值型函数，反之亦然。同样，也不能用 ALTER FUNCTION 语句将内联表值型函数更改为多声明表值型函数，反之亦然。

4. 删除函数

通过使用 DROP FUNCTION 语句从当前数据库中删除一个或多个用户定义函数，语法如下。

```
DROP FUNCTION { [ schema_name. ] function_name } [ ,...n ]
```

如果数据库中存在引用 DROP FUNCTION 的 Transact_SQL 函数或视图，并且这些函数或视图通过使用 SCHEMABINDING 创建，或者存在引用该函数的计算列、CHECK 约束或 DEFAULT 约束，则 DROP FUNCTION 将失败。

【例 7-15】删除名为 funcDescendantDept 的函数。

```
DROP FUNCTION funcDescendantDept;
```

7.4　触　发　器

小杨：有没有一种方式，可以控制数据库中数据修改的时间呢？如要求医生表只能在正常工作时间内才能插入新的医生基本数据。

老肖：你的意思是在满足一定的条件时，SQL Server 执行特殊的数据处理工作吗？

小杨：是的。

老肖：那就要用触发器来实现这个功能了，它是一种特殊类型的存储过程，只要满足一定的条件，触发器就可以触发完成各种简单和复杂的任务，可以帮助用户更好地维护数据库中数据的完整性，接下来我将详细地介绍触发器的概念、分类及使用过程。

7.4.1　触发器的概念和作用

触发器是一种与数据表紧密关联的特殊的存储过程，当该数据表有插入（INSERT）、更改（UPDATE）或删除（DELETE）事件发生时，所设置的触发器就会自动被执行，以进行维护数据完整性，或者其他一些特殊的数据处理工作。

　　与存储过程一样，触发器在数据库里以独立的对象存储。但与存储过程不同的是，存储过程通过其他程序来启动运行，而触发器不能直接被调用，只能通过事件来启动运行。即当某个事件发生（触发器表内容被更改）时，触发器自动地隐式运行。并且，触发器不能传递或接收参数。

　　触发器的主要作用就是它能够实现由主键和外键所不能保证的复杂的参照完整性和数据的一致性。为了响应数据库更新，触发器可以调用一个或多个存储过程，甚至可以通过外部过程的调用而在 DBMS（数据库管理系统）本身之外进行操作。

　　总体而言，触发器性能通常比较低。当运行触发器时，系统处理的大部分时间花费在参照其他表的这一处理上，因为这些表既不在内存中也不在数据库设备上，而删除表和插入表总是位于内存中。可见触发器所参照的其他表的位置决定了操作要花费的时间长短。

7.4.2　触发器的分类

　　在 SQL Server 中，触发器分为两大类：DML 触发器和 DDL 触发器。

1．DML 触发器

　　当数据库中发生数据操作语言（DML）事件时将调用 DML 触发器。DML 事件包括在指定表或视图中修改数据的 INSERT、UPDATE 或 DELETE 语句。DML 触发器可以查询其他表，还可以包含复杂的 Transact_SQL 语句。

　　可以为 DML 触发器设计以下两种类型的 DML 触发器。

　　（1）AFTER 触发器。

　　在执行 INSERT、UPDATE 或 DELETE 语句操作完成后，AFTER 触发器才能被激发。它一般用于对变动数据进行检查，如果发现错误，将拒绝或回滚更改的数据。AFTER 触发器只能在表上指定。

　　（2）INSTEAD OF 触发器。

　　INSTEAD OF 触发器在数据变动以前被激发，并取代变动数据（INSERT、UPDATE 和 DELETE）的操作，转而去执行触发器定义的操作。既可以在表上定义 INSTEAD OF 触发器，也可以在视图上定义 INSTEAD OF 触发器，但对同一操作只能定义一个 INSTEAD OF 触发器。

2．DDL 触发器

　　DDL 触发器是 SQL Server 的新增功能。当在服务器或数据库中发生数据定义语言（DDL）事件时，将调用 DDL 触发器。

　　像常规触发器一样，DDL 触发器将激发存储过程以响应事件。但与 DML 触发器不同的是，它不会被针对表或视图的 UPDATE、INSERT 或 DELETE 语句所激发。相反，它会被多种数据定义语言（DDL）语句所激发。这些语句主要是以 CREATE、ALTER、DROP 开头的语句。DDL 触发器可用于管理任务，如审核和控制数据库操作。

7.4.3　触发器的工作原理

1．INSERT 触发器的工作过程

　　当触发 INSERT 触发器时，新的数据行就会被插入到触发器表和 inserted 表中。inserted 表是一张逻辑表，它包含了已经插入的数据行的一个副本。inserted 表包含了 INSERT 语句中已记录的插入动作。inserted 表还允许引用由初始化 INSERT 语句而产生的日志数据。触发器通过检查 inserted 表来确定是否执行触发器动作或如何执行它。inserted 表中的行总是触发器表中一行或多行的副本。

日志记录了所有修改数据的动作（INSERT、UPDATE 和 DELETE 语句），但在事务日志中的信息是不可读的。然而，inserted 表允许引用由 INSERT 语句引起的日志变化，这样就可以将插入数据与发生的变化进行比较，来验证它们或采取进一步的动作。也可以直接引用插入的数据，而不必将它们存储到变量中。

2．DELETE 触发器的工作过程

当触发 DELETE 触发器时，从受影响的表中删除的行将被放置到一张特殊的 deleted 表中。deleted 表是一张逻辑表，它保留已被删除数据行的一个副本。deleted 表还允许引用由初始化 DELETE 语句产生的日志数据。

使用 DELETE 触发器时，需要考虑以下的事项和原则。

（1）当某行被添加到 deleted 表中时，它就不再存在于数据库表中了，因此，deleted 表和数据库表没有相同的行。

（2）创建 deleted 表时，空间是从内存中分配的。deleted 表总是被存储在高速缓存中。

（3）为 DELETE 动作定义的触发器并不执行 TRUNCATE TABLE 语句，其原因在于日志不记录 TRUNCATE TABLE 语句。

3．UPDATE 触发器的工作过程

UPDATE 语句可以看成两步操作：捕获数据前像的 DELETE 语句；捕获数据后像的 INSERT 语句。当在定义有触发器的表上执行 UPDATE 语句时，原始行（前像）被移入到 deleted 表，更新行（后像）被移入到 inserted 表。

触发器检查 deleted 表和 inserted 表及被更新的表，来确定是否更新了多行和如何执行触发器动作。可以使用 IF UPDATE 语句定义一个监视指定列的数据更新的触发器。这样就可以让触发器很容易地隔离出特定列的活动。当它检测到指定列已经更新时，触发器就会进一步执行适当的动作，如发出错误信息指出该列不能更新，或者根据新的更新的列值执行一系列的动作语句。

4．INSTEAD OF 触发器的工作过程

可以在表或视图上指定 INSTEAD OF 触发器。执行这种触发器就能够替代原始的触发动作。INSTEAD OF 触发器扩展了视图更新的类型。对于每一种触发动作（INSERT、UPDATE 或 DELETE），每一张表或视图只能有一个 INSTEAD OF 触发器。

7.4.4　创建和使用 DML 触发器

1．创建触发器

DML 触发器包括 AFTER 触发器和 INSTEAD OF 触发器。在执行 INSERT、UPDATE 或 DELETE 语句操作之后执行 AFTER 触发器，而执行 INSTEAD OF 触发器替代通常的触发操作。

创建 DML 触发器的语法如下。

```
CREATE TRIGGER trigger_name
ON { table | view }
[ WITH ENCRYPTION ]
{ {
 { FOR | AFTER | INSTEAD OF } { [ INSERT ] [ , ] [ UPDATE ] [ , ] [ DELETE ] }
        [ WITH APPEND ]
```

```
        [ NOT FOR REPLICATION ]
        AS
            < sql_statement >
      }
   }
```

各参数说明如下。

trigger_name：用户要创建的触发器的名称，触发器的名称必须符合 SQL Server 的命名规则，且其名称在当前数据库中必须是唯一的。

table | view：在其上执行触发器的表或视图，有时称为触发器表或触发器视图。可以选择是否指定表或视图的所有者名称。

WITH ENCRYPTION：加密 Syscomments 表中包含 CREATE TRIGGER 语句文本的条目。使用 WITH ENCRYPTION 可防止将触发器作为 SQL Server 复制的一部分发布。

AFTER：指定触发器只有在触发 SQL 语句中指定的所有操作都已成功执行后才激发。所有的引用级联操作和约束检查也必须成功完成后，才能执行此触发器。如果仅指定 FOR 关键字，则 AFTER 是默认设置。不能在视图上定义 AFTER 触发器。

INSTEAD OF：指定执行触发器而不是执行触发 SQL 语句，从而替代触发语句的操作。在表或视图上，每个 INSERT、UPDATE 或 DELETE 语句最多可以定义一个 INSTEAD OF 触发器。然而，可以在每个具有 INSTEAD OF 触发器的视图上定义视图。INSTEAD OF 触发器不能在 WITH CHECK OPTION 的可更新视图上定义。如果向指定了 WITH CHECK OPTION 选项的可更新视图添加 INSTEAD OF 触发器，则 SQL Server 将产生一个错误。用户必须用 ALTER VIEW 语句删除该选项后才能定义 INSTEAD OF 触发器。

DELETE, INSERT, UPDATE：指定在表或视图上执行哪些数据修改语句时将激活触发器的关键字。必须至少指定一个选项。在触发器定义中，允许使用以任意顺序组合的关键字。如果指定的选项多于一个，则用逗号分隔这些选项。对于 INSTEAD OF 触发器，不允许在具有 ON DELETE 级联操作引用关系的表上使用 DELETE 选项。同样，也不允许在具有 ON UPDATE 级联操作引用关系的表上使用 UPDATE 选项。

WITH APPEND：指定应该添加现有类型的其他触发器。WITH APPEND 不能与 INSTEAD OF 触发器一起使用，或者如果显式声明 AFTER 触发器，也不能使用该子句。

NOT FOR REPLICATION：表示当复制进程更改触发器所涉及的表时，不应执行该触发器。

AS：触发器要执行的操作。

sql_statement：触发器的条件和操作。触发器条件指定其他准则，以确定 DELETE、INSERT 或 UPDATE 语句是否导致执行触发器操作。当尝试 DELETE、INSERT 或 UPDATE 操作时，Transact_SQL 语句中指定的触发器操作将生效。触发器可以包含任意数量和种类的 Transact_SQL 语句。触发器旨在根据数据修改语句检查或更改数据，它不应将数据返回给用户。触发器中的 Transact_SQL 语句常常包含控制流语言。

【例 7-16】在本书附录 A 的案例数据库 HIS 中，当用户修改 RecipeDetail 表中的数据时，通过触发器 UpdateFee 自动修改 Fee 表中的付款总金额字段 Fsum 值。

```
CREATE TRIGGER UpdateFee
ON RecipeDetail
AFTER UPDATE
AS
```

```
DECLARE
  @PaymentSum DECIMAL(18,2),
  @RecipeNo VARCHAR(50)
SELECT @RecipeNo = Inserted.Rno From Inserted;  --获取被修改的处方编号 Rno
SELECT @PaymentSum = SUM(Mamount*Mprice)  --计算被修改处方的总金额
FROM  RecipeMaster RM LEFT JOIN RecipeDetail RD ON RM.Rno = RD.Rno
      INNER JOIN Medicine M ON M.Mno = RD.Mno
WHERE RM.Rno = @RecipeNo;
UPDATE Fee Set Fsum = @PaymentSum          --更新 Fee 表中被修改处方总金额
WHERE Fee.Rno = @RecipeNo;
```

2. 修改触发器

可以使用 ALTER TRIGGER 语句，更改以前使用 CREATE TRIGGER 语句创建的 DML 触发器，其语法与使用 CREATE TRIGGER 语句创建触发器的语法完全相同，这里就不再详细介绍了。

用户可以禁止或启用一个指定的触发器，或者表中的所有触发器。当一个触发器被禁止后，它仍在表上存在定义；但是，当表中执行 INSERT、UPDATE 和 DELETE 语句时，触发器的动作并不被执行，直到触发器重新被启用后为止。

可以使用 ALTER TABLE 语句禁止或启用触发器。

```
ALTER TABLE table
{ENABLE|DISABLE} TRIGGER
{ALL|trigger_name[,...n]}
```

3. 删除触发器

不再需要的触发器可以被删除。当触发器所关联的表被删除时，触发器自动被删除。删除触发器的权限默认为表的拥有者，且这种权限不可传递。

删除触发器使用 DROP TRIGGER 语句。

```
DROP TRIGGER trigger_name 1 [, trigger_name 2, ..., n ]
```

【例 7-17】删除名为 UpdateFee 的触发器。

```
DROP TRIGGER UpdateFee;
```

4. 合理使用触发器

触发器能保持数据的完整性与一致性，它可以方便地基于一张表的修改自动更新其他相关表的记录，以保证数据的完整性。在数据库的应用中，触发器扮演着很重要的角色。无论是作为提供高级参照完整性功能的途径，还是执行自动维护非正规化数据的任务，触发器都能帮助用户实现满足实际需要的规则，简化业务逻辑，并使系统更方便、更有效。

虽然触发器的功能强大，可以可靠地实现许多复杂的功能，但是滥用触发器会造成数据库及应用程序的维护困难。在数据库操作中，可以通过关系、触发器、存储过程、应用程序等来实现数据操作，如删除 T_1 表记录时期望删除 T_2 表相关的记录，此时可以建立级联删除的关系，也可以为 T_1 表建立触发器而同时删除 T_2 表相关记录，还可以自定义存储过程删除 T_1 和 T_2 表的记录，或者在应用程序中使用两个 SQL 语句来删除。但我们到底用哪一种方法更好呢？应该说通过建立关系来实现级联删除是最好的，除非更有高的需求。

触发器的另一个用途是可以用来保障数据的完整性，但同时规则、约束、默认值也可以保障数据的完整性。一般来说，不应该使用触发器来维护较为简单的完整性要求。同时以上两种方法在运行机制上也有区别，如规则、约束、默认值是在数据更改之前进行数据验证的，而触发器是在数据更改之后进行验证（如果事务回滚，则该表将不会产生变化）的。

7.4.5　创建和使用 DDL 触发器

像常规触发器一样，DDL 触发器将激发存储过程以响应事件。但与 DML 触发器不同的是，它不会为响应针对表或视图的 UPDATE、INSERT 或 DELETE 语句而激发。相反，它会为响应多种数据定义语言（DDL）语句而激发。

创建 DDL 触发器的语法如下。

```
CREATE TRIGGER trigger_name
ON { ALL SERVER | DATABASE}
[ WITH ENCRYPTION ]
FOR { event_type | event_group} { [,…n] }
AS  {sql_statement [ …n]}
```

各参数说明如下。

DATABASE: 将 DDL 触发器的作用域应用于当前数据库。如果指定了此参数，则只要当前数据库中出现 event_type 或 event_group，就会激发该触发器。

ALL SERVER: 将 DDL 触发器的作用域应用于当前服务器。如果制定了此参数，则只要当前服务器中的任何位置上出现 event_type 或 event_group，就会激发该触发器。

event_type: 发生之后将导致 DDL 触发器执行的 Transact_SQL 语言事件的名称。

event_group: 预定义的 Transact_SQL 语言事件分组的名称，执行任何属于 event_group 的 Transact_SQL 语言事件后，都将激发 DDL 触发器。

【例 7-18】一个创建 DDL 触发器的例子。

```
CREATE TRIGGER Trigger_DDL_Table
ON DATABASE
FOR CREATE_TABLE,DROP_TABLE,ALTER_TABLE
AS
BEGIN
  PRINT '触发器 TR_DDL_TableSafety 已禁止对表进行 DDL 操作！'
  ROLLBACK
END
```

这个 DDL 触发器通过监控创建表、删除表、修改表这些事件来触发回滚操作，保证数据表结构不会发生变化。操作结果如图 7.5 所示。

图 7.5　例 7-18 操作结果

修改和删除 DDL 触发器的操作和以上对 DML 触发器的操作相同，可参考之前对 DML 触发器的修改和删除操作。

7.5　递 归 查 询

小杨：在学习基础 SQL 语言的时候有一道作业题，查询课程的先修课程，我们用到了自连接查询来完成。但是如果想得到课程的组织图，显示每一门课程所有祖先先修课，这样的需求可以用 SQL 语句来实现吗？

老肖：基础的 SQL 语言就不能满足你的需求了，但是我们可以通过递归查询来完成。

小杨：什么是递归查询呢？

老肖：和数据结构中递归的概念一样，递归查询的意思就是在一个查询语句中可以引用自身，SQL Server 中通过创建公用表表达式来完成。

小杨：什么是公用表表达式呢？听起来有点复杂呢？

老肖：其实也没有那么复杂，接下来我详细地介绍递归查询和公用表表达式。

7.5.1　递归查询基本概念

当某个查询引用递归公用表表达式（Common Table Expression，CTE）时，即称之为递归查询。递归查询通常用于返回分层数据。例如，想要显示 HIS 数据库中医院的所有部门的组织关系（在部门表中一个部门还有上级部门）。

CTE 是定义在内存中保存的临时存储结果集对象，不产生 I/O，不需要按照表变量这样定义，使用方法和表类似。可以自己引用，也可以再查询中被多次引用。

CTE 的定义语法如下。

```
WITH cte_name ( column_name [,...n] )
AS
(
CTE_query_definition.
)
```

各参数说明如下。

cte_name：公用表表达式的名字。

column_name [,...n]：查询的列名列表。

CTE_query_definition：定义 CTE 结果集的 SELECT 查询语句。

CTE 具有一个重要的优点，那就是能够引用其自身，从而创建递归 CTE。递归 CTE 是一个重复执行初始 CTE 以返回数据子集直到获取完整结果集的 CTE。

递归 CTE 可以极大地简化在 SELECT、INSERT、UPDATE、DELETE 或 CREATE VIEW 语句中运行递归查询所需的代码。

7.5.2　递归查询的操作

按照是否递归，可以将 CTE 分为递归 CTE 和非递归 CTE，其中递归 CTE 结构必须至少包含一个定位点成员和一个递归成员。递归 CTE 定义的语法格式如下。

```
WITH cte_name ( column_name [,...n] )
AS
```

```
(
CTE_query_definition.      /* 定位点成员 */
UNION ALL
CTE_query_definition       /* 递归成员 */
)
```

调用递归 CTE 实现递归查询的方式如下。

```
SELECT * FROM  cte_name
```

各参数说明如下。

cte_name：公用表表达式的名字。

column_name [,...n]：查询的列名（可选）。

CTE_query_definition：被视为定位点成员，除非它们引用了 CTE 本身。所有定位点成员查询定义必须放在第一个递归成员定义之前，而且必须使用 UNION ALL 运算符连接最后一个定位点成员和第一个递归成员。

【例 7-19】用递归查询来查询医院的所有组织机构。

```
WITH ldept(DeptNo, DeptName,level)
AS
(
    SELECT DeptNo, DeptName, 0 level FROM Dept WHERE ParentDeptNo IS NULL
    UNION ALL
    SELECT A.DeptNo,A.DeptName,b.level+1 FROM Dept A, ldept b
    WHERE a. ParentDeptNo = b. DeptNo
)
```

以上代码定义了一个名称为 ldept 的递归 CTE，接下来可以直接使用 ldept 来实现递归查询。

```
SELECT *  from ldept;
```

查询结果如图 7.6 所示。

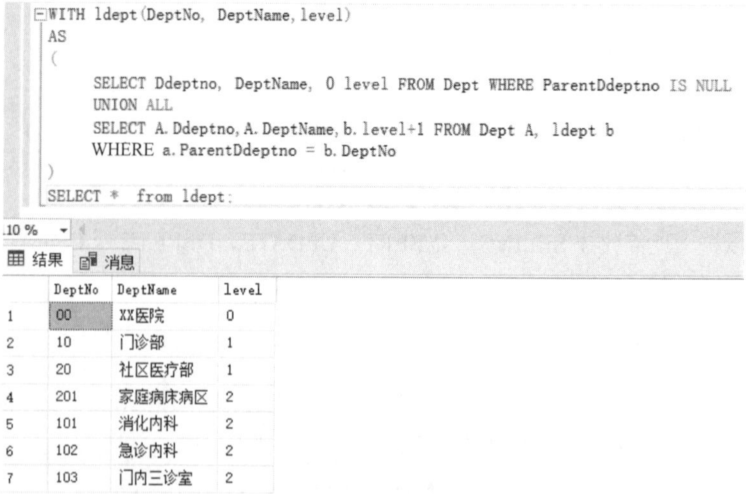

图 7.6　例 7-19 查询结果

7.6 记录排序与分页

小杨：游标、函数、存储过程这些真的是很有用啊，但是我平时上网看到的那些数据量很大的列表都不是一下子全部列出的，而是通过排序后分页的，我们只能看到整个数据的一部分。在 SQL 中对查询结果的排序和分页是如何实现的呢？

老肖：确实在对大量数据进行查询的场景中，在排序的基础上对数据进行分页是一个很有必要的操作。常见的分页手段有两种：一种是将全部数据先查询到内存中，然后在内存中进行分页，这种方式对内存的占用较大，必须限制一次查询的数据量；第二种就是采用 SQL 语句在数据库中进行分页，这种方式对数据库的依赖较大，不同的数据库实现机制不同，并且实现机制影响效率。

小杨：听起来，肯定是第二种方法从数据库中查询要展示的某一页比第一种方法查询出全部数据，再在内存中分页要简单并且高效了。那么第二种方法，实际上我们是怎么做的呢？

老肖：通过前面的学习我们知道，像数据库中的记录一样，查询结果记录并没有按照任何特殊的顺序进行排序，但是我们可以请求 SQL 对查询结果进行排序，方法就是在 SELECT 语句中包含 ORDER BY 语句。要想在排序的基础上对记录结果进行分页，得到想要的部分数据，目前有以下几种主流的方法。

（1）使用 NOT IN 语句，查询出待查询数据前面的数据 ID，再根据 NOT IN 语句查询非这些数据中的前 pageSize 条语句，即为所查询的数据。

基本格式：

```
SELECT TOP [pageSize] * FROM [tableName]
WHERE [tableID] NOT IN(SELECT TOP [page*pageSize-pageSize] [tableID]
FROM [tableName]
ORDER BY [tableID])
ORDER BY [tableID]
```

【例 7-20】每页的数据量为 10 条记录，查询医生表中第 3 页的记录。

```
SELECT TOP 10 * FROM Doctor
WHERE Dno NOT IN(SELECT TOP 20 ID
FROM Doctor
ORDER BY Dno)
ORDER BY Dno
```

（2）用两个 TOP 语句分别正序和倒序排列，共有两个子查询来实现分页。

基本格式：

```
SELECT top [pageSize] * FROM(SELECT TOP [page*pageSize] *
FROM [tableName]
ORDER BY [tableID] DESC) A
ORDER BY [tableID]
```

【例 7-21】每页的数据量为 10 条记录，查询医生表中第 3 页的记录。

```
SELECT TOP 10 * FROM (SELECT TOP 30 *
FROM Doctor
```

```
ORDER BY Dno DESC)  f
ORDER BY f.Dno
```

（3）使用 ROW_NUMBER ()函数，适用于 SQL Server 2005 版本以上。

基本格式：

```
SELECT  a.* FROM (SELECT ROW_NUMBER()
OVER (ORDER BY [tableID] DESC) AS [ROW_NUMBER], b.*
FROM [tableName] AS b ) AS a
WHERE a.[ROW_NUMBER] BETWEEN [pageSize]*[page-1] + 1 AND ([page]*[pageSize])
ORDER BY a.[ROW_NUMBER]
```

【例 7-22】每页的数据量为 10 条记录，查询医生表中第 3 页的记录。

```
SELECT t.* FROM (SELECT * ROW_NUMBER ()
OVER (ORDER BY dd.Dno DESC) AS n,dd.*
FROM Doctor dd) t
WHERE t.n BETWEEN 10*2+1 AND 10*3
ORDER BY t.n
```

习　　题

1. 什么是存储过程？简述存储过程的优点。

2. SQL Server 中存储过程的类型主要包括哪些？

3. 简述存储过程和自定义函数的区别。

4. 什么是触发器？触发器和存储过程的主要区别是什么？

5. 简述 INSERT 触发器的工作原理。

6. 基于 HIS 数据库模式，利用游标统计各部门男医生的最大年龄和最小年龄，并按以下格式打印输出，"××部门男医生的最大年龄是××，最小年龄是××"。

7. 基于 HIS 数据库模式，利用存储过程对每日的出诊医生统计其当日诊断患者的人数及所开处方中药品的总金额。

8. 基于 HIS 数据库模式，编写存储过程实现如下功能：

（1）将价格作为输入参数，输出患者支付处方中药品的总金额超过这个价格的处方信息；

（2）按部门统计医生的平均年龄。

9. 基于 HIS 数据库模式，编写函数实现如下功能：

（1）职称作为输入参数，返回对应职称医生的平均年龄；

（2）日期和医生姓名作为输入参数，统计该医生当日所开处方中西药药品的总金额。

10. 基于 HIS 数据库模式，当用户修改 Medicine 表中的某一药品编号时，使用触发器自动将处方表 RecipeDetail 中该药品的编号进行修改。

第 8 章　数据库访问接口与应用程序开发

DBMS 是非常复杂的软件, 编写程序通过某种数据库专用接口与其通信是非常复杂的工作, 为此, 产生了数据库的客户访问技术, 即数据库访问技术。

开放的数据库访问接口为数据库应用程序开发人员访问与异构的数据库提供了统一的访问方式, 采用这种数据库接口实现了开放数据库的互连, 并大大减小了编程的工作量和开发时间。

目前流行的开放数据库访问接口有:

* ODBC
* JDBC
* ADO

而数据库应用程序是指任何可以添加、查看、修改和删除特定数据库中数据的应用程序。

数据库应用程序一般包括三部分: 一是为应用程序提供数据的后台数据库; 二是实现与用户交互的前台界面; 三是实现具体业务逻辑的组件。具体地说, 数据库应用程序的结构可依其数据处理及存取方式分为主机-多终端结构、文件型结构、C/S (客户-服务器) 结构、B/S (浏览器-服务器) 结构及 3 (N) 层结构。

学习目标:

* 掌握数据库连接访问几种基本类型
* 掌握几种主要的访问接口
* 掌握三种应用程序开发模式
* 了解 XML 数据交换技术

8.1　数据库连接访问

小杨: 第 7 章我们已经学会用 SQL 语句来操作数据库了, 我最近学习了 Java 语言, 能否使用 Java 语言来编写代码访问连接数据库呢?

老肖: 当然可以, 这就要涉及数据库连接访问了。

小杨: 能具体说一下吗?

老肖: 如果使用 Java 来连接访问数据库, 就可以用到 JDBC (Java 数据库连接), 它为访问其异构成员提供了统一的方式, 也为各异构成员之间的协作和多个成员的操作打下了基础。

小杨: 如果我使用 C 语言呢?

老肖: 那么就可以用到 ODBC (开放数据库连接), 它建立了一组规范, 并提供了一组对数据库访问的标准 API (应用程序编程接口)。这些 API 利用 SQL 来完成其大部分任务。

小杨: 除了这两种方式, 还有其他的吗?

老肖: 还有 DAO, 提供了一种通过程序代码创建和操纵数据库的机制。其最大特点是对 Microsoft JET 数据库的操作很方便, 而且是操作 JET 数据库性能最好的技术接口之一, 并且它并不仅用于访问这种数据库, 事实上, 通过 DAO 技术可以访问从文本文件到大型后台数据库等多种数据格式。还有 ADO, 它是基于 OLE DB 的访问接口, 是面向对象的 OLE DB 技术, 继承了 OLE DB 的优点。它属于数据库访问的高层接口。

小杨：明白了。

8.1.1　ADO

ADO（ActiveX Data Objects）是微软公司开发的基于 COM 的数据库应用程序接口，通过 ADO 连接数据库，可以灵活地操作数据库中的数据。

ADO 架构如图 8.1 所示，展示了应用程序通过 ADO 访问 SQL Server 数据库接口。可以看出，使用 ADO 访问 SQL Server 数据库有两种途径：一种是通过 ODBC 驱动程序，另一种是通过 SQL Server 专用的 OLE DB Provider，后者有更高的访问效率。基于 OLE DB 之上的 ADO 更简单、更高级、更适合 Visual Basic 程序员，同时消除了 OLE DB 的多种弊端，取而代之是微软技术发展的趋势。

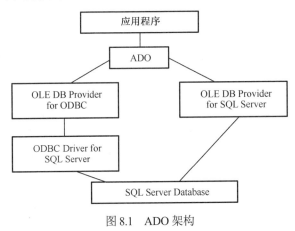

图 8.1　ADO 架构

1. ADO 访问 SQL Server 的接口

ADO.NET 是一种基于标准的程序设计模型，可以用来创建分布式应用以实现数据共享。在 ADO.NET 中，DataSet 占据重要地位，它是数据库里部分数据在内存中的复制。与 ADO 中的 RecordSet 不同，DataSet 可以包括任意一张数据表，每张数据表都可以用于表示源自某个数据库表或视图的数据。DataSet 驻留在内存中，且不与原数据库相连，即无须与原数据库保持连接。完成工作的底层技术是 XML，它是 DataSet 所采用的存储和传输格式。在运行期间，组件（如某个业务逻辑对象或 ASP.Net Web 表单）之间需要交换 DataSet 中的数据。数据以 XML 文件的形式从一个组件传输给另一个组件，由接收组件将文件还原为 DataSet 形式。DataSet 的有关方法与关系数据模型完全一样。

因为各个数据源的协议各不相同，我们需要通过正确的协议来访问数据源。有些比较老的数据源用 ODBC 协议，其后的一些数据源用 OLE DB 协议，现在，仍然还有许多新的数据源不断出现，ADO.NET 提供了访问数据源的公共方法，对于不同的数据源，它采用不同的类库。这些类库称为 Data Provider，并且通常是以数据源的类型及协议来命名的。

ADO.NET Data Provider 是一组作为提供访问指定数据源的基本类库。API 的开头字符表明了它们支持的协议。ADO 基本类库如图 8.2 所示。

Provider	API 前缀	数据源描述
ODBC Data Provider	ODBC	提供ODBC接口的数据源，一般是比较老的数据库
OLE DB Data Provider	OLE DB	提供OLE DB接口的数据源，如Access或Excel
Oracle Data Provider	Oracle	Oracle数据库
SQL Data Provider	SQL	Microsoft SQL Server数据库
Borland Data Provider	BDP	通用的访问方式能访问许多数据库，如Interbase、SQL Server、IBM DB2和Oracle

图 8.2　ADO 基本类库

数据库连接方式 ODBC、DAO、RDO、OLE DB、ADO、ADO.NET 都基于 Oracle 客户端（Oracle OCI），中间通过 SQL*Net 与数据库通信。如果为了追求性能，可以自己开发最适合自己的数据库连接方式。

2．ADO 的体系结构

ASP.NET 使用 ADO.NET 数据模型。该模型从 ADO 发展而来，但它不只是对 ADO 的改进，而是采用了一种全新的技术，主要表现在以下几个方面。

（1）ADO.NET 不是采用 ActiveX 技术，而是与.NET 框架紧密结合的产物。

（2）ADO.NET 包含对 XML 标准的完全支持，这对于跨平台交换数据具有重要的意义。

（3）ADO.NET 既能在与数据源连接的环境下工作，又能在断开与数据源连接的条件下工作。特别是后者，非常适合网络应用的需要。因为在网络环境下，保持与数据源连接不符合网站的要求，不仅效率低、付出的代价高，而且常常会引发由于多个用户同时访问时带来的冲突，所以 ADO.NET 系统集中主要精力解决在断开与数据源连接的条件下数据处理的问题。

ADO.NET 提供了面向对象的数据库视图，并且在 ADO.NET 对象中封装了许多数据库属性和关系。最重要的是，ADO.NET 通过很多方式封装和隐藏了很多数据库访问的细节。可以完全不用知道对象在与 ADO.NET 对象交互，也不用担心数据移动到另一个数据库或从另一个数据库获得数据的细节问题。ADO.NET 架构总览如图 8.3 所示。

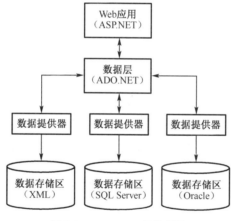

图 8.3　ADO.NET 架构总览

8.1.2　ODBC

开放数据库互连（Open Database Connectivity，ODBC）是微软公司开放服务结构（Windows Open Services Architecture，WOSA）中有关数据库的一个组成部分，它建立了一组规范，并提供了一组对数据库访问的标准 API（应用程序编程接口）。这些 API 利用 SQL 来完成其大部分任务。

1．ODBC 接口

最初，各数据库厂商为了解决互连的问题，往往提供嵌入式 SQL API，当用户在客户机端要操作系统中的 RDBMS 时，往往要在程序中嵌入 SQL 语句进行预编译。由于不同厂商在数据格式、数据操作、具体实现甚至语法方面都具有不同程度的差异，所以彼此不能兼容。长期以来，这种 API 的非规范情况令用户和 RDBMS 厂商都不能满意。不同厂商的 RDBMS 在客户机与数据库服务器之间还使用了不同的通信协议，这使得一个特定的前端应用却不能访问不同数据库上的数据。

为了在 Windows 平台下提供统一的数据库访问方式，微软公司于 1992 年推出了 ODBC 产品，并提供 ODBC API，使应用程序与 DBMS 在逻辑上分离，数据库无关性应用程序使得使用者在程序中只需要调用 ODBC API，由 ODBC 驱动程序将调用请求转换为对特定数据库的调用请求，这样同一个应用程序即可访问不同的数据库系统，存取多个数据库中的数据，提高了应用程序的可移植性。与嵌入式 SQL 相比，ODBC 一个最显著的优点是用它生成的应用程序与数据库或数据库引擎无关。ODBC 的工作原理图如图 8.4 所示。

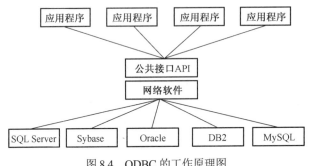

图 8.4　ODBC 的工作原理图

在传统方式中，开发人员要熟悉多个 DBMS 及其 API，一旦 DBMS 端出现变动，则往往导致用户端系统重新编建或修改源代码，这给开发和维护工作带来了很大困难。在 ODBC 方式中，不管底层网络环境如何，也无论采用何种 DBMS，用户在程序中都使用同一套标准代码，无须逐个了解各 DBMS 及其 API 的特点，源程序不因底层的变化而重新编译或修改，从而减轻了开发维护的工作量，缩短了开发周期。

也就是说，不论是 FoxPro、Access，还是 Oracle 数据库，均可用 ODBC API 进行访问。由此可见，ODBC 的最大优点是能以统一的方式处理所有的数据库。

2. ODBC 的体系结构

ODBC 技术为应用程序提供了一套调用层接口（Call-Leve Interface，CLI）函数库和基于动态链接库（Dynamic Link Library，DLL）的运行支持环境。使用 ODBC 开发数据库应用程序时，在应用程序中调用标准的 ODBC 函数和 SQL 语句，通过可加载的驱动程序将逻辑结构映射到具体的 DBMS 或所使用的应用系统。换言之，连接其他数据库和存取这些数据库的低层操作由驱动程序驱动各个数据库完成。

ODBC 的卓越贡献是使应用程序具有良好的互用性和可移植性，并且具备同时访问多种 DBMS 的能力，从而克服了传统数据库应用程序的缺陷。对于用户来说，ODBC 驱动程序屏蔽了不同的 DBMS 的差异。ODBC 是一个分层的体系结构，这样可保证其标准性和开放性，ODBC 应用体系结构如图 8.5 所示。

一个完整的 ODBC 由下列几个部件组成。

（1）ODBC 应用程序（Application）：用宿主语言和 ODBC 函数编写的应用程序用于访问数据库。其主要任务是管理安装的 ODBC 驱动程序和管理数据源。

（2）驱动程序管理器（Driver Manager）：应用程序要访问一个数据库，首先必须用 ODBC 管理器注册一个数据源，管理器根据数据源提供的数据库位置、数据库类型及 ODBC 驱动程序等信息，建立 ODBC 与具体数据库的联系。只要应用程序将数据源名提供给 ODBC，ODBC 就能建立与相应数据库的连接。这样，应用程序就可以通过驱动程序管理器与数据库交换信息。驱动程序管理器负责将应用程序对 ODBC API 的调用传递给正确的驱动程序，而驱动程序在执行完相应的操作后，将结果通过驱动程序管理器返回给应用程序。

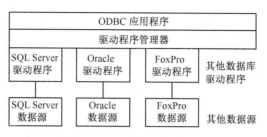

图 8.5　ODBC 应用体系结构

（3）驱动程序（DBMS Driver）：是实现 ODBC 函数和数据源交互的 DLL，它提供了 ODBC 和数据库之间的接口。当应用程序调用 SQL Connect 或 SQL Driver Connect 函数时，驱动程序管理器装入相应的驱动程序。

（4）数据源（Data Source Name，DSN）：是驱动程序与 DBMS 连接的桥梁，数据源不是 DBMS，而是用于表达一个 ODBC 驱动程序和 DBMS 特殊连接的命名。在连接中，用数据源名来代表用户名、服务器名、连接的数据库名等，可以将数据源名看成与一个具体数据库建立的连接。创建数据源最简单的方法是使用 Windows 的 ODBC 驱动程序管理器，如图 8.6 所示。

图 8.6　ODBC 驱动程序管理器

8.1.3　JDBC

Java 数据库连接（Java Data Base Connectivity，JDBC）是一种用于执行 SQL 语句的 Java API，可以为多种关系数据库提供统一访问，它由一组用 Java 语言编写的类和接口组成。

1．JDBC 接口

JDBC 提供了一种基准，据此可以构建更高级的工具和接口，使数据库开发人员能够编写数据库应用程序，同时，JDBC 也是一个商标名。

有了 JDBC，向各种关系数据发送 SQL 语句就是一件很容易的事了。换言之，有了 JDBC API，就不必为访问 Sybase 数据库专门编写一个程序，为访问 Oracle 数据库又专门编写一个程序，或者为访问 SQL Server 数据库再编写另一个程序等，程序员只要用 JDBC API 写一个程序就够了，它可向相应数据库发送 SQL 调用，将 Java 语言和 JDBC 结合起来使程序员只要编写一遍程序就可以让它在任何平台上运行，这也是 Java 语言"编写一次，到处运行"优点的体现。

JDBC 体系结构是用于 Java 应用程序连接数据库的标准方法。JDBC 对 Java 程序员而言是 API，对于实现与数据库连接的服务提供商而言是接口模型。作为 API，JDBC 为程序开发提供标准的接口，并为数据库厂商及第三方中间件厂商实现与数据库的连接提供了标准方法。JDBC 使用已有的 SQL 标准并支持与其他数据库连接标准，如 ODBC 之间的桥接。JDBC 实现了所有这些面向标准的目标并具有简单、严格类型定义且高性能实现的接口。

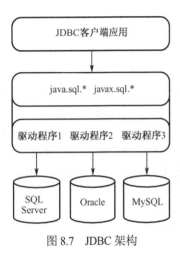

图 8.7   JDBC 架构

JDBC 规范采用接口和实现分离的思想设计了 Java 数据库编程的框架。接口包含在 java.sql 及 javax.sql 包中，其中 java.sql 属于 JavaSE，javax.sql 属于 JavaEE。这些接口的实现类叫作数据库驱动程序，由数据库的厂商或其他厂商及个人提供。

为了使客户端程序独立于特定的数据库驱动程序，JDBC 规范建议开发者使用基于接口的编程方式，即尽量使应用仅依赖 java.sql 及 javax.sql 中的接口和类。JDBC 架构如图 8.7 所示。

JDBC 常用接口如下。

（1）Driver 接口。

Driver 接口由数据库厂家提供，作为 Java 开发人员，只需要使用 Driver 接口就可以了。在编程中要连接数据库，必须先装载特定厂商的数据库驱动程序，不同的数据库有不同的装载方法。如

装载 SQL Server 驱动：Class.forName("com.microsoft.sqlserver.jdbc.SQLServerDriver");

装载 MySQL 驱动：Class.forName("com.mysql.jdbc.Driver");

装载 Oracle 驱动：Class.forName("oracle.jdbc.driver.OracleDriver");

（2）Connection 接口。

Connection 接口与特定数据库的连接（会话），在连接上下文中执行 SQL 语句并返回结果。DriverManager.getConnection（URL, USERNAME, PASSWORD）方法建立在 JDBC URL 中定义的数据库 Connection 接口连接上。

常用方法如下。

createStatement()：创建向数据库发送 SQL 的 Statement 对象。

prepareStatement(sql)：创建向数据库发送预编译 SQL 的 prepareSatement 对象。

prepareCall(sql)：创建执行存储过程的 callableStatement 对象。

setAutoCommit(boolean autoCommit)：设置事务是否自动提交。

commit()：在链接上提交事务。

rollback()：在此链接上回滚事务。

（3）Statement 接口。

用于执行静态 SQL 语句并返回它所生成结果的对象，通过 Connection 接口中的 createStatement 方法得到的。三种 Statement 类如下。

Statement：由 createStatement 创建，用于发送简单的 SQL 语句（不带参数）。

preparedStatement：继承自 Statement 接口，由 preparedStatement 创建，用于发送含有一个或多个参数的 SQL 语句。preparedStatement 对象比 Statement 对象的效率更高，并且可以防止 SQL 注入，所以我们一般都使用 preparedStatement。

callableStatement：继承自 preparedStatement 接口，由方法 prepareCall 创建，用于调用存储过程。
常用 Statement 方法如下。

execute(String sql)：运行语句，返回是否有结果集。

executeQuery(String sql)：运行 SELECT 语句，返回 ResultSet 结果集。

executeUpdate(String sql)：运行 INSERT/UPDATE/DELETE 操作，返回更新的行数。

addBatch(String sql) ：把多条 SQL 语句放到一个批处理中。

executeBatch()：向数据库发送一批 SQL 语句并执行。

（4）ResultSet 接口。

ResultSet 接口用于指向结果集对象的接口，结果集对象是通过 Statement 接口中的 execute 等方法
得到的。提供检索不同类型字段的方法，常用的如下。

getString(int index)、getString(String columnName)：获得在数据库里是 varchar、char 等类型的数据
对象。

getFloat(int index)、getFloat(String columnName)：获得在数据库里是 Float 类型的数据对象。

getDate(int index)、getDate(String columnName)：获得在数据库里是 Date 类型的数据。

getBoolean(int index)、getBoolean(String columnName)：获得在数据库里是 Boolean 类型的数据。

getObject(int index)、getObject(String columnName)：获取在数据库里任意类型的数据。

ResultSet 接口还提供了对结果集进行滚动的方法。

next()：移动到下一行。

previous()：移动到前一行。

absolute(int row)：移动到指定行。

beforeFirst()：移动 resultSet 的最前面。

afterLast() ：移动到 resultSet 的最后面。

使用后依次关闭对象及链接：ResultSet → Statement → Connection。

2．JDBC 驱动程序

JDBC 驱动程序是各个数据库厂家根据 JDBC 的规范制作的 JDBC 实现类。

JDBC 驱动程序的四种类型如下。

第一种类型的驱动程序是通过将 JDBC 的调用全部委托给其他编程接口来实现的，如 ODBC。这
种类型的驱动程序需要安装本地代码库，即依赖于本地的程序，所以便携性较差，如 JDBC-ODBC 桥
驱动程序。

第二种类型的驱动程序是部分基于 Java 语言来实现的。即该驱动程序一部分用 Java 语言编写，
其他部分委托本地的数据库的客户端代码来实现。同第一类驱动程序一样，该类型的驱动程序也依赖
于本地的程序，所以便携性较差。

第三种类型的驱动程序是全部基于 Java 语言来实现的，又称为网络协议驱动。该类型的驱动程序
通常由某个中间件服务器提供，JDBC 先把对数据库的访问请求传递给网络上的中间件服务器. 中间件
服务器再把请求翻译为符合数据库规范的调用，然后把这种调用传给数据库服务器。这样，客户端程
序可以使用数据库无关的协议和中间服务器进行通信。

第四种类型的驱动程序也是全部基于 Java 语言来实现的，又称为本地协议驱动。该类型的驱动程
序不需要先把 JDBC 的调用传给 ODBC 或本地数据库接口或中间层服务器，而是直接把 JDBC 调用转
换为符合相关数据库系统规范的请求。由于这种类型的驱动程序编写的应用可以直接和数据库服务器
通信，因此实现了平台独立性，使得客户端可以直接和数据库进行通信。

3. 使用 JDBC 访问数据库的步骤

使用 JDBC 访问数据库的步骤包括：得到数据库驱动程序→创建数据库链接→创建执行 SQL 的语句→得到结果集 → 对结果集做相应的处理→关闭资源。使用 JDBC 访问数据库步骤如图 8.8 所示。

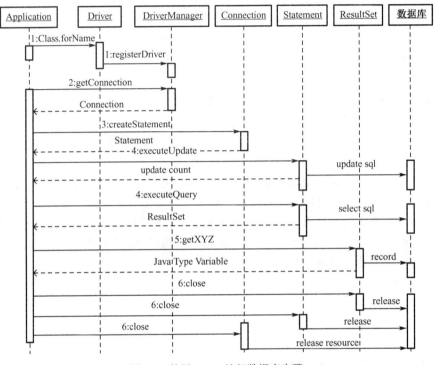

图 8.8　使用 JDBC 访问数据库步骤

（1）得到数据库驱动程序。

方式一：

```
Class.forName("com.microsoft.sqlserver.jdbc.SQLServerDriver");
```

推荐使用这种方式，不会对具体的驱动类产生依赖。

方式二：

```
DriverManager.registerDriver("com.microsoft.sqlserver.jdbc.SQLServerDriver");
```

这会造成 DriverManager 中产生两个一样的驱动，并会对具体的驱动类产生依赖。

（2）创建数据库链接。

```
Connection conn = DriverManager.getConnection(URL, USERNAME, PASSWARD);
```

URL 用于标识数据库的位置，通过 URL 地址告诉 JDBC 程序连接哪个数据库，URL 的写法为：

```
jdbc:sqlserver://[数据库 IP]:[数据库端口];DatabaseName=你的数据库名
```

其他参数如：

```
useUnicode=true&characterEncoding=utf8
```

而 USERNAME 和 PASSWARD 分别为 SQL Server 数据库的用户名和密码等参数。

（3）创建执行 SQL 的语句。

【例 8-1】创建数据库链接。

```
Statement
String id = "142201198702130061";
String sql = "delete from Patient where Pid=" +  id;
Statement st = conn.createStatement();
st.executeQuery(sql);
//存在 SQL 注入的危险
//如果用户传入的 Pid 为 "5 or 1=1"，那么将删除表中的所有记录
```

（4）得到结果集。

【例 8-2】得到结果集。

```
String sql = "select * from Patient";
statement = con.prepareStatement(sql);
  ResultSet rs = ps.executeQuery();
  While(rs.next()){
    rs.getString("Pname");
    rs.getInt(1);
    //…
  }
```

（5）对结果集做相应的处理。

【例 8-3】删除数据。

```
private static int delete(String name) {
Connection conn = getConn();
int i = 0;
String sql = "delete from Patient where Pname ='" + name + "'";
PreparedStatement pstmt;try {
    pstmt = (PreparedStatement) conn.prepareStatement(sql);
    i = pstmt.executeUpdate();
    pstmt.close();
    conn.close();
  } catch (SQLException e) {
    e.printStackTrace();
  }
return i;
  }
```

【例 8-4】修改数据。

```
private static int update(Patient patient) {
Connection conn = getConn();
int i = 0;
String sql = "update Patient set Psex ='" + patient.getPsex() + "' where Pname
```

```
='" +  patient.getPname() + "'";
        PreparedStatement pstmt;
        try {
            pstmt = (PreparedStatement) conn.prepareStatement(sql);
            i = pstmt.executeUpdate();
            pstmt.close();
            conn.close();
        } catch (SQLException e) {
            e.printStackTrace();
        }
        return i;
    }
```

（6）关闭资源（这里释放的是数据库中的资源）。

注意，数据库链接（Connection）非常耗资源，尽量晚创建，尽量早释放；并且在关闭资源时都要加 try catch 语句以捕获关闭期间产生的异常，以便于后续程序的执行。

```
        try {
            if (rs != null) {
                rs.close();
            }
        } catch (SQLException e) {
            e.printStackTrace();
        } finally {
            try {
                if (st != null) {
                    st.close();
                }
            } catch (SQLException e) {
                e.printStackTrace();
            } finally {
                try {
                    if (conn != null) {
                        conn.close();
                    }
                } catch (SQLException e) {
                    e.printStackTrace();
                }
            }
        }
```

8.2　XML 数据交换

小杨：我哥哥说他最近也使用 XML 这种数据库，我怎么没听过呢？您能解释一下吗？

老肖：可以啊，它也是新型半结构化数据库，随着 XML 及相关技术的应用和发展，XML 成为应用系统间交换数据的一种标准，也是 WWW 重要的信息交换标准和表示的技术之一。XML 由于其内容与形式的分离及良好的可扩展性，已经成为科学与业务应用中数据表示的标准及 Web 服务中数据交换的标准。

8.2.1　XML 数据模型

随着 Internet 的迅速发展，Web 上各种半结构化、非结构化数据源已经成为重要的信息来源。万维网为信息技术开辟了一个新的领域，并且结合目前的数据库结构提出了很多挑战。与传统数据库不一样的是，Web 上的数据源没有一种统一的数据结构，如关系模型或对象模型。传统的数据库存储和操作技术不足以处理这种数据源。因此，这就很有必要扩展现有的数据库技术以支持基于 Web 的电子信息传输与交换应用。

可扩展标记语言（Extensible Markup Language，XML）是 Web 应用的一种新技术，是万维网联盟（W3C）制定的标准。XML 是在 SGML（the Standard Generalized Markup Language）和 HTML（HyperText Markup Language）的基础上发展起来的。XML 吸取了两者的优点，并克服了 SGML 过于复杂和 HTML 局限性等缺点。

XML 是自描述的、不规则的，可以用模型来表示，如图 8.9 表示。其中，图的边标记为元素的标识名，节点标记为属性-值对应的集合，叶子节点代表元素的文本内容。XML 模型要有一个根节点，每个节点用唯一的对象标识符表示，为了降低模型的复杂度，图 8.9 中省略了节点的对象标识符。

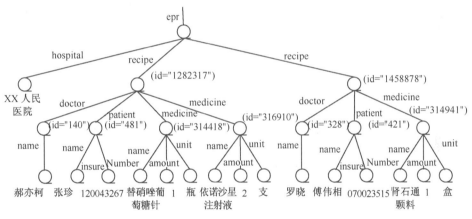

图 8.9　XML 数据模型表示

XML 数据与半结构化的数据类似，可以将它看成是半结构化数据的特例。但它们之间还存在一些差别，使得半结构化数据模型不能很好地描述 XML 特征。

- XML 存在参照。XML 的元素可以用类型为 id 的特殊属性来标识，而元素的参照则使用类型为 IDREF 的属性来定义，引用要参照元素的标识。
- XML 中的元素是有序的。
- XML 中可以将文本与元素混合。XML 中的元素可以包含文本和子元素的混合。
- XML 包含许多其他内容：处理指令、注释、实体、CDATA、文档类型定义（DTD）等。

为了充分发挥 XML 的潜力，实现数据的自动处理，往往需要事先约定模式。在 XML 标准中提供了文档类型定义 DTD（Document Type Descriptors），用来描述 XML 文档的结构，类似于数据库模式的概念。

8.2.2　XML 数据库

XML 数据库是一个 XML 文档的集合。XML 文档是数据的集合，它是自描述的、可交换的，能够以树状或图形结构描述数据。XML 提供了许多数据库所具备的工具：存储（XML 文档）、模式（DTD，XMLschema，RELAX NG 等）、查询语言（XQuery，XPath，XQL，XML-QL，QUILT 等）、编程接口（SAX，DOM，JDOM）等。但 XML 并不能完全替代数据库技术。XML 缺少作为实用的数据库所应具备的特性：高效的存储、索引和数据修改机制；严格的数据安全控制；完整的事务和数据一致性控制；多用户访问机制；触发器、完善的并发控制等。因此，尽管在数据量小、用户少和性能要求不太高的环境下，可以将 XML 文档用作数据库，但不适用于用户量大、数据集成度高及性能要求高的作业环境。

随着 Web 技术的不断发展，信息共享和数据交换的范围不断扩大，传统的关系数据库也面临着挑战。数据库技术的应用是建立在数据库管理系统基础上的，各数据库管理系统之间的异构性及其所依赖操作系统的异构性，严重限制了信息共享和数据交换范围；数据库技术的语义描述能力差，大多数通过技术文档表示，很难实现数据语义的持久性和传递性，而数据交换和信息共享都是基于语义进行的，在异构应用数据交换时，不利于计算机基于语义自动进行正确数据的检索与应用；数据库属于高端应用，需要昂贵的价格和高质量的运行环境。而随着网络和 Internet 的发展，数据交换的能力已成为新的应用系统的一个重要要求。

XML 数据库是一个能够在应用中管理 XML 数据和文档的集合的数据库系统。XML 数据库是XML 文档及其部件的集合，并通过一个具有能力管理和控制这个文档集合本身及其所表示信息的系统来维护。XML 数据库不仅是结构化数据和半结构化数据的存储器，还像管理其他数据一样，持久的XML 数据管理包括数据的独立性、集成性、访问权限、视图、完备性、冗余性、一致性及数据恢复等。这些文档是持久的且是可以操作的。

目前 XML 数据库有三种类型。

（1）XMLEnabledDatabase（XEDB），即能处理 XML 的数据库。其特点是在原有的数据库系统上扩充对 XML 数据的处理功能，使之能适应 XML 数据存储和查询的需要。一般的做法是在数据库系统之上增加 XML 映射层，这可以由数据库供应商提供，也可以由第三方厂商提供。映射层管理 XML数据的存储和检索，但原始的 XML 元数据和结构可能会丢失，而且数据检索的结果不能保证是原始的 XML 形式。XEDB 的基本存储单位与具体的实现紧密相关。这种类型将 XML 文件存储于 BLOB类型的数据库字段中，利用数据库的事务管理、安全、多用户访问等优点处理事务。此外，许多关系数据库提供的检索工具可以进行全文检索、近似检索、同义词检索和模糊检索。其中某些工具会支持XML，这样就可消除将 XML 文件作为纯文本检索所带来的问题。

（2）NativeXMLDatabase（NXD），即纯 XML 数据库。其特点是以自然的方式处理 XML 数据，以 XML 文档作为基本的逻辑存储单位，针对 XML 的数据存储和查询特点专门设计适用的数据模型和处理方法。NXD 是专门用于存储 XML 文件的数据库，支持事务管理、安全、多用户访问、编程 API和查询语言等。与其他数据库的唯一区别在于其内部模型是基于 XML 的。NXD 最适用于存储以文档为中心的文件。这是由于 NXD 保留了文件、顺序、处理指令、注释、CDA-TA 块及实体引用等。

NXD 一般采用层次数据存储模型，保持 XML 文档的树状结构，省掉了 XML 文档和传统数据库的数据转换过程。NXD 还适用于存储"天然格式"为 XML 的文件，NXD 也可以存储半结构化数据，在某种特定情形下提高存取速度及存储没有 DTD 的文件。

原生 XML 数据库的结构可分为两大类：基于文本的和基于模型的。基于文本的 NXD（Text-Based NativeXMLDatabases）将 XML 作为文本存储。它可以是文件系统中的文件、关系数据库中的 BLOB或特定的文件格式。基于文本的 NXD 与层次结构的数据库相似，当存取预先定义好层次的数据时，它比关系数据库更胜一筹。和层次结构的数据库一样，当以其他形式如转置层次存取数据时，NXD 也会遇到麻烦。这个问题的严重程度尚未可知，很多关系数据库都使用逻辑指针，使相同复杂度的查询以相同的速度完成。基于模型的 NXD 是根据文件构造一个内部模型并存储这个模型。有些数据库将该模型存储于关系型和面向对象的数据库中，如在关系数据库中存储 DOM 时，就会有元素、属性、PCDATA、实体、实体引用等表格。其他数据库使用了专为这种模型优化了的存储格式。使用专用存储格式的基于模型的 NXD 如果以文件的存储顺序读取文件，其性能与基于文本的 NXD 相似。

（3）HybridXMLDatabase（HXD），即混合 XML 数据库。根据应用的需求，可以视其为 XEDB 或 NXD 的数据库，典型的例子是 Ozone。

与传统数据库相比，XML 数据库具有以下优势。

（1）XML 数据库能够对半结构化数据进行有效的存取和管理。如网页内容就是一种半结构化数据，而传统的关系数据库对于类似网页内容这类半结构化数据无法进行有效的管理。

（2）提供对标签和路径的操作。传统数据库语言允许对数据元素的值进行操作，不能对元素名称进行操作，半结构化数据库提供了对标签名称的操作，还包括了对路径的操作。

（3）当数据本身具有层次特征时，由于 XML 数据格式能够清晰表达数据的层次特征，因此 XML 数据库便于对层次化的数据进行操作。XML 数据库适合管理复杂数据结构的数据集，如果已经以 XML 格式存储信息，则 XML 数据库利于文档存储和检索；可以用方便实用的方式检索文档，并能够提供高质量的全文搜索引擎。另外，XML 数据库能够存储和查询异种的文档结构，提供对异种信息存取的支持。

（4）SQL Server 对 XML 的支持。

SQL Server 提供了丰富的支持来将关系数据映射到 XML 数据或将 XML 数据映射到关系数据。在服务器上，XML 数据可以从表生成，并通过在 SELECT 语句中使用 for XML 子句来查询结果。这对于数据交换和 Web 服务应用程序是很理想的。for XML 的逆函数是一个名为 OpenXML 的关系行集合生成器函数，它通过求 XPath 表达式的值来从 XML 数据提取值，并将其放到行集合的列中。

8.2.3　XML 数据交换

小杨：数据交换是什么概念呢？

老肖：数据交换是指数据在不同的信息实体（如硬件平台、操作系统、应用软件）之间的相互发送、传递的过程。实现数据交换的不同信息实体必须统一建立一种数据传输的标准格式，因此在数据交换过程中会涉及不同数据格式之间的转换和适配。XML 标准的出现，使基于统一的规范格式的信息交换系统在实现技术上成为可能，各个应用系统可以制定底层数据交换的规范，并制定符合自己领域需要的配套标签。

小杨：那我的理解是，只要制定一套数据交换规范，并且进行数据交换的应用系统传递的数据符合规则，就可以以 XML 作为相互之间的数据交换媒介，实现各种异构系统之间数据的交换与共享和信息集成吗？

老肖：非常正确。

1. 数据交换概念

XML 与数据库技术是密不可分的。XML 在数据表示和数据交换的优势，使许多中间件产品都提供了在关系数据库与 XML 文档之间转换数据的方法。利用 XML 文档作为中间数据源实现数据库间信息的交换需要将信息从原数据库提取出来转移到 XML 文档，然后再将信息从 XML 文档转移到目的数据库。XML 文档和数据库是两种结构不同的信息载体，为了能够将信息从数据库转移到 XML 文档需要将数据库结构映射到 XML 文档；反之，若要将信息从 XML 文档转移到数据库则需要将 XML 文档结构映射到数据库结构。为了能在数据接收端将接收的 XML 数据传输给数据库，必须在 XML 文档与数据库之间进行转换。随着 XML 及其相关技术和应用的发展，XML 不仅成为应用系统间交换数据的一种标准，也是 Internet 中重要的信息交换标准和表示的技术之一。

2．数据交换的类型

从应用的角度来看，XML 信息交换大体可分为三种类型：数据发布、数据集成和交易自动化。

3．数据存取机制

作为一种数据存储与交换的模式，长期以来采用的是文件系统，至今仍被广泛采用。但是当今世界，技术发展迅猛，信息量也随之激增。的确很难想象，面对成千上万的数据文件，如果仅仅通过文件系统来管理的话，那么无论是文件的搜索还是文件的调用，这类的管理工作都是万分困难的。

4．数据交换过程

数据库技术的应用是建立在数据库管理系统基础之上的，各个数据库管理系统之间的异构性及其所依赖操作系统的异构性，严重限制了信息共享和数据交换的范围；此外，数据库技术的语义描述能力差，大多数通过技术文档表示，很难实现数据定义的持久性和传递性，而数据交换和信息共享都是基于语义进行的，在异构应用数据交换时，不利于计算机基于语义自动进行正确数据的检索与应用；再者，数据库属于高端应用，需要昂贵的价格和高质量的运行环境。随着网络和 Internet 的发展，数据交换的能力已成为新的应用系统的一个重要的要求，如果仅仅采用数据库定义数据，那么这一要求将很难达到。

关系数据库提供了对于大批量数据的有效存储管理和快速信息检索、查询的功能。从体系结构上看，数据库技术的发展经历了网络型数据库、层次型数据库、关系数据库、面向对象数据库。虽然面向对象数据库融入了面向对象技术，但是到目前为止，在各个领域使用最广的还是关系数据库。

总体交换过程如图 8.10 所示。

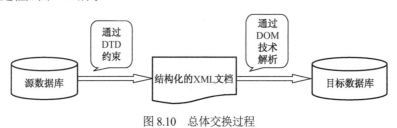

图 8.10　总体交换过程

5．数据库数据与 XML 文档的映射原理

在 XML 文档结构和数据库模式结构之间进行相互映射，一般有两种映射方法：模板驱动映射与模型驱动映射。

（1）模板驱动映射。

模板驱动映射是一种浅层次的映射，是一种基于模板的 DTD 到关系模式的转换算法，只要给出模板，就可以快速生成相应 XML 文档。基于模板的映射方法不用预定义 XML 数据与数据库数据之间的映射关系，只是在 XML 文档中嵌入带参数的 SQL 命令，这些模板中的命令由数据转换中间件来处理，在转换过程中被识别和执行，将执行的结果替换到命令所在的位置上，从而生成 XML 文档。因为使用模板驱动映射在数据转换时需要生成大量合理的模板，所以系统要为用户提供生成模板和工具，以及相应的指令执行程序。

目前大多数的数据库产品都属于模板映射，如 SQL Server、DB2、Oracle 等。优点是转换步骤简单，查询语言灵活性大，支持通过 http 的传递参数，允许嵌套查询，支持 SELECT 语句的参数化，支持编程结构。缺点是模板驱动映射以 XML 内嵌的 SQL 执行的数据结果集为依据，不涉及数据库赖以存在的数据模型，它只能将关系数据库的数据转换为 XML 文档，并舍弃了关系模式的约束条件，所以也不支持反向的转换。

（2）模型驱动映射。

模型驱动映射是一种深层次的映射，其原理是利用 XML 文档中的数据模型的结构显性或隐性地映射成其他数据模型的结构，要实现数据库和 XML 文档间的数据转换的关键是在数据库模式和 Schemas 和 DTD 之间建立映射关系，用具体的模型来实现数据间的映射。

基于模型驱动映射的过程如图 8.11 所示。

基于模型驱动映射的 XML 文档中的数据视图通常包括两种：表模型和特定数据对象模型。

（1）表模型。

表模型的映射是最简单的模型映射方法，它把 XML 的模型看成一张单独的表格或表格的集合，用根节点表示数据库，用根节点的直接子节点表示关系数据库中的表，直接子节点的下一层节点代表数据库中关系表的值。

（2）特定数据对象模型。

基于特定数据对象的映射方法是将数据库中的数据映射为一个对象，XML 文档的层次结构映射为树状结构，文档中的元素作为树的节点，然后将它转换到 XML 文档中。这种模型不同于文档对象模型 DOM，DOM 是对文档本身进行建模的，而特定数据对象模型是对数据建模的。在特定数据对象模型中，元素类型通常对应对象，XML 中的内容模型、属性和 PCDATA 则对应对象的属性。基于特定数据对象模型通常能直接映射成面向对象数据库或

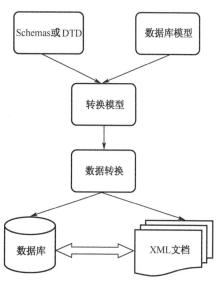

图 8.11　基于模型驱动映射的过程

层次数据库，当需要与关系数据库进行映射时，可以利用传统的"对象-关系"映射技术来实现。

基于模型映射转换的优点是有数据模型的支持，相对比较简单，可以实现 XML 数据与数据库数据间的双向映射。缺点是 XML 文档结构受数据模型的限制，不够灵活，对嵌套层次比较深的 XML 文档不适用映射，也不适用多个对象集合的映射，映射时表的结构必须与对象结构一致，对结构不一致的数据表也很难映射，不能制定数据库数据与 XML 的映射。

【例 8-5】将 SQL 数据库一张表中的数据库导出到 XML 文件中。

（1）分析表结构，建立目标数据库表。

虽然是不同的数据库，但数据库表结果应该是一样的，在实际项目中，一般是先分析表结构。利用已经存在的 XML 文件，或者数据库表，在目的数据库中建立对应的表。原数据库与目标数据库的表结构是一致的。

（2）将 SQL Server 数据库中的数据导出成 XML 文件。

为了安全起见，不会开放数据库，只能将数据库中的数据导出到 XML 中。SQL Server 导出到 XML 的方法如下。

利用 SQL 查询语句。

```
SELECT * from Patient for XML path('my'),root('myRoot')
```

这里的 Patient 是表名称，for XML path 是关键语句，表示查询结果以 XML 的形式输出，括号和其中的 my 可以省略。它代表 XML 文件的一个行目录，每一个 my 代表数据库的一条记录，my 是自己命名的节点名称，可以是任意名称。root('myRoot')代表 XML 文件的根目录是 myRoot，也可以自己命名。

数据库中的记录如图 8.12 所示。

	Pno	Pname	Psex	Page	Pino	Pid
1	161	刘景	男	67	120167697	678112194103088611
2	181	陈禄	男	69	120400180	546102193808151119
3	201	曾华	女	75	080092007	123111193209013373
4	421	傅伟相	男	60	20073425	490102194705172312
5	481	张珍	女	54	120043267	345112195312068920
6	501	李秀	女	71	69201544	334111193604154525

图 8.12　数据库中的记录

生成的 XML 文件如下。

```
<myRoot>
  <my>
    <Pno>161</Pno>
    <Pname>刘景</Pname>
    <Psex>男</Psex>
    <Page>67</Page>
    <Pino>120167697</Pino>
    <Pid>678112194103088611</Pid>
  </my>
  <my>
    <Pno>181</Pno>
    <Pname>陈禄</Pname>
    <Psex>男</Psex>
    <Page>69</Page>
    <Pino>120400180</Pino>
    <Pid>546102193808151119</Pid>
  </my>
  <my>
    <Pno>201</Pno>
    <Pname>曾华</Pname>
    <Psex>女</Psex>
    <Page>75</Page>
    <Pino>080092007</Pino>
    <Pid>123111193209013373</Pid>
  </my>
  …
</myRoot>
```

8.3　数据库应用程序开发

小杨：前两节我了解了访问数据库的几种接口，产生了一个问题，不同的应用程序使用的是同一套架构吗？

老肖：那当然不是了，你使用 WWW 浏览器时就是 B/S 架构，除此之外还有 C/S 架构和 3（N）层结构。

小杨：那数据库应用程序具体是指什么呢？

老肖：数据库应用程序是指任何可以添加、查看、修改和删除特定数据库中数据的应用程序。

小杨：不同的结构间有什么优缺点吗？

老肖：这正是下面要讲的内容，注意专心听讲。

小杨：好的！

8.3.1　数据库应用程序架构

数据库应用程序一般包括三部分：一是为应用程序提供数据的后台数据库；二是实现与用户交互的前台界面；三是实现具体业务逻辑的组件。具体来说，数据库应用程序的结构可依其数据处理及存取方式分为：主机-多终端结构、文件型结构、C/S（客户-服务器）结构，B/S（浏览器-服务器）结构及 3（N）层结构。

1．客户-服务器结构

C/S（Client/Server）结构，最简单的 C/S 结构的数据库由两部分组成，即客户应用程序和数据库服务程序。两者可分别称为前台程序和后台程序。运行数据库服务器程序的计算机称为应用服务器，一旦服务器程序被启动，就可随时等待响应客户程序发来的请求；客户程序运行在用户的计算机上，相对服务器，可称为客户机。当需要对数据库中的数据进行任何操作时，客户程序就自动地寻找服务器程序，并向其发出请求，服务器程序根据预定的规则做出应答，送回结果。

存在的问题有伸缩性差、性能较差、重用性差和移植性差。

2．浏览器-服务器结构

B/S（Browser/Server）结构是随着 Internet 的发展，对 C/S 结构的一种改进结构。在 B/S 结构中，用户界面完全通过 WWW 浏览器实现，一部分事务逻辑在前端实现，但主要事务逻辑在服务器端实现。

基于 B/S 结构的软件，系统安装、修改和维护全在服务器端解决。

（1）支撑环境 C/S 结构一般建立在专用的小范围的局域网络环境，而 B/S 结构建立在广域网上。

（2）安全控制 C/S 结构具有安全的存取模式。B/S 结构的系统扩展能力差，安全性难以控制。

（3）程序架构。目前，软件系统的改进和升级越来越频繁，B/S 结构的所有操作只需要针对服务器进行，明显体现出更为方便的特性。

（4）可重用性。B/S 结构开发简单且共享方便。

（5）可维护性。C/S 结构维护和管理的难度较大。B/S 结构维护简单方便，只需要改变网页，即可实现所有用户的同步更新。

（6）用户界面。C/S 结构的交互性比 B/S 结构强，该结构中会有一套完整的客户端软件进行数据处理。

3. 3（N）层结构

所谓 3（N）层结构，就是在客户端和数据库之间加入一层"中间层"，也叫组件层。通常情况下，客户端不直接与数据库进行交互，而是通过中间层（动态链接库、Web 服务或 JavaBean）实现对数据库的存取操作。

3 层结构将 2 层结构中的应用程序处理部分进行分离，将其分为用户界面服务程序和业务逻辑处理程序。分离的目的是使客户机上的所有处理过程不直接涉及数据库管理系统，分享的结果将应用程序在逻辑上分为 3 层。

（1）用户界面层：实现用户界面，并保证用户界面的友好性、统一性。

（2）业务逻辑层：实现数据库的存取及应用程序的商业逻辑计算。

（3）数据服务层：实现数据定义、存储、备份和检索等功能，主要由数据库系统实现。

在 3 层结构中，中间层起着双重作用，对于数据层是客户机，对于用户层是服务器。

3 层结构的系统具有如下特点。

（1）业务逻辑层放在中间层可以提高系统的性能，使中间层业务逻辑处理与数据层的业务数据结合在一起，而无须考虑客户的具体位置。

（2）添加新的中间层服务器，能够满足新增客户机的需求，大大提高了系统的可伸缩性。

（3）业务逻辑层放在中间层，从而使业务逻辑集中到一处，便于整个系统的维护、管理及代码的复用。

不管是 3 层还是多层，层次的划分是从逻辑上实现的。

基于 Java 的应用开发模型，也大多选择 B/S 或 C/S 结构。随着 Java 语言的日益流行，特别是 Java 与 Internet Web 的密切结合，使它在全球取得了巨大的成功。Java 语言以其独立于平台、面向对象、分布式、多线索及完善的安全机制等特点，成为现代信息系统建设中良好的开发平台和运行环境。

（1）Java 网络应用模型。

和 Internet 上的许多环境一样，完整的 Java 应用环境实际上也是一个 C/S 环境，更确切地说是浏览器–服务器模型（即 Browser/Server 模型，简称 Web 模型）。但与传统的 C/S 的 2 层结构不同，应用 Java 的 Web 模型是由 3 层结构组成的。传统的 C/S 结构通过消息传递机制，由客户端发出请求给服务器，服务器进行相应处理后经传递机制送回客户端。而在 Web 模型中，服务器端被分解成两部分：一部分是应用服务器（Web 服务器），另一部分是数据库服务器。针对分布式计算环境，Java 通过其网络类库提供了良好的支持。对数据分布，Java 提供了一个 URL（Uniform Resource Locator）对象，利用此对象可打开并访问网络上的对象，其访问方式与访问本地文件系统几乎完全相同。对操作分布，Java 的 C/S 模式可以把运算从服务器分散到客户端（服务器负责提供查询结果，客户机负责组织结果的显示），从而提高整个系统的执行效率，增加动态可扩充性。Java 网络类库是 Java 语言为适应 Internet 环境而进行的扩展。另外，为适应 Internet 的不断发展，Java 还提供了动态扩充协议，以不断扩充 Java 网络类库。

Java 网络类库支持多种 Internet 协议，包括 Telnet、FTP 和 HTTP（WWW），与此相对应的 Java 网络类库的子类库为：java.net、java.net.ftp、Java.net.www.content、java.net.www.html、java.net.www.http。

这些子类库各自容纳了可用于处理 Internet 协议的类和方法。其中，java.net 用于处理一些基本的网络功能，包括远程登录 （Telnet）；java.net.ftp 用于处理 FTP 协议；java.net.www.content 用于处理 WWW 页面内容；java.net.www.html 和 java.net.www.http 则分别提供了对 HTML 语言和 HTTP 协议的支持。

（2）C/S 环境下的 Java 应用程序。

C/S 模式在分布处理过程中使用基于连接的网络通信模式。该通信模式首先在客户机和服务器之间定义一套通信协议，并创建一个 Socket 类，利用这个类建立一条可靠的链接；然后，C/S 再在这条链接上可靠地传输数据。客户机发出请求，服务器监听来自客户机的请求，并为客户机提供响应服务。这就是典型的"请求-应答"模式。下面是 C/S 的一个典型运作过程：

- 服务器监听相应端口的输入；
- 客户机发出一个请求；
- 服务器接收到此请求；
- 服务器处理这个请求，并把结果返回给客户机；
- 重复上述过程，直至完成一次会话过程。

当然，使用 Java 语言设计 C/S 程序时需要注意以下几点。

第一，服务器应使用 ServerSocket 类来处理客户机的连接请求。当客户机连接到服务器所监听的端口时，ServerSocket 将分配一个新的 Socket 对象。这个新的 Socket 对象将连接到一些新端口，负责处理与之对应的客户机的通信。然后，服务器继续监听 ServerSocket，处理新的客户机连接。Socket 和 ServerSocket 是 Java 网络类库提供的两个类。

第二，服务器使用了多线程机制。Server 对象本身就是一个线程，它的 run() 方法是一个无限循环，用以监听来自客户机的连接。每当有一个新的客户机连接时，ServerSocket 就会创建一个新的 Socket 类实例，同时服务器也将创建一个新线程，即一个 Connection 对象，以处理基于 Socket 的通信。与客户机的所有通信均由 Connection 对象处理。Connection 的构造函数将初始化基于 Socket 对象的通信流，并启动线程的运行。与客户机的通信及服务均由 Connection 对象处理。

第三，客户机首先创建一个 Socket 对象，用以与服务器通信。之后需创建两个对象：DataInputStream 和 PrintStream，前者用以从 Socket 的 InputStream 输入流中读取数据，后者则用于往 Socket 的 OutputStream 中写数据。最后，客户机程序从标准输入（如控制台）中读取数据，并把这些数据写入服务器，再从服务器读取应答消息，然后将这些应答消息写到标准输出中。

8.3.2　数据访问层和对象关系映射（ORM）

对象关系映射（Object Relational Mapping，ORM）是一种程序技术，用于实现面向对象编程语言中不同类型系统的数据之间的转换。从效果上说，它其实是创建了一个可在编程语言中使用的"虚拟对象数据库"。

ORM 提供了实现持久化层的另一种模式，它采用映射元数据来描述对象关系的映射，使得 ORM 中间件能在任何一个应用的业务逻辑层和数据库层之间充当桥梁。

ORM 的方法论基于三个核心原则。

- 简单：以最基本的形式建模。
- 传达性：数据库结构被任何人都能理解的语言文档化。
- 精确性：基于数据模型创建正确标准化了的结构。

Java 典型的 ORM 中间件有 Hibernate、iBATIS、Speedframework 框架。

1．Hibernate 框架

Hibernate 框架是能实现 ORM 这些框架中最流行、最受开发者关注的，甚至连 JBoss 公司也把它吸收进来，利用它在自己的项目中实现 ORM 功能。在使用它实现 ORM 功能的时候，主要的文件有映射类（*.java）、映射文件（*.hbm.xml）及数据库配置文件（*.properties 或*.cfg.xml），它们各自的作用如下。

（1）映射类。

它的作用是描述数据库表的结构，表中的字段在类中被描述成属性，将来就可以实现把表中的记录映射成为该类的对象。

（2）映射文件。

它的作用是指定数据库表和映射类之间的关系，包括映射类和数据库表的对应关系、表字段和类属性类型的对应关系，以及表字段和类属性名称的对应关系等。

（3）数据库配置文件。

它的作用是指定与数据库连接时需要的连接信息，如连接哪种数据库、登录用户名、登录密码，以及连接字符串等。

2．iBATIS 框架

除了 Hibernate 框架外，iBATIS 框架也应用广泛。两者的不同之处在于，Hibernate 框架提供的是"一站式"的 ORM 解决方法，而 iBATIS 框架提供的是"半自动化"的 ORM 实现。

Hibernate 框架提供了从 POJO 到数据库表的全套映射机制，开发人员往往只需要定义好 POJO 到数据库表的映射关系，即可通过 Hibernate 框架提供的方法完成持久层操作，甚至不需要熟练掌握 SQL，因为 Hibernate 框架会自动生成对应的 SQL，并调用 JDBC 接口加以执行。但是 Hibernate 框架这种"一站式"的解决方法并不适用于所有的情况，例如：

- 有些系统基于安全考虑，只对开发人员提供查询 SQL（或存储过程）以获取所需数据，具体的表结构不予公开；
- 有些系统要求所有涉及业务逻辑部分的数据库操作必须在数据库层由存储过程实现，如金融行业等；
- 有些系统数据处理量巨大，性能要求极为苛刻，这往往意味着必须通过高度优化的 SQL 语句（或存储过程）才能达到系统性能设计指标。

在这些场景中，全自动化的 Hibernate 框架已经不能满足要求，而 iBATIS 框架刚好可以解决这个问题。它定义 POJO 与 SQL 之间的映射关系，但并不会为开发人员在运行期自动生成 SQL 执行，具体的 SQL 需要自行编写，然后通过映射配置文件将 SQL 所需的参数及返回的结果字段映射到指定的 POJO 中。

3．Speedframework 框架

另一种完全基于 JDBC 开发的轻量级持久层框架是 Speedframework。它可以直接调用 SQL，也可以直接对 POJO 进行 CRUD 操作，代码与 ORM 相当。调试方便且不用配置，内置 JCS 缓存，能有效降低数据库压力。

Speedframework 框架具有如下特点。

- 免配置持久层，可以减少开发中配置、调试带来的烦恼。
- 是 JDBC 封装操作，性能先进。
- JCS Cache 实现，对于数据库操作对象缓存减轻数据库压力。
- 自带分页组件，直接传入一条 SQL 语句即可完成分页逻辑。

8.3.3　数据展现：查询和报表

查询：主要作用是筛选出用户所需要的数据，对相关数据进行统计等。当然 Excel 也可以筛选，

但显然查询处理更加快捷，尤其是随时变更条件时。

报表：便于用户把所要的数据打印出来。有时，仅依靠电子版的数据是不够的，如开会时要列出某些数据。标签也是报表的一种，如制作工卡、产品标签等。

8.3.4　C/S 应用程序开发

C/S 应用程序是一种典型的 2 层结构，全称是 Client/Server，即客户/服务器结构，其客户端包含一个或多个在用户的计算机上运行的程序，而服务器端有两种：一种是数据库服务器端，客户端通过数据库连接访问服务器端的数据；另一种是 Socket 服务器端，服务器端的程序通过 Socket 与客户端的程序通信。

C/S 应用程序也可以看作胖客户端结构。因为客户端需要实现绝大多数的业务逻辑和界面展示。在这种结构中，作为客户端的部分需要承受很大的压力，因为显示逻辑和事务处理都包含在内，通过与数据库的交互（通常是 SQL 或存储过程的实现）来达到持久化数据，以此满足实际项目的需要。

C/S 结构的优点如下。

- 由于客户端实现与服务器的直接相连，没有中间环节，因此响应速度快。
- 操作界面漂亮、形式多样，可以充分满足客户自身的个性化要求。
- C/S 结构的管理信息系统具有较强的事务处理能力，能实现复杂的业务流程。

C/S 结构的缺点如下。

- 需要专门的客户端安装程序，分布功能弱，针对点多面广且不具备网络条件的用户群体，不能实现快速部署安装和配置。
- 兼容性差，对于不同的开发工具，具有较大的局限性。若采用不同的工具，需要重新改写程序。
- 开发成本较高，需要具有一定专业水准的技术人员才能完成。

8.3.5　B/S 应用程序开发

B/S 的全称为 Browser/Server，即浏览器-服务器结构。Browser 指的是 Web 浏览器，极少数事务逻辑在前端实现，但主要事务逻辑在服务器端实现，Browser 客户端，WebApp 服务器端和 DB 端构成所谓的 3 层架构。B/S 应用程序的系统无须特别安装，只有 Web 浏览器即可。

在 B/S 应用程序中，显示逻辑交给了 Web 浏览器，事务处理逻辑放在了 WebApp 上，这样就避免了庞大的胖客户端，减少了客户端的压力。因为客户端包含的逻辑很少，因此也称之为瘦客户端。

B/S 结构的优点如下。

- 具有分布性特点，可以随时随地进行查询、浏览等业务处理。
- 业务扩展简单方便，通过增加网页即可增加服务器功能。
- 维护简单方便，只要改变网页，即可实现所有用户的同步更新。
- 开发简单，共享性强。

B/S 结构的缺点如下。

- 个性化特点明显降低，无法实现具有个性化的功能要求。
- 操作是以鼠标为最基本的操作方式，无法满足快速操作的要求。
- 页面动态刷新，响应速度明显降低。
- 功能弱化，难以实现传统模式下的特殊功能要求。

习　题

1. 简述各种数据访问接口的关系。

2. 数据库应用程序的结构按照数据处理及存取方式可分为哪些部分？

3. 分析 B/S 应用程序开发与 C/S 应用程序开发各自的优缺点。

4. XML 文档结构和数据库模式结构之间的映射方法是什么？

5. 简述 JDBC 访问数据库的步骤。

6. 编写使用 JDBC 接口从 HIS 数据库中检索所有男医生基本信息的代码。

7. 编写代码，使用 JDBC 接口更新 HIS 数据库中药品表中的药品价格，使得每种药品的价格上涨 10%。

8. 什么是对象关系映射 ORM?请列举典型的 ORM 中间件。

9. 编写 SQL 查询语句，将 HIS 数据中的医生基本信息导出为 XML 文档。

10. 简述 XML 数据库的三种类型。

11. 简述 ODBC 的主要构成部件。

12. 简述使用 ADO 访问 SQL Server 数据库的途径。

13. ODBC 访问数据库有哪些优点？

14. XML 数据的结构特征有哪些？

15. JDBC 驱动程序有哪几种类型？

第 9 章　数据存储和查询处理与优化

本章我们将介绍基本存储介质及其特性；定义不同的数据结构，通过这些数据结构，我们能够快速地访问数据。查询处理涉及从数据库中提取数据的一系列活动，包括将高层数据库语言表示的查询翻译为能在文件系统的物理层上使用的表达式、为优化查询进行的一系列转换，以及查询的实际执行。本章讨论的内容包括：

- 存储介质及其特性
- 文件组织方式
- 索引结构
- 查询处理过程
- 关系代数运算的执行
- 查询优化技术

学习目标：

- 了解现有存储介质的分类及其特性
- 理解文件组织方式
- 掌握不同类别索引的特性
- 了解查询处理的过程
- 理解关系代数运算的执行过程
- 理解关系代数等价变换规则
- 理解启发式规则
- 理解物理优化的方法

9.1　数　据　存　储

9.1.1　物理存储介质概述

小杨：数据库中的数据存储介质都有哪些？

老肖：现在的计算机系统提供了多种存储方式。在进行数据库系统设计时，我们可以根据自己的需求，如对存储介质的可靠性要求、购买介质的成本及对访问数据的速度要求等选择不同的存储介质。

按照与CPU的接近程度，存储器分为内存储器与外存储器，简称内存与外存。内存储器又常称为主存储器（简称主存），属于主机的组成部分；外存储器又常称为辅助存储器（简称辅存），属于外部设备。CPU 不能像访问内存那样，直接访问外存，外存要与 CPU 或 I/O 设备进行数据传输，必须通过内存进行。

具有代表性的存储介质主要有：高速缓冲存储器（Cache）、主存储器（RAM）、快闪存储器（Flash Memory）、磁盘存储器（Magnetic Disk Storage）、光存储器（Optical Storage）及磁带存储器（Tape Storage）。

高速缓冲存储器（Cache）：高速缓冲存储器是指存取速度比一般随机存取记忆体（RAM）快的一种 RAM，一般而言，它不像系统主记忆体那样使用 DRAM 技术，而使用昂贵但较快速的 SRAM 技术。在计算机存储系统的层次结构中，高速缓冲存储器介于 CPU 和主存储器（RAM）之间，和主存储器一起构成一级存储器。高速缓冲存储器和主存储器之间信息的调度和传送由计算机硬件自动进行。

主存储器（RAM）：简称主存，是计算机硬件的一个重要部件，其作用是存放指令和数据，并能由 CPU 直接随机存取。主存储器按地址以某种电触发器的状态存储信息，存取速度一般与地址无关，当发生电源故障或系统崩溃时，主存储器中的内容无法保存。RAM 按信息是否可擦除修改以及擦除的方式又分为 ROM、PROM、EPROM 和 EEPROM。现代计算机为了提高 CPU 读写程序和数据的速度，又能兼顾合理的造价，往往采用多级存储体系。将存储容量小、存取速度高的高速缓冲存储器与存储容量和存取速度适中的主存储器结合使用。32 位（比特）的地址最大能表达 4GB 的存储器地址，这对多数应用已经足够，对于某些特大运算量的应用和特大型数据库可能会提出 64 位结构的需求。

快闪存储器（Flash Memory）：快闪存储器是 EEPROM 的一种形式，允许在操作中多次擦或写，并具有非易失性。与传统的 EEPROM 相比，快闪存储器是以较大区块进行数据擦除，而不是单个存储位置，这就使得它在写入大量数据时具有较快的读取速度，其读取时间小于 100ns，这个速度可以和主存储器相比。另外，与硬盘相比，快闪存储器的动态抗震能力更强，因此它非常适合用于移动设备上，如笔记本电脑、相机和手机等。快闪存储器的一个典型应用 USB 盘目前已经成为计算机系统之间传输数据的流行手段。此外，快闪存储器广泛使用在服务器系统中，通过缓存经常使用的数据来提高性能。因此，它提供比磁盘更快的访问速度，比主存储器更大的存储容量。

磁盘存储器（Magnetic Disk Storage）：磁盘存储器通常由磁盘、磁盘驱动器（或称磁盘机）和磁盘控制器构成，是利用磁记录技术在涂有磁记录介质的旋转圆盘上进行数据存储的辅助存储器。在计算机系统中，磁盘存储器常用于存放操作系统、程序和数据，是主存储器的扩充。磁盘存储器不会因为系统故障或系统崩溃丢失数据。其本身可能发生故障，导致数据的损坏，但发生概率很小。磁盘存储器具有存储容量大、数据传输率高、存储数据可长期保存等特点，其发展趋势是提高存储容量，提高数据传输率，减少存取时间，并力求轻、薄、短、小。

光存储器（Optical Storage）：光存储器（光盘）上有凹凸不平的小坑，光照射到上面有不同的反射，再转化为 0、1 的数字信号就成了光存储。光盘分成两类：一类是只读型光盘，包括 CD-Audio、CD-Video、CD-ROM、DVD-Audio、DVD-Video、DVD-ROM 等；另一类是可记录型光盘，包括 CD-R、CD-RW、DVD-R、DVD+R、DVD+RW、DVD-RAM、Double layer DVD+R 等。2015 年，世界首个非易失性光学存储设备诞生。

磁带存储器（Tape Storage）：作为计算机的一种辅助存储器，磁带存储器由磁带机及其控制器组成，以顺序方式存取数据。磁带存储器可脱机保存和互换读出。由于磁带存储器具有很大的容量，并且可以从磁带存储器设备中移出，因此它非常适合进行归档和备份数据的存储。

把存储器分为几个层次主要基于下述原因。

合理解决速度与成本的矛盾，以得到较高的性价比。半导体存储器速度快，但价格高，容量不宜做得很大，因此仅用作与 CPU 频繁交流信息的内存储器。磁盘存储器（磁盘）价格较便宜，可以把容量做得很大，但存取速度较慢，因此用作存取次数较少，且需存放大量程序、原始数据（许多程序和数据是暂时不参加运算的）和运行结果的外存储器。计算机在执行某项任务时，仅将与此有关的程序和原始数据从磁盘上调入容量较小的内存，通过 CPU 与内存进行高速数据处理，然后将最终结果通过内存再写入磁盘。这样的配置价格适中，综合存取速度较快。为解决高速的 CPU 与速度相对较慢的主存的矛盾，还可使用高速缓存。它采用速度很快、价格更高的半导体静态存储器，甚至与微处理器做在一起，存放当前使用最频繁的指令和数据。当 CPU 从内存中读取指令与数据时，将同时访问高速缓存与主存。如果所需内容在高速缓存中，就能立即获取；如果没有，则再从主存中读取。高速缓存中的内容是根据实际情况及时更换的。这样，通过增加少量成本即可获得很高的速度。存储器之间的关系如图 9.1 所示。

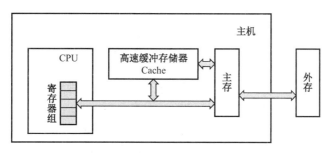

图 9.1　存储器之间的关系

使用磁盘、磁带、光盘作为外存，不仅价格便宜，还可以把存储容量做得很大，而且在断电时它所存放的信息也不丢失，可以长久保存，且复制、携带都很方便。

9.1.2　文件组织

文件组织是指文件的构造方式。文件用户按照自己的使用要求，把构成文件的元素组织起来，文件的这种结构称为文件逻辑结构。一个文件在逻辑上组织成为记录的一个序列。用户给出的修改文件内容的命令其实就是一个访问记录的命令。

在每个文件里面，记录都具有同样的格式——它们可以定长或变长。

定长记录是最常见的，最容易直接访问。定长记录的关键是记录的大小。如果记录太小，小于记录存储的字符数，那么多出的字符就要被截掉；如果记录太大，大于要存储的字符数，就会有空间的浪费。

变长记录不会有剩余空间和截掉记录，所以克服了定长记录的两个缺点。但因为记录的位置很难计算，所以直接读很困难。连续访问的文件或通过目录查找的文件经常使用变长记录格式。

每个文件都会分配存储到若干定长的存储单元——块（block）中。块是数据库存储分配和数据传输的最小单位，大多数数据库默认的块大小为 4～8KB，但在创建数据库实例时，许多数据库允许指定块大小。在某些数据库应用中，更大的块能更好地提高操作性能。

一个块所包含的记录集合与文件采用的物理数据组织形式有关。通常一个块包含很多条记录。记录的格式、如何分块及其他相关信息都保存在文件描述符里。

文件系统要使文件满足用户对逻辑文件的使用要求，但更重要的是要关注如何按照存储设备特征、文件的存取方式来组织文件，保证文件有效地存储、检索，也就是说，文件系统主要关注的是文件的物理结构。

一个文件的物理组织就是根据记录的排列和存储介质的特性来组织文件。

在一个磁介质的磁盘上，文件的物理组织可以是下面三种方法中的一种：顺序存储、直接存储和索引。为了选择最好的方法，程序员或分析员必须综合考虑数据添加、删除的频率及在一个运行中被处理记录的百分比等因素。

小杨：那是不是说有同一条记录存储在不同 block 中的可能性呢？

老肖：有这种可能。但我们建议同一条记录尽量存储在同一个 block 中。其原因主要是查询数据库时，整行查询或查询一行中多个字段的概率很高。如果不同字段分布在不同的 block 中，那么这次查询就要读取多个 block。由于磁盘读取是以 block 为最小单位的，读取多个 block 意味着比只读一个 block 要多读取很多数据，这不仅增加数据传输时间，还会浪费内存。另外，如果这些 block 不是连续的，那么还会增加磁盘的搜获定位时间和盘片的旋转延迟时间。读取操作如此，写操作也是一样的。

因此，大多数关系数据库限制记录不大于一个 block 的大小以简化缓冲区管理和空闲空间管理。

大对象（blob、clob）通常存储到一个特殊文件（或文件集合）中，而不是与记录的其他属性存储在一起。通过一个指向大对象的指针将大对象与包含该对象的记录关联起来。

1．顺序文件

顺序文件的各条记录顺序地存放在外存的连续区内，记录的物理顺序和逻辑顺序是完全一致的。它适用于所有的文件媒体。磁带顺序文件从磁带上文件空间头部开始，按物理位置顺序存储记录；磁盘顺序文件的结构从磁盘文件空间最初磁道的头部开始，按物理位置顺序排列。

顺序文件是一种最常用、最简单的文件组织方法，处理速度较快，但记录的插入和删除都不方便。实现顺序文件的排列方法有如下几种。

按记录产生的先后次序排列：这种方法对数据收集系统比较方便有效。

按记录键次序排列：可以根据键的升序或降序进行排列。一个记录中的键，可以是一个也可以是多个，分别称为主键、辅键及复合键等。主键是唯一标识记录的域（即记录数据项名称），辅键不是唯一标识记录的域，由两个以上的记录键值组合成的键称为复合键。例如，在一个职工工资文件中，职工号为主键，姓名、级别、工资额可作为辅键，级别和工资额组成复合键。

按记录的使用频率进行排列：设文件有 n 条记录，每条记录使用的概率为 Pi，则要求该文件记录的排列顺序按使用概率的大小排列。按使用频率对顺序文件进行排列，可以加快记录的搜索速度。若在上述方法中无法知道其使用频率，可以采用如下几种方法来实现：第一种方法，在记录中加一项使用频率记录，每使用一次加 1，然后再按使用频率大小排列；第二种方法，在每次记录使用后，将其移至文件的顶端，这样，常用的记录可经常保持在文件的上面；第三种方法，每次记录使用时将其移至现在位置和顶端位置的中间位置，这样可以减少偶然使用的记录占据文件顶端位置。

2．索引文件

索引文件分为索引顺序文件和索引非顺序文件。

索引顺序文件，其记录的物理顺序和逻辑顺序一致。记录按记录键的顺序存放，并带有索引。这种文件组织方式用得比较普遍，但是只适用于磁盘媒体。对于这种文件记录的存取方式可以采用顺序存取和直接存取，并能进行各种形式的处理。

索引顺序文件的特点如下。

- 具有记录键和记录键索引，按记录键顺序排列记录，并设有溢出区。
- 存取速度快。
- 比较节省存储单元。
- 增删比较麻烦。

索引非顺序文件也带索引表，但文件记录的物理顺序和逻辑顺序不一致，索引表中存有已排序的记录键号及该键号的记录地址。处理和查找记录时，先查索引表，查到所需的记录地址后，再按地址查找记录。还可以通过设立不同键值的几个索引来检索同一条记录。

索引非顺序文件的特点如下。

- 保证地址的唯一性，存取比较简单。
- 记录数目多时，索引区也很大，索引表本身占用存储空间较大，查找费时。

3．直接文件

直接文件中记录的逻辑顺序与物理顺序不一定相同，但记录的键值直接指明该记录的地址，所以只要知道了记录键值，就能查找该记录的物理位置。直接文件的记录存放在磁盘等随机存储媒体上，且可以被随机处理，所以也称直接文件为随机存取文件。

确定直接文件中记录的物理位置的方法有很多，常用的如下。

直接地址法：指定某记录的地址就是存储设备上的实际地址。

相对键法：以文件起始记录为基准的相对地址。

杂凑法：寻找一个杂凑函数 $H(k)$，将记录键值转换为相应的记录地址。

由上述确定记录物理地址的方法，直接文件可以分为无键直接文件、带键直接文件、桶式（Bucket）直接文件三种类型。

无键直接文件：在记录中没有键项目，把记录的存储地址作为键值。

带键直接文件：在记录中设置键项目，通过简单的键变换处理得到相应记录的存储地址。

桶式直接文件（又称散列文件）：文件空间以桶为单位进行划分，每个桶可以存放多条记录，根据桶号和记录键值，就可以查到相应记录的地址进行记录处理。这个桶通常以磁道作为单位，也可以用弧段作为单位。由于每个桶能容纳 m 个具有相同Hash 函数值的文件记录，只有当一个桶中 m 条记录都占满后，若还有转换为该桶地址的记录，才产生溢出。所以适当地加大桶的尺寸，可以减少溢出现象，防止"冲突"现象的产生，这是桶式直接文件的特点。

增大桶的容量可以减少溢出次数，从而减少查找记录所需的平均查换次数。但桶选得太大，会使文件存储空间的密度减少，主数据区利用率降低，在内存中查找桶中记录的时间增加，而且要求内存缓冲区足够大，所以桶容量的选择要全面考虑，应选择大小合适的桶。

除以上几种基本的文件组织方式外，还有索引链接文件、倒排文件等。索引链接文件是将索引方法和链接方法结合起来的一种组织方式，可用多码检索。倒排文件是一种处理多码检索的组织方式，它利用次键建立次索引表，便于文件记录按各种属性查找，但这种文件占用较大的存储空间。

几种基本的文件组织方式的优缺点如表 9.1 所示。

表 9.1　几种基本的文件组织方式的优缺点

组 织 方 式	优　　点	缺　　点
顺序文件	处理速度快，存储空间利用率高，可在任何媒体上实现	插入记录麻烦，要检索整个记录
索引文件	可顺序处理，也可随机处理；记录追加、插入方便；查找速度较快	增加索引区和溢出区空间；不能用于多码检索
直接文件	存取速度快；记录追加、删除容易	要进行键变换；存储空间利用率低

小杨：文件组织中提到块的概念，块和扇区是一回事吗？

老肖：不是。扇区是磁盘的物理单位，而块是使用磁盘的软件系统，如操作系统、DBMS 所建立的逻辑单位。通常块由一个或多个扇区组成。

9.1.3　RAID

介质故障一般不容易发生，但介质故障对系统影响最严重，恢复起来最麻烦。而且，DBA 定期存储数据库及其日志文件，加重了系统的负担。

随着磁盘容量的迅速增长，其价格越来越便宜。此外，如果磁盘并行访问，则在一个系统中使用大量的磁盘为提高数据读写速率提供了机会。为提高性能和可靠性，人们提出了多种磁盘组织技术，统称为冗余磁盘阵列（Redundant Array of Independent Disks，RAID）。

RAID 将一组磁盘驱动器用某种逻辑方式联系起来，作为逻辑上的一个磁盘驱动器来使用。一般情况下，组成的逻辑磁盘驱动器的容量要小于各个磁盘驱动器容量的总和。RAID 的具体实现可以靠硬件也可以靠软件，Windows NT 操作系统就提供软件 RAID 功能。RAID 一般是在 SCSI 磁盘驱动器上实现的，该驱动器保证每个 SCSI 通道随时都是畅通的，在同一时刻每个 SCSI 磁盘驱动器都能自由地向主机传送数据，不会出现像 IDE 磁盘驱动器争用设备通道的现象。

RAID 通过冗余技术，可以提供一个高级别的数据保护。如果 RAID 中一个硬盘故障，而所有的数据将继续保持完整和可访问，则将有足够的时间去购买一个新的硬盘。如果使用独立硬盘的存储解决方案，就没有办法提供数据冗余了。一旦硬盘故障，则所有的数据丢失。在这种情况下，唯一的选择是找专业的数据恢复公司，但也不能保证所有的数据都能恢复。即便如此，最终的花费将远高于在一开始就使用 RAID 阵列保护数据。

1. RAID 的优点

（1）成本低，功耗小，传输速率高。

在 RAID 中，可以让很多磁盘驱动器同时传输数据，而这些磁盘驱动器在逻辑上又是一个整体，所以使用 RAID 可以达到单个的磁盘驱动器几倍、几十倍甚至上百倍的速率。这也是 RAID 最初想要解决的问题。因为当时 CPU 的速度增长很快，而磁盘驱动器的数据传输率无法大幅提高，所以需要有一种方案解决两者之间的矛盾。RAID 最后成功了。

（2）可以提供容错功能。

这是使用 RAID 的第 2 个原因，因为普通磁盘驱动器无法提供容错功能，如果不包括写在磁盘上的 CRC（循环冗余校验）码的话，则 RAID 和容错是建立在每个磁盘驱动器的硬件容错功能之上的，所以它提供了更高的安全性。

（3）具备数据校验（Parity）功能。

校验可被描述为用于 RAID 级别 2、3、4、5 的额外信息，当磁盘失效的情况发生时，校验功能结合完好磁盘中的数据，可以重建失效磁盘上的数据。对于 RAID 系统来说，在任何有害条件下绝对保持数据的完整性（Data Integrity）是最基本的要求。数据完整性指的是阵列面对磁盘失效时保持数据不丢失的能力，由于数据的破坏通常会带来灾难性的后果，所以选择 RAID 阵列的基础条件是它能提供什么级别的数据完整性。

（4）与传统的大直径磁盘驱动器相比其价格要低很多。

2. RAID 的分级

RAID 技术主要包含 RAID 0～RAID 7 等规范，它们的侧重点各不相同，常见的规范有如下几种。

RAID 0（Stripe）：无冗余无校验的磁盘阵列。连续以位或字节为单位分割数据，并行读/写于多个磁盘上，因此它具有很高的数据传输率，但没有数据冗余，并不能算是真正的 RAID 结构。RAID 0 只是单纯地提高性能，并没有为数据的可靠性提供保证，而且其中的一个磁盘失效将影响所有数据。因此，RAID 0 不能应用于数据安全性要求高的场合。对于个人用户而言，RAID 0 也是提高硬盘存储性能的绝佳选择。

RAID 1（Mirror）：镜像磁盘阵列。它是通过磁盘数据镜像实现数据冗余的，在成对的独立磁盘上产生互为备份的数据。当原始数据繁忙时，可直接从镜像副本中读取数据，因此 RAID 1 可以提高读取性能。在所有 RAID 级别中，RAID 1 提供最高的数据安全保障。同样，由于数据的百分之百备份，备份数据占了总存储空间的一半，因此 Mirror（镜像）的磁盘空间利用率低，存储成本高。当一个磁盘失效时，系统可以自动切换到镜像磁盘上读/写，而不需要重组失效的数据。

RAID 0+1：它实际上是将 RAID 0 和 RAID 1 标准结合的产物，在连续地以位或字节为单位分割数据并且并行读/写多个磁盘的同时，为每一块磁盘做磁盘镜像进行冗余。RAID 0+1 至少使用 4 个硬盘。这样，RAID 0+1 在理论上同时保证了 RAID 0 的性能和 RAID 1 的安全性，代价是比 RAID 0 或 RAID 1 再多一倍的硬盘数量。但应该注意，这仅仅是理论上的，因为实际中像 IDE RAID 这样的软件，RAID 系统会消耗 CPU 运算时间，RAID 0+1 与 RAID 0 或 RAID 1 相比，同样会多消耗一倍的 CPU 时间，所以性能最后不一定能提升到 RAID 0 那样的级别，甚至有可能总体性能不升反降。RAID 0+1 是存储性能和数据安全兼顾的方案。它在提供与 RAID 1 一样的数据安全保障的同时，也提供了与 RAID 0 近似的存储性能。由于 RAID 0+1 也通过数据的 100%备份功能提供数据安全保障，因此 RAID 0+1 的磁盘空间利用率与 RAID 1 相同，存储成本高。RAID 0+1 的特点使其特别适用于既有大量数据需要存取，同时又对数据安全性要求严格的领域，如银行、金融、商业超市、仓储库房、各种档案管理等。

RAID 2：纠错海明码磁盘阵列。使用加重平均纠错码（海明码）的编码技术提供错误检查及恢复。磁盘驱动器组中的第 1 个、第 2 个、第 4 个、…、第 $2n$ 个磁盘驱动器是专门的校验盘，用于校验和纠错，例如，7 个磁盘驱动器的 RAID 2，第 1、2、4 个磁盘驱动器是纠错盘，其余的用于存放数据。使用的磁盘驱动器越多，校验盘在其中占的百分比越少。RAID 2 对大数据量的输入/输出有很高的性能，但少量数据的输入/输出时性能不好。这种编码技术需要多个磁盘存放检查及恢复信息，使得 RAID 2 技术实施更复杂，因此在商业环境中很少使用。

RAID 3/ RAID 4：奇校验或偶校验的磁盘阵列。它同 RAID 2 类似，都是将数据条块化分布于不同的硬盘上，区别在于 RAID 3/ RAID 4 使用简单的奇偶校验，并用单块磁盘存放奇偶校验信息。如果一块磁盘失效，奇偶盘及其他数据盘可以重新产生数据；如果奇偶盘失效则不影响数据的使用。RAID 3/RAID 4 对大量的连续数据可提供很好的传输率，但对于随机数据来说，奇偶盘会成为写操作的瓶颈，因此在商业环境中也很少使用。与 RAID 0 相比，RAID 3 在读/写速度方面相对较慢。使用的容错算法和分块大小决定 RAID 使用的应用场合，在通常情况下，RAID 3 比较适合大文件类型且安全性要求较高的应用，如视频编辑、硬盘播出机、大型数据库等。

RAID 5：无独立校验盘的奇偶校验磁盘阵列。不单独指定奇偶盘，而是在所有磁盘上交叉地存取数据及奇偶校验信息。在 RAID 5 上，读/写指针可同时对阵列设备进行操作，提供了更高的数据流量。RAID 5 更适用于小数据块和随机读/写的数据。RAID 3 与 RAID 5 相比，最主要的区别在于 RAID 3 每进行一次数据传输就需涉及所有的阵列盘；而对于 RAID 5 来说，大部分数据传输只对一块磁盘操作，并可进行并行操作。在 RAID 5 中有"写损失"，即每一次写操作将产生 4 个实际的读/写操作，其中两次读旧的数据及奇偶信息，两次写新的数据及奇偶信息。RAID 5 可以理解为 RAID 0 和 RAID 1 的折中方案。RAID 5 可以为系统提供数据安全保障，但保障程度要比 Mirror 低，而磁盘空间利用率要比 Mirror 高。RAID 5 具有和 RAID 0 相近似的数据读取速度，只是多了一个奇偶校验信息，写入数据的速度比对单个磁盘进行写入操作稍慢。同时，由于多个数据对应一个奇偶校验信息，所以 RAID 5 的磁盘空间利用率要比 RAID 1 的高，存储成本相对较低。

RAID 6：与 RAID 5 相比，RAID 6 增加了第 2 个独立的奇偶校验信息块。两个独立的奇偶系统使用不同的算法，数据的可靠性非常高，即使两块磁盘同时失效也不会影响数据的使用。但 RAID 6 需要分配给奇偶校验信息更大的磁盘空间，相对于 RAID 5 有更大的"写损失"，因此"写性能"非常差。较差的性能和复杂的实施方式使得 RAID 6 很少得到实际应用。

RAID 7：优化的高速数据传送磁盘结构。这是一种新的 RAID 标准，其自身带有智能化实时操作系统和用于存储管理的软件工具，可完全独立于主机运行，不占用主机 CPU 资源。它所有的 I/O 传送均是同步进行的，可以分别控制，这样提高了系统的并行性和系统访问数据的速度。每个磁盘都带有高速缓冲存储器，实时操作系统可以使用任何实时操作芯片，满足不同实时系统的需要。允许使用 SNMP 进行管理和监视，可以对校验区指定独立的传送信道以提高效率。可以连接多台主机，当多用户访问系统时，访问时间几乎接近于 0。但如果系统断电，在高速缓冲存储器内的数据就会全部丢失，因此需要和 UPS 一起工作。RAID 7 系统成本很高。RAID 7 可以看作一种存储计算机（Storage Computer），它与其他 RAID 标准有明显的区别。

从 RAID 1 到 RAID 7 的几种方案中，不论何时有磁盘损坏，都可以随时拔出损坏的磁盘再插入好的磁盘（需要硬件上的热插拔支持），数据不会受损，失效盘的内容可以很快地重建，重建的工作也由 RAID 硬件或 RAID 软件来完成。RAID 提供的容错功能是自动实现的，它对应用程序是透明的。要得到最高的安全性和最快的恢复速度，可以使用 RAID 1；要在容量、容错和性能上取折中可以使用 RAID 5。在大多数数据库服务器中，操作系统和数据库管理系统所在的磁盘驱动器是 RAID 1，数据库的数据文件则存放于 RAID 5 的磁盘驱动器上。

除了以上的各种标准，我们可以像 RAID 0+1 那样结合多种 RAID 规范来构筑所需的 RAID 阵列。

例如，使用两块 120GB 的硬盘，可以将两块硬盘的前 60GB 组成 120GB 的逻辑分割区，然后剩下两个 60GB 区块组成一个 60GB 的数据备份分割区。对需要高性能而不需要安全性的应用，就可以安装在 RAID 0 分割区中，而需要安全性备份的数据，则可安装在 RAID 1 分割区中。换言之，使用者得到的总硬盘空间是 180GB，和传统的 RAID 0+1 相比，容量使用的效益非常高，而且在容量配置上有更高的弹性。如果发生硬盘损毁，则 RAID 0 分割区的数据自然无法复原，但是 RAID 1 分割区的数据却会得到保全。

另外，RAID 5+3（RAID 53）也是一种应用较为广泛的阵列形式。用户一般可以通过灵活配置磁盘阵列来获得更加符合要求的磁盘存储系统。

3．RAID 级别的选择

选择 RAID 级别应考虑如下因素。

- 失效概率。避免使用出现失效的概率比较高的磁盘驱动器，或者使用 RAID 1 进行配置，避免基于磁盘驱动器奇偶校验的重建对性能带来的影响。
- 重建性能问题。使用不同的 RAID 级别，发生故障后重建的时间消耗是不同的。RAID 1 的数据重建是最简单的，对于其他级别，需要访问磁盘阵列中其他磁盘来重建故障磁盘上的数据。
- 调整的灵活性。多种 RAID 级别可同时使用以满足用户不同应用需求。例如，把电子邮件、数据库及其他应用的日志文件放在 RAID 1 或 RAID 0+1 上来处理读/写密集型的工作负荷，利用 RAID 5 来处理更新操作不太频繁的工作负荷。这就需要 RAID 级别能够灵活调整。
- 缓存的使用。关注缓存如何集成并如何与 RAID 控制器结合使用，包括预读（Read-Ahead）、写回（Write-Back）、写通（Write-Through）和其他操作，以及如何使用镜像、后备电池及非易失随机存储器（NVRAM）来保护缓存。一种常见的误解是：比较高的缓存利用率就意味着良好的性能。实际上，有些 RAID 系统需要更多缓存来抵消或弥补缺少原始 I/O 性能，或者迅速与磁盘驱动器之间迁移数据的功能上的不足。应当关注缓存在缩短响应时间方面效果如何，然后看一下缓存是如何利用的。
- 使用成本。采用不同的 RAID 级别，需要不同的额外磁盘。

常用 RAID 级别的比较如表 9.2 所示。

表 9.2　常用 RAID 级别的比较

项　目	RAID 0	RAID 1	RAID 3	RAID 5
容错性	没有	有	有	有
冗余类型	没有	复制	奇偶校验	奇偶校验

续表

项　　目	RAID 0	RAID 1	RAID 3	RAID 5
读性能	高	低	高	高
随机写性能	高	低	最低	低
连续写性能	高	低	低	低
需要的磁盘数	一个或多个	2 个或 2n 个	3 个或更多	3 个或更多
可用容量	总的磁盘容量	磁盘容量的 50%	$(n-1)/n$ 的磁盘容量，n 为磁盘数	$(n-1)/n$ 的磁盘容量，n 为磁盘数
典型应用	无故障的迅速读/写，安全性要求不高，如图形工作站等	随机数据写入，要求的安全性高，如数据库服务器存储	连续数据传输，要求的安全性高，如视频编辑	随机数据传输，要求安全性高，如金融领域数据库

4．RAID 的应用

当前的 PC，整个系统的速度瓶颈主要是硬盘。虽然不断有 Ultra DMA33、DMA66、DMA100 等快速的标准推出，但收效不大。在 PC 中，磁盘速度慢一些并不是太严重的事情。但在服务器中，这是不允许的，服务器必须能响应来自四面八方的服务请求，这些请求大多数与磁盘上的数据有关，所以服务器的磁盘子系统必须有很高的输入/输出速率。为了数据的安全，还要有一定的容错功能。RAID 提供了这些功能，所以 RAID 被广泛地应用在服务器体系中。但就像任何高端技术一样，RAID 也在向 PC 上转移。也许到了所有的 PC 都用上了 SCSI 磁盘驱动器 RAID 的那一天，才是 PC 真正的"出头之日"。

9.2　索　　引

人们提出的检索请求大多数只涉及文件中的部分记录。例如，"找出内科的医生信息"只需要查看全体医生中在内科部门工作的部分医生信息即可。如果将文件中全体医生的数据读出，再按照部门进行筛选会严重降低系统的性能，我们希望能直接定位这些满足条件的数据。为此，需要建立一种数据组织方式，通过它能加快关系中那些在某个特定属性上存在特定值记录的查找速度。索引就是这样一种数据结构。它按照记录的主键值将记录进行分类，并建立主键值到记录位置的地址指针，形成列表。通过这张列表就能直接定位包含特定值记录的块，并找出对应的记录。

小杨：我还是不太理解索引是什么，起什么作用，能再举个实际的例子吗？

老肖：翻开一本书，在书的正文之前除了作者写的序、前言，还有什么呢？

小杨：目录。

老肖：对，目录。索引在数据库中的作用就相当于书的目录，根据目录的页码直接翻到你想看的那页！目录左边的章节标题可以看成索引的主键值，右边的页码就是我们说的地址指针，这两项内容构成一张列表。通过这张列表就能直接定位某章某节的开始页码。有了目录我们就能很快找到自己关注的内容了。

索引由一系列存储在磁盘上的索引项组成。一个索引项是由两列构成的一张表，对应于索引中的一行。第一列是索引键，由行中某些列（或某一列）中的值串接而成；第二列是行指针，指向行所在的磁盘位置。典型的通过索引查询是给定一个键或键值的范围，找到索引项，然后根据行指针找到相应的行。图 9.2 所示为一个索引文件结构。

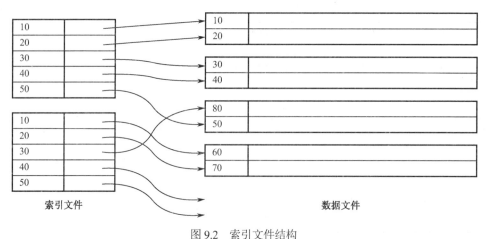

图 9.2 索引文件结构

让我们看看数据库系统如何处理下列 SQL 查询。

【例 9-1】 SQL 查询。

```
SELECT * FROM Doctor
WHERE DdeptNo='101' AND Dage<40
```

数据库的查询优化器将决定怎样从 Doctor 表中访问到上述查询需要的行。一种方式是直接扫描整张表，对表中所有行进行连续访问，把不满足 WHERE 条件的行剔除。如果表中的记录数不大的话，这种方法是非常快速的。但如果表中有大量的记录，如上百万条记录，则通过索引结构来查询记录就是一种非常有效的方法。假定 Doctor 只在 DdeptNo 属性上建有索引，在 Dage 属性上是没有索引的，在这种情况下系统将首先决定查询在 101 部门工作的医生，通过索引项的行指针来访问所有在 101 部门工作的医生。当查询限定在 101 部门后，将大大减少访问的行数，之后只需要在 101 部门工作的医生中选出 Dage 属性小于 40 的记录就可以了。

目前已有多种不同的索引文件保存方式，它们通常分为两类：一类是顺序索引，就是根据值的顺序排列（文件里面的值，也就是为其建索引的字段值，顺序放在索引文件里面）；另一类是散列索引，将值平均分配到若干散列桶中，通过散列函数定位一个值所属的散列桶。

顺序索引分为两类：单级索引和多级索引（通常是 B+树，大量使用）。单级索引就是把所有的索引字段及对应的文件位置按顺序一个个地排列出来，这种索引查找起来比较慢。因为是顺序存储的，所以可以使用二分查找法，但总体来说效率不高。多级索引实际上就是在单级索引的基础上再加索引，也就是指向索引的索引，二级索引上面还可以再加三级索引，可以不停地加，加到最后最上层只剩下一个节点（根节点），就成了一个树状结构。我们经常听到的 B+树就是这个概念。

如果经常需要同时对两个字段进行 AND 查询，那么使用两个单独索引不如建立一个复合索引，因为两个单独索引通常数据库只能使用其中的一个，而使用复合索引因为索引本身就对应到两个字段上，所以效率会有很大提高。

通常，我们会在一个数据文件上建立多个索引文件。例如，人们在查找医生信息时不仅会按部门进行检索，经常还会按医生的职称进行检索。因此，有必要建立不同的索引文件。

我们将介绍基于排序和散列的多种索引技术，包括 B+树、散列表和位图。没有哪种索引技术是最好的，每一种索引结构都有它适合的某种数据库的应用场景。

9.2.1　B+树索引

B+树索引是将一个或几个属性列的索引键值按照一种次序存放起来，以便达到快速进行数据查找的目的。图 9.3 所示为 B+树索引示意图，最底层叫作索引叶，是最终存储索引键值的地方，最上面和中间的层分别叫作根和枝。

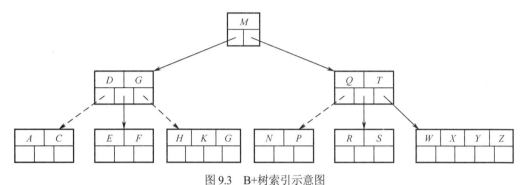

图 9.3　B+树索引示意图

在图 9.3 所示的 B+树索引示意图中，当我们想查找键值为 C 的数据时，如果没有索引，系统就会将整张表扫描一遍，找出所有符合条件的值，这是非常消耗资源的过程。有了 B+树索引后，系统只需从 M 点进入索引，发现 C 键值位于分支 D 之前，于是系统从 D 分支进入，扫描几个数据块之后就找到了 C 键值，这个过程非常快。

B+树索引是一个非常有用的数据对象，在现有的关系型数据块系统中，很难看到没有 B+树索引的数据库设计。

1. 聚集索引与非聚集索引

根据索引键值的顺序与数据表的物理顺序是否相同，可以把索引分成两种类型。若索引键值的逻辑顺序与索引所服务的表中相应行的物理顺序相同，则该索引称为聚集索引，反之为非聚集索引。索引一般使用二叉树排序索引键值，聚集索引的索引值直接指向数据表对应元组，而非聚集索引的索引值仍会指向下一个索引数据块，并不直接指向元组，所以非聚集索引可以因为不同的键值排序而拥有多个不同的索引。聚集索引因为与表的元组物理顺序一一对应，所以只有一种排序，即一张数据表只有一个聚集索引。图 9.4 和图 9.5 所示分别是聚集索引和非聚集索引的示例图。

聚集索引对于那些经常要搜索范围值的列特别有效。使用聚集索引找到包含第一个值的行后，便可以确保包含后续索引值的行在物理上是相邻的。例如，如果应用程序执行的一个查询经常检索某一日期范围内的记录，则使用聚集索引可以迅速找到包含开始日期的行，然后检索表中所有相邻的行，直至到达结束日期。这样有助于提高此类查询的性能。同样，如果对从表中检索的数据进行排序时经常要用到某一列，则可以将该表在该列上进行聚集（物理排序），避免每次查询该列时都进行排序，从而节省成本。

当索引值唯一时，使用聚集索引查找特定的行也很有效率。例如，使用唯一雇员 ID 列 emp_id 查找特定雇员最快速的方法是在 emp_id 列上创建聚集索引或 PRIMARY KEY 约束。

表 9.3 总结了聚集索引和非聚集索引的应用场景。

事实上，我们可以通过前面聚集索引和非聚集索引的例子来理解该表。例如，返回某时间范围内的诊断数据，恰好又在时间属性列上建立了聚集索引，这时查询 2016 年 1 月 1 日至 2016 年 4 月 10 日之间的全部数据时，查询速度就是很快的，因为这本字典正文是按日期进行排序的，聚集索引只需找到检索的所有数据中的开头和结尾数据即可；而不像非聚集索引，必须先到目录中查到每一项数据对应的页码，然后再根据页码查到具体内容。

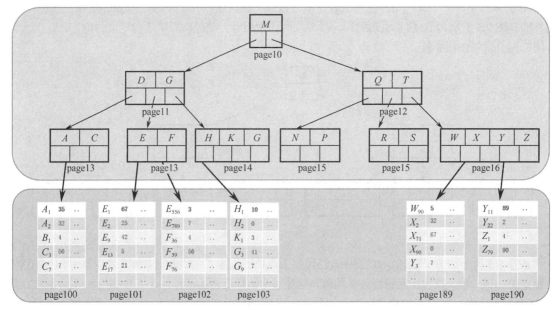

图 9.4　聚集索引示例图

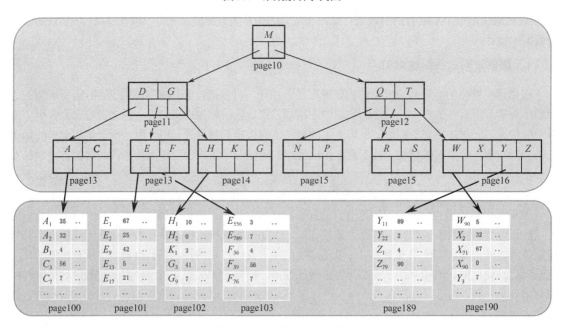

图 9.5　非聚集索引示例图

表 9.3　聚集索引和非聚集索引的应用场景

动 作 描 述	聚集索引	非聚集索引
列经常被分组、排序	适用	适用
返回某范围内的数据	适用	不适用

续表

动 作 描 述	聚 集 索 引	非聚集索引
大数目的不同值	不适用	适用
小数目的不同值	适用	不适用
频繁更新列	不适用	适用
主键列	适用	适用
外键列	适用	适用

老肖：其实，我们的汉语字典的正文本身就是一个聚集索引。例如，我们要查"安"字，就会很自然地翻开字典的前几页，因为"安"的拼音是"an"，而按照拼音排序汉字的字典是以英文字母"a"开头并以"z"结尾的，那么"安"字就自然地排在字典的前部。如果翻完了所有以"a"开头的部分仍然找不到这个字，那么就说明字典中没有这个字。

同样，如果查"张"字，那么会将字典翻到后部，因为"张"的拼音是"zhang"。也就是说，字典的正文部分本身就是一个目录，不需要再去查其他目录来找到我们需要查找的内容。

我们把这种正文内容本身就是一种按照一定规则排列的目录称为"聚集索引"。

如果我们认识某个字，就可以快速地从字典中查到这个字。但我们也可能会遇到不认识的字，不知道它的发音，这时，就不能按照刚才的方法找到要查的字，而需要根据"偏旁部首"查到要找的字，然后根据这个字后的页码直接翻到某页来找到该字。但结合"部首目录"和"检字表"而查到的字的排序并不是真正正文的排序方法。如查"张"字，我们可以看到在查部首之后的检字表中"张"的页码是 672 页，检字表中"张"的上面是"驰"字，但页码却是 63 页，"张"的下面是"弩"字，页面是 390 页。很显然，这些字并不是真正分别位于"张"字的上方、下方，现在看到的连续的"驰、张、弩"三个字实际上就是它们在非聚集索引中的排序，是字典正文中的字在非聚集索引中的映射。我们可以通过这种方式来找到所要查的字，但它需要两个过程，先找到目录中的结果，然后再翻到所需要的页码。

我们把这种目录纯粹是目录，正文纯粹是正文的排序方式称为"非聚集索引"。

2. 稠密索引与稀疏索引

在顺序文件中，如果每个键都有一个索引键值与之相对应，则这样的索引称为稠密索引。反之，如果只在索引文件中为每个数据块的第一条记录建立索引键值，则称为稀疏索引。图 9.6 所示为建立在顺序文件上的稀疏索引。

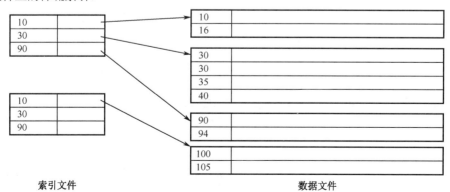

图 9.6　建立在顺序文件上的稀疏索引

稠密索引文件支持按给定键值查找相应记录的查询。给定一个键值"80"，我们先在索引块中查找"80"。找到后，按照"80"所对应的指针到数据文件中寻找相应的记录。虽然在找到"80"之前我们需要索引文件的若干个存储块，然而，由于有下面的因素，所以基于索引的查找效率更高。

● 索引块数量通常比数据块数量少。
● 由于键被排序，我们可以使用二分查找法来查找"80"。若有 n 个索引块，我们只需查找 $\log_2 n$ 个块。
● 索引文件可能足够小，以至于可以永远存放在主存缓冲区中。如果这样的话，查找键时就只涉及主存访问而不需要执行 I/O 操作。

【例 9-2】 假设一个关系有一百万条记录，大小为 4KB 的存储块可存放 10 个这样的记录，则这个关系需要的存储空间超过 400MB。若关系的键字段占 30B，指针占 8B，加上块头所需空间，那么我们可以在一个 4KB 存储块中存储 100 个键-指针对。这样一个稠密索引需要 1 万个存储块，占 40MB。我们就有可能为这样一个索引文件分配主存缓冲区。$\log_2 10000$ 大约是 13，采用二分查找法我们只需访问 13～14 个存储块就可以找到给定键值。

若稠密索引太大，我们可以为每个存储块设立一个键-指针对，键值为每个数据块中第一条记录的对应值，即建立稀疏索引。稀疏索引相较于稠密索引节省了存储空间，但查找给定值的记录需要更多的时间。

【例 9-2】中，一百万条记录占用了 10 个数据存储块，每个索引存储块存放 100 个键-指针对，若使用稀疏索引，我们就只需要 1000 个索引存储块，占用 4MB 空间。这样大小的文件完全可以存到主存中。

在稀疏索引中要查找键值为"80"的记录，我们可以在索引中查找键值小于或等于"80"的最大键值。由于索引文件已经按照键值进行排序了，所以可以使用二分查找法定位这个索引项，然后根据指针找到相应的数据块。之后，搜索这个数据块找到键值为"80"的记录。

使用稠密索引在回答下面形式的查询："是否存在键值为 80 的记录？"时，不需要去检索包含记录的数据块。"80"在索引中的存在足以证明数据文件中存在键值为"80"的记录。若使用稀疏索引，对于同样的查询，却需要执行 I/O 操作去确定是否存在键值为"80"的记录。

建立索引时，若我们使用的索引键正好是关系的键，则对应任何一个索引键值，关系中最多有一条记录存在，这种索引结构就是我们所说的唯一索引。图 9.2 所示的就是唯一索引结构。大多数情况下，索引键使用的都是关系的非键索引，这样就有可能存在一个给定的键值对应多个记录的情况。

图 9.7 所示为允许重复键的稠密索引。该索引项的指针指向键值为 K 的第一条记录。为了找出其他键值为 K 的记录，需要在数据文件中顺序查找存放在该记录后面的若干记录。例如，要找出索引键值为"10"的记录，先在索引中找到键值为"10"的索引项，并顺着它的指针找到第一个键值为"10"的记录。然后在数据文件中查找与该数据位于同一数据块中的其他键值为"10"的记录，以及后续数据块中键值为"10"的记录。当找到某记录的键值为"20"时，表明已找出所有满足条件的记录，不用再往前查找了。

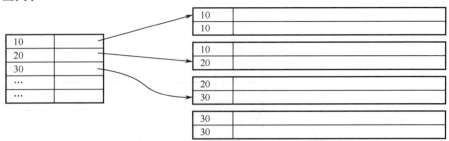

图 9.7　允许重复键的稠密索引

9.2.2　散列索引

第二类索引叫作散列索引，它通过散列函数进行定位。

散列文件组织将数据的某个键作为参数带入散列函数 h，计算出一个介于 $0 \sim B\text{-}1$ 的整数（B 为桶的数目），之后将记录连接到桶号为 $h(K)$ 的桶中进行存储。在确定散列函数时，最坏的情况可能是散列函数将所有的码值映射到同一个桶中，这样查找一条记录不得不检查所有的元组。理想的散列函数把所有的码均匀地分布到所有的桶中，且每个桶中的元组数目大致相同。由于设计时我们无法准确地了解文件中将要存储的码值，因此希望选择一个把搜索码值分配到桶且具有下列特性的散列函数。

- 分布是均匀的。散列函数从所有可能的搜索码值集合中为每个桶分配同样数量的搜索码值。
- 分布是随机的。即通常情况下，不管搜索码值实际怎么分布，每个桶应分配到的搜索码值数目几乎相同。

散列索引是根据对应键的散列码来找到最终的索引项的技术。使用散列索引，相同键值对应的记录一定是放在同一个桶文件里，这就减少了文件读取的次数，提高了效率。

小杨：能具体说说散列函数分布的均匀性和随机性吗？

老肖：假设我们要在 Doctor 表中求 salary 的一个散列函数。假设最低工资为 2500，最高工资为 9500。我们可以使用一个散列函数把这些值分成 7 个区间：2500～3500，3501～4500，…，8501～9500。对于这个散列函数，搜索码值的分布是均匀的（每个桶里有相同数目的不同的 salary 值），但不是随机的。若工资在 5000～6500 之间的记录比在其他区间的记录多，其结果就是记录的分配是不均匀的，某些桶中的记录数比其他桶的多。如果该函数分布随机，就应使所有的桶拥有大致相等的记录数。

9.2.3　位图索引

当索引的键值重复率很高时，B+树索引的效率就会大幅降低。若一张表中有某一个（几个）属性的值有明显的大量重复，如性别，只能有男和女，或者级别、状态等只有有限数量的几种取值等，并且表中数据量非常大时，我们应该考虑使用位图索引。

位图索引是一种针对多个字段的简单查询设计的一种特殊索引，只适用于字段值固定且值的种类很少的情况，并且只有在同时对多个这样的字段查询时才能体现出位图的优势。

位图的基本思想就是对每一个条件都用 0 或 1 来表示，如有 5 条记录，性别分别是男、女、男、男、女，如果使用位图索引就会建立两个位图，对应男的 10110 和对应女的 01001。我们知道，在 B+树索引中，每个索引键值中都存储了一个行号，通过这个行号可以方便地找到表中对应的记录。而在每一个位图索引的键值中，都会存放指向很多行的指针，而不是一行。这样，位图索引存放的键值会比 B+树索引少很多，如果同时对多个这种类型的字段进行 AND 或 OR 查询时，可以使用按位与和按位或来直接得到结果。

下面我们以 HIS 数据库中的 Medicine 表为例，说明位图索引是如何存储索引数据的。

【例 9-3】　位图索引存储索引数据。

```
SELECT * FROM Medicine ORDER BY Mtype;
```

查询结果如表 9.4 所示。

表 9.4　查询结果

Mno	Mname	Mprice	Munit	Mtype
314172	卡托普利片	0.037	片	西药

Mno	Mname	Mprice	Munit	Mtype
314418	替硝唑葡萄糖针	11.5	瓶	西药
314941	肾石通颗粒	27.1	盒	西药
315189	心胃止痛胶囊	26.9	盒	西药
315501	阿奇霉素胶囊	21	盒	西药
315722	L-谷氨酰胺胶囊	26.9	盒	西药
315805	盐酸雷尼替丁胶囊	0.1267	粒	西药
315977	胃立康片	26.5	盒	西药
316792	复方雷尼替丁胶囊	2.3	粒	西药
316910	依诺沙星注射液	46	支	西药
317660	蒲公英胶囊	25.5	盒	中成药

在这个药品表中，因为医院设置的药品类型非常有限，因此药品类型 Mtype 是一个重复率很高的属性列，在这个属性列上适合创建一个位图索引。

```
CREATE bitmap INDEX emp-bit-index on Medicine(Mtype);
```

表 9.5 所示为位图索引数据组织存储示意表。我们看到，在所创建的位图索引中只有 2 个键值，每个键值中存储着索引行的信息，当一行中的数据等于键值时，那么这一行将在索引键值中有一个 1 的标识，反之则为 0。因此，一个索引键的结构就是由如同表 9.5 这样的结构组成的，其中的每一位对应到一个可能的元组键值。如果设置了某位，那么与其相应的行包含该键值，系统内置的映射函数将位的位置转换为一个具体的元组键值。例如，对于药品类型为中成药的药品，在 11 行是 1，数据库只需对索引键中的位图进行位运算，就可以在这些行中找到满足条件的记录集。

位图索引非常适合如对索引键值进行 COUNT 这样的操作，也非常适合在索引字段间进行或（OR）、与（AND）这样的逻辑运算操作。但由于位图索引键保存了多行的数据，如果更新一个位图索引键，则会同时将其他的行进行锁定。如果一个键指向了成百上千行，那么将非常消耗资源，可能会导致操作的阻塞。为此，位图索引一般仅用于决策支持系统及需要即时查询的场合。

表 9.5　位图索引数据组织存储示意表

行/值	西　药	中　成　药
1	1	0
2	1	0
3	1	0
4	1	0
5	1	0
6	1	0
7	1	0
8	1	0
9	1	0

续表

行/值	西　药	中 成 药
10	1	0
11	0	1

小杨：肖老师，前面介绍了文件的不同组织方式，9.2 节单独介绍索引，看来索引这种文件组织方式十分有用了。能大致说说使用索引文件的优缺点吗？

老肖：创建索引可以大大提高系统的性能。第一，通过创建唯一性索引，可以保证数据库表中每一行数据的唯一性；第二，可以大大加快数据的检索速度，这也是创建索引的最主要的原因；第三，可以加速表和表之间的连接，特别是在实现数据的参照完整性方面特别有意义；第四，在使用分组和排序子句进行数据检索时，同样可以显著减少查询中分组和排序的时间；第五，通过使用索引，可以在查询的过程中使用优化处理器，提高系统的性能。

当然，增加索引也有许多不利的方面。第一，创建索引和维护索引要耗费时间，这种时间随着数据量的增加而增加；第二，除数据表占数据空间外，每一个索引还要占一定的物理空间，如果要建立聚簇索引，那么需要的空间就会更大；第三，当对表中的数据进行增加、删除和修改时，索引也要动态地维护，这样就降低了数据的维护速度。

9.3　查询处理及查询优化

9.3.1　查询处理

小杨：肖老师，数据库在进行查询时需要对查询语句进行哪些处理呢？

老肖：查询处理的任务是将用户提交给 RDBMS 的查询语句转换为高效的执行计划。RDBMS 通过四个步骤处理一个查询：查询分析、查询检查、查询优化、查询执行。

查询处理的过程如图 9.8 所示。

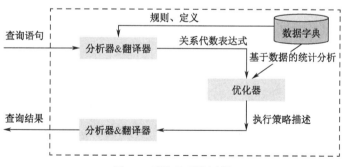

图 9.8　查询处理的过程

1．查询分析

首先，对查询语句进行扫描、词法分析和语法分析。RDBMS 对源码（T-SQL）执行基本的词法分析，寻找无效的 SQL 语法，如错误使用保留字、表名和属性名等。如果词法分析判断查询语句不符合 SQL 语法规则，则返回错误提示，终止语句的执行。

2．查询检查

此阶段根据数据字典对合法的查询语句进行语义检查。检查内容包括：查询语句中的数据库对象，如关系名、属性名等是否存在和有效，用户存取权限定义是否允许用户执行该项 SQL 操作，是否违背了完整性约束。如果该用户没有相应的访问权限或违反了完整性约束，就拒绝执行该查询。通过语义检查后便把 SQL 语句转换成等价的关系代数表达式，生成查询树（又称语法分析树）。

3．查询优化

每个查询都有许多可供选择的执行策略和操作算法，查询优化就是选择一个高效执行的查询处理策略的过程。查询优化有多种方法，一般可分为代数优化和物理优化。代数优化是指按照一定的规则，改变关系代数表达式中操作的次序和组合，使查询执行更高效。物理优化是指存取路径和底层操作算法的选择。选择的依据可以是基于规则的，也可以是基于代价的，还可以是基于语义的。

RDBMS 中的查询优化器综合运用这些优化技术，以获得最好的查询优化效果。

4．查询执行

依据查询优化器得到的执行策略生成查询计划，由代码生成器生成执行查询计划的代码。

9.3.2 关系代数运算的执行

下面我们简单介绍关系代数运算中的选择运算和连接运算的实现算法。每一个操作都有多种执行该操作的算法，这里仅介绍最主要的算法。其他重要操作的实现算法，有兴趣的读者可参考有关 RDBMS 实现技术的书。

1．选择运算的实现

SELECT 查询语句功能强大，有多种表达形式。不失一般性，下面以简单的选择操作为例介绍典型的实现方法。

```
SELECT * FROM Doctor WHERE <条件表达式>
```

<条件表达式>有以下几种情况。

C1：无条件。

C2：码属性等值比较。

C3：非码属性等值比较。

C4：非等值比较。

在查询处理中，全表顺序扫描是最简单的用于定位、检索满足选择条件记录的搜索算法。

（1）全表顺序扫描。

对查询的基本表顺序扫描每一个文件块，逐一检查每条记录是否满足选择条件。

全表顺序扫描十分费时，效率很低。但对于小表，这种方法简单有效，且这种方法可用于任何文件，不用管该文件的顺序、索引是否可用、选择操作的种类等因素。

（2）索引扫描。

索引结构提供了定位和存取数据的一条路径。使用索引的搜索算法称为索引扫描。下面我们根据选择谓词看看在不同索引的使用。

C2：码属性等值比较。

如果在码属性上建立有索引，无论是聚集索引还是非聚集索引，我们使用索引都能检索到满足相等条件的唯一记录。

C3：非码属性等值比较。

如果利用聚集索引，那么我们可以检索到多条记录，且这些记录在文件中必然是连续存储的。如果索引为非聚集索引，则每条记录可能存在于不同的磁盘块中，最坏情况下每检索到一条记录就需要一次 I/O 操作，以及一次 I/O 操作就需要一次搜索和一次磁盘块传输。如果要检索大量记录，最坏情况下的系统开销甚至比全表的顺序检索更大。

C4：非等值比较。

● 如果有 A 上的聚集索引。

系统开销与 C3 的情况一样。其一般搜索方法为：

对 $A>v$，我们在索引中寻找值 v，以检索出满足条件 $A=v$ 的首条记录。从该条记录开始到文件末尾进行一次文件扫描就能返回所有满足该条件的记录。对 $A>v$，文件扫描从第一条满足 $A>v$ 的记录开始。

对于形如 $A<v$ 或 $A \leqslant v$ 的比较式，没有必要查找索引，直接采用顺序扫描方式。若要求 $A<v$，则从文件头开始顺序扫描文件，直到遇上首条满足 $A=v$ 的元组为止。若要求 $A \leqslant v$，则从文件头开始顺序扫描文件，直到遇上首条满足 $A>v$ 的元组为止。

● 如果有 A 上的非聚集索引。

对于形如 $A<v$ 或 $A \leqslant v$ 的比较式，扫描底层索引块从最小值开始直到 v 为止；对于 $A>v$ 或 $A \geqslant v$ 的比较式，扫描从 v 开始直到最大值为止。

非聚集索引提供了指向记录的指针，但我们需要使用指针取得实际的记录。由于连续的记录可能存在于不同的磁盘块中，因此每取一条记录都可能需要一次 I/O 操作，而一次 I/O 操作需要一次磁盘搜索和一次块传输。如果检索得到的记录数很大，则使用非聚集索引的代价有可能高于顺序扫描。

2. 连接运算的实现

连接运算是查询处理中最耗时的操作之一。这里只讨论等值连接（或自然连接）最常用的实现算法。

【例 9-4】

```
SELECT * FROM Patient,Diagnosis
WHERE Patient.Pno=Diagnosis.Pno
```

（1）嵌套循环方法。

对外层循环（Patient）的每一条记录 p，检索内层循环（Diagnosis）的每一条记录 d，检查两条元组在连接属性上是否满足连接条件。若满足连接条件，则输出串接结果。算法直到外层循环表中的所有元组处理完毕为止。

与选择运算中使用全表顺序扫描算法类似，嵌套循环方法不要求有索引，且不管连接条件是什么。嵌套循环方法需要逐个检查两个关系当中的每一对元组，考虑的元组对数目是 $n_p * n_d$，这里 n_p 是 Patient 表的元组数，n_d 是 Diagnosis 表的元组数。对于 Patient 表中的每一条记录，我们必须对 Diagnosis 表做一次完整的扫描。最坏的情况下，缓冲区只能容纳每个关系的一个数据块，这时共需要 $n_p * B_d + B_p$ 次块的传输，这里 B_d 和 B_p 是指关系 Diagnosis 和 Patient 中元组的磁盘块数。对每次扫描内层关系 Diagnosis 我们只需要一次磁盘搜索，读取关系 Patient 一共需要 B_p 次磁盘搜索，这样总的磁盘搜索次数为 $n_p + B_p$。最好的情况下，内存有足够的空间同时容纳两个关系，则每一个数据块只需读一次，从而需要 $B_d + B_p$ 次块传输，加上两次磁盘搜索。因此，嵌套循环方法代价很大。如果只有其中一个关系能放在内存中，那么最好把这个关系作为内层关系来处理。这样内层循环只需要读一次，整个搜索代价与两个关系同时装入内存的情形相同：$B_d + B_p$ 次块传输，加上两次磁盘搜索。

（2）排序-合并方法。

使用排序-合并方法的步骤如下。

- 如果连接的两张表没有排好序，首先对两张表 Patient、Diagnosis 按连接属性排序。
- 取 Patient 表的第一个 Pno，依次扫描 Diagnosis 表中具有相同 Pno 的元组，把它们连接起来。
- 当扫描到 Pno 不相同的第一个 Diagnosis 元组时，返回 Patient 表扫描它的下一个元组，再扫描 Diagnosis 表中具有相同 Pno 的元组，把它们连接起来。
- 重复上述步骤直至 Patient 表扫描完。

如果两个关系是排好序的，则在连接属性上有相同值的元组是连续存放的。所以每一元组只需读一次，每一个块也只需读一次。由于两个文件都只需读一遍，因此排序-合并方法是高效的，所需磁盘块传输次数是两个文件块数之和：$B_d + B_p$。假设为两个关系分配 k 个缓冲块，则所需磁盘搜索次数为 $\left(\dfrac{B_d}{k}\right) + \left(\dfrac{B_p}{k}\right)$。

如果任意一张关系表没有按连接属性排序，则总代价还需要加上排序所花的代价。

（3）索引连接方法。

使用索引连接方法的步骤如下。

- 如果在 Diagnosis 表上未建立有属性 Pno 的索引，则首先建立该属性上的索引。
- 对 Patient 表中的每一个元组，由 Pno 值通过 Diagnosis 的索引查找相应的 Diagnosis 元组。
- 把这些 Diagnosis 元组和 Patient 连接起来。

循环执行上述后两步，直到 Patient 表中的元组处理完毕。

对于外层关系 Patient 的每一条记录，需要在关系 Diagnosis 的索引上进行查找，检索相关元组。最坏的情况下，缓冲区只能容纳关系 Patient 的一个块和索引的一个块，此时读取关系 Patient 需 B_p 次 I/O 操作，每次 I/O 操作需要一次磁盘搜索和一次块传输。

如果两个关系上均有索引，则一般把元组较少的关系作为外层关系效果较好。

（4）散列连接方法。

散列连接方法将连接属性作为码，用同一个散列函数把两张表中的元组划分到同一个散列文件中。

使用散列连接方法的步骤如下。

- 对包含较少元组的表中的元组按散列函数划分到不同的桶中。
- 把另一张表中的元组按散列函数划分到适当的桶中，并把元组与桶中所有来自第一张表并与之相匹配的元组连接起来。

使用散列函数进行划分产生的桶数值如果大于或等于内存块数，则会因为没有足够的缓冲块而导致划分不能一趟完成，需要重复多趟。在每一趟中，输入的最大划分数不超过用于输出的缓冲块数。每一趟产生的存储桶在下一趟中分别被读入并再次划分，产生更小的划分。系统不断重复输入的划分过程直到每个划分都能被内存容纳为止。这种划分称为递归划分。

在散列连接方法中，由于存在递归划分，在计算代价时需要预估每次划分减少的比例，增加了代价计算的复杂度，我们在这里就不介绍了。

9.3.3　查询优化技术

小杨：肖老师，我总听说数据库的查询优化，为什么要做查询优化呢？

老肖：关系数据模型诞生之后发展迅速，深受用户喜爱，但关系数据模型也有缺点，其最主要的缺点是由于存取路径对用户透明，查询效率往往不如非关系数据模型。因此，当用户提出一个查询请求时，面对可供选择的多种执行策略和操作算法，为了提高性能，必须对用户的查询请求进行优化。

查询优化在关系数据库系统中有着非常重要的地位。关系数据库系统和非过程化的 SQL 之所以能够取得如此重大的成功，关键得益于查询优化技术的发展。

关系系统的查询优化既是 RDBMS 实现的关键技术，又是关系系统的优点所在。它减轻了用户选择存取路径的负担。用户只需提出"要做什么"，而不必指出"怎么做"。在非关系系统中，用户使用过程化的语言，执行何种记录级的操作，以及操作的序列是由用户而不是由系统来决定的。因此，用户必须了解存取路径，查询效率由用户选择的存取策略决定。如果用户选择不恰当，则系统是无法做出改进的，这就要求用户具有较高的数据库技术和程序设计技术。

查询优化的优点不仅在于用户不必考虑如何最好地表达查询以获得较好的效率，而且在于系统可以比用户程序的优化做得更好，原因如下。

- 优化器可以从数据字典中获取数据统计信息。例如，每张关系表中的元组数、每个属性值的分布情况、属性是否建有索引等。优化器可以根据这些信息做出正确的估算，选择高效的执行策略。用户程序难以获得这些信息。
- 如果数据库的物理统计信息改变了，则系统可以自动对查询进行优化以选择相适应的执行策略。在非关系系统中必须重写程序，而重写程序在实际应用中几乎不太可能。
- 优化器可以考虑数百种不同的执行策略，而程序员只能考虑有限的几种策略。
- 优化器中包括了很多复杂的优化技术，系统的自动优化使得所有人都拥有这些优化技术。

目前，RDBMS 通过某种代价模型计算出各种查询策略的执行代价，然后选取代价最小的执行方案。在集中式数据库中，查询的执行开销主要包括磁盘存取块数（I/O 代价）、处理机时间（CPU 代价）、查询的内存开销。在分布式数据库中还要加上通信代价，即：

$$总代价=I/O 代价+CPU 代价+内存代价+通信代价$$

查询优化的总目标是：选择有效的策略，求得给定关系表达式的值，使得查询代价最小。

首先来看一个简单的例子，说明为什么要进行查询优化。

【例 9-5】　找出 82 号医生看过病的患者姓名。

```
SELECT Patient.Pname
FROM Diagnosis,Patient
WHERE Diagnosis.Pno=Patient.Pno AND Diagnosis.Cno='82'
```

假定 HIS 数据库中有 1000 条患者记录，10 000 条患者的诊断记录，其中找 82 号医生看过病的诊断记录是 50 条。

系统可以有多重等价的关系代数表达式来完成这个查询任务。

$$Q_1 = \pi_{\text{Pname}}(\delta_{\text{Diagnosis.Pno=Patient.Pno} \wedge \text{Diagnosis.Cno='32'}}(\text{Diagnosis} \times \text{Patient}))$$

$$Q_2 = \pi_{\text{Pname}}(\delta_{\text{Diagnosis.Cno='32'}}(\text{Diagnosis} \bowtie \text{Patient}))$$

$$Q_3 = \pi_{\text{Pname}}(\text{Patient} \bowtie \delta_{\text{Diagnosis.Cno='32'}}(\text{Diagnosis}))$$

等价的关系代数表达式还有很多，这里通过分析这三种就可以说明问题了，后面可以看到由于查询执行的策略不同，查询时间相差很大。

第一种情况 Q_1。

（1）计算广义笛卡儿积。

把 Diagnosis 和 Patient 的每个元组连接起来，连接的做法是：在内存中尽可能多地装入某张表（如

Patient 表）的若干块，留出一块存放另一张表（如 Diagnosis 表）的元组。然后把 Diagnosis 表中的每个元组和 Patient 表中的每个元组连接，连接后的元组装满一块后就写入中间文件，再从 Diagnosis 表中读入一块和内存中的 Patient 元组连接，直到 Diagnosis 表处理完毕。这时，再次读入若干块 Patient 元组，读入一块 Diagnosis 元组，重复上述过程，直到把 Patient 表处理完毕。

设一个块能装 10 条 Patient 元组和 100 条 Diagnosis 元组，内存中一次存放五块 Patient 元组和一块 Diagnosis 元组，则读取总块数为：

$$\frac{1000}{10} + \frac{1000}{10\times 5} \times \frac{10\,000}{100} = 100 + 20 \times 100 = 2100 \, \text{块}$$

其中，读 Patient 表 100 遍，读 Diagnosis 表 20 遍，每遍 100 块，则总计要花 105s。

连接后的元组数为 $10^3 \times 10^4 = 10^7$。设每块能装 10 个元组，则写出这些块要用 $10^6 / 20 = 5 \times 10^4 \text{s}$。

（2）进行选择操作。

依次读入连接后的元组，按照选择条件选取满足条件的记录。假定内存处理时间忽略，读取中间文件花费的时间与写中间文件一样需要 $5 \times 10^4 \text{s}$。满足条件的元组假设仅为 50 个，放入内存。

（3）进行投影操作。

把第（2）步的结果在 Pname 上进行投影输出，得到最终结果。

第一种情况执行查询的总时间为 $105 + 2 \times 5 \times 10^4 \approx 10^5 \text{s}$。这里，所有内存处理时间均忽略不计。

第二种情况 Q_2。

（1）计算自然连接。

执行自然连接，读取两张表的策略不变，总的读取块数仍为 2100 块花费 105s。

自然连接结果比第一种情况大大减少，为 10^4 个。因此写出这些元组的时间为 $10^4/10/20=50\text{s}$。此结果仅为第一种情况的千分之一。

（2）进行选择运算。

读取中间文件块，进行选择运算，花费时间也为 50s。

（3）进行投影运算。

第二种情况执行查询总的执行时间为 $105 + 50 + 50 = 205\text{s}$。

第三种情况 Q_3。

（1）对 Diagnosis 表进行选择运算。

只需读一遍 Diagnosis 表，存取 100 块花费时间为 5s，因此满足条件的元组不必使用中间文件。

（2）读取 Patient 表，把读入的 Patient 元组和内存中的 Diagnosis 元组进行连接。

也只需读一遍 Patient 表共 100 块，花费时间为 5s。

（3）把连接结果投影输出。

第三种情况执行查询总的执行时间为 $5 + 5 = 10\text{s}$。

假如 Diagnosis 表的 Cno 属性上有索引，第（1）步就不必读取所有 Diagnosis 元组而只需读取满足条件的（50 个）元组。存取的索引块和 Diagnosis 中满足条件的数据块为 3～4 个。若 Patient 表在 Pno 上也有索引，则第（2）步也不需要读取所有的 Patient 元组，因为满足条件的 Diagnosis 记录仅为 50 条，设计最多 50 个 Patient 元组，因此读取 Patient 表的块数也大大减少。总的存取时间将进一步减少到数秒。

这个简单的例子充分说明了查询优化的必要性，同时也给出一些查询优化方法的初步概念。把代数表达式 Q_1 变换为 Q_2、Q_3，即有选择和连接操作时，应当先做选择操作，减少参与连接操作的记录数，这是代数优化。在 Q_3 中，Diagnosis 表的选择操作算法有全表扫描和索引扫描，经过初步估算，索引扫描方法更优，同样对于 Patient 和 Diagnosis 表的连接，利用 Patient 表上的索引，采用索引连接代价也较小。这就是物理优化。

9.3.4 代数优化

代数优化是通过对关系代数表达式的等价变换来提高查询效率的。所谓关系代数表达式的等价是指用相同的关系代数代替两个表达式中相应的关系所得到的结果是相同的。

1. 关系代数表达式等价变换规则

下面是常用的等价变换规则，证明从略。两个关系表达式 E_1 和 E_2 是等价的，记为 $E_1 \equiv E_2$。

（1）连接、笛卡儿积交换律。

$$E_1 \times E_2 \equiv E_2 \times E_1$$
$$E_1 \bowtie E_2 \equiv E_2 \bowtie E_1$$

（2）连接、笛卡儿积结合律。

设 E_1、E_2、E_3 是关系代数表达式，F_1 和 F_2 是连接运算的条件，则有

$$(E_1 \times E_2) \times E_3 \equiv E_1 \times (E_2 \times E_3)$$
$$(E_1 \bowtie E_2) \bowtie E_3 \equiv E_1 \bowtie (E_2 \bowtie E_3)$$

（3）投影的串接定律。

$$\pi_{A_1, A_2, \cdots, A_n}(\pi_{B_1, B_2, \cdots, B_m}(E)) \equiv \pi_{A_1, A_2, \cdots, A_n}(E)$$

这里，E 是关系代数表达式，$A_i (i = 1, 2, \cdots, n)$，$D_j (j = 1, 2, \cdots, m)$ 是属性名且 $\{A_1, A_2, \cdots, A_n\}$ 构成 $\{B_1, B_2, \cdots, B_m\}$ 的子集。

（4）选择的串接定律。

$$\delta_{F_1}(\delta_{F_2}(E)) \equiv \delta_{F_1 \wedge F_2}(E)$$

这里，E 是关系代数表达式，F_1 和 F_2 是选择的条件。通过合并选择条件可将条件的检查一次完成。

（5）选择与投影操作的交换律。

$$\delta_F(\pi_{A_1, A_2, \cdots, A_n}(E)) \equiv \pi_{A_1, A_2, \cdots, A_n}(\delta_F(E))$$

这里，选择条件 F 只涉及属性 $A_1, A_2, \cdots, A_n$。

（6）选择与笛卡儿积的交换律。

如果 F 中涉及的属性都是 E_1 中的属性，则

$$\delta_F(E_1 \times E_2) \equiv \delta_F(E_1) \times E_2$$

如果 $F = F_1 \wedge F_1$，且 F_1 只涉及 E_1 中的属性，F_2 只涉及 E_2 中的属性，则有

$$\delta_F(E_1 \times E_2) \equiv \delta_{F_1}(E_1) \times \delta_{F_2}(E_2)$$

若 F_1 只涉及 E_1 中的属性，F_2 涉及 E_1、E_2 两者的属性，则有

$$\delta_F(E_1 \times E_2) \equiv \delta_{F_2}((E_1) \times E_2)$$

（7）选择与并的分配律。

设 $E = E_1 \cup E_2$，E_1、E_2 有相同的属性名，则

$$\delta_F(E_1 \cup E_2) \equiv \delta_F(E_1) \cup \delta_F(E_2)$$

（8）选择与差运算的分配律。

若 E_1、E_2 有相同的属性名，则

$$\delta_F(E_1 - E_2) \equiv \delta_F(E_1) - \delta_F(E_2)$$

（9）选择与自然连接的分配律。

$$\delta_F(E_1 \bowtie E_2) \equiv \delta_F(E_1) \bowtie \delta_F(E_2)$$

（10）投影与笛卡儿积的分配律。

设 E_1、E_2 是关系代数表达式，$A_1, A_2, \cdots, A_n$ 是 E_1 的属性，$B_1, B_2, \cdots, B_m$ 是 E_2 的属性，则

$$\pi_{A_1, A_2, \cdots, A_n, B_1, B_2, \cdots, Bm}(E_1 \times E_2) \equiv \pi_{A_1, A_2, \cdots, A_n}(E_1) \times \pi_{B_1, B_2, \cdots, Bm}(E_2)$$

（11）投影与并的分配律。

设 E_1、E_2 有相同的属性名，则

$$\pi_{A_1, A_2, \cdots, A_n}(E_1 \cup E_2) \equiv \pi_{A_1, A_2, \cdots, A_n}(E_1) \cup \pi_{A_1, A_2, \cdots, A_n}(E_2)$$

2. 查询树的启发式优化

应用启发式规则对关系代数表达式的查询树进行优化。典型的启发式规则如下。

- 提早执行选择运算。对于有选择运算的表达式，应优化成尽可能先执行选择运算的等价表达式，以得到较小的中间结果，减少运算量和从外存读块的次数。
- 合并笛卡儿积与其后的选择运算为连接运算。在表达式中，当笛卡儿积运算的后面是选择运算时，应该合并为连接运算，使选择与笛卡儿积一道完成。以避免做完笛卡儿积后，需再扫描一个大的笛卡儿积关系进行选择运算。
- 将投影运算和选择运算同时进行，以避免重复扫描关系。
- 将投影运算和其前后的二目运算结合起来，以避免为去掉某些字段再扫描一遍关系。
- 在执行连接前对关系适当地预处理．就能快速地找到要连接的元组。
- 存储公共子表达式。如果一个表达式中多次出现某一个子表达式，那么应该把该子表达式计算的结果预先计算和保存起来，以便以后使用，减少重复计算的次数。

下面给出遵循这些启发式规则，应用等价变换公式来优化关系表达式的算法。

算法：关系表达式的优化

输入：一个关系表达式的查询树

输出：优化的查询树

方法：

（1）利用等价变换规则（4）把形如 $\delta_{F_1 \wedge F_2 \wedge \cdots \wedge F_n}(E)$ 变换为 $\delta_{F_1}(\delta_{F_2}(\cdots \delta_{F_2}(E) \cdots))$。

（2）对每一个选择，利用等价变换规则（4）～（9）尽可能把它移到树的叶端。

（3）对每一个投影，利用等价变换规则（3）、（5）、（10）、（11）中的一般形式尽可能把它移向树的叶端。

（4）利用等价变换规则（3）～（5）把选择和投影的串接合并成单个选择、单个投影或一个选择后跟一个投影。使多个选择和投影能同时执行，或者在一次扫描中全部完成。

把上述得到的语法树的内节点分组。每一个二目运算和它所有的直接祖先为一组。如果其后代直到叶子全是单目运算，则也将它们并入该组。但当二目运算是笛卡儿积，而且后面不是与它组成等值连接的选择时，则不能把选择与这个二目运算组成一组。把这些单目运算单独分为一组。

【例 9-6】 下面给出【例 9-5】中 SQL 语句的优化示例。

（1）把 SQL 语句转换成查询树，关系代数查询树如图 9.9 所示。

（2）对查询树进行优化。

利用等价变换规则（4）、（6）把选择运算 $\delta_{\text{Diagnosis.Cno='82'}}$ 移到叶端，图 9.9 所示的查询树便转换成图 9.10 所示的优化后的查询树。这就是 Q_3 的查询树表示，前面已经分析过 Q_3 比 Q_1、Q_2 的查询效率高很多。

图 9.9　关系代数查询树　　　　　　　　图 9.10　优化后的查询树

9.3.5　物理优化

代数优化改变查询语句中操作的次序和组合，不涉及底层的存取路径。由于对每一种操作有多种执行这个操作的算法，有多条存取路径，所以对一个查询语句有许多存取方案，它们的执行效率不同，有的会相差很大。因此，仅仅依靠代数优化是不够的。物理优化就是要选择高效合理的操作算法和存取路径，求得优化的查询计划，达到查询优化的目的。

物理优化的选择方法如下。

- 基于规则的启发式优化。启发式规则是指那些在大多数情况下都适用，但不是在每种情况下都适用的规则。
- 基于代价估算的优化。优化器估算不同执行策略的代价，并选出具有最小代价的执行计划。
- 两者结合的优化方法。查询优化器通常会把两种技术结合在一起使用。由于可能的执行策略有很多，要穷尽所有的策略进行代价估算往往是不可能的，会造成查询优化本身付出的代价大于得到的益处。为此，常常先使用启发式规则，选取若干较优的候选方案，减少代价估算的工作量；然后分别计算这些候选方案的执行代价，较快地选出最终的优化方案。

1. 基于启发式规则的存取路径选择优化

（1）选择操作的启发式规则。

如果操作的关系表是小表，则无论选择列上是否有索引都使用全表顺序扫描；如果操作的关系表是大表，则：

- 对于选择条件是主码=值的查询，查询结果最多为一个元组，可以选择主码索引。
- 对于选择条件是非主属性=值的查询，并且选择列上有索引，则要估算查询结果的元组数目，如果比例较小（<10%），则可以使用索引扫描方式，否则使用全表扫描。
- 对于选择条件是属性上的非等值查询或范围查询，并且选择列上有索引，则要估算查询结果的元组数目，如果比例较小（<10%），则可以使用索引扫描方式，否则使用全表扫描。
- 对于用 AND 连接的选择条件，如果有涉及这些属性的组合索引，则优先采用组合索引扫描方法，否则使用全表顺序扫描。
- 对于 OR 连接的选择条件，一般使用全表顺序扫描。

（2）连接操作的启发式规则。

- 如果两张表都已经按照连接属性排序，则选用排序-合并方法。
- 如果一张表在连接属性上有索引，则可以选用索引连接方法。
- 如果上面两个规则都不适用，其中一张表较小，则可以使用哈希连接方法。
- 最后可以使用嵌套循环方法，并选择其中较小的表作为外表。

以上列出来一些主要的启发式规则，实际的 RDBMS 中启发式规则要多得多。

2. 基于代价的优化

启发式规则的优化是定性的选择，基于代价的优化方法则更为精细、复杂。

（1）统计信息。

基于代价的优化方法要计算各种操作算法的执行代价，它与数据库的状态密切相关。为此，在数据字典中存储了优化器需要的统计信息，主要内容如下。

● 对每张基本表，该表的元组总数（N）、元组长度（I）、占用的块数（B）、占用的溢出块数（B_O）。

● 对基表的每个列，该列不同值的个数（m）、选择率（f，如果不同值的分布均匀，则 $f=1/m$；如果不同值的分布不均匀，则每个值的 $f=$ 具有该值的元组数/N）、该列最大值、最小值，该列上是否建有索引，是哪种索引（B+树索引、Hash 索引、聚集索引）。

● 对索引，该索引的层数（L）、不同索引值的个数、索引的选择基数 S（有 S 个元组具有某个索引值）、索引的叶节点数（Y）。

假设磁盘系统传输一个块的数据平均消耗为 t_r，磁盘平均访问时间为 t_s。

（2）全表顺序扫描算法的代价估算公式。

如果基本表大小有 B 块，那么全表顺序扫描的代价 $\cos t = B * t_r + t_s$；

如果选择条件是码=值，那么平均搜索代价 $\cos t = (B * t_r)/2 + t_s$。

（3）索引扫描算法的代价估算公式。

如果选择条件是码=值，则采用该表的主索引，若为 B+树，层数为 L，则需要存取 B+树中从根节点到叶节点 L 块，再加上基本表中该元组所在的那一块，$\cos t = (L+1) * (t_r + t_s)$。

如果选择条件涉及非码属性，若为 B+树，则选择条件是相等比较，S 是索引的选择基数，因为满足条件的元组可能会保存在不同的块上，所以最坏情况下 $\cos t = (L+S) * (t_r + t_s)$。

如果比较条件是>、>=、<、<=操作，假设有一半的元组满足条件，那么就要存取一半的叶节点，并通过索引访问一半的表存储块。所以 $\cos t = (L+Y/2+B/2) * (t_r + t_s)$。如果可以获得更准确的选择基数，则可以进一步修正 $Y/2$ 与 $B/2$。

（4）嵌套循环连接算法的代价估算公式。

设连接表 R 与 S 分别占用的块数为 B_r 与 B_s，n_r 为 R 中的元组数，n_s 为 S 中的元组数。如果 R 为外表，由 9.3.2 节分析有：嵌套循环法存取的块数为 $B_r + (n_r * B_s)$，磁盘搜索次数为 $n_r + B_r$。则总的代价为

$$\cos t = (B_r + (n_r * B_s)) * t_r + (n_r + B_r) * t_s$$

如果需要把连接结果写回磁盘，则

$$\cos t = (B_r + (n_r * B_s) + (F_{rs} * n_r * n_s)/M_{rs}) * t_r + (n_r + B_r) * t_s$$

其中，F_{rs} 为连接选择性，表示连接结果元组数的比例，M_{rs} 是存放连接结果的块因子，表示每块中可以存放的结果元组数目。

（5）排序-合并连接算法的代价估算公式。

如果连接表已经按照连接属性排好序，则

$$\cos t = (B_r + B_s + (F_{rs} * n_r * n_s)/M_{rs}) * t_r + \left(\left(\frac{B_d}{k} \right) + \left(\frac{B_p}{k} \right) \right) * t_s$$

如果必须对文件排序，那么需要在代价函数中加上排序的代价。对于包含 B 个块的文件排序的代价大约为 $(2 * B) + (2 * B * \log_2 B)$。

（6）索引连接算法的代价估算公式。

$$\cos t = B_r(t_r + t_s) + n_r * c$$

c 是使用连接条件对关系 S 进行单次选择操作的代价，其计算公式与索引扫描算法的代价估算公式相同，具体参见（3）的描述。

上面仅列出了少数操作算法的代价估算示例，实际的 RDBMS 中代价估算公式要多得多，复杂得多。

习　　题

1. 试述数据库中文件的记录组织方式。

2. 数据库中常用的文件组织方式是什么？

3. 什么叫索引？索引的组织方式主要有哪几类？

4. 什么情况下使用稠密索引优于稀疏索引？

5. 在 B+树中叶节点与非叶节点是否采用同一种索引技术？

6. 什么叫散列索引？

7. 简述在 B+树中查找索引项值为 K 的过程。

8. 比较聚集索引和非聚集索引。

9. 说明在关系数据库系统中进行查询优化的必要性。

10. 简要说明 RDBMS 查询优化的一般准则。

第 10 章　事务与并发控制

事务是数据库应用程序的基本逻辑单元，是 DBMS 中执行并发控制和故障恢复的基础。事务的所有动作要么全部执行，要么一个也不对数据库产生影响。一旦事务成功执行，则其影响必须永久保存在数据库中。此外，数据库系统提供隔离机制以保证事务不受其他并发执行事务的影响。数据库是一个共享的系统，可以供多个用户同时使用。多个事务并发更新数据可能引起许多数据一致性的问题。数据库的并发控制机制通过对锁资源的管理协议控制事务之间的相互影响，防止它们破坏数据库的一致性。另外，并发控制机制还必须解决事务并发执行过程中可能出现死锁的现象。本章讨论的内容主要包括：

- 事务的概念、ACID 特性
- 事务的状态
- 并发执行可能引起的问题
- 可串行化调度
- 锁
- 两段锁协议
- 锁的升级
- 锁的相容矩阵
- 死锁的形成、检测及解除
- 多粒度封锁

学习目标：
- 掌握事务的概念
- 理解 ACID 特性
- 了解并发执行可能引起的问题
- 掌握可串行化调度概念
- 掌握两段锁协议
- 掌握锁的相容矩阵
- 了解死锁的形成
- 掌握死锁的检测方法及解除方法
- 了解多粒度锁
- 了解锁的升级
- 了解更新锁

10.1　事务的概念与性质

小杨：肖老师，为什么会有事务这个概念呢？

老肖：在早期的大型数据库应用过程中，开发人员必须面对以下问题。

（1）产生不一致的结果。

以医院药品价格调整为例。使用一个应用程序将所有药品价格上调 10%。假定药品数量为 10 000。

在应用程序修改完所有药品的价格数据前，系统发生故障停止运行，此时部分药品的价格数据已改为新值。当系统重新启动后，系统无法知道发生故障的时刻应用程序的执行逻辑，也就不能确定到底有哪些药品的信息已经发生了变化，哪些药品的价格数据还没有改变。这样，数据库处于不一致状态。

（2）并发执行的错误。

由于性能等方面的考虑，应用程序的执行可能是并发执行的。假定应用程序 1 将药品 A 的价格上浮 10%，而另一应用程序 2 将药品 A 的价格上涨 10 元。设药品 A 的初始价格为 30 元。两个应用程序同时运行。若应用程序 1 和应用程序 2 先后将药品 A 的价格 30 元读入自己的缓冲区，之后在自己的缓冲区中修改价格，则应用程序 1 将药品 A 的价格调整为 33 元，应用程序 2 将药品 A 的价格调整为 40 元。最后，两个应用程序先后将自己缓冲区中药品 A 的价格写回数据库。若应用程序 1 先写回磁盘，则数据库中药品 A 的价格最终为 40 元；若应用程序 2 先写回磁盘，则数据库中药品 A 的价格最终为 33 元。无论什么样的结果都是不正确的。由于两个应用程序都改变了药品 A 的价格，最终数据库中药品 A 的价格为 43 元或 44 元。

（3）何时更新数据库。

应用程序与数据库打交道无外乎读数据库、写数据库。读数据库是将数据库中的数据先从磁盘读入内存，然后再将值赋予一个变量。写数据库是先将变量的值写入内存，然后再由内存写入磁盘。无论是读还是写，内存都是必经之路。为了减少磁盘的访问次数，我们通常会将记录在内存放置一段时间。这样，当故障发生时只能找到已经写在磁盘上的内容，内存中的数据丢失了。既要减少磁盘的 I/O 操作，又要防止数据不一致的产生，那么何时更新数据库才恰当呢？

为解决上述这些问题，提出了事务的概念。

1. 定义

事务是用户定义的一个数据库操作序列，这些操作要么全做要么全不做，是一个不可分割的工作单位。

在关系数据库中，一个事务可以是一条 SQL 语句、一组 SQL 语句或整个程序。一个应用程序可以包含多个事务。

SQL 中与事务相关的语句包括：

```
BEGIN TRANSACTION
ROLLBACK
COMMIT
END TRANSACTION
```

事务由事务开始（BEGIN TRANSACTION）和事务结束（END TRANSACTION）之间执行的全体操作组成。COMMIT 表示提交，即事务已经成功完成，将事务中所有对数据库的更新写回到磁盘上永久保存，事务正常结束。ROLLBACK 表示回滚，即在事务运行的过程中发生了故障，事务不能继续执行，将事务中对数据库的所有已完成的操作全部撤销，被修改的数据库恢复到事务执行之前的状态。

事务可以以显式的方式加以定义，如图 10.1 所示。

```
BEGIN TRANSACTION          BEGIN TRANSACTION
    SQL 语句1                   SQL 语句1
    SQL 语句2                   SQL 语句2
       ...                         ...
    COMMIT                     ROLLBACK
END TRANSACTION            END TRANSACTION
```

图 10.1　事务的显式定义

当用户没有显式地定义事务时，DBMS 按默认规定自动划分事务。

图 10.2 所示是一个事务的例子，它将医药费（x）从患者账户（A 账户）划拨到医院账户（B 账户）。

```
BEGIN TRANSACTION
READ A
A=A-x
IF A<0 THEN
BEGIN
     display"A余额不足"
     ROLLBACK
END
ELSE
BEGIN
    WRITE(A)
    READ B
    B=B+x
    WRITE(B)
    DISPLAY"缴费成功"
    COMMIT
END
END TRANSACTION
```

图 10.2　一个事务的示例

这个事务有两种结束的可能性，一个是以 ROLLBACK 命令结束，撤销事务的影响；一个是以 COMMIT 命令结束，表明缴费成功。只有在 COMMIT 之后，事务对数据库的改变才对其他事务开放，以避免其他事务访问不一致或不存在的数据。

2. 事务的特性

为了保证数据完整性，要求数据库系统维护事务的 ACID 特性，具体如下。

- **原子性（Atomicity）**：事务的所有操作在数据库中要么全部正确反映，要么全部不反映。在系统出现故障后，DBMS 的恢复机制将恢复或撤销系统发生故障时处于活动状态的事务对数据库产生的影响，从而保证事务的原子性。这样，产生不一致结果的问题就可以得到解决。对于事务要执行写操作的数据项，数据库系统在磁盘上用一个叫作"日志"的文件记录事务操作的类型及操作对象的值等相关信息。如果事务没能完成执行，则数据库系统将根据记录的信息决定是将事务撤销，恢复数据库的旧值，使得表面上看好像事务从未执行过一样，还是将那些未在数据库中做过真正修改的操作重新执行。事务原子性由事务管理部件（Transaction-Management Component）处理。

- **一致性（Consistency）**：当事务单独执行时（没有其他事务的并发执行），应保持数据库的一致性。一致性在逻辑上不是独立的，它主要由应用开发人员来确保。

- **隔离性（Isolation）**：当多个事务并发执行时，一个事务的执行不能被其他事务干扰。对任何一对并发执行的事务 T_i 和 T_j，在 T_i 看来，T_j 或者已经在 T_i 之前完成执行，或者在 T_i 完成之后开始执行。每个事务都感觉不到其他事务的并发执行。由于性能的原因，需要对事务进行交叉调度，但我们希望交叉调度的结果和某个串行调度的结果是一致的。数据库系统提供的这一性质可以解决前面提到的并发执行带来的错误问题。隔离性通过数据库系统中的并发控制部件（Concurrency-Control Component）处理。

- **持久性（Durability）**：一个事务一旦提交，它对数据库中数据的改变就应该是永久性的，即使系统可能出现故障。由于数据库系统在磁盘上记录了事务的操作信息，所以在保证原子性的同时，也提供了持久性的保证。持久性由数据库系统中的恢复管理部件（Recovery-Management

Component）的软件部件负责。

这些特性统称为事务的 ACID 特性，缩写由四条性质的英文首字母组成。

事务是 DBMS 的最小执行单位，对数据库的操作必须为一个事务单位。同时事务也是最小的故障恢复单位和并发控制单位，在并发执行时，以事务为单位运行；在事务未完成需要恢复数据时，仍然以事务为单位进行。

3. 事务的状态

每个事务从开始到结束的整个生命周期可以分为若干个状态。DBMS 记录每个事务的状态，以便恢复时做不同的处理。事务状态的变迁如图 10.3 所示。

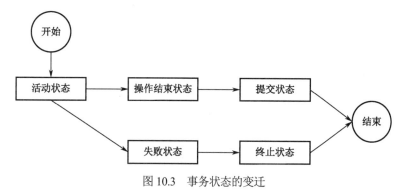

图 10.3　事务状态的变迁

事务交付给 DBMS 后，就进入活动状态。当事务执行完最后一条语句后，进入操作结束状态。之后，系统将日志信息写入磁盘，确保即使此时出现故障，事务所做的更新操作也能在磁盘上有记录可查。这样，当系统重新启动后，可以根据日志进行事务的重新处理。当最后一条日志记录写入磁盘后，事务进入提交状态，正常结束。

事务在活动状态期间，甚至于进入操作结束状态后，均有可能遇到系统发生崩溃的情况或由于事物自身原因不能继续执行的情况。于是事务进入失败状态。事务失败后，系统将在某一时间对事务执行回滚操作，撤销该事务对数据库已经完成的更新操作，使数据库回到事务执行之前的一致状态。撤销期间事务处于中止状态，撤销完成后事务非正常结束。

事务在进入操作结束状态后仍有可能转入失败状态。事务的更新数据什么时候由缓冲区写入磁盘不是由事务管理器控制的，若在数据仍驻留内存期间发生系统崩溃，则事务就进入了失败状态。

系统并不需要记下事务的每一个状态，但要区分出一个事务在出现故障时是提交的还是未提交的。

10.2　事务的并发执行可能引起的问题

在 DBMS 看来，事务就是一个操作序列，它对数据库的操作包括读数据库对象和写数据库对象。DBMS 按照这些操作在事务中的定义顺序去执行这些操作。事务可以一个一个地串行执行，即每一时刻只有一个事务在执行，每个事务仅当前一个事务执行完毕后才开始执行。事务管理系统也允许多个事务的并发执行。

小杨：肖老师，能简单介绍事务并发执行的好处吗？

老肖：多个事务并发执行可能引起数据一致性的问题，需要事务管理器进行特殊处理。尽管如此，目前的 DBMS 仍允许事务的并发执行，原因有两点。

（1）改善系统的资源利用率。

一个事务是由多个活动组成的，在不同的执行阶段需要不同的资源。有时涉及 I/O 活动，有时需要 CPU，有时又需要通信。计算机系统中的 I/O 与 CPU 可以并发执行。因此，I/O 活动可以与 CPU 处理并发执行。如果事务串行执行，则有些资源可能空闲；如果事务并发执行，当一个事务在磁盘上读写时，另一个事务可在 CPU 上运行，还有的事务可以在另外的磁盘上读写，即交叉地利用这些资源，从而提高系统的资源利用率，增加系统的吞吐量。因此，为了充分利用系统资源，发挥数据库共享资源的特点，应该允许多个事务并发执行。

（2）减少短事务的等待时间。

系统中可能运行有各种各样的事务，有些运行时间长，有些运行时间短。如果事务串行执行，则运行时间短的事务可能要等待很长的时间才能得到系统的响应。例如，有两个事务 T_1 和 T_2，T_1 是长事务，T_2 是短事务，T_1 比 T_2 先交付系统。如果串行执行，则 T_2 的响应时间会很长，可能会导致难以预测的延迟。如果各个事务是针对数据库的不同部分进行操作的，则事务并发执行会更好，可以减少不可预测的事务执行延迟，同时也可减少平均响应时间。

T_1	T_2
READ(A)	
WRITE(A)	
	READ(C)
	WRITE(C)
RAED(B)	
WRITE(B)	

图 10.4　调度示例

老肖：事务如果并发执行，就会涉及一个概念：调度。调度是一个或多个事务的操作按时间排序的一个序列。一个事务的两个操作在调度中出现的顺序必须与其在事务内定义的先后顺序一致。如果是多个事务的并发执行，则调度反映的是一个实际的或可能的执行顺序。例如，图 10.4 所示调度为两个事务 T_1 和 T_2 在系统中运行时一种可能的执行顺序。在调度中我们强调事务对数据库所执行的动作，而忽略事务中有关操作系统文件的读写、计算算术表达式等动作。

若不同事务的活动在调度中没有交叉运行，即事务是一个接一个执行的，则称这样的调度为串行调度。

事务在并发执行过程中如果不加控制，则可能会产生三个方面的问题。

● 读脏数据（Dirty Read）。

脏数据是对未提交事务所写数据的统称。读脏数据是对脏数据的读取。读脏数据的危险是写数据的事务最终可能放弃。如果这样，脏数据将从数据库中移走，就像这个数据不曾存在过一样。如果别的事务读取了这个数据，则通过对脏数据的处理，可能会导致数据库中出现垃圾数据。图 10.5 所示为导致读脏数的调度。

T_1	T_2
READ(A)	
A:=A*0.1	
WRITE(A)	
	READ(A)
	COMMIT
ROLLBACK	

图 10.5　导致读脏数的调度

两个事务 T_1 和 T_2：T_1 读取药品 A 的价格，将 A 的价格下调 90%；T_2 查询药品 A 的价格。假定它们按照图 10.5 所示的调度交叉运行：①事务 T_1 修改药品 A 的价格，下调 90%；②事务 T_2 查询药品 A 当前的最新值，事务结束；③事务 T_1 因某种原因撤销，药品 A 的价格修改为原值。

这样，事务 T_2 查询到的药品 A 的价格就是不正确的，即读到了脏数据。造成这个问题的原因就是事务 T_2 在事务 T_1 提交前，读到了 T_1 修改后的数据。

读脏数据有时会带来问题，有时却无关紧要。当读脏数据带来的影响足够小时，偶尔读一次脏数据也是可以的，它可以提高并发性，减少事务的等待时间。例如，图 10.5 所示的事务 T_2，若 T_2 仅是查看药品的价格，则问题不是很严重，再次运行事务 T_2 也许就能得到正确的值。若事务 T_2 除了查询价格，还用此查询价格进行计算，最后将计算结果写入数据库，则由此读脏数据就造成了数据库的不一致状态，应严格禁止。

● 不可重复读（Unrepeatable Read）。

事务并发执行，导致不可重复读的调度如图 10.6 所示。

T₁	T₂
READ(A)	
READ(B)	
READ(C)	
READ(D)	READ(A)
READ(E)	A:=A*0.1
...	WRITE(A)
	COMMIT
READ（A）	
...	

图 10.6　导致不可重复读的调度

T_1 事务统计药品的价格总和，因此需查询所有药品的价格，然后求和。T_2 事务对药品 A 的价格进行 90%的下调。若按图 10.6 所示进行事务的调度：①事务 T_1 读取药品价格，进行求和操作，在取得药品 A 的价格后的某一时刻，系统转而运行事务 T_2；②事务 T_2 读取并修改药品 A 的价格，提交事务；③事务 T_1 再次读取药品价格，进行求和操作。

这样，事务 T_1 由于前后两次读取药品 A 的价格不一致，两次得到的价格总和就出现了差异。出现这个问题的原因是在事务 T_1 的两次读取数据之间，其他事务修改了它要读取的数据，以致两次读到的值不同。在事务串行执行时，就不会出现此现象。

● 丢失修改（Lost Update）。

图 10.7 所示为导致丢失修改的调度。事务 T_1 和 T_2 都对药品 A 的价格进行了更新，事务 T_1 将药品 A 的价格下调 90%，事务 T_2 将药品 A 的价格增加 10 元。

设药品 A 价格的初始值为 30，按照图 10.7 所示的次序执行，在数据库中药品 A 价格的最终值为 40，事务 T_1 对药品 A 价格的修改丢失，未在数据库中体现。这与 T_1、T_2 串行执行的结果不一样。若按照 $T_1 \rightarrow T_2$ 次序执行，则药品 A 价格的最终值为 13；若按照 $T_2 \rightarrow T_1$ 次序执行，则最终值为 4。图 10.7 所示调度的结果与任何一个串行调度的结果都不相同，这个问题是由于两个事务对同一数据并发地写入所引起的。

T₁	T₂
READ(A)	
	READ(A)
A:=A*0.1	
WRITE(A)	A:=A+10
	WRITE(A)
	COMMIT
COMMIT	

图 10.7　导致丢失修改的调度

10.3　可 串 行 化

在前面介绍事务的 ACID 特性时，我们曾指出：事务的执行具有隔离性，应将数据库从一个一致性状态带到另一个一致性状态。事务在运行中不受其他事务干扰的一种方法是每个事务依次顺序执行。但在实际系统中，事务之间通常都是并发执行的。为保证并发执行时不会出现 10.2 节中提到的问题，使数据库的一致性遭到破坏，DBMS 需调整事务的调度，使其运行结果与一次只执行一个事务的结果相同。

10.3.1　串行调度

若不同事务的活动在调度中是一个接一个执行的，没有交叉运行，就称这样的调度为串行调度。n 个事务的串行调度方式有 $n!$ 种。

【例 10-1】T_1 事务将药品 A、B 的价格各自上浮 10%和 20%；T_2 事务将药品 A 的价格上浮 10 元，药品 B 的价格下调 20 元。假定药品 A、B 价格的初始值都为 30 元。

图 10.8 所示为两个事务的一种串行调度方式。该调度为 $T_1 \rightarrow T_2$ 的串行调试，最终写入数据库的药品 A、B 的价格为 43 元和 16 元。

事务 T_1、T_2 的另一种串行调度如图 10.9 所示。该调度为 $T_2 \rightarrow T_1$ 的串行调度，最终写入数据库的药品 A、B 的价格为 44 元和 12 元。

T_1	T_2
READ(A)	
A:=A+A*0.1	
WRITE(A)	
READ(B)	
B:=B+B*0.2	
WRITE(B)	
	READ(A)
	A:=A+10
	WRITE(A)
	READ(B)
	B:=B−20
	WRITE(B)

图 10.8　串行调度 1

T_1	T_2
	READ(A)
	A:=A+10
	WRITE(A)
	READ(B)
	B=B−20
	WRITE(B)
READ(A)	
A:=A+A*0.1	
WRITE(A)	
READ(B)	
B:=B+B*0.2	
WRITE(B)	

图 10.9　串行调度 2

两个串行调度的结果不同。但数据库系统认为只要保持了数据库的一致性，最终的结果并不重要。

10.3.2　可串行化调度

小杨：事务串行执行确实能很容易地保证事务的隔离性。但如果事务并发执行，那么怎么知道它的最终结果是正确的呢？

老肖：串行执行事务能够保证将数据库从一个一致性状态带到另一个一致性状态。当数据库系统并发执行多个事务时，相应的调度不必是串行的，多个事务的各指令可以交叉执行。当多个事务交叉调度的结果与某一个串行调度的结果相同时，就说该调度是可串行化的。若交叉调度的结果与任何串行调度的结果都不相同，就表示该调度是不可串行化的。DBMS 认为事务串行调度的结果保持了数据库的一致性，都是正确的。因此，一个调度如果是可串行化的，系统也认为其是一个正确的调度，保持了数据库的一致性。

【例 10-2】　图 10.10 所示为【例 10-1】中事务的另一种调度方式。

它首先运行事务 T_1，读取药品 A 的价格并修改。在修改完成后，操作系统进行上下页的切换，转而运行事务 T_2，此时事务 T_2 读到的药品 A 的价格为事务 T_1 修改之后的价格。事务 T_2 修改完药品 A 的价格后，操作系统再次进行切换，继续事务 T_1 的运行。在事务 T_1 提交后，最后运行事务 T_2。可以看到，此调度不是串行的，但它的结果和前面串行调度 1 的结果相同，因此调度 3 是可串行化的调度。

并不是所有的交叉调度都是可串行化的。图 10.11 所示的调度 4 就是一个不可串行化的调度。该调度最终的结果是药品 A 的价格为 40 元，药品 B 的价格为 36 元，与串行调度 1、串行调度 2 中的任何一个结果都不一致。

T_1	T_2
READ(A)	
A:=A+A*0.1	
WRITE(A)	
	READ(A)
	A:=A+10
	WRITE(A)
READ(B)	
B:=B+B*0.2	
WRITE(B)	
	READ(B)
	B:=B−20
	WRITE(B)

图 10.10　调度 3

T_1	T_2
READ(A)	READ(A)
A:=A+A*0.1	
WRITE(A)	
	A:=A+10
	WRITE(A)
	READ(B)
	B:=B−20
READ(B)	
B:=B+B*0.2	
	WRITE(B)
WRITE(B)	

图 10.11　调度 4

　　如果将事务的并发执行完全交给操作系统，则任何一种调度方式都有可能出现。有的调度能保持数据库的一致性，有的调度却会产生错误的结果。因此，DBMS 必须对事务的运行加以控制，以确保交叉调度完毕后的结果与某一串行调度的结果相同，数据库不会出现不一致的现象。

　　下面讨论两种可串行化调度：冲突可串行化（Conflict Serializability）和视图可串行化（View Serializability）。设 WRITE 简写为 W，READ 简写为 R，$W_T(X)$、$R_T(X)$ 分别表示事务 T 写和读数据库元素，S 表示一个调度。这样，图 10.11 的调度 4 可表示为：

$$S=R_1(A)R_2(A)W_1(A)W_2(A)R_2(B)R_1(B)W_2(B)W_1(B)$$

　　同样，在这种调度表示中忽略事务的有关操作系统文件的读写、计算算术表达式等动作，而只反映与数据库操作有关的动作。

1．冲突可串行化

　　考虑一个调度 S，涉及事务 T_i 和 T_j（$i \neq j$），事务 T_i 的操作对象元素为 A，事务 T_j 的操作对象元素为 B。若 A≠B，很明显，事务 T_i 和 T_j 是对不同的数据库元素进行操作的，不论它们的执行动作是读还是写，执行的先后顺序都不会影响数据库中的最终结果。若 A=B，则事务的执行顺序就很重要。

　　（1）若事务 T_i 和 T_j 都是读取数据 $R_1(A)$ 和 $R_2(A)$，则谁先读、谁后读都不影响数据库的一致性，两个事务读到的数据 A 的值是一样的。即 $R_i(A)$ 和 $R_j(A)$ 指令不发生冲突。

　　（2）若事务 T_i 和 T_j 一个是读数据，一个是写数据，则事务的执行顺序是重要的。假设事务 T_i 读数据 A 和 $R_1(A)$，事务 T_j 写数据 A 和 $W_2(A)$。若 $R_1(A)$ 先执行，则事务 T_i 读到的是事务 T_j 写之前的数据；若 $W_2(A)$ 先执行，则事务 T_i 读到的是事务 T_j 写入的数据。反之，若事务 T_i 写数据 A 和 $W_1(A)$，事务 T_j 读数据 A 和 $R_2(A)$，情形类似。所以，交换 $R_i(A)$ 和 $W_j(A)$ 的顺序会影响事务读到的 A 的值，可能因此影响事务后续所做的事。因此，$R_i(A)$ 和 $W_j(A)$ 指令是冲突的。

　　（3）若事务 T_i 和 T_j 都是写数据 $W_1(A)$ 和 $W_2(A)$，事务执行先后顺序对事务 T_i 和 T_j 本身并没有影响，但数据库中写回的 A 的结果是不同的，则会导致后续的事务读操作结果不同。因此，$W_i(A)$ 和 $W_j(A)$ 指令也是冲突的。

　　总结上述情况，调度 S 中两个事务的操作要发生冲突，必须：

- 对同一数据对象进行操作；
- 两个操作指令中有一个是写操作 W。

　　例如，图 10.11 所示的调度 4 中，T_2 事务的 READ(A) 与 T_1 事务的 WRITE(A) 是冲突指令，但 T_1 事务的 READ(A) 与 T_2 事务的 READ(A) 指令是不冲突的。

　　若调度 S 中属于不同事务的两条操作指令是不冲突的，则可以交换两条指令的执行顺序，得到一个新的调度 S′。调度 S 与调度 S′ 是冲突等价的（Conflict Equivalent）。若一个调度冲突等价于一个串行调度，则该调度是冲突可串行化的。

- 考虑前面图 10.10 所示的调度 3：

$$S=R_1(A)W_1(A)R_2(A)W_2(A)R_1(B)W_1(B)R_2(B)W_2(B)$$

　　调度中的 $R_1(B)$ 与 $W_2(A)$ 指令不冲突，可以交换执行顺序；$R_1(B)$ 与 $R_2(A)$ 指令不冲突，可以交换执行顺序；$W_1(B)$ 与 $W_2(A)$ 指令不冲突，可以交换执行顺序；$W_1(B)$ 与 $R_2(A)$ 指令不冲突，可以交换执行顺序。在四个交换之后，得到新的调度 S′：

$$S′=R_1(A)W_1(A)R_1(B)W_1(B)R_2(A)W_2(A)R_2(B)W_2(B)$$

　　调度 S′ 是一个串行调度，即前面图 10.8 所示的串行调度 1。因此，调度 3 等价于串行调度 1，是冲突可串行化的。

- 冲突可串行化是可串行性的充分条件。

小杨：肖老师，为什么说冲突可串行化是可串行性的充分条件而不是必要条件？

老肖：在前面的示例中我们已经看到，一个调度的结果与串行调度的结果是一致的，然而该调度并不是冲突可串性化的。

当然，事务调度的可串行化判断并不受事务执行操作语义的影响。我们再看个例子，在【例 10-1】中增加一个事务 T_3，它将药品 B 的价格设置为某一常量。一个可能的调度如图 10.12 所示。

T_1	T_2	T_3
READ(A) A:=A+A*0.1 WRITE(A)		
	READ(A) A:=A+10 WRITE(A) READ(B) B:=B-20 WRITE(B)	
READ(B) B:=B+B*0.2 WRITE(B)		
		WRITE(B)

图 10.12　一个可能的调度

调度的运行结果与串行调度 $T_1 \rightarrow T_2 \rightarrow T_3$ 的运行结果是一致的，但调度也不是冲突可串行化的。

2. 视图可串行化

对同一事务集，如果两个调度 S_1 和 S_2 在任何时候都保证每个事务读取相同的值，写入数据库的最终状态也是一样的，则称调度 S_1 和 S_2 视图等价。

在前面的调度中，串行调度 1 和串行调度 2 不是视图等价的，因为串行调度 1 中 T_2 事务读取 A 的值是事务 T_1 修改后的值，而串行调度 2 中 T_2 事务读取 A 的值是事务 T_1 修改前的值。串行调度 1 和调度 3 是视图等价的，因为两个调度中，事务 T_1 读取的数据都是数据库的初始值，事务 T_2 读取的数据都是事务 T_1 修改后的值，数据库中药品 A、B 的最终状态都是由事务 T_2 写入的。

如果某个调度视图等价于一个串行调度，则称这个调度是视图可串行化的。

调度 3 因和串行调度 1 视图等价，因此调度 3 是视图可串行化的。

很显然，如果调度是冲突可串行化的，则该调度一定是视图可串行化的。但反过来未必成立。

【例 10-3】　调度 S_1 为事务 T_1、T_2、T_3 的一个可能调度：

$$S_1 = R_1(A)W_3(A)R_2(B)W_1(B)$$

经过非冲突指令顺序的调整，得到调度 S_2：

$$S_2 = R_2(B)R_1(A)W_1(B)W_3(A)$$

调度 S_1 和调度 S_2 是冲突等价的。又因为调度 S_2 为一个串行调度，因此调度 S_1 是冲突可串行化的。对于调度 S_1 和 S_2，事务 T_1 读取的 A、事务 T_2 读取的 B 都是数据库的初始值；数据库最终的 A、B 值都是由事务 T_3 和 T_1 写入的。因此，调度 S_1 和 S_2 是视图可串行化的。

【例 10-4】　调度 S 为事务 T_1、T_2、T_3 的一个可能调度：

$$S = R_1(A)W_2(A)W_1(A)W_3(A)$$

该调度与串行调度 $T_1 \rightarrow T_2 \rightarrow T_3$ 是视图等价的，因为在两个调度中读取的 A 都是数据库的初始值，数据库中 A 的最终值都是 T_3 写入的。调度 S 视图可串行化。但调度 S 明显不是冲突可串行化的，每对连续指令都是冲突的。

视图可串行化覆盖了所有的可串行化调度实例，但由于视图可串行化的算法是 NP 完全问题，因此不存在有效的判定视图可串行化的算法。冲突可串行化覆盖了绝大部分的可串行化调度实例，测试算法简单，容易实现。因此，当前 DBMS 中普遍采用将冲突可串行化作为并发控制的正确性准则。

3. 可串行化判定

判定一个调度是否是冲突可串行化的，可以使用前驱图（Precedence Graph）。前驱图是一个有向图 $G=(V,E)$。顶点代表调度 S 中的事务，由 $T_i \to T_j$ 的边表示在调度 S 中 T_i 和 T_j 之间存在一对冲突指令，并且 T_i 中的指令先于 T_j 中的指令执行。

在构造的前驱图中若存在环路，则表示调度 S 是不可串行化的。反之，若前驱图中不存在环路，则表示调度 S 是冲突可串行化的，可用拓扑排序得到调度 S 的一个等价的串行调度。

【例 10-5】 考虑前面图 10.10 所示的调度 3：

$$S= R_1(A)W_1(A)R_2(A)W_2(A)R_1(B)W_1(B)R_2(B)W_2(B)$$

在 S 中，冲突指令 $W_1(A)$ 在 $R_2(A)$ 前，$W_1(B)$ 在 $R_2(B)$ 前，因此存在从 T_1 到 T_2 的有向边。调度了的前驱图如图 10.13 所示。

图 10.13　调度 3 的前驱图

图 10.13 是无环路的，因此调度 3 是冲突可串行化的。与该图相符的事务顺序只有一个 $T_1 \to T_2$，这个串行调度的顺序是：

$$S'= R_1(A)W_1(A)R_1(B)W_1(B)R_2(A)W_2(A)R_2(B)W_2(B)$$

【例 10-6】 考虑前面图 10.11 所示的调度 4：

$$S=R_1(A)R_2(A)W_1(A)W_2(A)R_2(B)R_1(B)W_2(B)W_1(B)$$

在 S 中，冲突指令 $R_2(A)$ 在 $W_1(A)$ 前，$R_1(B)$ 在 $W_2(B)$ 前，因此存在 T_1 到 T_2 的有向边；此外，$W_1(A)$ 在 $W_2(A)$ 前，$W_2(B)$ 在 $W_1(B)$ 前，因此存在 T_2 到 T_1 的有向边。调度 4 的前驱图如图 10.14 所示。

图 10.14　调度 4 的前驱图

图 10.14 中存在环路，因此调度 4 不是冲突可串行化的。

10.3.3　可恢复性

在 10.1 节我们讲过，系统发生故障时，如果事务中止，必须撤销该事务的影响以保证其原子性。为讨论方便，当时只考虑了单个事务。事务在并发执行的过程中如果出现故障，也应保证数据库的一致状态，依赖于被撤销事务的其他所有事务也必须中止。为此，需要改进事务的调度。

回忆 10.2 节介绍并发执行过程中可能遇到的问题之一：读脏数据。如图 10.15 所示（为便于阅读，再次提取图 10.5），事务 T_1、T_2 一个可能的调度是：

事务 T_1 在提交前出现故障，根据事务的原子性，T_1 利用日志进行回滚操作。事务 T_2 读取 A 的值，该值是事务 T_1 修改后的值。按照原子性规则，为保证数据库的一致性，事务 T_2 也必须回滚。但事务 T_2 已经提交，提交事务是无法回滚的。因此，出现事务 T_1 发生故障无法恢复的情况。

T_1	T_2
READ(A)	
A:=A*0.1	
WRITE(A)	
	READ(A)
	COMMIT
ROLLBACK	

图 10.15　导致读脏数据的调度

一个无法恢复的调度是不允许的。数据库系统要求所有的调度都是可恢复的。

调度是可恢复的需满足：调度 S 中，事务 T_i 如果读取了事务 T_j 修改过的数据，则事务 T_i 必须等事务 T_j 提交后才能提交。

【例 10-7】 对事务 T_1 和 T_2 相同的操作指令，给出不同的调度。为反映事务提交的先后顺序，在调度中增加 C_i，表示事务 i 的提交。

调度 S_1 是可恢复的：

$$S_1=R_1(A)W_1(A)R_2(A)W_1(B)W_2(B)C_1\,C_2$$

事务 T_2 读取事务 T_1 修改后的数据，事务 T_2 在事务 T_1 提交后才提交。因此，调度 S_1 是可恢复的。同时，调度 S_1 也是可串行的，交换 $R_2(A)$ 和 $W_1(B)$ 的执行顺序，就得到 $T_1{\rightarrow}T_2$ 的串行调度。

调度 S_2 是可恢复的，但不是可串行化的：

$$S_2=R_1(A)W_1(A)R_2(A)W_2(B)W_1(B)C_1\,C_2$$

调度 S_2 改变了调度 S_1 中 $W_1(B)$、$W_2(B)$ 的执行顺序，但仍然是事务 T_2 读取事务 T_1 修改后的数据，事务 T_2 在事务 T_1 提交后才提交。因此，调度 S_2 是可恢复的。指令 $W_1(B)$ 与指令 $W_2(B)$ 发生冲突，无法交换执行顺序，得到 $T_1{\rightarrow}T_2$ 的串行调度；指令 $R_2(A)$ 与指令 $W_1(A)$ 也有冲突，无法置换得到 $T_2{\rightarrow}T_1$ 的串行调度。因此，调度 S_2 不是可串行化的。

调度 S_3：

$$S_3=R_1(A)W_1(A)R_2(A)W_1(B)W_2(B)C_2\,C_1$$

调度 S_3 改变了调度 S_1 中事务的提交顺序。事务 T_2 提交在前，可能出现前面提到的读脏数据的情况，因此，调度 S_3 是不可恢复的。但调度 S_3 是可串行的。

事务在并发执行过程中发生故障，还可能引起多个事务的回滚。例如，在前面的读脏数据例子中，假定事务 T_2 读取 A 的值并修改，另外还有事务 T_3 读取 T_2 修改后的值，并做了修改，以此类推，有多个事务都对 A 做了修改。若当事务 T_1 发生故障时，后续的事务 T_2、T_3、T_4 等都已提交，则事务 T_1 的回滚导致级联回滚，产生大量的撤销工作。同样，我们希望调度不会出现级联回滚的现象，这需要一个比可恢复更强的条件来消除级联回滚。

无级联回滚的调度应满足：

调度 S 中的每对事务 T_i 和 T_j，事务 T_i 如果读取了事务 T_j 修改过的数据，则事务 T_j 必须在 T_i 读取前提交，即调度禁止读脏数据。

10.3.4　事务隔离性级别

可串行性允许程序人员在编制事务代码时不考虑与并发性相关的问题。对于某些应用，保证可串行化的那些协议可能只允许极小的并发度。在这种情况下，我们采用较弱级别的一致性。这又可能增加程序员的负担。

SQL 允许一个事务以一种与其他事务不可串行化的方式执行。例如，一个事务在未提交读级别上操作，这里允许事务读取还未提交的数据。SQL 为那些不要求精确结果的长事务提供这种特征，以避免长事务干扰其他事务，造成其他事务执行的延迟。

SQL 标准规定的隔离性级别如下。

- 可串行化（Serializable）：保证可串行化调度。
- 可重复读（Repeatable read）：只允许读取已提交数据，且在一个事务两次读取一个数据项期间，其他事务不得更新数据。
- 已提交读（Read Commited）：只允许读取已提交数据，但不要求可重复读。
- 未提交读（Read Uncommited）：允许读取未提交数据，这是 SQL 允许的最低一致性级别。

以上所有隔离性级别都不允许"脏写"（写脏数据），即如果一个数据项已经被另一个尚未提交或终止的事务写入，则不允许对该数据项执行写操作。

10.4　基于锁的并发控制协议

当数据库中多个事务并发执行时，为保持事务的隔离性，DBMS 必须对并发事务之间的相互影响加以控制。这种控制是通过一种叫并发控制的机制来实现的。

10.4.1　封锁

确保事务隔离性的方法之一是要求对数据的访问以互斥的方式进行。即当一个事务访问某一个数据时，其他事务不能对该数据进行修改。实现该需求最常用的方法就是在访问数据前先持有该数据上的锁。

事务执行过程中锁的申请和释放由 DBMS 中的锁管理器（Lock Manager）负责。锁管理器维护一张哈希表——锁表，对每个数据库对象，如果其上有锁，那么锁表指明持有该锁的事务。锁表包含的信息包括：每个数据库对象上已有的锁的个数、锁的类型及一个指向申请锁队列的指针。

小杨：锁是怎么实现对操作数据的控制呢？

老肖：封锁是实现数据库并发控制的重要手段。所谓封锁是指事务在对数据库进行读、写操作之前，必须先得到对操作对象的控制权。即先要对将执行读、写操作的数据库对象申请锁，在获得该数据库对象的控制权后，才能进行相应地读、写操作。根据申请到的锁的不同类型，事务可以对数据对象执行不同的操作。

对数据项加锁的方式有多种，最基本的有两种。

● 共享锁（S 锁）：如果事务 T_i 申请到数据项 Q 的共享锁，则 T_i 可以读数据项 Q，但不能写 Q。
● 排它锁（X 锁）：如果事务 T_i 申请到数据项 Q 的排它锁，则 T_i 可以读数据项 Q，也可以写 Q。

每个事务都要根据自己将要执行的操作类型向锁管理器申请适当的锁。只有在锁管理器授予所需锁后，事务才能进行相关操作。

共享锁和排它锁的控制方式可以用图 10.16 所示的相容矩阵来表示。

在相容矩阵中，最上面一行表示已经分配给事务 T_2 的锁类型，最左边一列表示正在申请锁的 T_1 事务。假设事务 T_1 申请对数据项 Q

图 10.16　锁的相容矩阵

加某一类型的锁，当前事务 T_2 已拥有某一类型的锁，如果事务 T_1 能够马上得到它所申请的锁，则说事务 T_1 拥有的锁与事务 T_2 拥有的锁是相容的。可以看到，只有共享锁之间是相容的，共享锁与排它锁以及排它锁之间都是不相容的。因此，对一个数据项，可以同时有多个共享锁，此后事务的排它锁申请必须等待，直至其他事务释放了数据项上的共享锁。

当事务需要数据项上的一个锁时，它向锁管理器发出锁的申请：

● 若申请的是一个共享锁，且申请队列为空，当前数据项上也没有排它锁，则锁管理器授予锁，并修改数据项的锁表；
● 若申请的是一个排它锁，当前也没有其他事务拥有该数据项上的锁，则锁管理器授予锁，并修改数据项的锁表；
● 否则，不能马上授予锁，锁申请加入申请队列，申请锁的事务挂起。

当事务提交或中止时，事务释放其所有的锁。当数据项上的一个锁释放后，锁管理器修改数据项的锁表，检查该数据项申请队列中的锁的申请。若申请的锁能够马上被授予，则申请该锁的事务被唤醒并被授予锁。

事务通过 SLOCK(Q)指令申请数据项 Q 的共享锁，通过 XLOCK(Q)指令申请数据项 Q 的排它锁，通过 UNLOCK(Q)指令释放数据项 Q 的锁。

下面，来看一下前面介绍过的一些调度。

【例 10-8】

对【例 10-1】中的事务调度增加封锁，如图 10.17 所示。

T_1	T_2	T_1	T_2	T_1	T_2
XLOCK(A)		XLOCK(A)		XLOCK(A)	
READ(A)		READ(A)		READ(A)	
A=A+A*0.1		A=A+A*0.1		A:=A+A*0.1	
WRITE(A)		WRITE(A)		WRITE(A)	
UNLOCK(A)			XLOCK(A)		XLOCK(B)
	XLOCK(A)		等待		READ(B)
	READ(A)	XLOCK(B)	…		B:=B−20
	A=A+10	READ(B)			WRITE(B)
	WRITE(A)	B:=B+B*0.2			XLOCK(A)
	UNLOCK(A)	WRITE(B)			等待
XLOCK(B)		UNLOCK(A)		XLOCK(B)	…
READ(B)		UNLOCK(B)	…	等待	
B=B+B*0.2			READ(A)	…	
WRITE(B)			A=A+10		
UNLOCK(B)			WRITE(A)		
	XLOCK(B)		XLOCK(B)		
	READ(B)		READ(B)		
	B:=B−20		B:=B−20		
	WRITE(B)		WRITE(B)		
	UNLOCK(B)		UNLOCK(A)		
			UNLOCK(B)		
（a）		（b）		（c）	

图 10.17　加入封锁的三种调度示例

在图 10.17（a）中，首先 T_1 事务在申请得到排它锁后，读并修改数据项 A 的值，然后释放 A 上的排它锁。紧接着事务 T_2 申请数据项 A 上的排它锁，因为当前数据项 A 上没有冲突的锁，因此锁管理器授予事务 T_2 的数据项 A 上的排它锁。同样事务 T_2 在修改完数据项 A 后释放该锁。照此方法进行数据项 B 上锁的申请和释放。调度的最后，T_2 释放数据项 B 上的排它锁，提交结束。采用该方式进行封锁调度，表面上看得到的结果和前面介绍的调度 3 的结果一致，但该封锁在更新后立即释放，有可能引起其他事务读脏数据。例如，若事务 T_1 运行到 XLOCK(B)后，提交之前出现故障，事务 T_1 回滚，而 T_2 是正常提交结束的，则由于事务 T_1 过早地释放数据项 A 上的排它锁，造成事务 T_2 读取到数据库非一致状态下的 A 值，最终写回数据库的 A 值也成为垃圾数据。所以，锁提早释放会带来一定的风险。

在图 10.17（b）中，事务将锁的释放都放到事务的最后，这样可以有效避免图 10.17（a）中可能出现读脏数据的情况，并保证了事务执行的可串行化。但该封锁方式在一定程度上降低了并发度，整个调度几乎就是一个 T_1→T_2 的串行调度。此外，将封锁放在事务的最后释放，可能会出现一种称之为死锁的状况，如图 10.17（c）所示。

在图 10.17（c）中，假设我们将事务 T_2 中药品 B 的价格调整放在药品 A 价格调整之前运行，事务 T_1、T_2 先后得到数据项 A、B 上的排它锁，进行数据项的更新操作。然后事务 T_2 申请数据项 A 上的排它锁，因为该数据项上已经授予了事务 T_1 的排它锁，所以根据相容矩阵原理，事务 T_2 的申请将放入申请队列等待，事务 T_2 被挂起等待；同样，事务 T_1 对数据项 B 上的排它锁的申请也将放入申请队列，事务 T_1 同样被挂起等待。这样，事务 T_1、T_2 都在等待对方释放锁资源，同时又占有对方想得到的锁资源，双方互相等待，谁也无法正常运行。这种情况称为死锁。死锁的有关问题将在后面讨论。

10.4.2 两段锁协议（2PL）

小杨：肖老师，从前面介绍的例子来看，即使加了锁，也不一定能保证数据操作的正确。

老肖：确实如此。如果不使用封锁，或者仅对并发执行的事务加锁，对锁的申请和释放时间却不加控制，则都无法保证事务执行的可串行化，数据库的一致状态仍有可能被破坏。为此，要求所有的事务遵守封锁协议的一组规则。这组规则规定事务什么时候进行加锁和解锁操作，并保证调度冲突可串行化。保证可串行化的一个协议是两段锁协议（Two-phase Locking Protocol），以及由两段锁协议衍生出来的严格两段锁协议和强两段锁协议。它们各自在不同程度上保证了数据的一致性。

1．两段锁协议概述

两段锁协议是指所有事务分两个阶段提出加锁和解锁申请。

● 增长阶段（Growing Phase）：在对任何数据进行读、写操作之前，首先申请并获得该数据的封锁。
● 收缩阶段（Shrinking Phase）：在释放一个锁后，事务不再申请和获得其他的任何锁。

一开始，事务是处于增长阶段的，可以根据需要申请获得任何数据项上的任何类型的锁。一旦事务开始释放封锁，该事务就进入收缩阶段，不再发出加锁请求。

两段锁协议是保证冲突可串行化的充分条件，但该协议不保证不发生死锁。

图 10.17（b）就是遵守两段锁协议的，因此，该调度是一个冲突可串行化的。当然，该调度中锁的释放并不一定要放在事务结束，可以提前。例如，事务 T_1 中的 UNLOCK(A)就可以放在 XLOCK(B)之后，如图 10.18 所示，它仍然是满足两段锁协议要求的。

图 10.17（c）也是遵守两段锁协议的，但该调度产生了死锁现象。

图 10.17（a）并没有遵守两段锁协议，但该调度是冲突可串行化的。即两段锁协议只是保证冲突可串行化的充分条件，并发事务的一个调度是冲突可串行化的，并不一定所有事务都符合两段锁协议。

在 10.3.3 节中，除了希望调度是可串行化的，还希望它是无级联的。图 10.18 所示的每个事务都遵从两段锁协议，若事务 T_1 在 WRITE(B)时刻发生故障，则将导致事务 T_2、T_3 级联回滚，如图 10.19 所示。

为避免级联回滚，可使用严格两段锁协议。

2．严格两段锁协议

严格两段锁协议除要求满足两段锁协议规定外，还要求事务的排它锁必须在事务提交之后释放。

由于排它锁的释放滞后提交后，其他事务就不可能读到数据库不一致的数据，所以避免了读脏数据和丢失修改的问题。

3．强两段锁协议

两段锁协议的另一个变化是强两段锁协议。强两段锁协议除要求满足两段锁协议规定外，还要求事务的所有锁都必须在事务提交之后释放。

这样，进一步解决了数据项不能重复读的问题。

T_1	T_2
XLOCK(A)	
READ(A)	
A:=A+A*0.1	
WRITE(A)	
XLOCK(B)	
UNLOCK(A)	
READ(B)	XLOCK(A)
	READ(A)
	A:=A+10
	WRITE(A)
B:=B+B*0.2	
WRITE(B)	
UNLOCK(B)	
	XLOCK(B)
	UNLOCK(A)
	READ(B)
	B:=B−20
	WRITE(B)
	UNLOCK(B)

图 10.18 遵守两段锁协议的封锁

T_1	T_2	T_3
XLOCK(A)		
READ(A)		
A:=A+A*0.1		
WRITE(A)		
XLOCK(B)		
UNLOCK(A)		
READ(B)	XLOCK(A)	
	READ(A)	
	A:=A+10	
	WRITE(A)	
B:B+B*0.2	UNLOCK(A)	
		SLOCK(A)
		READ(A)
WRITE(B)		
UNLOCK(B)		

图 10.19 产生级联回滚的调度 6

从两段锁协议到严格两段锁协议，再到强两段锁协议，事务持锁的时间不断增长。这不但保证事务的并发调度是冲突可串行化的，还不断增强了数据库的一致性保证。但带来的另一方面的问题是并发度的降低，以及死锁出现的可能性增加。数据库的一致性是 DBMS 的首要任务，并发度的降低、死锁的出现比产生不一致状态要好，DBMS 可以通过其他手段加以解决，而不一致状态可能引起现实中的问题，这是 DBMS 不能处理的。目前，大多数商用的 DBMS 都采用严格两段锁协议或强两段锁协议。

10.4.3 锁的升级及更新锁

当一个事务持有某数据项的共享锁时，允许其他事务在同样的数据项上持有相同的锁。这提高了系统的并发度，使更多的程序能尽快运行。如果一个先读取后修改数据项的事务能够先申请共享锁，在修改发生之前再将共享锁升级为排它锁，则在事务读取修改数据项之前，该数据项对其他事务都是可共享的，其他事务可以读取申请该数据项的值共享锁。这也就大大提高了系统的并发度。

【例 10-9】

T_1	T_2
	SLOCK(A)
	READ(A)
SLOCK(A)	
READ(A)	
SLOCK(B)	
A:=A+A*0.1	
B:B+B*0.2	
XLOCK(B)	
WRITE(B)	
XLOCK(A)	
等待	
...	
	UNLOCK(A)
WRITE(A)	
UNLOCK(B)	
UNLOCK(A)	

图 10.20 可进行锁升级的调度 7

设有两个事务 T_1、T_2。事务 T_1 读取药品 A、B 的价格，将 A、B 的价格修改调整；事务 T_2 查询药品 A 的价格。事务 T_2 首先申请并获得数据项 A 的共享锁，事务 T_1 先是读取药品价格，因此只需申请共享锁，在价格修改之前事务 T_1 再申请将共享锁升级为排它锁，升级成功后执行修改操作。可进行锁升级的调度 7 如图 10.20 所示。

在事务 T_1 申请将数据项 A 上的共享锁升级为排它锁时，与事务 T_2 拥有的数据项 A 上的共享锁发生冲突，事务 T_1 必须等待。事务 T_2 提交释放数据项 A 上的共享锁后，事务 T_1 才可能获得数据项 A 上锁的升级，继续后续的操作。尽管有一个等待，但事务 T_1 毕竟在等待前执行了部分操作，提高了执行速度。

锁的升级有可能使得出现死锁的概率加大。例如，两个事务申请了同一数据项上的共享锁，当它们先后希望将共享锁升级为排它锁时，都因相容原理被拒绝，于是双方都被挂起处于等待状态。由此出现死锁现象。

为解决上述问题，提出了更新锁（U 锁）的概念。更新锁只允许事务读取数据项而不能修改数据项。但系统允许更新锁升级，而不允许共享锁升级。当一个事务拥有某数据项上的共享锁时，允许其他事务申请并获得同一数据项上的更新锁；反之则不允许。于是，有了一个新的锁的相容矩阵，如图 10.21 所示。

有了更新锁后，【例 10-9】调度 7 只需将事务 T_1 中的 SLOCK(A)、SLOCK(B) 变为 ULOCK(A)、ULOCK(B)，两个事务仍然可以像调度 7 一样并发执行。而上述提到的死锁现象根本不可能出现，两个事务先期都必须申请更新锁，一旦一个事务获得了更新锁，另一事务就必须等待，不可能干扰获得更新锁的事务升级锁的请求。

	已分配的锁		
T_2＼T_1	S	X	U
S	Y	N	N
X	N	N	N
U	Y	N	N

图 10.21　锁的相容矩阵

10.5　活锁与死锁

对并发执行的事务进行封锁可能导致活锁和死锁现象的出现。

10.5.1　活锁

活锁的形成如图 10.22 所示。

T_1	T_2	T_3	T_4	T_5
SLOCK(A) READ(A)				
	XLOCK(A) 等待			
UNLOCK(A)		SLOCK(A) READ(A)		
	等待		SLOCK(A) READ(A)	
	等待		UNLOCK(A)	SLOCK(A) READ(A)
		UNLOCK(A)		
	等待			

图 10.22　活锁的形成

事务 T_1 首先获得数据项 A 的封锁，事务 T_2 申请相同数据项上的封锁，因不相容 T_2 只有等待。在事务 T_2 等待的过程中，又有另外的事务 T_3、T_4 先后申请数据项 A 的封锁。由于申请的锁与事务 T_1 获得的锁是相容的，因此，T_3、T_4 先后都获得了数据项 A 的封锁。这样，在事务 T_1 提交释放数据项 A 的封锁之后，事务 T_2 仍然不能获得数据项 A 的封锁，它还必须等待事务 T_3、T_4 释放数据项 A 上的封锁。有可能其间又有新的事务 T_5 获得了数据项 A 的封锁。事务 T_2 因一直得不到数据项的封锁而处于长久的等待状态。这就出现了活锁。活锁在有的地方又称为饿死。

小杨：出现活锁对事务 T_2 是不是太不公平了。系统总得解决这个问题吧！

老肖：解决活锁的最简单的方法就是采用先来先服务的策略。当有多个事务申请同一数据项的封锁时，将事务的申请按照申请时间的先后顺序放入申请队列。数据项上的封锁释放之后，锁管理器就将封锁授予申请队列中的第一个事务。也就是说，事务要获得数据项的封锁，除申请的锁与数据项上已有的锁相容外，还必须在该事务之前没有其他事务处于申请封锁的等待状态。

10.5.2 死锁

1．死锁的形成

死锁的形成如图 10.23 所示。假如事务 T_1 已获得数据项 A 的封锁，事务 T_2 已获得数据项 B 的封

T_1	T_2
SLOCK(A)	
READ(A)	XLOCK(B)
	READ(B)
XLOCK(B)	
等待	
	XLOCK(A)
	等待

图 10.23　死锁的形成

锁。在事务并发执行过程中，事务 T_2 申请数据项 B 的封锁，且申请的封锁与事务 T_2 已经获得的封锁是不相容的，于是事务 T_1 被挂起等待。事务 T_2 随后申请数据项 A 的封锁且申请的封锁也与事务 T_1 已经拥有的封锁冲突，于是事务 T_2 等待。这样就出现了事务 T_1 等待事务 T_2 释放锁，而事务 T_2 也在等待事务 T_1 释放锁的情况。两个事务都不可能运行结束，即出现死锁现象。

针对死锁，DBMS 有两种处理方式：一种是进行死锁的预防，不让并发执行的事务出现死锁的状况；另一种是允许死锁的发生，在死锁出现后采取措施解决，为此系统中需增加死锁的检测及死锁的解除算法。两种方式都会造成事务的回滚。如果系统发生死锁的概率较高，则通常采用死锁预防机制；否则，使用死锁检测、解除机制。

2．死锁的预防

所谓死锁的预防就是采取措施避免死锁的发生，为此必须破坏死锁产生的条件。死锁的产生是因为事务占有了一些锁资源，然后又申请被其他事务占用的锁资源。预防死锁的发生可采用的方法一般有三种。

（1）顺序封锁法。

该方法将数据库对象按某种规定的顺序排列，要求事务实行封锁也必须按照这个顺序进行。

采用顺序封锁法，由于大家都按照规定的顺序申请封锁，因此有效地避免了死锁。存在的问题是，数据库中的数据对象有很多且在不断地发生变化，不好确定数据库对象的封锁顺序。此外，要维护封锁顺序是件困难的事情且成本很高。

（2）一次封锁法。

一次封锁法要求事务在开始执行前先申请到所需的所有封锁，如果有一个封锁没有申请到，则事务中止。

该方法的缺点：一是在事务开始前很难预先知道哪些数据项需要封锁；二是一次将所有需要的封锁申请到，可能有些封锁只在事务运行的后期才需要，这就大大降低了系统的并发度。

（3）用时间戳预防死锁。

根据事务启动时的时间戳设置事务的优先级，越早开始运行的事务优先级越高。为预防死锁，在事务 T_i 申请的封锁与事务 T_j 已经拥有的封锁发生冲突时，锁管理器可使用如下两种不同的机制。

● Wait-die 机制：若 T_i 优先级较高，则 T_i 可以等待；否则中止事务 T_i。
● Wound-wait 机制：若 T_i 优先级较高，则中止 T_j；否则 T_i 等待。

Wait-die 机制不允许低优先级的事务等待高优先级事务释放封锁，而 Wound-wait 机制为一种抢占机制，高优先级的事务直接中止低优先级事务的运行，不等待低优先级的事务提交释放封锁。无论哪种机制都不会产生死锁现象。

例如，假设事务 T_1、T_2、T_3 的时间戳分别为 5、10、20。在 Wait-die 机制下，若 T_1 申请的封锁被 T_2 拥有，则 T_1 等待；若 T_3 申请的封锁被 T_2 拥有，则 T_3 中止运行做回滚操作。在 Wound-wait 机制下，若 T_1 申请的封锁被 T_2 拥有，则中止事务 T_2 的运行；若 T_3 申请的封锁被 T_2 拥有，则 T_3 等待。

利用时间戳预防死锁，应避免某一事物因优先级不够高而永久地被中止。因此，若一个事务被中止回滚，则当该事务再重新启动时应保持原有的时间戳。这样，每个事务最终都有可能成为老事务，拥有更高的优先级以获得所需的封锁。

Wait-die 机制不是一种抢占机制，越老的事务可能等待的时间越长，而新的事务与老事务发生冲突会被中止，重新启动后仍可能与老事务再次发生封锁冲突，于是出现新的事务反复被中止的情况。这种反复中止在 Wound-wait 机制中不会出现，因为被中止的事务是优先级较低的事务，在重新启动后，若再次与优先级高的事务发生封锁冲突，则该新事务选择等待。因此，Wound-wait 机制回滚事务较少。

无论采用哪种机制，都可能使得有些事务发生不必要的回滚。

小杨：看来，无论采用哪种机制都不能很好地处理死锁现象。除了预防策略，还有没有其他处理方式呢？

老肖：有。若死锁很少发生，且发生时只涉及少量的事务，就没有必要进行死锁的预防。更好的方式是检查系统状态的算法周期性地激活，判断有无死锁发生。若检测系统出现死锁，则回滚事务解除死锁。

3. 死锁的检测及处理

死锁的检测方法包括超时法和等待图法。

（1）超时法。

规定申请锁的事务等待的最长时间。若超过了规定时间，则系统判定出现死锁，此时该事务本身回滚并重启。超时法实现简单，但可能会出现误判。另外，等待多长时间合适也难以把握。若实际已发生死锁，等待时间太长将导致不必要的延迟；等待时间太短，出现死锁的误判引起事务的回滚，也会造成资源的浪费。超时法也可能导致活锁现象。因此，超时法应用不多。

（2）等待图法。

等待图 $G=(U,V)$ 是一个有向图。顶点 U 为当前系统中运行事务 T 的集合，有新的事务 T_i 启动，检测算法在等待图中增加一个顶点 T_i；事务 T_i 运行结束，则在等待图中删除顶点 T_i 及与 T_i 相连的边。V 是边的集合，表示事务的等待情况。若事务 T_i 等待事务 T_j 释放封锁，则等待图中增加一条由 T_i 顶点指向 T_j 顶点的边，以后若 T_j 释放了数据项的封锁，则从等待图中删除该条边。

当且仅当等待图中出现环路时，表示系统中存在死锁。环路中的每个事务都处于死锁状态。

【例 10-10】

假设系统中当前运行的事务包括 T_1、T_2、T_3、T_4。事务的封锁及调度 8 如图 10.24 所示。

T_1	T_2	T_3	T_4
SLOCK(A)	SLOCK(D)		
	SLOCK(B)	SLOCK(D)	
	XLOCK(A)	XLOCK(C)	
	等待		
XLOCK(C)			
等待			XLOCK(D)
			等待

图 10.24　事务的封锁及调度 8

系统当前状态对应的等待图如图 10.25 所示。该等待图没有环路，系统未处于死锁状态。

现在，假设事务 T_3 在图 10.24 中画椭圆位置的时刻申请数据项 B 的排它锁 XLOCK(B)。边 $T_3 \rightarrow$

T_2 加入等待图中，得到图 10.26 所示的系统新状态的等待图。此时，等待图中包含了环路 $T_2 \rightarrow T_1 \rightarrow T_3 \rightarrow T_2$。这也表示系统出现死锁现象，事务 T_2、T_3、T_1 处于死锁状态。

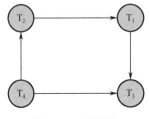 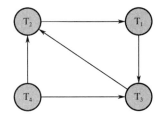

图 10.25　等待图 1　　　　　　　　　　　图 10.26　等待图 2

DBMS 维护等待图，并且周期性地检测等待图中是否有环路出现。那么 DBMS 间隔多长时间检测一次等待图呢？这主要取决于死锁发生的频率以及有多少事务将受到死锁的影响。

（3）死锁的解除。

DBMS 一旦检测到系统中存在死锁，就要想办法解除。解除死锁通常的做法是选择一个或多个事务撤销，释放这个或这些事务拥有的封锁。其他事务在得到需要的封锁后可以继续运行下去。

在解除死锁的过程中要解决的问题主要如下。

● 撤销事务的选择。为解除死锁必须回滚处于死锁状态的部分事务。撤销事务的选择原则是事务撤销所需的系统代价最小。系统花费代价的计算与很多因素相关，如事务已经运行了多久，还需多长时间才能结束；事务已经使用了哪些数据项，还将使用多少数据项；回滚该事务会牵涉多少其他的事务等。

● 事务撤销的程度。事务撤销是全部回滚还是只需部分回滚？最简单的是全部回滚选中事务，然后重新开始。部分回滚的实现需要系统维护更多的事务运行状态信息。

10.6　多粒度封锁

在前面的例子中，封锁对象都假设为数据项。其实除数据项外，封锁对象还可以是块、页、关系表、数据库等。封锁对象的大小称为封锁粒度（Granularity）。它可以是数据库的逻辑单位，如属性、元组、关系、索引、整个数据库等，也可以是数据库的物理单位，如页、块等。

封锁粒度与系统的并发度及资源的消耗是息息相关的。若封锁粒度小，则系统的并发度高，需要更多的系统资源；若封锁粒度大，则系统的并发度低，资源消耗小。

不同的事务在运行过程中可能需要不同的封锁粒度。例如，若事务采用静态备份方式转储某张关系表，则它需要的封锁粒度是关系；若事务采用静态备份方式转储整个数据库，则它需要的封锁粒度可能就变为整个数据库了。另外，事务在运行过程中使用不同的封锁粒度，直接影响系统的并发度及系统开销。例如，事务查询一张关系表，它的封锁粒度可以是元组一级，也可以是关系一级。若为元组一级，则系统必须为每一个元组加锁，资源开销大，但系统共享性好，暂时没有加锁的元组可以供其他事务使用。

因此，允许系统同时为不同的事务提供不同的封锁粒度选择，即多粒度封锁。为了讨论多粒度封锁，先来看一个例子。

【例 10-11】

粒度层次图如图 10.27 所示。一个数据库包括若干个文件，一个文件是由若干页组成的，而页是元组的集合。树中每个节点都可以单独加锁。事务对一个节点加锁表示事务对这个节点的后代节点也加了同样的锁。应事务要求直接加到数据对象上的封锁为显式封锁，由于其上级节点加锁而使数据对象加上锁的为隐式加锁。例如，若事务 T_1 显示地给图中的 P_3 节点加排它锁，则事务 T_1 也隐式地给所有属于该页的元组加了排它锁。

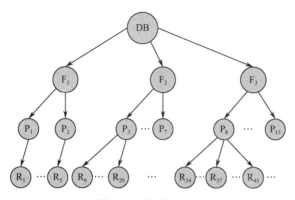

图 10.27　粒度层次图

隐式封锁和显式封锁的效果是一样的。因此，系统检查封锁冲突时两种封锁都要检查。假设事务 T_2 要对 F_2 加排它锁，则意味着 T_2 要隐式地给 F_2 的所有子节点加排它锁。于是，系统首先检查 F_2 节点上是否有不相容锁，然后向下搜索 F_2 节点的每一个页节点及元组节点，并向上搜索根节点，检查是否有不相容锁。如果其中某一数据对象上已经加了不相容锁，则 T_2 等待。可以知道，T_2 对 F_2 节点的加锁是不成功的。

但这种搜索效率太低，破坏了当初设立多粒度封锁机制的初衷。为此引入一种新型锁——意向锁（Intention Lock）。如果对一个节点加意向锁，则意味着要对该节点的所有子孙节点显式加锁；在一个节点显式加锁前，该节点的所有祖先节点都应加上意向锁。因此，事务判定能否给一个节点加锁时不必搜索整棵树。例如，事务要给节点 F_2 加排它锁，系统只要检查根节点和文件 F_2 是否加了不相容的锁，不再搜索和检查 F_2 中的每一个子孙节点的每一个元组是否加了排它锁。

意向锁有三类：意向共享锁（IS 锁）、意向排它锁（IX 锁）及共享意向排它锁（SIX 锁）。

如果一个节点加 IS 锁，那么将在该节点的子孙节点进行显式封锁，加 S 锁。如果一个节点加 IX 锁，那么表示将在该节点的子孙节点进行显式封锁，可以加排它锁和共享锁。若一个节点加 SIX 锁，那么将对该节点的子节点显式地加共享锁，对更低层的节点显式地加排它锁。

例如，若事务 T_3 读取 P_1 页的元组 R_1，则事务 T_3 需对数据库 DB、文件 F_1、页 P_1 加 IS 锁，最后对 R_1 加共享锁 S。若事务 T_4 修改 P_1 页的元组 R_1，则事务 T_4 需对数据库 DB、文件 F_1、页 P_1 加 IX 锁，最后对 R_1 加排它锁 X。若事务 T_5 要读取 P_1 页下的所有元组，那么 T_5 需对数据库 DB、文件 F_1 加 IS 锁，最后对 P_1 加共享锁 S。若事务 T_6 读取整个数据库，那么给数据库加 S 锁就可以了。

这些锁的相容矩阵如图 10.28 所示。

T₁ 申请锁 ＼ T₂ 已分配的锁	S	X	IS	IX	SIX	
S	Y	N	Y	N	N	
X	N	N	N	N	N	
IS	Y	N	Y	Y	Y	
IX	N	N	Y	Y	N	Y 相容
SIX	N	N	Y	N	N	N 不相容

图 10.28　锁的相容矩阵

具有意向锁的多粒度封锁提高了系统的并发度，减少了系统加锁和解锁的开销。在上例中，事务

T_3、T_4 可以并发执行，T_3、T_5、T_6 也可以并发执行，但 T_4 与 T_5、T_6 不能并发执行。

习　题

1．试述事务的概念及事务的 4 个特性。

2．在数据库中为什么要并发控制？并发操作可能产生哪几类数据不一致？如何避免并发引起的问题？

3．什么是封锁？简要介绍基本的封锁类型。

4．什么是两段封锁协议？严格两段锁协议？强两段锁协议？

5．什么叫活锁？如何防止活锁？

6．什么叫死锁？如何处理死锁？

7．简述串行调度和可串行化调度的差别。

8．设 T_1、T_2、T_3 是如下的 3 个事务：

T_1：$A := A + 10$；

T_2：$A := A + A*0.1$；

T_3：$A := A - 20$；

设 A 的初值为 30。

（1）若这 3 个事务允许并发执行，则有多少可能的正确结果，请一一列举出来。

（2）请给出一个可串行化的调度，并给出执行结果。

（3）请给出一个非串行化的调度，并给出执行结果。

（4）若这 3 个事务都遵守两段锁协议，请给出一个不产生死锁的可串行化调度。

（5）若这 3 个事务都遵守两段锁协议，请给出一个产生死锁的调度。

9．对以下两个调度：

$S_1 = R_1(A)R_2(A)R_3(B)W_1(A)R_2(C)R_2(B)W_2(B)W_1(C)$

$S_2 = W_3(A)R_1(A)W_1(B)R_2(B)W_2(C)R_3(C)$

回答如下问题：

（1）给出调度的前驱图；

（2）调度是冲突可串性化的吗？如果是，等价的串性调度有哪些？

10．为什么要引进意向锁？简述其含义。

11．在如下动作序列中加入必要的锁

$R_1(A)R_1(B)W_1(A)W_1(B)$

使事务 T_1 满足：

（1）两段锁协议；

（2）严格两段锁协议。

12．假设下面的各个动作序列后面都跟有事务 T_1 的中止动作，说明哪些事务需要回滚。

（1）$S_1 = R_1(A)R_2(B)W_1(B)W_2(C)R_3(B)R_3(C)W_3(D)$

（2）$S_2 = R_1(A)W_1(B)R_2(B)W_2(C)R_3(C)W_3(D)$

（3）$S_3 = R_2(A)R_3(A)R_1(A)W_1(B)R_2(B)R_3(B)W_2(C)R_3(C)$

（4）$S_4 = R_2(A)R_3(A)R_1(A)W_1(B)R_3(B)W_2(C)R_3(C)$

13．试述常用的意向锁：IS 锁、IX 锁、SIX 锁，给出这些锁的相容矩阵。

第11章　故　障　恢　复

数据库恢复机制是数据库管理系统的重要组成部分之一，它实现了数据库的原子性和持久性，使得应用程序开发者能够把注意力集中在单个事务的实现上，而不必考虑并发和容错等问题。本章主要讨论：

- 恢复的实现技术
- 故障的种类及恢复策略

学习目标：

- 了解日志的结构
- 掌握更新事务的执行及恢复
- 了解检查点技术
- 掌握故障的种类及恢复策略

11.1　数据库恢复概述

11.1.1　数据库恢复概述

数据对一个单位是至关重要的。尽管数据库系统采取了各种手段防止数据库的安全性和完整性遭到破坏，但任何系统总不可能不出故障。计算机系统中硬件的故障、软件的错误、操作人员的失误及恶意破坏都是不可避免的。数据库系统对付故障无非有两种措施：一种是尽可能提高系统的可靠性；另一种是在系统发生故障后，把数据库恢复到一致状态。本章的后面部分主要讨论发生故障后恢复数据库为一致状态的技术，即恢复技术。

小杨：恢复技术的关键是什么呢？

老肖：对于恢复，数据冗余是必需的。系统发生故障时，可能会导致数据的丢失，要恢复丢失的数据，就必须事先建立数据的后备副本。发生故障后，事务回滚，需要利用日志文件中记录的事务的操作。因此，恢复机制涉及两个关键问题：第一，如何建立冗余数据；第二，如何利用冗余数据实施数据库恢复。

恢复技术是衡量系统优劣的重要指标。

11.1.2　故障种类

计算机系统与其他任何设备一样容易发生故障。造成故障的原因有很多，包括磁盘故障、电源故障、软件故障、机房失火、人为破坏等。每种故障需要用不同的方法来处理。数据库系统中可能发生的故障大致可以分为以下几类。

1. 事务故障

有两种错误可能造成事务执行失败。

（1）逻辑错误。

事务由于某些内部条件无法继续正常执行。这样的内部条件如非法输入、找不到数据、溢出等。

事务故障使得事务无法达到预期的终点，因此，数据库可能处于不一致的状态。恢复机制要在不影响其他事务运行的情况下，强行回滚该事务，撤销该事务对数据库做的任何修改，使得该事务好像根本没有启动一样。

（2）系统错误。

系统进入一种不良状态（如死锁），结果事务无法继续正常执行。恢复机制强行回滚该事务，撤销该事务对数据库做的任何修改。但该事务可以在以后的某个时间重新执行。

2．系统故障

系统故障包括硬件故障、数据库软件或操作系统的漏洞造成的系统停止运转。它导致系统易失性存储器中的内容丢失，事务处理停止，但非易失性存储器中的内容不会受到破坏。

发生系统故障时，一些没有完成的事务被停止，但这些事务可能已对数据库进行了部分修改，因此造成数据库可能处于不正确的状态。为保证数据一致性，恢复子系统必须在系统重新启动时让所有非正常中止的事务回滚，强行撤销所有未完成事务。另外，发生故障时，可能有些事务已经完成，但其更新数据有一部分还在缓冲区中，没有来得及写入磁盘。恢复子系统在系统重新启动后，对这些已经提交的事务需要执行 REDO 操作，重新再运行一次该事务，使数据库恢复到一致状态。

3．介质故障

在数据传送操作过程中，由于磁头损坏或故障造成磁盘块上的内容丢失。这类故障破坏了数据库，影响正在存取这部分数据的所有事务。

发生介质故障后，需使用其他非易失性存储器上的数据库后备副本进行故障恢复。

11.1.3　日志记录

小杨：肖老师，数据库中有一类文件叫日志文件，它是起什么作用的？

老肖：每个数据库至少具有两个操作系统文件：一个数据文件和一个日志文件。数据文件包含数据和对象，如表、索引、存储过程和视图。日志文件包含恢复数据库中的所有事务所需的信息。一般来说，数据文件大于日志文件，插入或删除操作时，日志中不但要记录操作还要记录数据，如果专门插入，而且如果更新的次数太多的话，那么数据文件不会怎么改变，但日志文件会越来越大。

数据库系统在运行过程中，除了需要维持业务上的数据一致，还需要在系统崩溃等情况下保证数据的一致性，这就要将事务的状态，以及对数据库修改的详细步骤与内存中的数据分开存放，并存储于磁盘等稳定的介质中，在系统故障等的情况下，我们可以通过这些记录来将系统恢复到一致性的状态下。

日志是 DBMS 用来记录事务对数据库更新操作的文件。日志是日志记录的序列。日志记录有几种类型，其中的一种日志记录叫更新日志记录（Update Log Record），记录事务对数据库的写操作，描述内容如下。

● 事务标识符，执行写操作事务的唯一标识符。
● 数据项标识符，事务操作对象的唯一标识符。
● 前像（BI），更新前数据的旧值。
● 后像（AI），更新后数据的新值。

无论哪种类型，用到的日志记录形式如下。

● <T,START>：事务 T 已开始。
● <T,COMMIT>：事务 T 已提交。

- <T,ABORT>：事务 T 不能成功完成，已中止。
- <T,X,V_1,V_2>：事务 T 对数据项 X 执行写操作，写之前的旧值为 V_1，写之后的新值为 V_2。

每次事务执行写操作，必须在数据库修改前建立此次写操作的日志记录。一旦日志记录已存在，如果需要，就可以将修改由缓冲区写入磁盘，或者利用日志记录中的旧值来撤销数据库中的新值。

11.2　恢复与原子性

11.2.1　事务管理器

第 10 章我们从程序人员编制代码的角度介绍了事务的概念。在进行故障的恢复讨论之前，我们还需要进一步讨论有关事务的基本概念。

事务是执行数据库操作的最小单位。如果我们向 SQL 系统提交即席命令，则每一个查询或数据库更新语句就是一个事务。如果我们使用嵌入式 SQL 进行某一项业务处理，则事务的范围就由程序员控制，它可以包括若干查询和更新操作。

事务需要满足原子性，即要么全做要么全不做。保证事务正确执行是 DBMS 中事务管理器的工作。事务管理器需要与日志管理器、缓冲区管理器、查询处理器等一并协同，才能保证事务的正确执行。它们之间的关系如图 11.1 所示。事务管理器要完成的工作包括：将关于事务动作的消息传给日志管理器，使动作信息能以"日志记录"的形式存储在日志中；将何时进行 I/O 操作的消息传给缓冲区管理器；传送消息给查询处理器使之能执行查询及其他数据库操作。

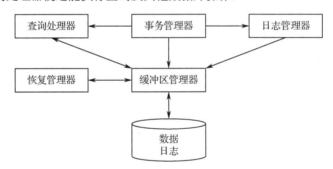

图 11.1　事务管理器与其他管理器的关系

日志管理器维护日志。日志最初存放在主存缓冲区中，在一定的时刻缓冲区管理器将存放信息复制到磁盘上。日志和数据一样占用磁盘空间。

当系统崩溃时恢复管理器被激活，它检查日志并在必要时利用日志恢复数据。

小杨：肖老师，事务的正确执行如何理解？

老肖：数据库中的对象都有一个值且能被事务访问。这个数据库对象可以是一个关系，也可以是关系中的某个元组，还可以是磁盘的块或页等。数据库处于某一状态时对应有各个对象的取值。我们所说的数据库一致性状态是指数据库对象的取值满足数据库模式的所有约束，如码的约束、值的约束等。关于事务执行的一个基本假设是：如果事务在没有其他任何事务和系统错误的情况下执行，并且在它开始时数据库处于一致性状态，那么当事务结束时数据库仍然处于一致性状态。这就是我们所说的事务执行正确性原则。

为了维持正确性原则，我们要求：

- 事务是原子的，即事务必须作为整体执行或根本不执行，如果仅有事务的部分被执行，那么很有可能产生数据库不一致性状态；

● 事务同时执行时进行并发控制，避免可能导致的状态不一致，就像我们在第 10 章所做的那样。

11.2.2 使用日志撤销和重做事务

在执行更新事务时，根据后像写入数据库时间的不同，有 3 种可能的方案保证即使发生故障也能保持事务的原子性。

1. 后像（AI）在事务提交后才写入数据库

通过在日志中记录所有对数据库的修改，将一个事务的所有写操作延迟到事务的操作结束时才执行，以此保证事务的原子性。

事务 T 的执行步骤如下。

在 T 开始执行前，在日志中写入记录<T,START>，T 的一次 WRITE(X)操作导致向日志中写入一条新记录。最后，当 T 全部操作结束时，在日志中写入记录<T,COMMIT>。

该方法忽略未完成的事务并重复提交事务的改变。利用日志，系统可以处理任何导致缓冲区信息丢失的故障。该恢复机制使用以下恢复过程：Redo(T_i)，将事务 T_i 更新的所有数据项的值设为新值。

由于忽略未完成的事务，只需要数据项的新值，所以前面介绍的更新日志记录结构可以简化，省去旧值字段。即日志记录<T,X,V_1>表示：事务 T 对数据项 X 执行写操作，写入新值 V_1。

【例 11-1】 以药品价格调整的例子加以阐述。设 T_1 事务调整药品 A、B 的价格，药品 A 的价格上调 10%，药品 B 的价格下浮 5%。

```
T₁:  READ(A)
     A:=A+A*0.1
     WRITE(A)
     READ(B)
     B:=B-B*0.05
     WRITE(B)
```

假设事务 T_1 执行前药品 A、B 的价格分别为 20 元和 30 元。该事务一个可能的执行序列如图 11.2 所示。

步骤	动作	日志
1		<T_1,START>
2	READ(A)	
3	A:=A+A*0.1	
4	WRITE(A)	<T_1,A,22>
5	READ(B)	
6	B:=B-B*0.05	
7	WRITE(B)	<T_1,B,28.5>
8		<T_1,COMMIT>
9	写 A 到磁盘	
11	写 B 到磁盘	

图 11.2 执行序列

故障发生后，恢复机制检查日志，若日志中没有<T,COMMIT>记录，则判定事务 T 对数据库所做的更新都没有写到磁盘上，恢复时对未完成事务的处理可以忽略。然而，提交的事务可能存在问题，系统不知道哪些数据项的改变已经写到磁盘上了。可以利用日志中记录的新值，将新值重新写一次到磁盘上，而不管它是否已经在磁盘上存在。

使用日志恢复数据，需做以下事情。

① 从后向前扫描日志，将提交的事务放入队列 redo-list。

② 从日志文件开始处扫描日志。对遇到的每一条<T,X,V₁>记录：

- 如果 T 不是 redo-list 中的事务，则什么也不做；
- 如果 T 是 redo-list 中的事务，则为数据项 X 写入值 V_1。

③ 对每个未完成的事务，在日志中写入一条<T,ABSORT>记录并刷新日志。

由于一些已提交事务可能对数据库中的同一数据项写入新值，因此在用日志文件进行 REDO 操作过程中，系统需按照从前到后的顺序正向扫描日志文件。这样，数据项最终的值才是最后被写入的值。

下面来看一下故障发生在不同时刻恢复管理器的不同处理，不同时刻的日志状况如图 11.3 所示。若故障发生在事务提交之前，如图 11.3（a）所示，则 T_1 为一个未完成的事务。磁盘上的 A、B 没有任何改变。恢复管理器只需在日志中增加一条<T_1,ABSORT>记录。

若故障发生在图 11.3（b）所示的时刻，那么尽管<T_1,COMMIT>记录写入了日志，但可能还没有写入稳定的存储器中。如果记录已写入稳定的存储器，则恢复情况就如图 11.3（c）所示。而如果该记录还没有写入稳定的存储器中，则恢复处理如图 11.3（a）所示。

若故障发生在图 11.3（c）所示的时刻，则 T_1 被看作一个提交的事务，恢复管理器为 A 再次写入22，为 B 置新值 28.5。

若故障发生在图 11.3（d）所示的时刻，则 T_1 被看作一个提交的事务，恢复管理器为 A、B 再次写入 22 和 28.5。

<T_1,START>	<T_1,START>	<T_1,START>	<T_1,START>
<T_1,A,22>	<T_1,A,22>	<T_1,A,22>	<T_1,A,22>
<T_1,B,28.5>	<T_1,B,28.5>	<T_1,B,28.5>	<T_1,B,28.5>
	<T_1,COMMIT>	<T_1,COMMIT>	<T_1,COMMIT>
		写 A 到磁盘	写 A 到磁盘
			写 B 到磁盘
(a)	(b)	(c)	(d)

图 11.3　不同时刻的日志状况

2. 后像（AI）在事务提交前完全写入数据库

在日志中记录所有的数据库修改，一个事务的所有写操作在事务提交前已写入磁盘。

事务 T 的执行步骤为：在 T 开始执行前，向日志中写入记录<T,START>，T 的一次 WRITE(X)操作导致向日志中写入一条新记录。最后，当 T 全部操作结束时，被改变的所有数据项已写入磁盘后在日志中写入记录<T,COMMIT>。

要保证系统在发生故障后能恢复，事务必须遵循两条规则：

- 如果事务 T 改变了数据项 X，则记录变化的日志记录必须在数据项的新值写入磁盘前写入稳定的存储器；

● 如果事务提交，则 COMMIT 日志记录必须在事务改变的所有数据项的新值写入磁盘后再写入稳定的存储器。

该方法在恢复时忽略已提交的事务并撤销未完成事务的影响。恢复机制使用以下恢复过程：UNDO(T_i)，将事务 T_i 更新的所有数据项的值设为旧值。

由于是撤销未完成的事务，只需要数据项的旧值，所以前面介绍的更新日志记录结构可以简化，省去新值字段。即日志记录<T,X,V_1>表示：事务 T 对数据项 X 执行写操作，写操作前的旧值为 V_1。

重新考虑前面的【例 11-1】。事务一个可能的执行顺序如图 11.4 所示。

步骤	动作	日志
1		<T_1,START>
2	READ(A)	
3	A:=A+A*0.1	
4	WRITE(A)	<T_1,A,22>
5	READ(B)	
6	B:=B-B*0.05	
7	WRITE(B)	<T_1,B,30>
8	写 A 到磁盘	
9	写 B 到磁盘	
10		<T_1,COMMIT>

图 11.4　执行顺序

当系统发生故障时，恢复管理器首先将事务分为已提交事务和未提交事务。若某事务有日志记录<T,COMMIT>，则表示事务 T 对数据库的所有改变在发生故障前已写入磁盘，事务 T 保证了数据库的一致性，可忽略不管。若在日志上未发现事务的<T,COMMIT>记录，则有可能事务的某些数据库更新已经写到磁盘上，而另一些更新尚未到达磁盘。这样，事务的执行就不是原子的，数据库就可能不处于一致性状态。因此，T 是一个未完成的事务，必须撤销。事务执行规则中的第一条保证了事务的撤销依据已写入磁盘上。

在恢复系统时，恢复管理器：

① 首先对日志文件从后向前进行扫描，将有<T,COMMIT>记录的事务放入 redo-list 队列；

② 对遇到的每一条<T,X,V_1>记录，若事务 T 在 redo-list 队列中，则恢复管理器什么都不做；

③ 对遇到的每一条<T,X,V_1>记录，若事务 T 不在 redo-list 队列中，则恢复管理器将数据项 X 在数据库中的值改为旧值 V_1。

同样，看一下故障发生在不同时刻恢复管理器的不同处理。

① 若故障发生在图 11.5（a）所示时刻，日志记录<T_1,COMMIT>可能在主存中，也可能已刷新到磁盘上。若已刷新到磁盘上，则认为事务已提交，恢复管理器什么都不做；若还在主存中，那么恢复管理器认为事务 T_1 未完成。它由后向前扫描日志，首先遇到记录<T_1,B,30>，于是将数据库中的数据项 B 修改为 30。接着，遇到记录<T_1,A,20>并将数据项 A 修改为 20。最后，恢复管理器将<T_1,ABORT>记录写到日志中，并强制刷新日志。

② 若故障发生在图 11.5（b）、图 11.5（c）、图 11.5（d）所示时刻，则处理同①中的撤销操作。

<T₁,START>	<T₁,START>	<T₁,START>	<T₁,START>
<T₁,A,20>	<T₁,A,20>	<T₁,A,20>	<T₁,A,20>
<T₁,B,30>	<T₁,B,30>	<T₁,B,30>	<T₁,B,30>
写 A 到磁盘	写 A 到磁盘	写 A 到磁盘	
写 B 到磁盘	写 B 到磁盘		
<T₁,COMMIT>			
(a)	(b)	(c)	(d)

图 11.5 不同时刻的状况

利用日志回滚失败的事务，由后向前扫描日志记录是非常重要的，因为一个事务可能多次更新同一数据项。如考虑日志记录：

```
<T₁,A,3,5 >
<T₂,B,1,2 >
<T₁,A,5,8 >
```

该日志记录表示事务 T_1 对数据项 A 修改了两次。由后向前反向扫描日志可以将 A 的值正确地恢复成 3。如果由前向后正向扫描日志，则 A 将恢复成 8，这个结果是不正确的。

3. 后像（AI）在事务提交前后写入数据库

前面介绍了两种更新事务的执行方式，它们的差别在于被更新数据项写入磁盘的时间是在事务提交前，还是在事务提交后。相应地，日志记录中保存的分别是被更新数据项的旧值和新值。这两种方式各有缺陷：后像在事务提交前写入数据库，可能会增加需要进行的磁盘 I/O 数。而后像在事务提交后写入数据库，可能会增加事务需要的平均缓冲区数。现在，看一下第 3 种更新事务的执行方式，这种方式通过在日志中维护更多的信息，提供更大的灵活性。

采用第 3 种方式，被修改数据项写入磁盘的时间可以在日志记录<T,COMMIT>之前进行，也可以放在它之后进行。只是写入的更新日志记录由 4 部分组成。日志记录<T,X,V_1,V_2>表示：事务 T 对数据项 X 执行写操作，写前的旧值为 V_1，写后的新值为 V_2。该方式遵循的规则如下。

被更新数据项写入磁盘前，更新记录<T,X,V_1,V_2>必须已写到稳定存储器上。

恢复管理器恢复系统时使用以下过程。

● UNDO(T_i)：将未提交事务 T_i 更新的所有数据项的值设为旧值。

● REDO(T_i)：将已提交事务 T_i 更新的所有数据项的值设为新值。

考虑前面的【例 11-1】，一个事务可能的执行顺序如图 11.6 所示。

步 骤	动作	日志
1		<T₁,START>
2	READ(A)	
3	A:=A+A*0.1	
4	WRITE(A)	<T₁,A,22>
5	READ(B)	
6	B:=B-B*0.05	
7	WRITE(B)	<T₁,B,28.5>
8	写 A 到磁盘	
9		<T₁,COMMIT>
10	写 B 到磁盘	

图 11.6 执行顺序

若系统发生故障，恢复管理器首先将事务分为已提交事务和未提交事务。若某事务有日志记录 <T,COMMIT>，则利用日志中记录的新值，将新值重新写一次到磁盘上，不管它是否已经在磁盘上存在。若在日志上发现有某事务的<T,START>记录，但未发现该事务的<T,COMMIT>记录，则 T 是一个未完成的事务，必须撤销，将旧值写入磁盘。

在恢复系统时，恢复管理器：

① 首先对日志文件从后向前进行扫描，将有<T,COMMIT>记录和没有<T,COMMIT>记录的事务分别放入两个队列，即 redo-list 队列、undo-list 队列；

② 从前向后再次扫描日志记录，重新执行 redo-list 队列中的事务；

③ 从后向前再次扫描日志记录，撤销 undo-list 队列中的事务。

同样，看一下故障发生在不同时刻恢复管理器的不同处理。

若故障发生的时刻如图 11.7（a）所示，则事务 T_1 被认为是一个未完成的事务，恢复管理器将对事务 T_1 做撤销工作。虽然数据项 A、B 的新值都还未写入数据库，但系统仍将 A、B 的旧值再写一次。

若故障发生的时刻如图 11.7（b）所示，则系统仍然认为 T_1 是一个未完成的事务，恢复处理同上。

若故障发生的时刻如图 11.7（c）所示，则系统的处理就要分为崩溃发生在<T_1,COMMIT>记录刷新到稳定存储器之前还是之后两种情况。假设崩溃发生在<T_1,COMMIT>记录刷新到稳定存储器之后，虽然此时 A 已具有新值，而 B 还是旧值，但这时的 T_1 仍被认为是提交事务，系统将重新执行该事务；假设崩溃发生在<T_1,COMMIT>记录刷新到稳定存储器之前，则 T_1 被作为未完成的事务，系统做撤销工作，处理同图 11.7（b）所示。

<T_1,START>	<T_1,START>	<T_1,START>
<T_1,A,20,22>	<T_1,A,20,22>	<T_1,A,20,22>
<T_1,B,30,28.5>	<T_1,B,30,28.5>	<T_1,B,30,28.5>
	写 A 到磁盘	写 A 到磁盘
		<T_1,COMMIT>
（a）	（b）	（c）

图 11.7 不同时刻的状况

也许，在日常的业务处理中，我们不希望在<T_1,COMMIT>记录刷新到稳定存储器之前发生系统崩溃，使事务被撤销（因为此时事务在用户看来是已经提交的）。为避免这样的问题，可以使用一条附加规则：<T,COMMIT>记录一旦出现在日志中就必须强制进行日志刷新。

小杨：肖老师，采用后像在事务提交前后写入数据库的日志记录方式，若系统发生故障，则恢复管理器既要对部分事务做撤销工作，又要对另一部分事务完成重做工作，这两项工作先做哪一项呢？

老肖：在前面，我们没有指明恢复机制在进行系统恢复时是先撤销还是先重做。事实上，无论先撤销还是先重做，系统都有可能遇到读脏数据的情况：提交并被重做的事务 T 读取数据值 X，该值是由某个未提交且被撤销的另一事务写入的。此时无论先撤销还是先重做都是没有意义的。此外，系统还可能遇到"丢失修改"的情况：事务 T_1、T_2 对数据项 Q 都做了更新操作，事务 T_1 的回滚有可能将 T_2 对数据项的修改丢失。

因此，DBMS 必须做的不仅是将改变记入日志，还必须通过某种机制保证上述两种情况不会出现。

在第 10 章中讨论的事务并发控制机制用封锁解决此类问题。

无论是回滚操作还是重做操作，恢复的步骤都是幂等（Idempotent）的，即将它们多次执行与执行一次的效果是完全相同的。这一点非常重要。当系统从上一次崩溃中恢复时再次发生崩溃，恢复机制仍可再次重复恢复过程，前一次恢复过程中是否已将数据项的值更新为旧值或新值是无关紧要的。

11.3　缓冲区管理

在图 11.1 中，无论是事务管理、日志管理、查询处理还是发生故障之后的恢复管理，都需要与缓冲区管理器打交道。缓冲区管理器的职责是使应用程序的处理能够得到它们需要的内存，并尽可能缩小延迟和减少不可满足的要求。

11.3.1　缓冲区管理器结构

缓冲区管理器响应内存访问磁盘块的过程如图11.8所示。当应用程序需要从磁盘上得到一个块时，它会调用缓冲区管理器，此时如果这个块已经在缓冲区中，缓冲区管理器就会返回该块在主存中的地址给应用程序。如果这个块不在缓冲区中，那么缓冲区管理器就会：

- 在缓冲区中为该块分配空间，即替换一些块以让出空间给新的块，被替换的块如果已经被修改过，那么就需要把它重新写回到磁盘上；
- 把需要的块从磁盘上读到缓冲区中，然后返回该块在主存中的地址。

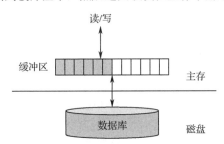

图 11.8　缓冲区管理器响应内存访问磁盘块的过程

小杨：肖老师，缓冲区中能够为块分配的空间大小有没有限制？

老肖：通常，当 DBMS 初始化时，缓冲区的数目是一个设置的参数，我们可以简单地假设为一个数目固定的缓冲池。缓冲区管理器为一个应用程序分配 M 个缓冲区，M 的大小依赖于系统条件并可动态变化。一旦应用程序获得了 M 个缓冲区，它就能使用其中的一些缓冲区来调入磁盘页，另一些用于索引页、排序处理等。在某些 DBMS 中，内存并不仅仅从一个内存池中进行分配，而是根据不同目的设置多个独立的内存池。应用程序可能从某个内存池中分配来 D 个缓冲区用于保存调入的磁盘页，从另一个独立的内存区分配来 S 个缓冲区用于排序，以及 H 个缓冲区用于建立散列表。这为系统配置和调优提供了更多选择，但内存使用未必是全局最优的。

11.3.2　缓冲区管理策略

小杨：肖老师，缓冲区管理中需要替换一些块以让出空间给新的块，如何选取被替换出去的块呢？

老肖：缓冲区管理必须做出的关键选择是当一个新近要求的块需要一个缓冲区时，应该将哪些块置换出缓冲池。通常的缓冲-替换策略如下。

- 最近最少使用（LRU）：LRU 是置换出最长时间没有读或写的块。这种方法要求缓冲区管理器保持一张表，说明每个缓冲区的块被访问的最后一次时间。

【例 11-2】 假设现在的访问序列：1、4、8、1、5、2、3、2、4，采用 LRU 得到如图 11.9 所示的替换过程。

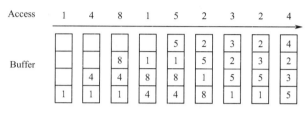

图 11.9　LRU 示例

- 先进先出（FIFO）：当需要一个缓冲区时，被同一块占用时间最长的缓冲区被清空，并用来装入新的块。在这种方法里，缓冲区管理器仅需要知道当前占用一个缓冲区的块装入缓冲区的时间。当块从磁盘读入内存时，可以生成表中的一个表项，当块被访问时，不需要修改这张表。与 LRU 相比，FIFO 需要的维护工作较少。

- 时钟算法：该算法的思想是把所有的缓冲区形成一个环（通过 mod 运算实现），环中的每一个缓冲区都带一个引用位（reference bit），也称为第二次机会位。当缓冲区的引用位为 0 时，该缓冲区就容易被选中，需要将其内容写回磁盘，具有 1 标志的缓冲区则继续保留。当一个块读进缓冲区或缓冲区内容被访问时，其引用位都设置为 1。当缓冲区管理器需要为一个新块分配缓冲区时，就按照顺时针旋转，查找能够找到的第一个 0。如果通过的当前缓冲区的引用位为 1 时，则修改引用位为 0，该块继续留在环中，如果当前块的引用位为 0，则选择该块换出。时钟算法的伪代码如图 11.10 所示。

```
When replacement necessary
do for each blockin cycle{
        if (reference bit==1)
                setreference bit=o;
        else if (reference bit==o)
                choosethis blockfor replacement;
}until a page is chosen;
```

图 11.10　时钟算法的伪代码

11.3.3　日志记录缓冲

对于用于保证数据库一致性的底线日志来说，最安全的做法就是，每产生一条日志记录就将其写入稳定存储器。但这样做的结果是增加了大量系统执行开销和 I/O 操作，并且向稳定存储器的输出都是以块为单位的，日志记录大小要比块大小小得多，这样就增加了物理操作。

事实是，即使将一个块输出到磁盘上的代价也是不容小觑的，所以最好是一次输出多个日志记录，甚至是多个块。为了达到这个目的，在实际实现中，我们将日志记录先写到主存中临时开辟的日志缓冲区中，然后按照一定的写入规则，再用一次输出操作输出到磁盘上。

这样就产生了一个问题，当日志记录在缓冲区存储时，这样的数据是易失的，一旦发生故障，这些日志记录将没办法再反映数据库的操作情况。因此，对日志记录从缓冲区写入磁盘和数据写入磁盘之间的顺序有如下要求。

① 在日志记录<T_i,COMMIT>写入磁盘之后，才允许事务 T_i 进入提交状态（写入磁盘）。

② 在日志记录<T_i,COMMIT>写入磁盘之前，要保证 COMMIT 之前的日志记录已经写入磁盘。

③ 主存中的数据块写入磁盘之前，所有与该数据块相关的日志记录必须已写入磁盘。

这样的规则称为**先写日志规则**（Write-Ahead Log Protocol）。

把对数据库的修改写到数据库中和把反映这个修改的日志记录写到日志文件中是两个不同的操作。有可能在这两个操作之间发生故障，即这两个写操作只完成了一个。如果先写了数据库修改，而日志记录中未反映该修改，则以后无法恢复该修改操作。如果先写日志记录，则无论有没有对数据库进行修改，以后也可以根据日志记录在恢复时多执行一次重做操作或撤销操作，不会影响数据库的正确性。

一个事务要进入提交状态，必须是该事务的日志记录，包括最后的 COMMIT 记录都已全部写入稳定存储器。为保证这一点，当有事务提交时，所有还驻留在日志缓冲区中的日志记录都将被强制写入稳定存储器中。即使该缓冲区并未设置为强制方式，系统也可以将缓冲区的刷新设置为强制方式。这样，当有事务提交时，日志缓冲区中的日志记录和数据缓冲区中的数据都将被强制写入稳定存储器和数据库中。但这样做会增加 I/O 开销，毕竟将所有被修改页写入数据库的代价要远高于强制写日志记录的代价。

我们稍加思考就会发现，提前将日志记录写入磁盘是没有什么不良影响的，因此，当系统发现需要将日志记录输出时，如果主存中有足够的日志记录可以填满一个块，就将其整个输出；如果不足以填满整个块，就将其写入半满的块，然后写入磁盘。

将缓冲的日志写入磁盘有时称为**日志强制**（Log Force）。

小杨：日志记录写入稳定存储器的频率会影响系统的开销，那么存放日志记录的缓冲区大小该如何设置才合理呢？

老肖：DBMS 执行 DML 语句就会在日志记录中生成数据的变更向量，日志缓冲区对磁盘的一次写入是来自多个事务的一批变更向量。与其他内存结构相比，日志缓冲区较小，是一个非常短暂的存储区域。日志管理器将变更向量插入其中，并几乎实时地使其流向磁盘。即当会话发出 COMMIT 语句时，会实时执行日志缓冲区写操作。写操作由日志写入器后台进程（LGWR）完成。

关于日志缓冲区如何设置的问题，一般我们认为日志缓冲区最多不必超过数 MB，不可设置小于系统默认值的日志缓冲区。而大日志缓冲区意味着：在发出 COMMIT 语句时，需要写入的内容更多，在发出完成提交消息及会话恢复工作之前，需要耗费更长的时间。就某些应用程序而言，有必要将日志缓冲区大小设置为高于默认值，但通常使用默认日志缓冲区。

在 DBMS 体系结构中，将日志缓冲区转储到磁盘是基本瓶颈之一。DML 的速度不能超过 LGWR 将变更向量转储到联机日志文件的速度。

11.3.4　检查点

利用日志进行数据库恢复时，恢复管理器必须检查日志，确定哪些事务需要 REDO，哪些事务需要 UNDO。一般来说，需要搜索整个日志才能做出决定。这样做有两个主要的问题。

● 搜索整个日志将耗费大量的时间。

● 很多需要 REDO 处理的事务其更新已经写入数据库，重新执行这些操作会浪费大量的时间，使恢复过程变得更长。

小杨：肖老师，如何解决这些问题呢？

老肖：为解决这些问题，引入了具有检查点的恢复技术。系统定期或不定期地建立检查点，保存数据库的状态。创建恢复检查点有 3 种方法，它们分别是提交一致性检查点、高速缓存一致性检查点、模糊一致性检查点。

1. 提交一致性检查点

建立检查点的步骤如下。

（1）新的事务不能开始，直到检查点操作完成。

（2）现有的事务继续执行直到提交或中止，并且相关日志都写入稳定存储器。

（3）当前日志缓冲区中的日志记录写回稳定存储器中的日志文件。

（4）日志记录<CHECKPOINT>写入稳定存储器，检查点操作完成。

所有检查点前执行的事务将已经完成，并且其更新也已经写入磁盘。因此，恢复时这些事务都不需要撤销。在恢复时，系统从日志尾部开始向前扫描，确定未完成的事务，当发现<CHECKPOINT>记录时，表明已搜索完所有未完成的事务。由于只有检查点操作结束后事务才能开始，因此没有必要扫描<CHECKPOINT>记录以前的部分。这样，可以大大减少进行恢复操作所需要的时间。

【例 11-3】 假设日志开始是：

```
< T₁,START>
< T₁,A,200>
< T₂,START>
< T₂,B,10>
```

这时，决定做一个检查点。由于 T_1、T_2 处于活动状态，因此必须等它们操作完成后才能在日志中写入<CHECKPOINT>记录。设日志后续部分内容如图 11.11 所示，这时系统发生崩溃。恢复子系统从尾部开始扫描日志，确定 T_3 是唯一一未完成的事务，于是撤销 T_3 对数据库的操作影响。当到达<CHECKPOINT>记录时，扫描停止，恢复结束。

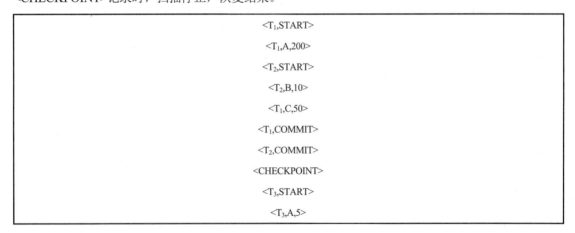

图 11.11　日志后续部分内容

2. 高速缓存一致性检查点

小杨：肖老师，提交一致性检查点需要等到所有活动事务提交后才能建立，等待时间可能会很长，系统效率不高。

老肖：建立提交一致性检查点时，整个系统是关闭的，并且检查点要等到所有活动事务提交后才能建立。因此，系统可能需要等待很长的时间。为了减少等待时间，可以采用更为复杂的检查点策略：高速缓存一致性检查点。

建立高速缓存一致性检查点需要的过程如下。

（1）新的事务不能开始，直到检查点操作完成。

（2）已存在的事务不允许执行新的更新操作，如写缓冲块或写日志记录。

（3）当前日志缓冲区中的日志记录写回稳定存储器中的日志文件。

（4）当前数据缓冲区中的所有数据记录写入磁盘。

（5）日志记录<CHECKPOINT,L>写入稳定存储器，其中 L 是所有活动事务的列表，检查点操作完成。

日志中的检查点记录可以改善恢复过程的效率。在一个检查点前提交的事务 T_i，其所做的任何数据库修改都必然在检查点前或作为检查点的一部分写入数据库。因此，恢复时就不必再对 T_i 执行 REDO 操作了。故障发生后，恢复子系统从日志的尾部由后至前搜索日志，直到找到第一条<CHECKPOINT>记录。然后确定在检查点建立时刻仍处于活动状态的事务集合，以及检查点建立之后开始执行的事务集合。根据故障发生时事务的不同状态对事务采取不同的恢复策略。

发生故障时，事务的不同状态如图 11.12 所示。

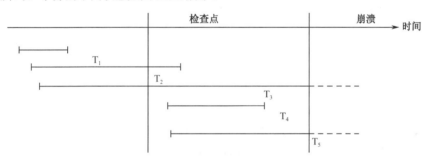

图 11.12 发生故障时，事务的不同状态

T_1 事务在检查点建立时已经提交，该事务在恢复过程中不被处理。

T_2、T_3 事务在检查点建立时刻处于活动状态，恢复子系统首先将其放入活动事务列表 L 中。T_4、T_5 在系统崩溃之前，检查点建立之后开始执行，恢复子系统也将其放入待处理事务集合 T 中。对集合 T 和 L 中的所有事务 T_i，若日志中没有<T_i,COMMIT>记录，则执行 UNDO(T_i)；若日志中有<T_i,COMMIT>记录，则执行 REDO(T_i)。

若后像在事务提交后才写入数据库，则日志中没有<T_i,COMMIT>记录，也不必执行 UNDO(T_i)操作。若后像在事务提交前必须写入数据库，则日志中有<T_i,COMMIT>记录，也不必执行 REDO(T_i)操作。

3．模糊一致性检查点

高速缓存一致性检查点只需将所有当前数据缓冲区中的数据记录写入磁盘，而无须等待事务的提交，这相对于提交一致性检查点而言是一个提高。但在这个过程中，所有事务不能执行动作，对于用户而言也就是需要等待。

为了去除这一限制，模糊检查点改进技术，使之允许在<CHECKPOINT>记录写入日志后但在修改过的缓存块写入磁盘前做更新。

由于只有在写入<CHECKPOINT>记录之后数据页才能输出到磁盘，系统有可能在所有页写完之前崩溃，所以系统将最后一个完善检查点记录在日志中的位置保存在磁盘的固定位置 last-checkpoint。

系统在写入<CHECKPOINT>记录时不更新改信息，而是在写入<CHECKPOINT>记录前，创建所有修改过的缓冲块的列表。只有所有该列表中的缓冲块都输出到磁盘上以后，last-checkpoint 信息才会更新。

11.4 恢 复 处 理

小杨：在对故障系统进行恢复处理前，需要考虑哪些因素呢？

老肖：当系统在运行过程中发生故障时，需确定系统如何从故障中恢复。首先，需要确定用于存储数据的设备的故障状态；其次，必须考虑这些故障状态对数据库产生的影响；最后，利用数据库后备副本和日志文件就可以将数据库恢复到故障前的某个一致性状态。不同故障恢复策略和方法是不一样的。

11.4.1 事务故障的恢复

事务故障是指事务在运行到正常终止点前被中止，这时恢复策略是利用日志文件撤销此事务对数据库已经做过的修改。具体的恢复方法还和事务更新执行的方法有关。

（1）后像（AI）在事务提交后才写入数据库。

若数据后像（AI）在事务提交后才写入数据库，则发生故障时数据库中的数据并没有发生变化，所有数据项的修改只是在日志文件中有记录。因此，恢复子系统只需忽略这些未完成的事务就可以了。

（2）后像（AI）在事务提交前必须写入数据库。

若事务更新采用的是后像（AI）在事务提交前必须写入数据库的方式，则在发生故障时，系统可能已将部分或全部数据项的修改写入磁盘，为保证数据库的一致性，恢复管理器必须使用日志文件撤销（UNDO）此事务对数据库的修改。系统恢复的步骤如下。

- 反向扫描日志文件，找出日志文件中该事务的<T,X,V_1>记录。
- 执行更新操作的逆操作，将数据库中 X 数据项的值更新为旧值 V_1。
- 继续反向扫描日志文件，找出该事务的其他更新记录，并重复上一步。
- 当扫描到事务的开始标识<T,START>时，故障恢复完成。

（3）后像（AI）在事务提交前后写入数据库。

采用此种事务更新方式，发生故障时系统仍可能已将部分数据项的修改写入磁盘。因此，恢复方法同（2）。

11.4.2 系统故障的恢复

系统故障是指造成系统停止运转，使得系统必须重新启动的任何事件。系统故障后造成数据库不一致状态的原因包括：一是未完成事务对数据库的更新已写入磁盘；二是已提交事务对数据库的更新未写入磁盘。因此，恢复的策略是利用日志文件回滚（UNDO）未完成事务，重做（REDO）已提交事务。当系统崩溃重新启动时，它构造两个队列：undo-list 存放需要撤销的事务标识符；redo-list 存放需要重做的事务标识符。这两个队列刚开始时都是空的。队列构造步骤如下。

- 系统反向扫描日志，直到发现第一条<CHECKPOINT>记录。
- 对每一条<T_i,COMMIT>记录，将 T_i 加入 redo-list。
- 对每一条<T_i,START>记录，如果 T_i 不属于 redo-list，则将 T_i 加入 undo-list。

设 L 为检查点时活动事务的列表，并假设事务在检查点过程中不执行更新操作。那么，当所有相应的日志记录都检查完毕后，系统查看列表 L，对 L 中的每一个事务 T_i，如果 T_i 不属于 redo-list，则将 T_i 加入 undo-list。

一旦 redo-list 和 undo-list 构造完毕，后续的恢复方法又与事务更新执行的方式相关。

（1）后像（AI）在事务提交后才写入数据库。

只要事务在日志中没有<T,COMMIT>记录，我们就知道事务 T 对数据库所做的更新都没有写到磁盘上。因此，恢复时对未完成事务的处理是忽略它们，像它们从未发生过似的。而对提交事务，恢复时将日志记录中的新值再写一次。

系统接下来的恢复步骤如下。

- 对 undo-list 中的事务，在日志中写入一条<T$_i$,ABSORT>记录并刷新日志。
- 对 redo-list 中的事务执行 REDO 操作：从前面发现的<CHECKPOINT>记录开始，正向扫描日志文件，对遇到的每一条<T$_i$,X,V$_1$>记录，将数据库中的 X 数据项更新为新值 V$_1$。

（2）后像（AI）在事务提交前必须写入数据库。

如果事务有日志记录<T,COMMIT>，则事务 T 所做的全部改变在此之前已写入磁盘，对这些事务恢复子系统可以忽略。而对未提交事务，恢复子系统根据日志记录做回滚操作。

系统接下来的恢复步骤如下。

- 对 undo-list 中的某一事务，执行 UNDO 操作。
- 再次反向扫描日志文件，对遇到的每一条<T$_i$,X,V$_1$>记录，将数据库中的 X 数据项更新为旧值 V$_1$，扫描到<T$_i$,START>记录时，扫描停止。
- 在日志中写入一条<T$_i$,ABSORT>记录并刷新日志。
- 重复以上两个步骤，直至处理完撤销队列中的每一个事务。

（3）后像（AI）在事务提交前后写入数据库。

在构造完 redo-list 和 undo-list 后，恢复过程继续做如下工作。

- 系统重新反向扫描日志文件，对 undo-list 中的每一个事务执行 UNDO 操作，即对遇到的每一条<T$_i$,X,V$_1$,V$_2$>记录，将数据库中的 X 数据项更新为旧值 V$_1$。
- 在日志中写入一条<T$_i$,ABSORT>记录并刷新日志。当 undo-list 中所有事务 T$_i$ 所对应的<T$_i$,START>记录都找到时，扫描结束。
- 系统找出日志中最后一条<CHECKPOINT>记录。
- 系统由最后一条<CHECKPOINT>记录开始，正向扫描日志文件，对 redo-list 中的事务 T$_i$ 的每一条日志记录执行 REDO 操作。即对遇到的每一条<T$_i$,X,V$_1$,V$_2$>记录，将数据库中的 X 数据项更新为新值 V$_2$。

使用以上步骤的算法，在重做 redo-list 的事务前，撤销 undo-list 中的事务是很重要的。否则，可能会有问题。

【例 11-4】 假设数据项 A 的初始值为 10，事务 T$_i$ 将 A 更新为 20 后终止，事务应回滚，将 A 的值恢复为 10。假设另一事务 T$_j$ 随后将 A 的值更新为 30 并提交，然后系统崩溃。系统崩溃时日志记录为：

```
<T_i,A,10,20>
<T_j,A,10,30>
<T_j,COMMIT>
```

如果先进行最后一个步骤，A 置为 30，然后进行每一个步骤的 UNDO 操作，A 将置为 10，这样就出现了错误。A 最后的值应该为 30。只要先进行 UNDO 再进行 REDO 操作，按照 4 个步骤就可以保证这个结果。

11.4.3　介质故障的恢复

日志可以帮助我们防备系统故障，系统故障发生时磁盘上不会丢失任何东西，而缓冲区中的临时数据会丢失。但是，更严重的故障是磁盘上数据的丢失，即介质故障。

发生介质故障后，磁盘上的物理数据和日志文件数据都有可能被破坏。为防止介质故障，系统除需要日志文件外，还需要使用备份技术将数据库及日志进行转储。这样，当发生故障时可通过日志和最近的备份重建数据库。

1．备份

所谓备份是指 DBA 定期地将整个数据库复制到某种存储介质（如磁带、磁盘、光盘等）上保存的过程。这些备用的数据文本称为后备副本或后援副本。数据备份有时又称为数据转储，是数据库恢复中采用的基本技术。

我们在存储介质上创建备份，并将它们存放在远离数据库的某一个安全的地方。后备副本保存数据库在某一时刻的状态，若数据库遭到破坏，就可以装入后备副本将数据库恢复到转储时刻的状态了。

要想将数据库恢复到发生故障时刻的状态，除利用数据后备副本外，还需要利用日志文件。为了防止日志的丢失，我们可以在日志刚刚创建时就将它的一个副本传送到与备份一样的远程节点。那么，如果日志与数据都丢失，我们就可以使用备份的日志和数据副本进行恢复。

使用这种恢复技术，必须保持一个日志记录。这样既会花费较大的存储空间，又会影响数据库正常的工作性能。尽管如此，由于这种恢复技术可使数据库恢复至最近的一致性状态，在数据库系统中用得最多，大部分商品化的 DBMS 都支持这种恢复技术。

当数据库规模很大时，建立备份是一个冗长的过程，通常应尽量避免在每个备份步骤中都要复制整个数据库。因此，存在两个级别的备份。

- 完全转储：备份整个数据库。
- 增量转储：只备份上一次备份后发生改变的数据。

可以用一个完全转储及其后续的增量转储来恢复数据库。将完全转储复制回数据库，然后以从前向后的顺序，做后续增量转储恢复记录的改变。由于增量转储一般只包括上次转储以来改变的少量数据，所以它们占用的空间比完全转储少，做起来也更快。

此外，根据转储过程中是否有事务在运行，可以将转储分为静态转储和动态转储。

- 静态转储：转储期间不允许有事务在运行。
- 动态转储：转储期间允许事务对数据库进行更新。

大多数数据库不能在做备份时就停止业务的操作，因此，静态转储虽然实现简单，人们还是常用动态转储进行数据库的备份。它不用等待用户执行事务结束，也不会影响新事务的运行。

当动态转储按照某种顺序复制数据库中数据时，有可能正好有事务在对这些数据做更新。因此，复制到备份中的数据有可能不是转储开始的数据。

【例 11-5】假设数据库中有 A、B、C 三项数据，转储开始时它们分别具有值 10、20、30。在系统转储过程中，有事务将 A 改变为 15，C 改变为 2，B 改变为 44。修改的顺序为 A、C、B。数据库备份时是按照 A、B、C 的顺序备份的，且在 A 更新之前就备份了 A 的值，在 B 更新之前就备份了 B 的值，备份 C 时 C 的值已经更新。那么，尽管数据库在转储开始时数据项 A、B、C 具有值 10、20、30，在转储结束时具有值 15、44、2，但在备份中的值为 10、20、2。这是在转储过程中任何时候都不存在的数据库状态。

为此，需保留转储过程中的日志记录，通过日志记录纠正其中的差异。

2. 使用备份和日志进行恢复

发生介质故障，我们执行以下步骤。

（1）装入最近的完全转储后备副本。若数据库副本是动态转储的，还需要同时装入转储开始时刻的日志文件副本，利用恢复系统故障的方法将数据库恢复到某个一致性状态。

（2）如果有后续的增量转储，按照从前往后的顺序，根据增量转储来修改数据库。

（3）装入转储结束后的日志文件副本，重做已完成的事务。即首先反向扫描日志文件，找出故障发生时已经提交的事务，将事务标识符写入 redo-list。然后正向扫描日志文件，对 redo-list 中的所有事务进行 REDO 操作。

这样，就可以将数据库恢复到离故障发生时最近某一时刻的一致性状态了。

习　　题

1. 数据库中为什么要有恢复子系统？它的功能是什么？

2. 数据库运行中可能产生的故障有哪几类？哪些故障影响事务的正常执行？哪些故障破坏数据库数据？

3. 数据库恢复的基本技术有哪些？

4. 数据库转储的意义是什么？试比较各种数据转储方法。

5. 什么是数据库日志文件？为什么要设立日志文件？

6. 登记日志文件时为什么必须先写日志文件，后写数据库？

7. 什么是检查点记录？检查点记录包括哪些内容？

8. 针对不同的故障，试给出恢复的策略和方法。

9. 设有两个事务 T_1 和 T_2 的一系列日志记录：$<T_1,START>$、$<T_1,A,22>$、$<T_2,START>$、$<T_2,B,28.5>$、$<T_1,C,61>$、$<T_2,D,40>$、$<T_2,COMMIT>$、$<T_1,F,60>$、$<T_1,COMMIT>$。若发生故障时磁盘上的最后一条日志记录为：

（1）$<T_1,C,61>$

（2）$<T_2,COMMIT>$

（3）$<T_1,F,60>$

（4）$<T_1,COMMIT>$

试分别说明采用不同的日志文件记录方式，恢复管理器的处理动作。

第 12 章　数据库安全

存储在数据库中的数据对企业来说至关重要，企业除了要充分利用它，还需要保护它。数据库的破坏分为恶意访问与无意破坏两种情况。数据一致性的无意破坏主要由以下原因造成：

- 并发存取所引起的数据异常
- 数据的分布存储造成的不一致
- 逻辑错误造成更新事务未遵守保持数据一致性的原则
- 事务处理过程中系统崩溃

而数据库的恶意访问包括：

- 未经授权的读取数据
- 未经授权的修改数据
- 未经授权的破坏数据

为避免数据一致性的无意破坏可通过完整性约束控制、并发控制技术及数据库恢复技术来解决。在本章中，我们讨论防止数据库被恶意访问的方法，以及与访问控制相关的概念。要完全杜绝数据库的恶意访问是不可能的，但通过访问控制及采取其他的一些安全性措施可以使入侵者付出更高的代价。

学习目标：

- 了解计算机安全的等级防护和评估标准
- 掌握访问控制的三种方式
- 掌握角色的概念
- 了解视图的安全控制
- 了解跟踪审计
- 了解数据库其他的安全技术

12.1　数据库安全基础

小杨：计算机系统安全有哪些标准？

老肖：随着网络技术的发展，计算机安全性问题越来越受到人们重视，人们对信息系统安全性的要求越来越高。在信息安全管理领域里标准众多，有 ISO/IEC 的国际标准 17799、13335；有美国国家标准和技术委员会（NIST）的特别出版物系列、英国标准协会（BSI）的 7799 系列；在我国，有风险管理、灾难恢复的国家政策。

小杨：现在关于计算机系统的安全问题很火热，那么什么是计算机系统的安全呢？

老肖：计算机系统安全是指为计算机系统建立和采取的各种安全保护措施，以保护计算机系统中的硬件、软件及数据，防止因偶然或恶意的原因使系统遭到破坏，数据遭到更改或泄露等。

国际上针对计算机安全的等级防护和评估制定了多个标准，其发展过程和关系如图 12.1 所示。

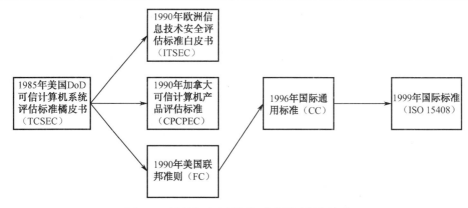

图 12.1 计算机安全国际标准发展过程和关系

在这些评测标准中最重要的是 1985 年美国国防部（DoD）颁布的《DoD 可信计算机系统评估标准》（Trusted Computer System Evaluation Criteria，TCSEC，也称为橘皮书）和 1991 年美国国家计算机安全中心（NCSC）颁布的《可信计算机系统评估标准关于可信数据库系统的解释》（Trusted Database Interpretation，TDI，也称为紫皮书）。TDI 将 TCSEC 扩展到数据库管理系统，定义了数据库管理系统的设计与实现中需要满足及用以进行安全性级别评估的标准。

法、英、荷、德欧洲 4 国在 20 世纪 90 年代初联合发布《信息技术安全评估标准》（ITSEC，欧洲白皮书）。该标准将安全概念分为功能与评估两部分，首次提出了信息安全的机密性、完整性、可用性的概念。ITSEC 把可信计算机的概念提高到可信信息技术的高度上来认识，对国际信息安全的研究、实施产生了深刻的影响。

信息技术安全评价的《通用标准》（CC）是由 6 个国家（美、加、英、法、德、荷）于 1996 年联合提出的，并逐渐形成国际标准 ISO 15408。CC 标准是第一个信息技术安全评价国际标准，它的发布对信息安全具有重要意义，是信息技术安全评价标准及信息安全技术发展的一个重要里程碑。该标准定义了评价信息技术产品和系统安全性的基本准则，提出了目前国际上公认的表述信息技术安全性的结构，即把安全要求分为规范产品和系统安全行为的功能要求，以及解决如何正确有效地实施这些功能的保证要求。

我国于 2001 年由中国信息安全产品测评认证中心牵头，将 ISO/IEC 15408 转化为国家标准——GB/T 18336—2001《信息技术安全性评估准则》，并直接应用于我国的信息安全测评认证工作。其中，基础性等级划分标准 GB 17859—1999《计算机信息系统安全保护等级划分准则》，是其他标准的基础，是信息系统安全等级保护实施指南，为等级保护的实施提供指导。

以下简略介绍 TCSEC/TDI 标准的基本内容。

TCSEC/TDI 将系统划分为 DCBA 四组，D、C1、C2、B1、B2、B3、A1 从低到高 7 个等级。对用户登录、授权管理、访问控制、审计跟踪、隐蔽通道分析、可信通道建立、安全检测、生命周期保障、文档写作、用户指南等内容提出了规范性要求。较高安全等级提供的安全保护要包含较低等级的所有保护要求，同时提供更多、更完善的保护能力。7 个安全等级的基本要求如下。

D 级：提供最小保护（Minimal Protection）。可以将不符合更高标准的系统归于 D 级。例如，DOS 就是操作系统中安全标准为 D 的典型例子，它具有操作系统的基本功能，如文件系统、进程调度等，但在安全性方面几乎没有什么专门的机制来保障。

C1 级：提供自主安全保护（Discretionary Security Protection）。实现用户和数据的分离，进行自主访问控制（Discretionary Access Control，DAC），保护和限制用户权限的传播。

C2 级：提供受控的存取保护（Controlled Access Protection）。将 C1 级的 DAC 进一步细化，以个人身份注册负责，并实施审计和隔离，是安全产品的最低档次。

B1 级：标记安全保护（Labeled Security Protection）。对系统的数据加以标记，并对标记的主体和客体实施强制访问控制（Mandatory Access Control，MAC）。B1 级能够较好地满足大型企业或一般政府部门对于数据的安全需求，这一级别的产品才被认为是真正意义上的安全产品。满足此级别的产品多冠以"安全"（Security）或"可信的"（Trusted）字样，作为区别于普通产品的安全产品出售。在数据库管理系统方面有 Oracle 公司的 Trusted Oracle 7、Sybase 公司的 Secure SQL Server Version 11.0.6、Informix 公司的 Incorporated INFORMIX-OnLine/Secure5.0。

B2 级：结构化保护（Structural Protection）。建立形式化的安全策略模型并对系统内的所有主体和客体实施 DAC 和 MAC。达到 B2 级的系统非常少，在数据库方面暂时没有此级别的产品。

B3 级：安全域保护（Security Domains）。该级别的可信任运算基础（Trusted Computing Base，TCB）必须满足访问监控器的要求，审计跟踪能力更强，并提供系统恢复过程。

A1 级：验证设计（Verified Design）。提供 B3 级保护的同时给出系统的形式化设计说明和验证以确信各安全保护真正实现。

从分级标准可以看出，支持自主访问控制（DAC）的 DBMS 属于 C1 级，支持审计功能的 DBMS 属于 C2 级，支持强制访问控制（MAC）的 DBMS 则可以达到 B1 级。B2 以上的系统标准还处于理论研究阶段，产品化及商品化的程度都不高，其应用也多限于一些特殊的部门，如军队等。

12.2　数据库安全性控制

数据库安全含义很广，如防火、防掉电、防破坏及人员审查都属于该范畴。为保护数据库，我们要在不同级别的层面上落实安全机制。

数据库系统的安全除依赖自身内部的安全机制外，还与外部网络环境、应用环境、从业人员素质等因素相关。因此，从广义上讲，数据库系统的安全框架可以划分为三个层次，分别为网络系统层次、操作系统层次、数据库管理系统层次。

- 网络系统层次：网络系统是数据库应用的外部环境和基础。数据库系统要发挥其强大作用离不开网络系统的支持。数据库系统的大多数用户也要通过网络才能获得数据库中的数据。所以，数据的安全首先依赖于网络系统，网络系统的安全是数据库安全的第一道屏障。第一，从物理层面上来说，应对安放有数据库系统的计算机系统进行保护，避免入侵者进行物理破坏；第二，对允许通过网络终端进行远程数据访问的数据库系统应采用防火墙、入侵检测技术等手段阻止外部入侵。

- 操作系统层次：操作系统是数据库系统的运行平台，为数据库系统提供一定程度的安全保护。目前操作系统平台大多数集中在 Windows NT 和 UNIX，安全级别通常为 C2 级。其主要的安全技术有操作系统安全策略、安全管理策略和数据安全等方面。

- 数据库管理系统层次：在前面两个层次已经被突破的情况下，数据库管理系统通过授权、数据加密等技术在一定程度上保障数据库数据的安全。

低一级的安全漏洞（操作系统或网络上的安全漏洞）将危害高一级（数据库）安全措施的实施。例如，操作系统上的漏洞将允许入侵者以 DBA 身份登录，获得对数据库的所有权利。另外，人的因素是安全漏洞的另一来源。例如，用户使用过于简单的口令，允许访问敏感数据的用户进行了误操作。DBMS 建立在操作系统之上，安全的操作系统是数据库安全的前提。操作系统应保证数据库中的数据必须由 DBMS 访问，要置于 DBMS 的控制之下。

小杨：肖老师，能简单介绍操作系统层面提供的安全策略吗？

老肖：操作系统层面提供的安全技术有操作系统安全策略、安全管理策略和数据安全。

操作系统安全策略用于配置本地计算机的安全设置，包括密码策略、账户锁定策略、审核策略、IP 安全策略、用户权利指派、加密数据的恢复代理及其他安全选项。具体可以体现在用户账户、口令、访问权限、审计等方面。

安全管理策略是指网络管理员对系统实施安全管理所采取的方法及策略。针对不同的操作系统、网络环境，需要采取的安全策略也不尽相同，其核心是保证服务器的安全和分配好各类用户的权限。

数据安全主要包括数据加密技术、数据备份、数据存储的安全性、数据传输的安全性等。可以采用的技术有很多，主要有 IPSec、SSL、TLS、VPN、PKI 认证等。

一个操作系统用户要访问数据库，需在 DBMS 中登记。DBMS 中提供的数据库安全控制常用方法和技术如下。

（1）用户标识和鉴别：该方法由系统提供一定的方式让用户标识自己的名字或身份。每次用户要求进入系统时，由系统进行核对，通过鉴定后才提供系统的使用权。

（2）存取控制：通过用户权限定义和合法权限检查确保只有合法权限的用户才能访问数据库，所有未被授权的人员无法存取数据。例如，C2 级中的自主访问控制。

（3）数据分级：为每一数据对象（文件、记录或属性等）赋予一定的保密级，用户也分成类似的级别。系统按规定的规则管理用户及用户操作的数据对象。例如，B1 级中的强制访问控制。

（4）视图机制：为不同的用户定义视图，通过视图机制把要保密的数据对无权存取的用户隐藏起来，从而自动地对数据提供一定程度的安全保护。

（5）审计：建立审计日志，把用户对数据库的所有操作自动记录下来放入审计日志中，DBA 可以利用审计跟踪的信息，重现导致数据库现有状况的一系列事件，找出非法存取数据的人、时间和内容等。

（6）数据加密：对存储和传输的数据进行加密处理，从而使得不知道解密算法的人无法获知数据的内容。

不同的 DBMS 提供不同的保证数据库安全的手段，下面介绍一些常用的手段。在某个具体的 DBMS 中，这些手段不一定都有。

12.3　用户标识和鉴别

小杨：肖老师，什么是用户标识和鉴别？

老肖：用户标识和鉴别是系统提供的最外层安全保护措施。其方法是由系统提供一定的方式让用户标识自己的身份或名字。每次用户要求进入系统时，由系统进行核对，通过鉴定后才能提供机器使用权。

1. 用户标识（User Identification）

用一个用户名或用户标识号（UID）来表明用户身份。系统内部记录着所有合法用户的标识，系统鉴别此用户是否是合法用户。

2. 口令（Password）

为了进一步核实用户，系统常常要求用户输入口令。系统核对口令以鉴别用户身份。基于密码的鉴定被操作系统和数据库系统广泛使用，但使用密码存在缺点，它容易被窃取。目前常用的鉴别用户身份的方法如下。

（1）询问-应答系统。

该方法类似于地下工作者对暗语的办法，由被鉴定者与数据库系统对话，问题答对了，就证实了用户的身份。

公钥系统可以在询问应答系统中加密。数据库系统用用户的公钥加密一个询问问题，把它发给用户。用户用私钥把问题解密，结果返回数据库系统。数据库系统检查应答确定用户身份。关于公钥加密的介绍见 12.9.1 节。

（2）只有用户具有的物品鉴别。

钥匙、磁卡都可以作为用户的身份凭证。计算机系统中常用磁性卡片鉴别用户身份，但系统必须有阅读磁卡的装置，而且磁卡也有丢失或被盗的危险。

（3）用户个人特征鉴别。

签名、指纹、声音都是用户个人特征，利用这些用户个人特征鉴别用户非常可靠，但需要特殊的鉴别装置。

12.4　自主访问控制

自主访问控制（DAC）是对用户访问数据库中各种资源（包括表、视图、程序等）的权限（包括创建、查询、更新、执行等）的控制。所谓权限是指允许某个用户以某种方式访问一些数据对象。数据库用户按其访问权限的大小一般分为：具有 CONNECT 特权的用户、具有 RESOURCE 特权的用户及具有 DBA 特权的用户。具有 CONNECT 特权的用户可以与数据库连接，根据授权进行数据库中数据的查询、更新操作，能创建视图。具有 RESOURCE 特权的用户除具有上述特权外，还能创建表、索引，修改表结构，能将自己创建的数据对象的访问权授予其他用户或从其他用户处收回，对自己创建的数据对象能进行跟踪审查。具有 DBA 特权的用户对数据库拥有最大权限，能进行所有的数据库操作，因此也对数据库负有特别的责任，其特权不能任意扩散。一个用户建立了一个数据对象（如表、视图）就自动具有了对这个数据对象的所有权利。

DBMS 记录权限是指如何将权限下放给用户，以及如何从用户处回收，并保证在任何时候用户只访问权限范围内的数据对象。SQL 通过 GRANT 和 REVOKE 命令进行权限控制。GRANT 命令向用户授予权限，而 REVOKE 命令将权限回收。

小杨：一个应用系统的用户可能成千上万，他们操作应用系统的权限应该是不一样的，怎么对这些用户的操作进行管理呢？

老肖：数据库系统通过访问控制使用户在合法的范围内使用信息系统。访问控制是指数据库系统对用户身份及其所属的预先定义的策略组限制其使用数据资源能力的手段，是系统保密性、完整性、可用性和合法使用性的重要基础。

访问控制的主要目的是限制访问主体对客体的访问，从而保障数据资源在合法范围内得以有效使用和管理。为了达到上述目的，访问控制需要完成两个任务：识别和确认访问系统的用户、决定该用户可以对某一系统资源进行何种类型的访问。

访问控制包括三个要素：主体、客体和控制策略。

（1）主体 S（Subject）。它是指提出访问资源具体请求，是某一操作动作的发起者，但不一定是动作的执行者，可以是某一用户，也可以是用户启动的进程、服务和设备等。

（2）客体 O（Object）。它是指被访问资源的实体，所有可以被操作的信息、资源、对象都可以是客体。客体可以是信息、文件、记录等集合体，也可以是网络上硬件设施、无限通信中的终端，甚至可以包含另外一个客体。

（3）控制策略 A（Attribution）。它是主体对客体的相关访问规则集合，即属性集合。控制策略体现了一种授权行为，也是客体对主体某些操作行为的默认。

管理的方式不同就形成了不同的访问控制方式。一种方式是由客体的属主对自己的客体进行管理，由属主自己决定是否将自己客体的访问权或部分访问权授予其他主体，这种控制方式是自主的，我们把它称为自主访问控制。另一种方式称为强制访问控制，是指用于将系统中的信息分密级和类进行管理，以保证每个用户只能访问那些被标明可以由他访问的信息的一种访问约束机制。通俗地说，在强制访问控制下，用户（或其他主体）与文件（或其他客体）都被标记了固定的安全属性（如安全级、访问权限等），在每次访问发生时，系统检测安全属性以便确定一个用户是否有权访问该文件。还有一种方式是基于角色的访问控制，该方式使权限与角色相关联，用户通过成为适当角色的成员而得到其角色的权限。

12.4.1　权限类型

SQL 定义的权限主要分为访问数据的权限及修改数据库模式的权限两种形式。针对数据库中数据的访问，用户权限包括如下内容。

- SELECT（读权限）：允许读数据，但不能修改数据。
- INSERT（插入权限）：允许插入一条新的数据，但不能修改已有数据。
- UPDATE（修改权限）：允许修改数据，但不能删除数据。
- DELETE（删除权限）：允许删除数据。

其中，SELECT、INSERT、UPDATE 还可以与某些属性相关联，授予用户在相应属性上的相关权限。例如，SELECT(Pname,Paddr)表示只授予用户查询关系表中 Pname、Paddr 两个属性的数据的权限，关系表中其他属性的数据对用户是屏蔽的。当然，在授权时会指定权限作用的关系表，这样就能清楚地知道属性 Pname 和 Paddr 是归属于哪一张关系表的。

SQL-92 标准定义了一个基本的数据库模式授权机制：只有该模式的所有者才能执行对模式的修改。有些数据库实现了更强大的数据库模式授权机制，但这些机制是非标准的。建立新关系的能力通常是通过 RESOURCE 授权赋予的。一个拥有 RESOURCE 授权的用户建立新关系后就自动具有了对该关系的所有权限。

模式的所有者对数据库中的模式能进行的操作包括如下内容。

- INDEX（索引权限）：允许建立或删除索引。
- CREATE（创建权限）：允许建立新的关系表。
- ALTER（修改权限）：允许对关系表中的属性进行增加、删除。
- DROP（删除权限）：允许删除关系表。

由于索引的建立和删除并不改变关系表中的数据，对索引的授权似乎没有必要了，其实则不然。索引用来进行性能的调优，它需要占用存储空间，在修改数据时还需同时修改索引数据。若将索引权限下放给所有用户，那么做修改操作的用户就希望将索引删除，而做查询操作的用户则希望建立更多的索引。为保证 DBA 能合理规划使用系统资源，就有必要将索引的建立和删除作为一种权限进行设置。

除上述两种主要的形式外，SQL 还定义了 REFERENCE、USAGE、TRIGGER、EXECUTE 和 UNDER权限。

- REFERENCE 权限允许用户在建立关系的完整性约束中引用一个参照关系。这些约束可以包括我们在第 6 章中提到的断言（ASSERTION）、检查（CHECK）约束及参照完整性约束。

REFERENCE 权限也可以指定属性列表，这样就只有这些属性在约束中能够被引用。也许大家会认为没有理由不允许用户创建参照其他关系的外键。回想一下外键约束限制了被参照关系的删除和更新操作。假定用户 U_1 在关系 RecipeDetail 中创建了一个外键，参照 Medicine 关系中的 Mno 属性，然后在 RecipeDetail 中插入一条包含 314418 的元组，那么就再也不能从 Medicine 关系中将 314418 删除了，除非同时修改关系 RecipeDetail。这样，U_1 定义的外键限制了其他用户将来的操作。因此，需要有 REFERENCE 权限。

- USAGE 权限授权用户使用一个指定的域。
- TRIGGER 权限授权用户定义关系表中触发器的权限。若用户具有某一关系上的 TRIGGER 权限，他就能尝试在关系上建立触发器。但要注意的是，触发器中的条件和动作部分一般都包括对数据库中某一对象的查询、更新操作，触发器的创建者需同时具有操作这些对象的权限才能建立触发器。而触发器的执行者并不需要具有对这些对象的操作权利。触发器是否执行取决于其创建者的权限。
- EXECUTE 权限授予用户执行一个函数或过程的权限。这样，用户只有在获得了函数的执行权限的情况下才能调用该函数。
- UNDER 权限授权用户建立一个给定类的子类。

下面，我们通过一个例子来说明执行一条 SQL 语句需要哪些权限。

【例 12-1】

```
INSERT INTO RecipeDetail(Mno)
SELECT Mno FROM Medicine
WHERE Mname LIKE '%替硝唑%'
```

在该例子中，首先，是向关系表 RecipeDetail 中插入记录，因此需要一个 RecipeDetail 表上的 INSERT 权限，该权限可以仅是 RecipeDetail 表上的 INSERT(Mno)权限。其次，插入语句中嵌套了一个对 Medicine 关系表的子查询，所以还需要一个对 Medicine 关系表的 SELECT 授权，这个授权也可以只针对 Medicine 中的 Mno、Mname 属性。

12.4.2　授权及权限回收

授权就是赋予用户一定的操作数据对象的权限。它可以由 DBA 授予，也可以由数据对象的创建者授予。SQL 通过 GRANT 命令将基本表和视图的权限授予用户；通过 REVOKE 命令执行一个反向的动作，将用户具有的权限回收。

12.5　基于角色的访问控制

基于角色的访问控制根据管理中相对稳定的职权和责任来划分角色，将访问许可权分配给一定的角色，用户通过饰演不同的角色获得角色所拥有的访问许可权。

角色可以看作一组操作的集合，不同的角色具有不同的操作集，这些操作集由系统管理员分配给角色。角色是访问控制中访问主体和受控对象之间的一座桥梁。

一个用户可经授权而拥有多个角色，一个角色可由多个用户组成，每个角色拥有多种许可，每个许可也可以授权给多个不同的角色，每个操作可施加多个客体，每个客体可接受多个操作。用户、角色与许可三者之间的关系如图 12.2 所示。

在 SQL-99 中，角色的创建如下。

```
CRETAE ROLE Admin;
```

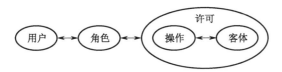

图 12.2　用户、角色与许可三者之间的关系

对角色的授权和对用户的授权是一样的：

```
GRANT SELECT ON RecipeMaster TO Admin;
```

可以将角色授予用户或其他的角色。

【例 12-2】

```
GRANT Admin TO LiXia;
CREATE ROLE Manager;
GRANT Admin TO Manager;
GRANT Manager TO WangHao;
```

通过上述授权，角色 Manager 除具有直接赋予它的权限外，还继承了角色 Admin 具有的权限。

12.6　强制访问控制

前面介绍的自主访问控制技术有一个主要的缺点就是不能有效地抵抗计算机病毒的攻击。在自主访问控制技术中，某一合法用户可任意运行一段程序来修改该用户拥有的文件访问控制信息，而操作系统无法区别这种修改是用户自己的合法操作还是计算机病毒的非法操作。另外，也没有什么方法能够防止计算机病毒将信息通过共享客体（文件、主存等）从一个进程传送给另一个进程。为此，人们认识到必须采取更强有力的访问控制手段，也就是强制访问控制。

小杨：强制访问控制具体是如何实现的呢？

老肖：强制访问控制首先为主体及客体指定敏感标记，这些标记是等级分类和非等级类别的组合，是实施强制访问控制的依据。当用户以某一标记进入系统时，系统比较主体和客体的敏感标记，之后按照某一规则来决定一个主体是否能够访问某个客体。用户的程序不能改变它自己及任何其他客体的敏感标记。主体的敏感标记称为许可证级别（Clearance Level），客体的敏感标记称为密级（Classification Level）。

访问规则包括保密性规则和完整性规则。

（1）保密性规则。

① 仅当主体的许可证级别高于或等于客体的密级时，该主体才能读取相应的客体（下读 RD）。

② 仅当主体的许可证级别低于或等于客体的密级时，该主体才能写相应的客体（上写 WU）。

（2）完整性规则。

① 仅当主体的许可证级别低于或等于客体的密级时，该主体才能读取相应的客体（上读 RU）。

② 仅当主体的许可证级别高于或等于客体的密级时，该主体才能写相应的客体（下写 WD）。

【例 12-3】　假定系统设置有 4 个等级：Top Secret（TS）、Secret（S）、Confidential（C）、Unclassified（U）。关系表 RecipeMaster 中每一行都有自己的安全等级，见表 12.1。

若用户 LiXia 和 WangHao 的许可证级别分别是 C 和 S，则遵循保密性规则，用户 LiXia 看不到表中的任何记录，而 WangHao 可以看到其中的一条记录。

表 12.1　例 12-3 数据

Rno	Pno	Dno	Pgno	Rdatetime	Security class
1282317	481	140	1645	2007-07-21 13:12:01	S
1282872	201	21	2170	2007-07-22 10:10:03	TS

强制访问控制一般与自主访问控制结合使用，并且实施一些附加的、更强的访问限制。一个主体只有通过了自主与强制性访问限制检查后，才能访问某个客体。用户可以利用自主访问控制来防范其他用户对自己客体的攻击，由于用户不能直接改变强制访问控制属性，所以强制访问控制提供了一个不可逾越的、更强的安全保护层以防止其他用户偶然或故意地滥用自主访问控制。

一般强制访问控制采用以下几种方法。

（1）限制访问控制。

由于自主控制方式允许用户程序来修改其拥有文件的存取控制表，因此为非法者带来了可乘之机。强制访问控制可以不提供这一方式，在这类系统中，用户要修改存取控制表的唯一途径是请求一个特权系统调用。该调用的功能是依据用户终端输入的信息，而不是靠另一个程序提供的信息来修改存取控制信息。

（2）过程控制。

在一般的计算机系统中，只要系统允许用户自己编程，就没办法杜绝特洛伊木马。但可以对其过程采取某些措施，这种方法称为过程控制。例如，警告用户不要运行系统目录以外的任何程序。提醒用户注意，如果偶然调用一个其他目录的文件时，不要做任何动作，等等。需要说明的一点是，这些限制取决于用户本身执行与否。

（3）系统限制。

对系统的功能实施一些限制，如限制共享文件。但共享文件是计算机系统的优点，所以是不可能加以完全限制的。再者，就是限制用户编程。不过这种做法只适用于某些专用系统。在大型的通用系统中，编程能力是不可能去除的。

强制访问控制对专用的或简单的系统是有效的，但对通用的、大型的系统并不十分有效。它通常用于多级安全军事系统。

12.7　安　全　审　计

所有的保密措施都不是绝对可靠的。攻击者总有办法突破这些控制，只是付出的代价大小而已。跟踪审计是一种监视措施，记录了用户对数据库的所有操作。例如，哪个用户执行了更新操作，什么时候执行的。一旦发现问题，系统可自动报警，或者根据数据进行事后的分析和调查。

国际信息安全评估通用准则 CC 阐述的安全审计习题的主要功能包括安全审计数据产生、安全审计自动响应、安全审计分析、安全审计浏览、安全审计事件选择和安全审计事件存储。

跟踪审计的结果记录在一个特殊的文件上（Audit Trail），一般包括下列内容。

- 操作类型。
- 操作终端标识与操作者标识。
- 操作日期和时间。

- 涉及的数据。
- 数据的前像和后像。

审计通常是很费时间和空间的，所以 DBMS 往往都将其作为可选特征，允许 DBA 根据应用对安全性的要求，灵活地打开或关闭审计功能。

可以通过在关系上定义适当的触发器来建立一个跟踪审计。然而，很多数据库系统提供了内置机制来建立审计跟踪，用起来更加方便。

下面，看一下 Oracle 的审计技术。

Oracle 提供 AUDIT 语句设置审计功能，NOAUDIT 语句取消审计功能。是否适用审计，对哪些表进行审计，对哪些操作进行审计等都可以由用户选择。用户可以根据需要，设置对不同的数据库操作进行审计记录，包括登录审计、语句审计和对象审计三种类型。Oracle 数据库审计的实现方法可以是使用触发器审计、利用日志分析审计或利用回滚事务审计。

【例 12-4】 跟踪用户 scott 的 RecipeMaster 表上的所有更新操作，可以用以下命令。

```
SQL> AUDIT UPDATE on scott.RecipeMaster BY ACCESS;
```

这一命令会在任意一个用户更新 scott.RecipeMaster 表时，在审计跟踪表中产生记录。通过 DBA_AUDIT_TRAIL 视图可以查询审计结果。

假如用户执行了以下语句：

```
SQL> UPDATE RecipeMaster SET Dno = 10 WHERE Rno = 1282317;
SQL> COMMIT;
```

则这一操作产生了一个事务，并记录一条审计记录。

执行如下命令：

```
SQL> SELECT start_scn, start_timestamp,
commit_scn, commit_timestamp, undo_change#, row_id, undo_sql
FROM flashback_transaction_query
WHERE xid = '<the transaction id>';
```

除了能获得那些关于这个事务的统计信息，如 undo_change#，row_id 等，Oracle 10g 还在字段 undo_sql 中记录了回归事务变化的 SQL 语句，在字段 row_id 中记录了回归影响的行的 row_id。

那么如何得到记录变化前的数据呢？首先必须从审计记录的 SCN 字段中得到 System Change Number（SCN）。然后执行以下命令：

```
SQL> SELECT Dno from RecipeMaster as of SCN 580000
WHERE Rno = 1282317;
```

这样就可以得到变化前的数据了。

【例 12-5】 取消对 RecipeMaster 的所有审计。

```
NOAUDIT ALL ON RecipeMaster;.>
```

与安全审计密切相关的技术还有入侵检测，目前它已成为保障计算机系统安全必不可少的一项技术。入侵检测通过对计算机网络和计算机系统中的若干关键点搜集信息并对其进行分析，从中发现网络或系统中是否有违反安全策略的行为和被攻击的迹象。相对安全审计，入侵检测是一种较为积极的安全措施，它通过监视系统活动，综合系统各个方面广泛收集数据，从中发现可能发生的来自内部或外部的入侵，并依照一定的策略主动采取适当的应对措施，限制和防止入侵破坏系统的安全性。因此，审计是入侵检测系统的基础，它为入侵检测提供所要分析的数据；而入侵检测是审计功能的升华，借助于入侵检测技术，审计数据能够在保证系统安全方面发挥更大的作用。

12.8　其他数据库安全机制

12.8.1　使用视图实现安全控制

可以为不同的用户定义不同的视图，把数据对象限制在一定的范围之内。通过视图机制把要保密的数据对无权存取的用户隐藏起来，从而自动地对数据提供一定程度的安全保护。

在 HIS 数据库中，假定有一位医生是消化内科的工作人员，他想查阅自己科室的所有诊断记录。该医生无权看到其他科室医生的就诊记录。因此，该医生对 Diagnosis 关系的直接访问是被禁止的。他要访问消化内科的患者就诊信息，就必须得到一个视图上的访问权限，我们假定该视图为 Diagnosis-101，它仅由属于消化内科医生的出诊记录构成。该视图可以定义如下。

【例 12-6】 使用视图进行安全控制。

```
CREATE VIEW Diagnosis-101 AS
(SELECT * FROM Diagnosis WHERE Dno IN(SELECT Dno FROM Doctor WHERE
Ddeptno='101'))
```

通过将 Diagnosis-101 上的访问权限赋予该工作人员，他就能查询本科室医生的出诊记录了。

12.8.2　使用存储过程实现安全控制

存储过程具有很多优点。首先，通过向用户授予对存储过程的 execute 权限就可以提供对特定数据的访问。其次，在目前的信息泄露中，黑客经常通过 B/S 应用，以 Web 服务器为跳板，采用诸如 SQL 注入等方式窃取数据库中的数据。而大量的使用存储过程对于防止 SQL 注入式攻击是非常有效的。灵活地使用存储过程，可以提高数据库的安全性。

SQL 注入式攻击的一般方式是通过分析程序执行的可能的 SQL 语句，特别是动态的 SQL 语句，并在它们的基础上通过添加附加语句来获取想要知道的信息。而存储过程就可以很好地杜绝这一现象。我们来看一个实例。对于一个数据库应用系统而言，用户名和密码的验证是必不可少的。很多程序员都是通过类似的语句来实现的"SQLTEXT=/SELECT*FROM 用户表 WHERE 用户代码='0+nameID+ /'and 密码='0+password+/'0"。nameID 和 password 分别代表用户表中的用户代码和密码字段。通过这条语句来判断用户录入的用户代码和密码与用户表中的对应数据是否一致。然而上述语句却存在着致命的缺陷。如果用户在录入用户代码时加入了以下语句"'111'or'1=1'"，那么刚才的 SQL 语句就变为 "SQLTEXT=/SELECT*FROM 用户表 WHERE 用户代码='111'or'1=1'and 密码='0+password+/'0"。这时密码输入任何内容都可以通过用户名、密码的验证。而采用存储过程就可以避免以上问题的出现。

【例 12-7】 使用存储过程进行安全控制。

```
CREATE Procedure proc-login
@user-name varchar(10),
@password varchar(20),
@userid varchar(20) OUTPUT
AS
```

```
    SELECT @userid=userid FROM XXX WHERE username=@user-name and password=
@password
    IF @@rowcount<1 SELECT @userid=''
```

这样，用户能够接触到的就只有用户名、密码和用户代码了。

此外，利用存储过程可实现对重要数据的加密。数据加密可以在操作系统、DBMS 内层、DBMS 外层上实现。从数据存储的角度来看，数据的加密可以只作为数据的一个属性，数据的加密存储是数据的一种保存方式，只关系到数据的物理存储方式。大型的数据库管理系统都带有数据加密包，例如，Oracle 就提供了一个数据加密包 dbms_obfus-cation_toolkit，利用这个包，我们可以设计存储过程对数据进行 DES、TripleDES 或 MD5 加密。

小杨：我看到"通过向用户授予对存储过程的 execute 权限就可以提供对特定数据的访问"，也就是说，执行存储过程需要先得到 execute 权限。触发器可以看作一种特殊类型的存储过程，如果触发器定义的条件或动作中涉及数据库的某些操作，如修改某张关系表中的数据，那么是否还需要获得对关系表的修改权限呢？

老肖：首先，触发器的创建者必须拥有触发器定义的条件或动作中涉及操作的基本权限。当有人执行唤醒触发器的操作时，他不需要具备触发器条件或动作所要求的权限。触发器是在其创建者的权限下执行的。

12.9　外部安全机制

12.9.1　数据加密

使用 SQL 授权机制不能解决所有的数据安全问题。例如，存放数据的介质被盗取，数据在传输过程中被窃听。这时，DBMS 还可采用加密技术进行信息的保护。

1．数据库加密方式

按照加密部件与数据库管理系统的关系，数据库加密可以分为两种实现方式：库内加密和库外加密。

库内加密在 DBMS 内核层实现，加密/解密过程对用户与应用透明。即数据在进入 DBMS 之前是明文，DBMS 在数据物理存取之前完成加密/解密工作。库内加密的优点是：加密功能强，并且加密功能几乎不会影响 DBMS 原有的功能；对于数据库应用来说，该加密方式是完全透明的。其缺点主要有：对系统性能影响较大，DBMS 除完成正常功能外，还需要进行加密/解密运算，加重了数据库服务器的负担；密钥管理安全风险大，加密密钥通常与数据库一同保存，加密密钥的安全保护依赖于 DBMS 中的访问控制机制。

库外加密是指在 DBMS 之外实现加密/解密，DBMS 管理的是密文。加密/解密过程可以在客户端实现，或者由专门的加密服务器完成。与库内加密相比，库外加密有明显的优点：由于加密/解密过程在专门的加密服务器或客户端实现，减少了数据库服务器与 DBMS 的运行负担；可以将加密密钥与所加密的数据分开保存，提高了安全性；由客户端与服务器配合，可以实现端到端的网上密文传输。库外加密的主要缺点是加密后的数据库功能受到一些限制。

2．影响数据库加密的关键因素

（1）加密粒度。

一般来说，数据库的加密粒度有四种：表、属性、记录和数据项。加密粒度越小则灵活度越好，且安全性越高，但实现技术也更为复杂。

（2）加密算法。

目前还没有公认的针对数据库加密的加密算法，因此一般根据数据库特点选择现有的加密算法来进行数据库加密。现有加密数据的技术不胜枚举。1977年发表的数据加密标准（DES）在密钥的基础上进行字符的替换和字符顺序的重排列。这一加密方法为对称加密，其缺陷是必须把密钥通过某种机制提供给授权用户，而密钥在传递过程中可能被窃取。

最近几年流行的另一种加密的模式叫公钥加密（Public-Key Encryption），又叫非对称加密。它克服了 DES 所面临的一些问题。在这种模式中，每个授权用户都有两个密钥：一个公钥（Public Encryption Key），一个私钥（Private Encryption Key）。公钥任何人都可以知道，而私钥只能被拥有它的用户知道。如果用户 U_1 要传递一条私密的信息给 U_2，那么 U_1 就用 U_2 的公钥加密数据。由于解密算法需要 U_2 的私钥，而私钥只有用户 U_2 知道，因此信息的传输是安全的。由于每个用户选择他们自己的私钥，因此这种模式克服了 DES 的缺陷。

数据库加密为多级密钥结构。数据库关系运算中参与运算的最小单位是字段，查询路径依次是库名、表名、记录名和字段名。因此字段是最小的加密单位。当查询到一个数据后，该数据所对应的库名、表名、记录名和字段名都应该有自己的子密钥，这些子密钥组成一个能够随时加密/解密的公开密钥。

关于公钥加密技术的细节有专门的课程论述，本书不再介绍。尽管使用上述的公钥加密很安全，但是它的计算代价很高，不适用于对文件加密只适用于对少量数据进行加密。

（3）密钥管理机制。

对数据库密钥的管理一般有集中密钥管理和多级密钥管理两种机制。

集中密钥管理机制把数据项对应的密钥集中存储于数据库的密钥字典中，需要执行加密/解密操作时，通过访问密钥字典获得密钥。这种方法简单易行，但密钥存储量过于庞大，占用较多的磁盘空间，数据库操作时频繁地访问密钥字典，也降低了系统运行效率及安全性。另外，集中密钥管理机制中的密钥一般由数据库管理人员控制，权限过于集中。

目前，在数据库加密中应用比较多的是多级密钥管理机制。以加密力度为记录属性值的三级密钥管理机制为例，整个系统由一个主密钥、每张表上的表密钥及各个记录属性值密钥构成。表密钥被主密钥加密后以密文形式保存在数据字典中，记录属性值密钥由主密钥和记录属性值所在行、列通过某种函数自动生成，一般不需要保存。这样，大大减少了密钥信息的保存量，访问效率也比集中密钥管理机制有很大的提高。采用多级密钥管理机制，主密钥是加密子系统的关键。由于数据库数据的子密钥依赖主密钥产生，一般是不变的，因此数据库系统的安全性在很大程度上依赖于主密钥的安全性，同时，合理高效的密钥更新机制也是提高系统安全性的保障。

当今，许多数据库系统都支持数据加密，使数据免于受到攻击。在数据库系统中，数据加密可以在各种级别中进行，最低级别可以加密包含数据库数据的磁盘块，这样就能抵御那些能访问磁盘内容但不能访问密钥的攻击者。有些数据库系统提供加密的 API，可以对指定列提供入库之前的加密。

小杨：数据加密提供了很好的安全控制手段，看来我要尽快了解、学习加密技术。

老肖：数据库加密技术在使用中也有一些限制条件。从加密范围上看，数据库中不能加密的部分包括：索引字段、关系运算的比较字段、表间的连接码字段。另外，数据库加密后对部分数据库管理系统的原有功能也有影响。例如，数据一旦加密，无法实现对数据制约因素的定义；SELECT 语句中的 GROUP BY、ORDER BY、HAVING 分别完成分组、排序、分类等操作，这些子句的操作对象如果是加密数据，那么解密后的明文数据将失去原语句提供的分组、排序、分类作用，这显然不是用户希望的结果；SQL 中的内部函数不能直接作用于加密数据，否则将失去作用。另外，DBMS 的一些应用开发工具的使用也会受到限制。

12.9.2 数字签名

数字签名用来验证数据的真实性。用户使用私钥产生签名后的数据,数据公开后所有的人都可以用公钥来验证数据的创建者。

数字签名主要经过以下几个过程。

(1)信息发送者使用一个单向散列函数(Hash 函数)对信息生成信息摘要。

(2)信息发送者使用自己的私钥签名信息摘要。

(3)信息发送者把信息本身和已签名的信息摘要一起发送出去。

(4)信息接收者通过使用与信息发送者使用的同一个单向散列函数(Hash 函数)对接收的信息本身生成新的信息摘要,再使用信息发送者的公钥对信息摘要进行验证,以确认信息发送者的身份和信息是否被修改过。

数字加密主要经过以下几个过程。

(1)当信息发送者需要发送信息时,首先生成一个对称密钥,用该对称密钥加密要发送的报文。

(2)信息发送者用信息接收者的公钥加密上述对称密钥。

(3)信息发送者将前两步的结果结合在一起传给信息接收者(称为数字信封)。

(4)信息接收者使用自己的私钥解密被加密的对称密钥,再用此对称密钥解密被发送方加密的密文,得到真正的原文。

数字签名和数字加密的过程虽然都使用公开密钥体系,但实现的过程正好相反,使用的密钥对也不同。数字签名使用的是发送方的密钥对,发送方用自己的私有密钥进行加密,接收方用发送方的公开密钥进行解密,这是一个一对多的关系,任何拥有发送方公开密钥的人都可以验证数字签名的正确性。数字加密则使用的是接收方的密钥对,这是多对一的关系,任何知道接收方公开密钥的人都可以向接收方发送加密信息,只有唯一拥有接收方私有密钥的人才能对信息解密。另外,数字签名只采用了非对称密钥加密算法,它能保证发送信息的完整性、身份认证和不可否认性,而数字加密采用了对称密钥加密算法和非对称密钥加密算法相结合的方法,它能保证发送信息的保密性。

12.9.3 认证技术

认证技术主要解决网络通信过程中通信双方的身份认可。认证的过程涉及加密和密钥交换。通常,加密可使用对称加密、不对称加密及两种加密方法的混合方法。认证方一般有账户名/口令认证、使用摘要算法认证、基于公开密钥体系(Public Key Infrastructure,PKI)的认证。一个有效的 PKI 必须是安全的和透明的,用户在获得加密和数字签名服务时,不需要详细地了解 PKI 的内部运作机制。

PKI 是一种遵循既定标准的密钥管理平台,它能够为所有网络应用提供加密和数字签名等密码服务及所必需的密钥和证书管理体系。简单地说,PKI 就是利用公钥理论和技术建立的提供安全服务的基础设施。PKI 技术是信息安全技术的核心。也是电子商务的关键和基础技术。PKI 的基础技术包括加密、数字签名、数据完整性机制、数字信封、双重数字签名等。完整的 PKI 必须具有权威认证机构(CA)、数字证书库、密钥备份及恢复系统、证书作废系统、应用接口(API)等基本组成部分。

(1)认证机构(CA)。即数字证书的申请及签发机关,CA 必须具备权威性的特征。

(2)数字证书库。用于存储已签发的数字证书及公钥,用户可由此获得所需的其他用户的证书及公钥。

(3)密钥备份及恢复系统。如果用户丢失了用于解密数据的密钥,则数据将无法被解密,这会造成合法数据丢失。为避免这种情况发生,PKI 提供备份与恢复密钥的机制。但要注意,密钥的备份与恢复必须由可信任的机构来完成。并且，密钥备份与恢复只能针对解密密钥，签名私钥为确保其唯一性而不能够进行备份。

（4）证书作废系统。证书作废系统是 PKI 一个必备的组件。与日常生活中的各种身份证件一样，证书有效期内也可能需要作废，其原因可能是密钥介质丢失或用户身份变更等。为实现这一点，PKI 必须提供作废证书的一系列机制。

（5）应用接口（API）。PKI 的价值在于使用户能够方便地使用加密、数字签名等安全服务，因此一个完整的 PKI 必须提供良好的应用接口系统，使得各种各样的应用能够以安全、一致、可信的方式与 PKI 交互，确保安全网络环境的完整性和易用性。

PKI 采用证书进行公钥管理，通过第三方的可信任机构（认证中心，CA）把用户的公钥和用户的其他标识信息捆绑在一起，其中包括用户名和电子邮件地址等信息，以便在因特网上验证用户的身份。PKI 把公钥密码和对称密码结合起来，在因特网上实现密钥的自动管理，保证网上数据的安全传输。

习　题

1. 什么是数据库的安全？
2. DBMS 提供的安全性控制功能包括哪些内容？
3. 数据库的安全性和数据库的完整性有什么区别？
4. 数据库安全性和计算机系统的安全性有什么关系？
5. 简述数据库三种访问控制方法。
6. 影响数据加密的关键因素有哪些？
7. 为什么强制访问控制提供了更高级别的数据库安全性？
8. 理解并解释 MAC 机制中主体、客体、敏感度标记的含义。
9. 举例说明 MAC 机制如何确定主体能否存取客体？
10. 什么是数据库的审计功能？为什么要提供审计功能？

第 13 章　新型数据库和前沿技术

数据库技术与其他相关技术相互结合、相互渗透是目前数据库技术发展的趋势。通过这种方法，人们研究出很多种新型数据库。例如，分布式数据库，它是数据库技术与网络技术相结合的产物；多媒体数据库，它是由数据库技术与多媒体技术相结合的产物。本章我们对新型数据库进行分类，分别介绍分布式数据库、空间数据库、多媒体数据库及 NoSQL 数据库等多种新型数据库。

学习目标：

- 掌握分布式数据库的特点
- 理解分布式数据库的体系结构、功能及组成
- 掌握分布式网络数据特性
- 掌握分布式查询处理和事务管理
- 掌握空间数据及空间数据模型
- 了解空间对象关系
- 掌握空间数据操作、空间数据查询及空间索引
- 了解多媒体数据库的基本概念和特征
- 理解多媒体数据库的层次结构
- 掌握多媒体数据模式和元数据的概念
- 了解多媒体数据库的检索
- 了解 NoSQL 的概念及 NoSQL 数据库与关系数据库的区别和联系
- 理解 NoSQL 数据库的架构及数据组织方式
- 了解 NoSQL 数据库的特性
- 了解几种常见的 NoSQL 数据库产品

近年来，新型数据库及其前沿技术发展迅速，并在各个领域已经取得很大成功。例如，分布式数据库已经成为信息处理中的一个重要领域，在企业人事、财务等管理系统，电子银行、铁路订票等在线处理系统，以及人口普查等大规模数据资源的信息系统中皆应用广泛。空间数据库目前还不是独立存在的系统，只是作为常规数据库的扩展，大部分是作为地理信息系统的基础和核心出现。多媒体数据库是计算机多媒体技术与数据库结合形成的产物，是目前最受欢迎的数据库技术之一。NoSQL 数据库打破了关系数据库长久以来的统治地位，成为当下主流的数据库之一。

新型数据库技术不断涌现，这些前沿技术大大提高了数据库的功能和性能，并且使数据库的应用领域得到很大的扩展。本章我们详细介绍以上提到的几种新型数据库技术。

13.1　数据仓库和数据挖掘

13.1.1　数据仓库

1. 数据仓库的组成

数据仓库包括数据仓库系统数据库、数据抽取及转换、元数据、访问工具、数据集市、数据仓库

管理和信息发布系统 7 个组成部分。

（1）数据仓库系统数据库：它是整个数据仓库的环境和核心，是存放数据的地方，提供对数据检索的支持。相对于事务型数据库，其突出特点是对海量数据的支持和快速的检索技术。

（2）数据抽取及转换：它把数据从各种各样的存储方式中抽取出来，进行必要的转换和整理，再存放到数据仓库内。其主要操作包括删除对决策没有意义的数据段，转换到统一的数据名称和定义，计算和统计衍生数据，给缺失值数据赋予默认值，统一不同的数据定义方式。

（3）元数据：元数据描述数据仓库中的数据，是数据仓库运行和维护的中心。数据仓库服务器利用元数据离开存储和更新数据，用户通过元数据来了解和访问数据。

（4）访问工具：为用户访问数据仓库提供工具，如数据查询和报表、应用开发、管理信息系统、OLAP、数据挖掘。

（5）数据集市：在数据仓库的实施过程中，根据主题将数据仓库划分为多个数据集市，从一个部门的数据集市着手，以后再用几个数据集市组成一个完整的数据仓库，这有利于数据仓库的负载均衡，保证应用效率。

（6）数据仓库管理：包括安全和特权管理，跟踪数据质量，管理和更新元数据，审计和报告数据仓库的使用和状态，删除数据，复制、分割和分发数据，备份和恢复，存储管理。

（7）信息发布系统：把数据仓库中的数据或其他相关的数据发送给不同的用户或地点。基于 Web 的信息发布系统是对付多用户访问的有效方法。

2. 数据仓库的数据模型

数据仓库是对现实世界的一种抽象，根据抽象程度的不同，形成了不同抽象层次上的数据模型。这类似于关系数据库的数据模型，数据仓库的数据模型也分为概念模型、逻辑模型和物理模型三个层次。目前，对数据仓库数据模型的研究多数集中在逻辑模型。

（1）星型模型。

星型模式的每个维度都对应唯一的维表，维的层析关系全部通过维表中的字段实现。所有与某个事实有关的维表直接与事实表关联，所有维表的关键字组合起来作为事实表的主键字。星型模式的维表只与事实表发生关联，维表和维表之间没有任何关联，如图 13.1 所示。

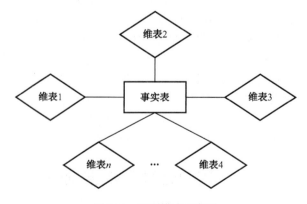

图 13.1 星型模式示意图

星型模型具有如下特点。
- 维表非规范化。维表保存了该维度的所有层次信息，减少了查询时数据关联的次数，提高了查询效率。但是维表之间的数据共用性较差。
- 事实表非规范化。所有维表都直接和事实表关联，减少了查询时数据关联的次数，提高了查询效率。但是限制了事实表中关联维表的数量，如果关联的维表数量过多将会造成数据大量冗余，同时对事实表进行索引也很困难。

- 维表和事实表的关系是一对多或一对一。维表中的主键字在事实表中作为外键字存在。如果维表和事实表之间是多对多的关系，则不能采用星型模式，必须对维表或事实表进行处理，如对维表中的成员组合进行编码或在事实表中加入新的字段，这都要求成员的组合数量固定，但如果数量不固定，同时维表的数据量又很大，则星型模式的实现就较为困难。

（2）雪花型模式。

星型模式主要通过主关键字和外关键字把维表和事实表联系在一起。事实上，维表只与事实表关联是规范化的结果。如果将经常合并在一起使用的维度进行规范化，就可以把星型模式拓展为雪花型模式。

雪花型模式对维表规范化，原有的维表被扩展为小的事实表，用不同维度之间的关联实现维度的层次。它把细节数据保留在关系数据库的事实表中，聚合后的数据也保存在关系数据库中，需要更多的处理时间和磁盘空间来执行一些专为多维数据库设计的任务，如图 13.2 所示。

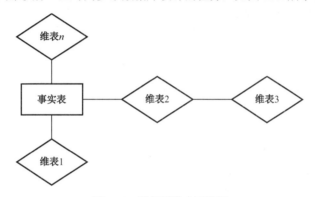

图 13.2　雪花型模式示意图

雪花型模式具有如下特点。

- 维表的规范化实现了维表重用，简化了维护工作。但是，查询时使用雪花型模式要比星型模式进行更多的操作，反而降低了查询效率。
- 雪花型模式中有些维表并不直接和事实表关联，而与其他维表关联，特别是派生维和实体属性对应的维，这样就减少了事实表中的一条记录。因此，当维度较多，特别是派生维和实体属性较多时，雪花型模式较为适合。但是，当按派生维和实体属性进行查询时，首先要进行维表之间的关联，然后再与事实表关联，因此，其查询效率低于星型模式。
- 用雪花型模型可以实现维度和事实表之间多对多的关系。

（3）星型-雪花型模式。

由以上描述可知，星型模式结构简单，查询效率高，可是维度之间的数据共用性差，限制了事实表中关联维表的数量；雪花型模式通过维表的规范化，增加了维表的共用性，可是查询效率低。二者各有优缺点，却可以在一定程度上互补。因此，在实际应用中，经常综合使用星型模式和雪花型模式，即星型-雪花型模式。

星型-雪花型模式是星型模式和雪花型模式的结合。在使用星型模式的同时，将其中的一部分维表规范化，提取一些公共的维表，如图 13.3 所示。这样就打破了星型模式只有一个事实表的限制，且这些事实表共享全部或部分维表，既保证较高的查询效率，又简化维表的维护。

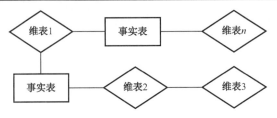

图 13.3　星型–雪花型模式示意图

13.1.2　数据挖掘

面对信息社会中数据的"爆炸式"增长，人类分析数据和从中提取有用信息的能力远远不能满足实际需求。虽然数据库管理系统可以高效实现数据录入、检索和维护等管理功能，但不能发现数据中的关联和规则，也不能根据现有的数据预测未来的发展趋势。所以迫切需要一种能够智能地、自动地把数据转换成有用信息和知识的技术和工具。数据库管理系统和人工智能中机器学习两种技术的发展和结合，促进了在数据库中发现知识（KDD）这一新技术的诞生。1989 年 8 月，第 11 届人工智能联合会议的专题讨论会首次提出了 KDD。KDD 是一门交叉性学科，涉及机器学习、模式识别、统计学、知识获取、数据可视化、高性能计算、智能数据库、专家系统等领域，内涵广泛，理论和技术难度很大，从而使针对大型数据库的 KDD 技术一时难以满足应用需要。于是，1995 年美国计算机学会（ACM）会议提出了数据挖掘（Data Mining）的概念，通过分析数据，使用自动化或半自动化工具挖掘隐含的模式。数据挖掘作为商业智能产品系列中的关键成员，与联机分析处理、企业报表和 ETL 一起从已有数据中提取模式，提高已有数据的内在价值，并把数据提炼成知识。

所谓数据挖掘，就是从数据库（或数据仓库、万维网）中抽取隐含的、以前未知的、具有潜在应用价值的信息的过程。典型的数据挖掘系统如图 13.4 所示。

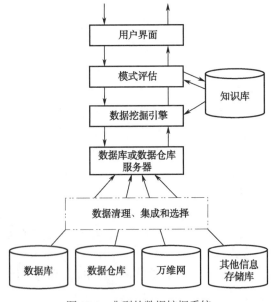

图 13.4　典型的数据挖掘系统

数据挖掘与传统数据分析工具的主要区别是它们探索数据关系时所用的方法。传统数据分析工具使用基于验证的方法，即用户首先对特定的数据关系做出假设，然后使用分析工具去确认或否定这些假设。这种方法的有效性受到许多因素的限制，如提出的问题和预先的假设是否合适等。与分析工具相反，数据挖掘使用基于发现的方法，运用模式匹配和其他算法决定数据之间的重要联系。

按照数据挖掘技术所能够挖掘的数据模式的类型，将常用的数据挖掘任务分为下面几种类型。

1. 数据特征化

数据特征化是指总结并发现用户指定数据集的一般特征或特征的汇总。用户指定的数据可以通过多种方法进行汇总，如基于统计度量和图的简单数据汇总、基于数据立方体的 OLAP 上卷操作等。而面向属性的归纳技术则可以用来进行数据的特征化。

2. 分类

分类是最常见的数据挖掘任务之一。客户流失分析、风险管理和广告定位等商业问题都会使用分类。

分类是指找出描述和区分数据类的模型（构建分类模型），并使用该模型将数据集中每个事例映射到一组已知的类的过程。建立分类模型时，需要知道在数据集中输入事例的类别属性的值，该值通常来自历史数据。有目标的数据挖掘算法成为有监督的算法。

典型的分类算法有决策树算法、神经网络算法。决策树是一种类似于流程图的树结构，其中每个节点代表一个属性值上的预测，每个分支代表测试的一个输出，而树叶代表类或类分布。神经网络是一组类似于神经元的处理单元，单元之间加权连接。构建分类模型的其他方法还包括朴素贝叶斯、支持向量机和 K 最近邻。

3. 聚类

聚类是指基于一组属性对事例进行分组。分组后，在同一个组中的事例具有很高的相似性，而与其他组中的对象不相似。所形成的每个组可以看作一个对象类，由它可以导出规则。

聚类是一种无监督的数据挖掘任务，没有一个属性用于指导模型的构建过程，所有的输入属性都平等地对待。大多数聚类算法都通过多次迭代来构建模型，当模型收敛时算法停止。

4. 关联

关联是另一类数据挖掘任务，也叫购物篮分析，通常用于确定一组频繁项集和规则，以达到搭配销售的目的。

大多数的关联算法通过多次扫描数据集来找到频繁项集，并挖掘出关联规则。在如下面的表示中

```
age(X,"20…29)^income(X,"20k…29k)=>buys(X,"software)[support=1%,confidence
=50%]
```

其中，X 是变量，代表顾客。50%的置信度表示，如果一个顾客的年龄值为 20～29，年收入值为 20k～29k，则购买软件的可能性是 50%。1%的支持度意味所分析的所有事例的 1%满足上述规则。

置信度和支持度都是一个阈值，在构建关联规则模型之前由用户指定该值。不能同时满足最小支持度和最小置信度阈值的关联规则被认为是不令人感兴趣的规则而被丢弃。

5. 预测

预测是一种重要的数据挖掘任务。例如，明天股市的指数将会是怎样的？下个月公司的产品销售量将会是多少？预测可以帮助解决这些问题。预测使用时间序列数据。时间序列数据一般包括连续的观察值，这些观察值是顺序相关的。预测能处理一般的趋势分析、周期性分析和噪声过滤。最常用的时间序列分析技术是 ARIMA，它代表 AutoRegressive Integrated Moving Average 模型。

6．序列分析

序列分析用于确定数据之间与时间相关的序列模式。序列由一串离散值（或状态）组成。例如，DNA 序列是 A、G、C 和 T_4 种不同的状态组成的长序列。Web 点击序列包含一系列 URL 地址。客户购买商品的次序也可以建模为序列数据。例如，某客户首先买了一台计算机，然后买了一个扬声器，最后买了一个网络摄像头。序列数据和时间序列数据都是连续的观察值，这些观察值是相互依赖的。它们的区别是序列包含离散的状态，而时间序列包含连续的数值。

序列和关联数据类似，它们都包含一个项集或一组状态。序列模型和关联模型的区别在于：序列模型分析的是状态的转移，关联模型认为在客户购物车中的所有商品都是平等的和相互独立的。通过序列模型可知，先买扬声器再买计算机和先买计算机再买扬声器是两个不同的序列。但如果使用关联算法，则认为它们是相同的项集。

7．离群点分析

数据库中可能包含一些数据对象，它们与数据的一般行为或模型不一致。这些数据对象就是离群点（Outlier）。大部分数据挖掘方法将离群点视为噪声或异常丢弃。然而，在一些应用中（信用卡欺诈行为检测、网络入侵检测、劣质产品分析等），罕见的事件可能比正常出现的事件更令人感兴趣。离群点数据分析称为离群点分析（或偏差分析）。

目前没有标准的偏差分析技术，这仍然是一个热门的研究方向。一般情况下，分析员利用改进的决策树算法、聚类算法或神经网络算法来解决这类任务。为了得到重用的规则，分析员需要在数据集中将异常情况忽略或进行特殊处理。

13.2　分布式数据库

13.2.1　分布式数据库系统概述

1．分布式数据库的由来及概念

在计算机硬件环境的巨大改变和数据库应用需求不断拓展的背景下，特别是数字通信技术和计算机网络的快速发展，分布式数据库系统（Distributed Database System，DDBS）应运而生。许多在地理上分布的公司、组织和团体业务的管理对大型信息处理系统的广泛需求，推动了分布式数据库技术迅速发展。如洲际银行的存取和汇兑业务系统等。对这类地理上分布的应用系统，如果仍用集中式数据库系统通过网络传递实现数据共享的方法，会导致通信开销大、信息处理效率低、系统扩充和维护困难等问题。因此，亟须探索一种新的数据共享方式，有效地解决信息处理与管理在分布式环境下的问题。

分布式数据库（Distributed Database，DDB）是指利用高速计算机网络将物理上分散的多个数据存储单元连接起来组成一个逻辑上统一的数据库。分布式数据库的基本原理是将原来集中式数据库中的数据分散存储到多个通过网络连接的数据存储节点上，以获取更大的存储容量和更高的并发访问量。分布式数据库的核心管理软件称为分布式数据库管理系统（Distributed Database Management System，DDBMS）。

2．分布式数据库系统的特点

小杨：分布式数据库系统就是分别建立几个数据库吗？

老肖：不是，分布式数据库系统是一组具有结构化特点的数据集合。

小杨：这些数据是否分布在同一个地方？

老肖：虽然说在逻辑上这些数据是同属于一个系统的，但它们在物理上分布在计算机网络的不同节点上。

分布式数据库系统在逻辑上是一个统一的数据库系统，但其在物理上分散于不同的场地，这些场地称为节点（Node）。通过计算机网络把各个节点连接在一起，由一个分布式数据库管理系统（DDBMS）统一管理。逻辑集中是指各节点之间由统一的数据库管理系统进行统一管理的逻辑整体。在 DDBMS 统一管理下，网络中的节点都可以执行局部应用，并具有自治能力，通过网络通信子系统每个节点也能执行全局应用。DDBS 示意图如图 13.5 所示。

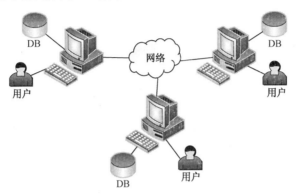

图 13.5　DDBS 示意图

分布式数据库系统有以下几个方面的特点。

（1）数据独立性和分布透明性。

分布式数据库追求数据独立性。对于分布式数据库中的数据物理位置分布的细节，数据的逻辑分区，冗余数据的一致性问题，局部场地上的数据库支持哪一种数据模型都不需要用户关心。分布透明性是分布式数据库系统的优势，用户在编写应用程序时，数据体现分布透明性。当数据从一个节点移到另一个节点，以及增加某些数据的重复副本时，均不需要重新改写应用程序。系统将数据的分布信息存储在数据字典中，根据数据字典对用户进行的非本地数据访问请求予以解释、转换、传送。

（2）集中和节点自治相结合。

数据库是用户共享的资源。集中式数据库集中控制共享数据库，设有 DBA，负责监督和维护系统的正常运行，以确保数据库的完整性和安全性。在分布式数据库中，数据共享包含全局共享和局部共享两个层次。全局共享，即分布式数据库中的各个节点也存储了共享数据，这些共享数据网中其他节点上的用户可以使用，支持系统中的全局应用；局部共享，即局部数据库中存储共享数据，同理，这些共享数据局部节点上的用户可以使用，这些数据也是本地用户常用的。因此，相应的控制结构也包含两个层次，分别是集中和自治。分布式数据库系统常常采用集中和自治相结合的控制结构，局部数据库可以通过局部的 DBMS 独立管理，具有自治的功能。同时，系统通过集中控制机制执行全局应用，协调局部 DBMS 的工作。

（3）一致性和可恢复性。

分布式数据库中的局部数据库和集中式数据一样，也应满足数据的可串行性、一致性及可恢复性。此外，分布式数据库还要保证分布式数据库全局一致性，并发操作的可串行性及系统的全局可恢复性，由于全局应用涉及两个及两个以上节点的数据操作，因此在分布式数据库系统中一个业务可能由不同场地上的多个操作组成。

（4）复制透明性。

在分布式数据库系统中，通常复制数据更新操作都由系统自动完成，用户不需要关心网络中数据库各个节点的复制情况。把一个场地的数据复制到其他场地存放，应用程序使用复制到本地的数据在本地完成分布式操作，避免经由网络传输数据这一步骤，节省了时间，提高了系统的效率。但是对于复制数据的更新操作，就要涉及对所有复制数据的更新。

（5）易于扩展性。

在大多数网络环境中，单独的数据库服务器最终会无法满足使用需求。若服务器软件支持透明的水平扩展，则可以通过增加多个服务器来进一步分布数据和分担处理任务。分布式数据库具有高可扩展性，它通过添加存储节点来实现存储容量的线性扩展。

此外，分布式数据库系统的体系结构灵活，能适应分布式的管理和控制机构，系统的可靠性高，可用性好，局部应用的响应速度快。

3．分布式数据库系统的分类

根据分布式数据库系统中局部数据库管理系统的数据模型进行分类，分布式数据库系统可分为同构型（Homogeneous）DDBS 和异构型（Heterogeneous）DDBS 两大类。

同构型 DDBS：每个节点上的数据库的数据模型都相同的数据库系统称为同构型 DDBS。同构型 DDBS 又可分为两种，一种是同构同质型，另一种是同构异质型。同构同质型 DDBS 中的节点都采用同一类型的数据模型，并且 DBMS 也为同一型号。而同构异质型 DDBS 虽然节点采用同一类型的数据模型，但是 DBMS 的型号不同，如 DB2、Oracle、Sybase、SQL Server 等。

异构型 DDBS：每个节点上的数据库的数据模型不相同的数据库系统称为异构型 DDBS。异构型 DDBS 包括类型、型号均不相同。在计算机网络技术迅速发展的背景下，已经能够快速处理异种机联网问题。目前存取整个网络中各种异构局部库中的数据仅依靠异构型 DDBS 就能实现。

13.2.2　分布式数据库系统的体系结构

分布式数据库系统的各个组成部分和功能，以及系统各个组成部分之间的相互关系构成了整个系统的体系结构。集中式数据库系统的主要组成部分包括数据库、数据库管理员及数据库管理系统。在集中式数据库系统体系结构的基础上，分布式数据库系统做了扩展：数据库分为局部和全局数据库，数据库管理员分为局部和全局数据库管理员，数据库管理系统分为局部和全局数据库管理系统。分布式数据库系统的组成如图 13.6 所示。

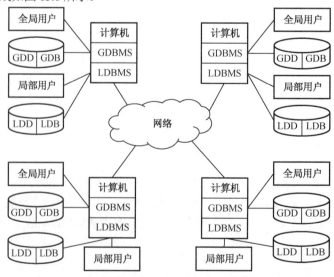

图 13.6　分布式数据库系统的组成

1. 数据分片

数据的分片和分布对整个分布式数据库系统的可用性、可靠性和效率影响很大，而分布式数据库大多数问题都是由数据分片引起的。此外，还与系统其他方面问题紧密相关，如分布式查询处理问题。

数据分片（又称数据分割）是分布式数据库的主要特征之一。数据分片是指分布式数据库中的数据可以被分割和复制在网络节点的各个物理数据库中，全局数据库以某种逻辑分割得到局部数据库，局部数据库逻辑组合构成全局数据库。一般数据存放的单位不是关系，而是逻辑片段。一个数据的逻辑片段是关系的一部分，数据分片通过关系代数的基本运算来实现，有以下三种基本方法。

（1）水平分片。

水平分片是指把全局关系的所有元组按一定条件划分成若干个互不相交的子集，每个子集为关系的一个片段。各片段通过对全局关系施加选择运算得到。

（2）垂直分片。

把一个全局关系的属性集分成若干子集，并在这些子集上施加投影运算，每个投影为垂直分片。全局关系的每个属性必须保证至少能映射到一个垂直片段中。

（3）混合分片。

混合分片作为以上两种方法的混合，可以先垂直分片再水平分片，或者先水平分片再垂直分片，或者以其他形式分片，不同的分片方式结果不同。

数据分片应遵守的准则：完备性条件、可重构条件、不相交条件。

2. 分布式数据库的模式结构

由于分布式数据库是基于计算机网络连接的集中式数据库的逻辑集合，所以其模式结构在保留了集中式数据库模式结构特点的基础上，又做了相应的扩充。分布式数据库模式结构如图 13.7 所示。

分布式数据库是多层模式结构，通常划分为四层：全局外层（Global External Level）对应全局外模式；全局概念层（Global Conceptual Level）对应全局概念模式、分片模式、分配模式；局部概念层（Local Conceptual Level）对应局部概念模式；局部内层（Local Internal Level）对应局部内模式。通过全局数据库管理系统和局部数据库管理系统提供的多级映像来实现这四层中相应模式之间的转换，其对应关系如图 13.8 所示。

（1）全局外模式。

全局外模式（也称为全局视图）作为全局概念模式的子集，定义全局用户视图。从一个由各局部数据库组成的逻辑集合中能够提取分布式数据库的全局视图数据。全局用户在使用视图时，无须关心数据的分片和具体的物理分配细节。

（2）全局概念模式。

全局概念模式定义全局概念视图，描述分布式数据库中全局数据的数据特性和逻辑结构，是对数据库全体的描述，经过分片模式和分配模式将全局概念模式映射到局部模式。

（3）分片模式。

分片模式是全局数据整体逻辑结构分割后的局部逻辑结构，是 DDBS 全局数据的逻辑划分视图。在关系型分布式数据库中，每个全局关系可以通过选择和投影这样的关系操作的方式被逻辑划分为若干个片段，即数据分片。分片模式是描述数据分片或定义分片，以及全局关系与片段之间的映像。一个片段来自一个全局关系，一个全局关系对应多个片段，形成一对多的映射关系。

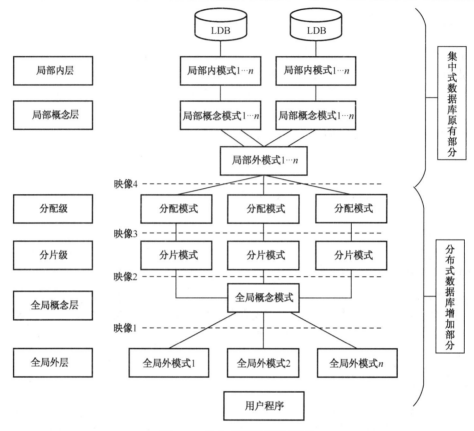

图 13.7　分布式数据库模式结构

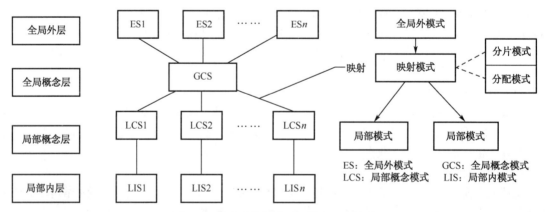

图 13.8　分布式数据库四层模式对应关系

（4）分配模式。

分配模式是描述局部数据逻辑的局部物理结构，即划分后的分片的物理分配视图。在分配模式中，根据选定的数据分布策略，分布式数据库定义片段映像的类型，确定分布式数据库是冗余的还是非冗余的，以及冗余的程度。冗余的程度描述片段映像到节点的个数，一般根据需要而定，每个片段映像的冗余程度不必相同。

（5）局部概念模式。

作为全局概念模式的子集，局部概念模式定义了相应的概念视图。局部概念模式描述局部场地上的局部数据逻辑结构。当全局数据模型和局部数据模型不同时，会涉及数据模型转换。

（6）局部内模式。

局部内模式定义局部物理视图，描述了物理数据库，与集中式数据库中的内模式相似，不仅描述全局数据在本节点的存储，还描述局部数据在本节点的存储。

3. 分布式数据库的功能模块

分布式数据库通常包括查询处理、完整性处理、调度处理和可靠性处理四个功能模块，以保证分布式数据库的共享性、安全性、完整性及分布透明性。分布式数据库功能模块如图 13.9 所示。

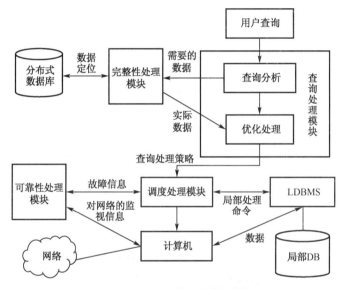

图 13.9 分布式数据库功能模块

（1）查询处理模块。

在分布式数据库中，分布在整个网络节点的数据在网络上传输开销大。查询处理模块的目标是使得查询处理的代价最少。因此，需要采用最佳优化算法来提高数据传输效率并减少传输开销。查询处理模块由查询分析和优化两部分组成。首先进行查询分析，弄清楚查询所需要的数据、数据存储的位置、数据有多少副本，以及如何选择副本使查询代价最小，然后执行查询操作。对于分布式数据库而言，制定查询优化策略很重要。查询优化包括全局优化和局部优化。全局优化主要决定所需的数据从哪些节点获取，以及设置数据在节点之间的传递次序，使得节点之间的数据传输次数、传输量都最少，从而减少系统中数据的传输开销。与集中式数据库的查询优化相似，分布式数据库局部优化的主要任务是提高局部应用的存取效率。

（2）完整性处理模块。

维护数据库的一致性和完整性、检查完整性规则、同步更新多副本数据等是完整性处理模块的主要任务。在分布式数据库中，网络的不同节点上可能会分布有多个副本的数据，当查询处理模块分析出查询所需的数据后，选择哪个版本的数据提供给查询使用，将由查询处理模块与完整性处理模块共同确定，同时指出该版本数据的存放地点，获得查询处理的方案。

（3）调度处理模块。

在明确了查询处理的策略后，将进行局部处理及数据传输。调度处理模块的任务是向有关节点发布 DBMS 执行这些局部处理的命令。调度处理模块还需要与各节点的通信管理软件相互配合，实现数据传输，完成查询，并将结果传递到发出该查询需求的节点。

（4）可靠性处理模块。

分布式数据库中存在多个副本数据，因此系统可靠性高。可靠性处理模块的任务是不断监视系统的各部分是否发生故障。当系统发生局部故障时，该模块能够从其他节点获取所需要的数据。当故障被修复后，又能够将该故障部分重新调入系统中，使之继续有效地进行，并且保持数据库一致性状态。

13.2.3　分布式网络数据的特性

1．分布透明性

分布透明性（Distribution Transparency）是指用户或用户程序使用分布式数据库，不必关心全局数据的分布情况。分布透明性是在集中式数据库中数据独立性的分布式环境下做的进一步扩展。在集中式数据库中采取多级模式结构及模式间映像的方式获得数据独立性。而在分布式数据库中，通过引进新的模式结构及模式间的映像来获得分布透明性。

分布透明性是应用程序员对分布式数据库的视图，不同的分布式数据库可提供不同级别的分布透明性。一个基于完全透明性设计的分布式数据库提供的分布透明性包括分片透明性、位置透明性和局部数据模型透明性。分布透明性示意图如图 13.10 所示。

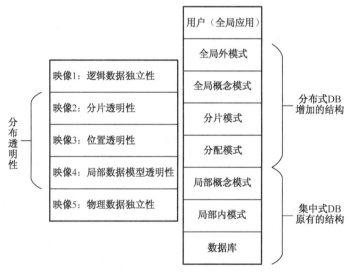

图 13.10　分布透明性示意图

（1）分片透明性。

用户和应用程序不必关心数据是如何分片的，也不必关心数据逻辑片段的位置分布情况，它们对数据的操作在全局关系上进行，关心的是如何分片对用户是透明的。对于全局用户而言，作业环境几乎无异于集中式数据库，分片透明性是分布透明性的最高层次，是分布式数据库的重要设计目标之一。

（2）位置透明性。

位置透明性是指用户不必知道所操作的数据存放的位置，即数据分配到的存储站点对用户是透明的。因此，数据分片模式的变化，如数据站点间的转移对应用程序没有影响，因此应用程序不必改写。

（3）局部数据模型透明性。

局部数据模型透明性是最低层次的透明性，该透明性提供数据到局部数据库的映像。用户和应用程序不必关心 LDBMS 支持的数据类型、使用什么样的数据操纵语言。其中，数据模型的转换和数据操纵语言的转换是由系统自动实现的。因此，这种透明性对异构型分布式数据库十分重要。

层次位置对比和分片比较如表 13.1 和表 13.2 所示。

表 13.1　层次位置对比

	分片透明性	位置透明性	局部数据模型透明性
层次	最高层（完全分布透明性）	中间层（中级分布透明性）	最低层（低级分布透明性）
位置	全局概念模式与分片模式之间	分布模式与分配模式之间	分配模式与局部概念模式之间

表 13.2　分片比较

	全局数据的逻辑分片	逻辑片段的副本	逻辑片段及副本的站点位置分配	各站点数据库的数据模型
分片透明性				
位置透明性	√			
局部数据模型透明性	√	√	√	

2．数据一致性

分布式数据库系统是一组结构化的数据集合，在逻辑上属于同一系统，在物理上则散布在网络连接的各个节点上。在分布式数据库系统中，将同一数据分布在若干个不同的节点上，以提高数据检索的效率。此外，分布式数据库系统中的事务执行也具有分布性，即分布式数据库系统中一个全局事务的执行将被划分成局部事务在许多节点上执行，从而提高实际执行中的并行能力，提高了系统资源利用率。在数据和事务的分布处理中，由于全局事务与局部事务存在并发控制问题，多个用户"同时"对数据的不同节点的多个副本进行读、写操作会导致数据不一致。此外，由于一些不可预测的软件、硬件故障及操作失误引起的事务重试也会导致数据不一致。因此，必须采用各种措施保证各个副本和数据库状态的一致性，分布式数据库系统才能正确有效地运行。

13.2.4　分布式查询处理

分布式数据库中的查询处理需要考虑以下两个问题。

（1）先将查询转换为等价的关系代数表达式，然后从各等价表达式中选择最优代数表达式做查询优化处理。

（2）当涉及网络各节点之间的数据交互时，选择最优的节点路径和数据传输方式。

1．分布式查询的分类

分布式查询可以分成三种类型：局部查询、远程查询和全局查询。远程查询是指在某个站点上执行查询。局部查询是在本站点上执行查询。由于局部查询大多数出现在集中式查询处理中，因此，在分布式查询处理中，远程查询和全局查询是两个主要的研究对象。

（1）局部查询。

局部查询仅涉及本地站点上的数据，因此分布式数据库查询与集中式数据库查询所采取的优化策略相同。局部查询要注意以下几点。

● 选择和投影运算大大减少了中间结果数据，所以应该尽量先做选择和投影运算。

● 执行连接操作之前对数据库数据进行相应的预处理，减少扫描的次数，加快连接速度。

● 找出公共子表达式等。

（2）远程查询。

由于远程查询仅涉及某个站点上的数据，因此它的查询优化技术和本地查询采取的优化技术相同。远程查询还涉及远程站点的选择，因此尽可能选择距发出查询应用最近的站点以减少远程查询的通信代价。

（3）全局查询。

全局查询涉及多个站点的数据，查询处理和优化技术相对复杂。其过程为：首先要确定查询对象，然后根据可用访问路径和必要的算法确定二元操作连接及并操作的次序，最后确定执行节点（站点）。整个工作流程大致可分为三类。

● 具体化（Materialization）。

对全局查询进行分解，查询所需要访问的关系或片段，认定一个或多个副本。若是查询所需要访问的关系或片段都只有一个副本，则称为非冗余具体化（Non-redundant Materialization），否则称为冗余具体化（Redundant Materialization）。冗余具体化需要讨论怎样选择关系或片段的副本，实现查询开销最小且结果正确。

● 确定操作执行的次序。

主要是确定连接和并操作的次序，其他操作的次序比较容易确定。例如，应尽量提前执行选择和投影操作。这个原则与集中式数据库相同，不同的是，在分布式数据库中涉及的是在不同站点上关系的连接和并操作的次序。

● 确定操作执行的方法。

联合执行若干个操作，确定可用的访问路径（如选择索引）、确定某种计算方法等。

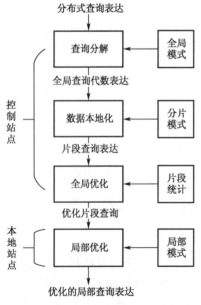

图 13.11　分布式查询处理的层次结构

2．分布式查询处理的层次结构

分布式查询处理结合分布式 DBMS 的体系结构特点，按不同的层次结构执行操作。分布式查询处理包括查询分解、数据本地化、全局优化及局部优化四个层次，如图 13.11 所示。

（1）查询分解。

查询分解的主要任务是把查询问题转换为一个定义在全局关系上的关系代数表达式或 SQL 语句。查询分解层转换使用的信息来自全局模式。

（2）数据本地化。

数据本地化是将全局关系的查询具体化到合适的本地或就近片段上的查询。通过在全局关系上的关系代数表达式转换为在相应片段上的关系代数表达式。数据本地化层转换使用的信息来自分片模式和片段的分配模式。

（3）全局优化。

全局优化的主要任务是通过优化算法找出分片查询的最优

操作顺序，使得代价函数值最小。一般情况下，代价函数是 I/O、CPU 和通信代价之和。全局优化的核心是对连接操作的优化。全局优化的结果是一个片段上优化的关系代数查询。全局优化层转换使用的信息来自资源信息、通信信息和各站点片段统计信息等数据库统计信息。

（4）局部优化。

局部优化就是在各个站点上执行的子查询。它采用集中式系统算法，由每个站点上的 DBMS 进行优化。局部优化层转换使用的信息来自局部模式。

3．分布式查询的优化目标

分布式数据库中需要解决的主要问题是如何将查询转换为代数表达式，如何从所有等价表达式中选择最优的代数表达式，站点之间如何进行数据的交换操作，如何选择最优的执行站点，以及传送数据的方式等。

在分布式数据库中，查询优化有总代价最小和每个查询的响应时间最短两个评价标准。总代价最小指的是 CPU 和 I/O 代价，以及数据的网络传输代价的总代价之和最小。每个查询的响应时间最短要求分布式数据库在查询优化过程中缩短查询处理响应时间。由于分布式数据库是由多台计算机组成的，数据的分布和冗余增加了查询的并行处理的可能性，因此需要缩短查询处理响应时间，提升查询处理速度。

4．分布式查询优化

（1）分布式查询优化准则。

分布式查询优化准则是通信费用最低和响应时间最短，即在最短的响应时间内，以最小的总代价获取所需数据。其中，通信费用的影响因素包括所需的数据量和通信次数。响应时间的影响因素包括通信时间和局部处理时间。

（2）查询代价的估算方法。

设一个查询执行的预期代价为 QC，则

$$\text{集中式查询：QC=I/O 代价+CPU 代价}$$
$$\text{分布式查询：QC=I/O 代价+CPU 代价+通信代价}$$

通过下述公式可以粗略估算通信代价：

$$TC(X)=C_0+C_1*X$$

式中，X 为数据传输量，单位是 bit；C_0 是两站点之间通信初始化所需要的时间，C_0 通过通信系统确定，近似为常数，单位是 s；C_1 为传输率，单位数据所需传输时间，单位是 s/bit。

（3）分布式查询优化算法。

分布式数据库中的查询优化主要围绕着查询策略优化和局部处理优化展开。常用的分布式数据库的查询优化算法包括：基于关系代数等价变换的优化算法、基于半连接操作的查询优化算法及基于直接连接操作的查询优化算法等。

13.2.5　分布式事务管理

1．分布式事务概述

分布式事务涉及许多分布在不同地方的数据库，但对数据库的操作必须全部被提交或回滚。只要其中一个数据库操作失败，参与事务的所有数据库都需要回滚。分布式事务管理主要是组织和控制应用程序在数据库上存取操作，提高事务的执行效率，维护数据库的一致性、完整性和可靠性。

在分布式数据库中，全局事务由一个主事务（在协调站点执行的事务）和各个子事务（在参与站点上执行的事务）组成。事务的开始、提交和异常终止是主事务的任务，而实现对相应站点上本地数据库的访问操作由子事务负责。通常，事务以<Begin Transaction>语句开始，以<COMMIT>语句作为事务成功完成的标记，而<Rollback>或<Abort>语句作为事务失败的标记。每个本地事务在自己站点的系统上执行。

2．分布式事务的特征

分布式数据库中的事务具有原子性、一致性、隔离性和持久性，简称 ACID。事务管理的基本任务是保证事务的 ACID 特性。

3．分布式事务的状态和事务恢复

（1）分布式事务的状态及状态迁移。

事务在执行过程中可能处于以下五种状态。

- 活动状态：初始状态，事务从开始执行就处于该状态。
- 部分提交状态：事务的最后一条语句被执行后。
- 失败状态：正常的执行不能继续后。
- 终止状态：事务回滚，将数据库的状态恢复到执行前后。
- 提交状态：成功完成后。

图 13.12 所示是一个事务状态迁移图。它表示事务在执行中的状态转化。事务开始执行，进入活动状态，事务在此状态下能够执行读/写操作。事务结束时进入部分提交状态。然后数据库系统将足够的信息写入磁盘，保证即使出现故障也能在系统重启之后重新创建事务的更新，当这样的最后一条信息写入后，事务就进入提交状态。若事务在活动状态期间被撤销或部分提交后出现硬件故障，则事务将进入失败状态。此时需要将事务回滚，消除事务写操作对数据库的影响，系统进入终止状态。

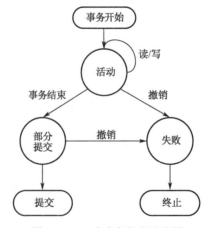

图 13.12　一个事务状态迁移图

（2）事务恢复。

事务的故障不可避免，故障的出现会影响数据库中数据的正确性，甚至会破坏数据库，从而影响数据库系统的可靠性和可用性。为了保证事务的永久性和原子性不受破坏，必须用到恢复管理机制。它的主要作用是使受到破坏的数据库恢复到一个正确、一致的状态。由于在恢复过程中日志发挥着巨大的作用，因此依靠日志来实现事务恢复。

日志文件中记载了所有事务引发的所有数据操作。在分布式事务处理环境下，各个站点拥有各自相应的日志文件。事务引发的下述操作会在日志文件中占据一个表项。

● 事务开始。

● 写（插入、删除、修改）。

● 提交事务。

● 回退事务。

分布式事务的恢复机制要求每个日志记录都应包含如下信息。

● 事务标识符。

● 日志记录类型，说明该日志记录的操作类型。

● 数据操作用到的数据体标识记录，如地址等。

● 数据体的前像，即数据体被修改前的值。

● 数据体的后像，即数据体被修改后的值。

● 日志管理信息。

对日志操作的根本原则是日志记录写入日志文件的操作应先于其对应的数据写操作。如果先进行相应的数据写操作，并且在写日志协议尚未完成时发生了失效故障，那么恢复管理机制就无法对事务进行 UNDO 或 REDO 操作。先进行写日志协议操作，如果恢复管理机制在事务日志记录中没有发现记载事务提交，即说明该事务在失效时仍然还处于活跃状态，因此也就有必要对其进行 UNDO 操作。

（3）恢复协议。

当一个事务分布在多个节点上执行，并且在结束事务时，各个节点需保持一致，要么全部提交，要么全部回滚。因此，提出两阶段提交协议和三阶段提交协议。

● 两阶段提交协议。

两阶段提交协议的执行过程如图 13.13 所示。

第一阶段（表决阶段）：根据参与者的意向，协调者决定提交或事务回滚，当所有的参与者全部同意提交事务时，协调者才能提交事务。协调者把<准备提交>记录到日志中，同时向所有的参与者发出<准备>消息，启动定时器进入等待状态；参与者收到<准备>消息后，如果想要提交，就向协调者发出<提交>消息，如果因某些原因而不想提交，那么就向协调者发出<撤销>消息，记录到日志中。

第二阶段（执行阶段）：当全部的参与者都回答<提交>时，协调者会向参与者发出<全局提交>命令，否则，向参与者发出<全局撤销>命令；如果操作超时，要向参与者发出<全局撤销>命令，并记录到日志中。根据协调者的命令，参与者执行提交事务或撤销事务，同时向协调者发送<应答>消息，并记录到日志中。当协调者收到全部的参与者回复<应答>消息时，记入日志后并结束事务。

● 三阶段提交协议。

三阶段提交协议包括三个阶段：表决阶段、预提交阶段、执行阶段。在两阶段提交协议中的表决阶段和执行阶段之间增加了一个"预提交"阶段。三阶段提交协议的核心思想是协调者发送预提交消息，并等待所有参与者返回收到确认消息后，再发送提交或撤销的消息。

三阶段提交协议的执行过程如图 13.14 所示。

第一阶段（表决阶段）：协调者给所有的参与者发送<准备>消息，每个参与者根据实际站点情况发送相应的回复消息，若准备好提交，则回复<建议提交>消息；否则回复<建议撤销>消息。当所有的参与者都回复<建议提交>消息时，则进入第二阶段。

第二阶段（预提交阶段）：协调者发送<准备提交>消息给所有的参与者，每个参与者如果已经准备好提交，则回复<回答>消息。若长时间未收到某个参与者的回复，则认为该站点发生故障或超时。

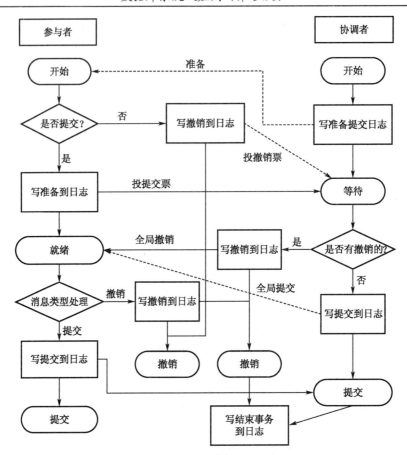

图 13.13　两阶段提交协议的执行过程

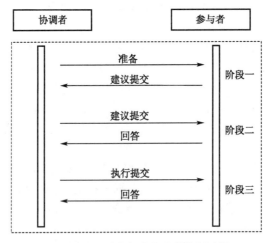

图 13.14　三阶段提交协议的执行过程

第三阶段（执行阶段）：协调者收到所有参与者回复的<回答>消息后，立即发送<提交>消息。整个三阶段提交协议执行完毕。

13.2.6　分布式数据库实例

一个银行系统，它有四家支行，位于四个不同的城市。每家支行有自己的计算机，有维护该支行所有账户的数据库；每个这样的配置称作一个站点，另外还有一个站点维护关于该银行的所有支行信息。

为说明站点上两类事务的差异（局部网的和全局的），考虑如下事务：给位于成都支行的账户CD-177 中增加 500 元。如果在成都支行发起该事务，那么它是一个局部事务；否则，它就是一个全局事务。将 500 元从账户 CD-177 转到北京支行中的账户 BJ-305 的事务是一个全局事务，因为事务的执行要访问两个不同站点上的账户。

在一个理想化的分布式数据库中，站点将共享一个公共的全局模式（尽管有些关系可能只存放在其中的某些站点上），所有站点运行相同的分布式数据库管理软件，而且各个站点互相知道对方的存在。如果从头开始创建一个分布式数据库，则它确实有可能达到上述目标。然而，现实中分布式数据库需要通过连接多个已存在的数据库系统来构造，每个数据库都有自己的模式而且可能运行不同的数据库管理软件。这样的系统有时称作多数据库系统或异构分布式数据库系统。

13.3　空间数据库

小杨：空间数据库的作用是存储空间数据吗？

老肖：是的，空间数据库是一项随着地理信息系统的发展和应用而逐步兴起的数据库新技术，是一个对空间数据及其属性描述、存储和处理的数据库系统。

小杨：那么地理信息系统是空间数据库吗？

老肖：是的，空间数据库涉及的范围非常广，包括计算机科学、地理学、地图制图学、摄影测量与遥感、图像处理等多门学科。

空间数据库的研究启蒙于 20 世纪 70 年代的遥感图像处理和地图制图方向，其目的是尽可能利用卫星遥感资源快速地绘制各种类型的经济专题地图。当前，我们了解的空间数据库大多数是以地理信息系统的基础和核心出现的，空间数据库还不能算是一个独立存在的系统，仅是对常规数据库的扩充。本文以地理信息系统（GIS）为例进行说明。

13.3.1　空间数据

空间数据描述空间物体的形状、大小、位置和分布特征等，适用于表示二维、三维和多维分布的区域。所谓空间数据是指与空间位置和空间关系相联系的数据，包括多维的点、线、矩形、多边形、立方体和其他几何对象。

1．基本空间数据类型

（1）点（Point），如城镇村庄等。点只用于描述空间位置，不能描述空间范围。

（2）线（Line），如公路、河流、线路、管道等。线不但可以描述线上各点的空间位置，还能够表示长度。

（3）面（Area），包括长和宽，一般用于描述封闭的多边形。面可以分为两种类型：连续面和不连续面。

（4）体（Geometry），具有长、宽、高。通常用来描述三维物体，如建筑、山峰等三维物体。

以上四种是最基本的空间数据类型，还可以导出区域、划分和网络三种空间数据类型。

区域（Region），如海洋、体育馆等。区域用来描述其覆盖范围、描述位置、面积及周长等数据。

划分（Partition），一个区域按其自然、行政或其他特征，分成若干部分。如果这些子区域是不相交的，但是它们的"并集"又覆盖了整个区域，那么此子区域的集合称作该区域的一个划分，如国家行政区域划分、土地划分等。划分可以进行嵌套，如国家下面分为省市，省市又可分为县区、县区又有乡镇等。

网络（Network），若干个点与点之间的相互连接构成了网络，如铁路网等。

2．空间数据特点

（1）空间性。

空间对象具有空间坐标特征，包括空间物体的位置、形态及由此产生的系列特性。

（2）非结构化特征。

在传统的关系数据库中，数据通常是结构化的。所谓结构化，是指不允许嵌套的原子数据记录是定长的，而空间数据具有非结构化特征。空间数据中的空间对象用一条非定长的记录来描述，而且这个空间对象可能包含了其他一个或多个空间对象。

（3）多态性。

在不同情况下，同样的物体有不同的形态，城市可能是面状地物也可能是点状地物，河流可能是条带状地物也可能是线状地物。同一地物可能会在不同的空间位置与不同的社会经济和人文数据及自然环境重叠，如长江是水系要素，但是在不同的地段上，又与省界、县界重叠。

（4）海量数据特征。

空间数据量非常大，比普通的数据库要大得多。一个城市 GIS 的数据量可能高达几十 GB，若加上影像数据的存储，则可能高达几百 GB。

13.3.2　空间数据模型

空间数据模型反映了现实世界中的空间实体及各空间实体的相互关系，它为空间数据组织和空间数据库模式设计提供基本概念和方法。GIS 空间数据模型包括概念数据模型、逻辑物理数据模型及物理数据模型三个层次。

1．概念数据模型

概念模型是面向用户的数据模型。概念数据模型是关于实体及实体间联系的抽象概念，根据用户需求，用统一的语言描述和综合、集成各用户视图。当前，被广泛使用的概念数据模型是矢量数据模型和栅格数据模型。

矢量数据模型基于平面图的点、线、面，将现实世界的空间实体抽象成点、线、面。抽象出来的点、线、面之间存在空间关系。例如，点、线、面与其组成的节点、弧段、坐标之间的相交、连接、连通和包容等拓扑关系。矢量模型面向实体，实体越复杂，描述就越困难，数据量也会增加。描述空间目标的拓扑关系是该模型的核心问题之一。

栅格数据模型面向空间，基于连续铺盖，将连续空间离散化，用划分或二维覆盖整个连续空间。覆盖有规则和不规则两种类型，后者常当作拓扑多边形来处理，如城镇社区。

2．逻辑数据模型

逻辑数据模型根据概念数据模型描述数据实体及其之间的关系，具体地表达数据项、记录等之间的关系。通常将逻辑数据模型分为结构化模型和关系数据模型。

结构化模型通过树状结构描述数据实体之间的关系，可分为层次数据模型和网络数据模型。

关系数据模型通过二维表格描述数据实体之间的关系。关系数据模型更为灵活简单，不过描述复杂关系时比较困难，并且在数据构成具有多层关系时，存储空间效率较低。

3．物理数据模型

物理数据模型描述数据在计算机中的物理组织、存储和结构。逻辑数据模型没有底层的物理实现细节，但是计算机只能处理二进制数据，所以必须转换为物理数据模型，其中包括空间数据对象的物理组织、存储路径方法和数据存储的结构。

13.3.3　空间对象关系

1．欧式空间

R 表示实数域，V 是 R 上的一个非空集合，在集合 V 上定义一个称之为内积的二元函数 $<x,y>$ 且满足下述条件，则称 V 是 R 的欧氏空间。欧氏空间包括三个基本性质。

非负性：$<x,x>\geq0$，$<x,x>=0(x=0,x\in V)$。

对称性：$<x,y>=<y,x>$。

线性：$<\alpha x+\beta y,z>=\alpha<x,z>+\beta<y,z>$，$\alpha,\beta\in R$；$x,y,z\in V$。

在欧氏空间的环境下定义了所有的空间对象之间的关系，这些关系包括基于拓扑、集合、度量和方位的关系。

2．空间对象之间的关系

基于集合的空间对象关系主要包括元素与集合的属于、不属于关系，集合间的相交、包含、并等关系。在空间对象之间的层次关系使用集合的关系理论来探讨，例如，城市包含商场，商场包含店铺等。

基于拓扑的空间关系主要包括邻接、包含和交叠，空间数据查询中最可能出现这三种拓扑关系。

基于方位的关系用于表示空间对象间的相互作用关系。相对关系包括包含、相邻、关联等；绝对关系包括角度、坐标、方位、距离等。相对关系类型表示空间对象的包含、相邻等，包括拓扑空间关系；顺序空间关系表示空间对象的顺序，如东、西、南、北、前、后、左、右等；度量空间关系表示空间对象间的距离等。

最常见的彼此互斥的拓扑关系有八种，分别是相离、邻接、相等、交叠、在内部、包含、覆盖及被覆盖。在空间对象的拓扑关系中，拓扑元素包括点、线和面。其中，点分为孤立点、线的端点、面的首尾点、链的连接点；线分为线段、链、弧段和两节点之间的有序弧段；面是由若干弧段组成的多边形。基本拓扑关系包括关联、邻接、包含、层次。其中关联描述不同拓扑元素间的关系；邻接描述相同拓扑元素间的关系；包含描述拓扑元素间的关系；层次描述相同拓扑元素间的层次关系。

13.3.4　空间数据操作

空间数据操作（尤其是空间数据查询）以空间对象间的相互关系为基础，通过现实中的应用所决定。空间数据操作的描述有三种形式，分别是代数形式、集合形式和谓词形式。

1．基本符号

首先定义空间数据操作中的标记，SDT 代表空间数据类型；PT 表示点，LN 表示线，AE 表示面，GM 表示体，RG 表示区域，PTN 表示划分；NTW 表示网络；ZS 表示大小为零的空间数据类型，如点；NZS 表示大小为非零的空间数据类型，如线、区域等；ADT 表示原子空间数据类型，如点、线、区域；CDT 表示集合型空间数据类型，如网络、划分等。

2．基于拓扑的描述

两个同类型空间数据是否相等：

```
PT×PT→Bool; LN×LN→Bool; RG×RG→Bool
```

空间数据类型 SDT 是否在区域 RG 中：

```
SDT×RG→Bool
```

两个大小为非零的空间数据是否相交：

```
NZS×NSZ→Bool
```

两个区域是否邻接：

```
RG×RG→Bool
```

3．基于集合运算的描述

（1）相交（INTERSECTION）。
两条线相交为点的集合：

```
LN×LN→2PT
```

线与区域相交为线的集合：

```
LN×RG→2LN
```

区域与区域相交为区域的集合：

```
RG×RG→2RG
```

（2）重叠（OVERLAP）。

```
PTN×PTN→2FG
```

（3）中心点（CENTER）。

```
NZS→PT
```

4．基于度量的描述

两点间的距离（DIST）：

```
PT×PT→NUM DIST
```

两空间图形间的最大、最小距离（MAXDIST、MINDIST）：

```
SDT×SDT→NUM MAXDIST 或 MINDIST
```

多点的直径（DIAMETER）：

```
PT→NUM DIAMETER
```

线的长度（LENGTH）：

```
LN→NUM LENGTH
```

区域的周长（PERIMETER）或面积（AREAS）：

```
RG→NUM PERIMETER 或 AREAS
```

13.3.5　空间数据查询语言

对于空间数据的查询主要可以划分为空间区域查询、邻近查询和空间连接查询三类。

空间区域查询：例如，"找出距离成都 1000km 以内的所有城市"或"找出成都市内所有的电影院"。空间区域查询得到的是一个相关联的区域（有查询位置和边界）。

邻近查询：例如，"找出距离成都最近的 5 个城市"，通常查询结果根据与成都的距离远近（即邻近度）进行排序。

空间连接查询：例如，"找出相距 100km 以内的城市"和"找出某条河附近的城市"。

通常空间数据类型及其操作和相应的保留字在 SQL 的基础上扩充。但这些扩充与应用有关，现在还未形成统一标准，如下面的例子所示。

【例 13-1】　空间查询实例。

① 选择流经四川省所有河流的河流名及其在四川省境内的长度：

```
SELECT 河流名,LENGTH(INTERSECTION(ROUTE(河流流域图),四川))
FROM 河流
WHERE ROUTE(河流流域图) INTERSECTS 四川;
```

② 选择四川省所有城市及其人口：

```
SELECT 城市名,人口
FROM 城市
WHERE CENTER(城市地图) INSIDE 四川省;
```

③ 选择距离成都小于或等于 100 000m，人口大于或等于 50 万的所有城市：

```
SELECT 城市名,人口
FROM 城市,四川区域图
WHERE DIST(城市名,成都)≤100 000 AND 人口≥500 000;
```

13.3.6　空间索引

一般情况下，与关系数据库相比，空间数据库的查询开销较大，尤其是对空间谓词求值。采用空间索引方法进行查询，效率会大幅提高。

空间索引技术在 GIS 中属于辅助性的数据结构，对空间的大量操作不影响空间对象，可以通过空间索引的过滤来删除，以提高空间数据集的合理性和对空间对象操作的效率。

1．空间索引的思路

为了削减开销，一般使用近似规则图形来代替不规则图形进行查询，如各边平行于坐标轴的最小矩形，称为不规则区域的最小限定矩形（Minimum Bounding Rectangle，MBR）。如果一个 MBR 包含另外的 MBR，则称为目录 MBR，否则称为对象 MBR。若是两个空间对象相交，那么相应的 MBR 也相交；若是两个 MBR 不相交，那么对应的两个空间对象也不相交。空间数据库的搜索通常先用高效率的近似方法进行粗选，然后再进行精选。

2. 空间索引的特点

传统的索引方法有哈希表：数值的精确匹配，不能进行范围查询；B+树和 ISAM（Indexed Sequential Access Method）：键值的一维排序，不能搜索多维空间。而空间索引的特点有索引对象的无序性、索引对象的不规则性、索引对象的交叉性。

3. 空间对象的近似表示

高维空间的点可以表示某些规则图形。例如，一维的线段$[x,y]$可以用二维的点(x,y)表示。二维的边平行于坐标轴的矩形$\{(a_1,b_1),(a_2,b_2)\}$可以用四维的点(a_1,b_1,a_2,b_2)表示，其中(a_1,b_1)和(a_2,b_2)是矩形的左下角和右上角坐标。

用网格表示空间对象，与用点阵、像素阵表示二维对象相似，原则上能够推广到更高维的空间，不过一般用于二维空间。

4. 空间索引分类

根据操作对象的不同，空间索引被分为两类：一类是以空间点为查询对象的索引；另一类是以非点的空间图形为查询对象的索引。

空间对象所占的区域可以近似表示为一组二进制串的集合，也可以用二进制串作为索引键，组成一个 B+树。二进制串的集合称作该区域的 Z 元素，可以通过按序比较两个区域的 Z 元素来判断区域相交或包含。比较时，如果一个二进制串是另一个二进制串的前缀，则后者的区域一定包含在前者区域中，例如，1011011 一定包含在 10110 中。通过 Z 序列的栅格表示区域，能够用一维的有序二进制串来表示原本为二维的空间对象。下面是区域 A、B 的 Z 元素，相比较，找出重叠部分。

$$A_1 \quad A_2 \quad A_3$$
$$A：0110，10，10010，100110，10110，\cdots\cdots$$
$$B：0111，100，1010，1011，1101，\cdots\cdots$$
$$B_1 \quad B_2 \quad B_3$$

可见，重叠部分：(A_1,B_1)，(A_1,B_2)，(A_1,B_3)，(B_1,A_2)，$(B_1,A_3)\cdots\cdots$在上面的重叠栏中，二元组的第一项覆盖第二项。

13.4 多媒体数据库

多媒体数据库是随着数据库技术与多媒体技术的发展而产生的，是专门存储多媒体数据的数据库。多媒体数据对象以某种方式存储在一起并能够被其他应用所共享。多媒体数据库需要解决以下的问题：数据的多样性，数据除数值和字符外，还包括图像、声音、视频等；实现多媒体数据间的融合，集成力度越细，融合度越高，多媒体一体化表现才越强；数据与人的交互性。

从多媒体数据库管理系统（MDBMS）的角度看，多媒体数据库具有下述几个特征。

（1）与传统数据库相比，在数据对象、数据类型、数据模型、数据结构、应用等方面多媒体数据库都存在很大的差异。

（2）多媒体数据库处理的对象具有多种媒体形式，如动态的视频、声音或图像媒体，由于数据对象发生变化，存储技术也要变换形式，需要进行特殊处理，如进行数据压缩等。

（3）多媒体数据库不是基于特定的数据类型，它是面向应用的，根据应用领域和对象建立相应的数据模型。

（4）多媒体数据库重视媒体间的独立性，从实用性要求出发，最大限度地忽略各媒体数据间的差异，实现对多媒体数据的存储和管理。

（5）多媒体数据库注重灵活性和多样性。混合媒体的显示要比单一的媒体显示复杂得多，如音频的显示，它包括到媒体的同步和集成。

（6）多媒体数据库的对象访问手段具有强大的访问能力，访问方式含有通过多媒体对象类型和建立的对象聚集。根据媒体间的关系和特征进行访问，特征访问主要用于对图像和声音等多媒体对象的访问，还包括了特征抽取等问题。

13.4.1　多媒体数据

数据是每一个数据库的基础，多媒体数据库与其他数据库相比，具有数据量庞大、类型多且数据之间差异大、输入/输出复杂的特点。由于网络和信息传输的发展，使得多媒体数据更加复杂。

多媒体数据由不同类型的媒体组成，一般具有静态、动态之分，静态媒体包括文本、图形、图像等数据，而动态媒体则包括视频、音频、动画等媒体形式。

（1）文本数据：由一组具有特定意义的字符串组成，对文本数据的主要操作是检索，包括全文检索、关键字检索等方法。

（2）图形数据：GIS、工业图纸数据库等都是图形数据库管理的成功应用范例。因为可以分解图形数据，所以要用合理的模型来描述分层结构。

（3）图像数据：目前，对图像领域的研究已经有很多，例如，对属性描述、特征提取、纹理识别、颜色检索等。多媒体数据库的重点研究方向应该放在对通用图像数据的管理和查询上。

（4）音频数据：有语音、声音、音乐等之分，声音数据前后相关性很强，并且实时性强、数据量大。

（5）视频数据：可以把时间和空间结合在一起，具有帧、播放速度等基本概念，在时间上带来了不一样的复杂程度。

与传统的数据相比，多媒体数据的特性有独立性、集成特性、数据量大性、交互性、强实时性、非结构特性、非解释特性。

13.4.2　多媒体数据库的层次结构

多媒体数据库的基本结构如图 13.15 所示。

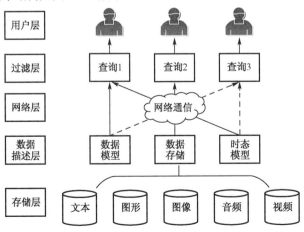

图 13.15　多媒体数据库的基本结构

（1）存储层：由于多媒体数据与传统数据有较大的区别，在数据存储格式和存取技术方面有比较大的改变，如何实现多媒体数据的高效存取是一个不断要解决的问题。

（2）数据描述层：该层是多媒体数据库的核心。对信息进行描述，并处理描述生成的数据和数据快速存取问题。

（3）网络层：代表媒体对象和用户的物理位置。用户能够通过网络直接存取数据，媒体对象也能在不同的系统中存储。

（4）过滤层：主要任务是数据查询。用户能够根据需要确定数据查询的方法。这些查询方法为用户提供了一个过滤视图，实现分析和处理查询要求。

（5）用户层：用户和应用间的接口。负责浏览数据库中的数据及人机交互。

13.4.3　多媒体数据模式

根据当前的发展形势，可将多媒体数据模式分为关系数据模式、面向对象数据模式和超文本（超媒体）数据模式三种。

1．关系数据模式

关系数据模式定义了静态特性。例如，关系的结构和存取完整性及引用完整性等，同时定义了集合运算、关系运算及更新、定义数据等操作。在当前数据处理中，无论是现实世界还是人类，将客观世界的一切进行抽象，用户使用方便，容易接受。

2．面向对象数据模式

面向对象数据模式语义丰富，描述能力强，在能够描述数据的静态结构和动态行为的基础上，还具有良好的扩展性。多媒体数据及其处理的突出特征是复杂性和多样性，而面向对象技术的精髓在于封装性和可扩充性。

3．超文本数据模式

超文本指的是一种生成和表示离散数据分段（称为节点 Nodes）之间的关系链（Links）方法。当任何媒体形式的数据（如文本、图形、图像、声音、视像等）作为超文本的节点时，这种超文本又叫作超媒体（Super Media）。目前大多数人把超媒体看成超文本的扩充，因此两者统称为超文本。

13.4.4　多媒体元数据

1．多媒体元数据的概念

元数据是数据的数据。多媒体数据应该具有的三要素：数据源、元数据及关联方法。计算机能够处理的多媒体信息如图像、音频及视频是二进制数据且数据是非结构化的。元数据是多媒体数据库对媒体信息内容的解释，元数据能够由媒体对象自动或手动生成，并且包括两部分的内容：内部元数据对媒体内信息的处理的解释；媒体相互间的元数据对各媒体进行处理及它们之间相互关系信息的解释。多媒体元数据能够分为内容相关的元数据、内容无关的元数据、内容描述的元数据。

（1）内容相关的元数据。

根据媒体信息的内容生成。例如，从照片中提取某些特征（如从一座山的照片中提取山的高度、轮廓、颜色等）。

（2）内容无关的元数据。

该类型不是根据媒体信息对象的内容来生成的，但是与媒体内容相关。例如，创建音频的作者、摄影师的名字、摄影时间等元数据，与媒体信息内容没有直接的联系，不过这些元数据可以用于有关信息的介绍。

（3）内容描述的元数据。

与媒体信息对象的内容有关但不能根据内容自动或单独生成。该类元数据是通过用户的描述或用户感官描述媒体数据的特性。例如，人的面部表情高兴或悲伤，虽然也要根据图像内容生成，但更多的是根据用户的描述而生成的。

2．多媒体元数据生成

（1）文本元数据。

文本元数据包括通过键盘输入的字符串和通过扫描仪输入的图像。若是字符串，则描述的内容通常是作者提供的，最基本的元数据是数据的逻辑结构及风格的描述，作者提供的内容不充分的部分要使用自动或半自动的方法识别；如果是由扫描仪输入的图像，则需要更多的自动或半自动处理来生成元数据。

（2）声音元数据。

通过对语音识别、处理，以此获得语音数据的各种语义信息，它依赖于内容，这是最基本的语音单元。语音识别空间和时间方面的开销都非常大，通过自动或半自动方法生成语音元数据还存在一定的困难。

（3）图像元数据。

图像元数据和图像的类型及应用的领域相关。例如，人像的元数据主要包括人的社会属性和其他部分的特征等。

（4）影视元数据。

影视元数据可以分为帧一级的（如某一帧的灰度值或颜色）和帧系列级的。帧系列级还可以分为多级，即影视级、情节级，场景级，镜头级。每一级都可能有各自的元数据。

13.4.5　多媒体数据库查询

1．多媒体数据库的查询类型

根据谓词被指定的方式和查询谓词描述的内容可以把多媒体数据库查询分为以下几种类型。

（1）基于多媒体信息内容的查询。

该查询中媒体内容已经进行了相关的描述，所以可以对元数据和媒体信息进行直接访问来实现查询。

（2）依据实例查询。

实例查询就是查询与指定实例类似对象的过程，需要用户处理器指定要求匹配对象的特征。

（3）时间索引查询。

时间索引查询的主要任务是处理媒体对象的时间特性，可用节段树存储。查询处理器使用访问索引信息及相似方法来实现时间索引查询。

（4）空间查询。

空间查询处理媒体对象的空间特性，可作为媒体信息生成。

（5）应用程序指定查询。

应用程序指定查询可以把它作为元数据信息存储，查询处理器能够搜索到这些元数据信息并做出相应的反应。

2．查询过程的选择

多媒体数据的查询需要引用多媒体对象，它会选择多媒体数据库查询处理器，简单的图像数据查询过程如图 13.16 所示。如果图像元数据已经存在，那么首先被访问的将是索引文件。根据图像的选择，再通过元数据访问，查询信息将会直接提供给用户。

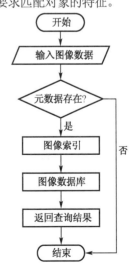

图 13.16　图像数据查询过程

如果多媒体数据查询超过一个时间段，那么查询的进程能够通过不同的方法处理。图 13.17 所示为多个媒体的查询进程可能存在的两种方式：文本和图像。假设文本和图像元数据都是有效的，查询就能够通过下述两种方式执行。

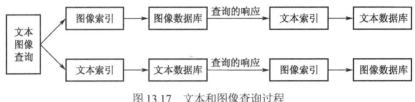

图 13.17　文本和图像查询过程

（1）首先访问和文本信息有关的索引文件并选择文档集，然后检测文档集，判断是否有查询指定的图像对象。

（2）首先访问和图像信息有关的索引文件并选择图像集，然后监测与图像相关的信息来判断图像是否是任何文档的一部分。

3．多媒体数据库查询语言

查询语言用于描述查询谓词，在多媒体数据库中，查询语言必须描述谓词的特性：空间谓词、时间谓词、举例查询的谓词、应用程序指定谓词。除此之外，查询语言必须描述不同媒体对象的特性，多媒体数据库应用程序中可以使用多种查询语言。SQL 及其延伸的各种版本可以用来表示多媒体数据库查询的特性。

（1）SQL/MM。

SQL/MM 是 ISO/IEC 针对"文本、时空、静态图片和数据挖掘"的国际标准。SQL/MM 查询语言为多媒体数据库提供了新的数据类型，接下来介绍 SQL/MM 定义的抽象数据类型。

SQL/MM 中定义的抽象数据类型可以自定义数据类型，它可以依据应用程序的需求来实现。而面向对象的系统，ADT 和这种模式相似。ADT 的定义包括行为上的和结构上的。行为上的是对数据进行的操作结构部分定义，结构上的则定义的是数据结构，并且每个 ADT 都有内部构造函数。构造函数一般用于初始化在结构部分定义的数据结构。每个 ADT 有一个内部的析构函数，当 ADT 被破坏时能够清除对象。

（2）PICQUERY+。

PICQUERY+查询语言主要使用在图示和字符数据库管理系统中。PICQUERY+查询语言为数据库提供了以下的查询操作。

进化谓词指定与对象不同阶段的限制条件，是 PICQUERY+一部分定义的查询。进化操作包括：FUSES INTO、EVOLUES INTO 和 SPLITS INTO。对于时间谓词，PICQUERY+指定下列操作：BEFORE、AFTER、IN、BETWEEN、MEETS、OVERLAPS、ADJACENT、EQUIVALENT、PRECEDES 和 FOLLOWS。对于和空间特性有关的查询包括以下操作：ICONTAINS、NTERSECTS、COLLINEAR、INFILTRATES、IS WITH、RIGHTOF、ABOVE、LEFTOF、INFRONT OF、BELOW、BEGIND。对于模糊查询，定义了 SIMILAR 操作。

13.4.6　多媒体数据库

1．多媒体数据库数据模型

数据模型是用于提供数据表示和操作手段的构架，由被称为数据模型三要素的数据结构、数据操作和完整性约束组成。

通用的多媒体数据模型如图 13.18 所示。

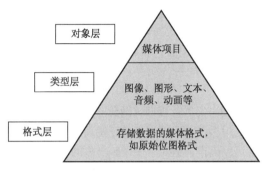

图 13.18 通用的多媒体数据模型

对象层：对象是空间时间相关的一个或多个多媒体项目。多媒体对象包括大量图像和有背景音乐的幻灯片。

类型层：多媒体信息的类型有图像、图形、文本、音频、动画等，这些类型是通过抽象媒体类生成的。

格式层：用于存储数据的媒体格式。媒体类型一般包括多种可能的格式。例如，一个图像可能是原始位图格式，也可能是其他格式。该层包括许多不同的压缩技术和标准。

根据多媒体对象的复杂性，数据模型可以分为五种类型，如表 13.3 所示。

表 13.3 数据模型分类

类 型	特 点	对应数据库	任 务
简单型	多媒体对象大部分是静态的，结构简单	简单型多媒体数据库	存储管理物理媒体数据，建立数据与文本说明等特性间的关系
复杂型	结构复杂，对象间存在多重关系，具有多样查询方式	复杂型多媒体数据库	描述物理和逻辑媒体数据，进行有效存取；对数据中的语义进行存取、描述和操作
智能型	具有特殊复杂对象，对数据的描述要求很高，应用要求也相当复杂	智能型多媒体数据库	存储和管理多种类型的媒体数据，能够理解多种媒体数据并从中获取知识
扩展的关系型	具有传统关系数据模型缺少的多媒体数据处理能力	扩展型关系数据库	通过二进制对象对多媒体对象进行有效存储和管理
面向对象	另一种表达多媒体数据库的方法，是许多多媒体数据管理的基础		

2．多媒体数据库面临的挑战

把多媒体数据引入传统的数据库，虽然可以通过传统的字符数值型数据对很多的信息进行处理，但其应用范围非常有限。要想达到设计出符合应用需求的多媒体数据库的目的，就需要应对数据库体系结构、数据模型到用户接口等问题的挑战。要将数据查询以多媒体的形式主动表示，扭转传统数据库中查询的被动性、交互性是多媒体的核心。

（1）媒体种类的增加。

每一种多媒体数据类型都具有最基本的操作、标准操作、功能、数据结构和存储方式等特性。其中，标准操作是通用的多媒体数据操作和新类型操作的集成。因为不同媒体数据类型对应不同的数据处理方法，所以多媒体数据库管理系统必须不断提高相应的处理方法来拓展新的媒体类型。

（2）数据库的组织和存储。

媒体数据具有数据量庞大、数据差异大的特点，这些特点会影响数据库的存储和处理方法。只有存储好多媒体数据，设计好相应的数据结构和数据模型，才可以保障磁盘的高利用率和数据的快速存取。

（3）数据库的查询问题。

多媒体数据库主要通过媒体的语义进行查询，因此非精确匹配和相似性查询占的比重很大。通过语义查询存在难点，例如，如何对多媒体语义信息的正确理解和处理，基于内容的语义对于不同的媒体是不确定的，虽然字符数值可以确定，但对于图像等类型的媒体却无法确定，并且不同的应用和使用者对媒体的理解也是不同的。

（4）用户接口的支持。

多媒体数据库需要接收、理解用户的描述，并且根据用户描述的想法进行协助，查询到所需要的内容，然后通过用户接口表示出来。

（5）信息的分布。

多媒体数据库系统要寻找相关信息，查询一些数据，要考虑如何从万维网的信息空间中寻找。

（6）处理长事务增多。

在多媒体数据库管理系统中尽量采取短事务处理。不过，在有些场合，必须增加处理长事务的能力。

（7）对服务质量的要求和版本的控制。

不同的应用对多媒体数据库的存储方式、表现及传输的质量有不同的要求，因此必须解决多版本的存储、标识、更新和查询，应该缩小各版本所占的存储空间，做好控制版本的访问权限工作。

13.4.7 多媒体数据库的检索

多媒体数据库检索的方式多种多样，例如，基于多媒体信息内容的查询、依据实例查询（QBE）、时间索引查询、空间查询、应用程序指定查询等。下面简单介绍这些查询方式。

（1）基于多媒体信息内容的查询。多媒体的信息内容已被其他媒体数据描述，这些数据是与媒体对象相关的数据。这些查询很容易实现，是通过对元数据和媒体对象的直接访问进行的。

（2）依据实例查询（QBE）。QBE 是通过查找一个对象，而这个对象和指定例子对象类似。查询处理器必须按用户要求匹配例子，把要求匹配对象的特征正确指定出来。如果要进行相似性匹配，则需要用户指定或系统分析特征，重点对颜色、纹理、空间特性进行分析。也可以对图像内的对象的形状全部或部分匹配出来。对于某些匹配来说，必须匹配可容错程度。

（3）时间索引查询。该查询主要针对时间特性。而这些时间特性可用节段树存储。查询处理器通过访问用这种储存方式查询信息，也可以通过其他相似方法处理时间索引查询。

（4）空间查询。该查询能够处理空间特性，只要和对象相关的都可以进行处理，空间特性能够当作媒体信息生成。

（5）应用程序指定查询。该查询可作为元数据信息存储，必须保证查询处理器能够访问这些数据信息并及时做出相应的反应。

13.5 NoSQL 数据库

小杨：NoSQL 是什么？

老肖：NoSQL 泛指非关系数据库，NoSQL 可以解释为 Not Only SQL。

小杨：为什么会出现 NoSQL 数据库？

老肖：关系数据库难以满足互联网的高并发读写操作、对海量数据的高效存储和访问、高扩展性和可用性的需求，因此出现了 NoSQL 数据库。

13.5.1 NoSQL 数据库概述

NoSQL 数据库是一种新型的非关系数据库。它的数据存储方式采用的是非关系型的，没有固定表结构，不存在连接操作。它的特点是模式自由、易于支持数据复制、简单的 API、最终的一致性和 BASE 原则（非 ACID 原则）等。NoSQL 数据库克服关系数据库的缺点，支持分布式存储，可扩展节点。NoSQL 数据库打破了关系数据库长久以来的统治地位，成为当下主流的数据库。

13.5.2 NoSQL 数据库的架构及数据组织方式

NoSQL 数据库由接口层、数据逻辑模型层、数据分布层、数据持久层组成，如表 13.4 所示。

表 13.4　NoSQL 数据库架构

接口层	REST	Thrift	MapReduce	GET/PUT	语言特定 API	SQL 子集
数据逻辑模型层	Key-Value	Column Family			Document	Graph
数据分布层	CAP 支持	支持多数据中心			动态部署	
数据持久层	基于内存	基于硬盘	基于内存和硬盘		定制可插拔	

接口层是指面向编程语言的接口，包含 REST、Thrift 技术，以及目前主流的大规模并行计算 MapReduce 和键值存储中基本的 GET/PUT 操作等。数据逻辑模型层是指数据库的逻辑模型，包括 Key-Value、Column Family、Document、Graph 等存储方式。数据分布层是指数据库的分布式架构，NoSQL 数据库支持多数据中心、动态部署及 CAP 支持。数据持久层是指数据的持久化存储，包括基于内存、基于硬盘、基于内存和硬盘，以及定制可插拔等。

NoSQL 数据库常用的数据组织方式有：基于 Key 值的数据组织方式，基于图结构的数据组织方式。

（1）基于 Key 值的数据组织方式。

① Key-Value 存储。采用 Key-Value 的形式存储数据是 NoSQL 数据库典型的存储方式。Key-Value 指的是键名与键值一一对应，通过键名访问键值的数据存储方式。例如，下面的一条学生信息记录。

```
Student A
{
Name: "Alice",
Sex: "female",
Age: 18,
Birth: {year:1999,month:9,day:10},
Email: "Alice@gmail.com"
}
```

② Key-结构化数据存储。这是基于 Key-Value 存储中的 Value 扩展的数据类型。例如，针对 list 执行 push/pop 操作的数据结构为 Redis。

③ Key-文档存储。Value 文档被转换成 JSON 的结构形式存储，主要有 CouchDB 和 MongoDB。

④ BigTable-列簇式存储。采用列式存储的方式将每一行的数据项存储到不同的列中。

（2）基于图结构的数据组织方式。

基于图结构的数据组织方式是 NoSQL 数据库技术下的有效存储实现方式。

13.5.3 NoSQL 数据库的特性

1. 模式自由

在传统的 RDBMS 领域中，进行数据库存储之前首先需要分析数据，然后构建数据模型。构建数据模型就是建立数据表，确定表里的各个字段，字段的数据类型及表之间、字段之间的关联。随着需求的改变，要求更改数据模型，但在生产环境中更改数据模型，即使是增加一个字段，或者更改一个字段的类型，都需要付出极大的代价。NoSQL 数据库的优势就在于使用数据库前无须为要存储的数据建立字段，随时可以存储自定义字段的数据格式，实现模式自由。

2. 水平扩展

传统的关系数据库采用向上扩展的方式提高性能，采用购买性能更好的服务器代替旧服务器，效果不明显，而且成本过高。NoSQL 数据库从水平扩展方面考虑，相对于程序是全透明的，可以随时增删节点。

3. 成本低

不像 RDBMS 被部署在价格高昂的高性能机器和专用硬件上，NoSQL 数据库使用价格低廉 PC 服务器集群来管理数据和事物规模。廉价服务器集群的优势在于有更多的数据节点，因此能提供更廉价、更可靠和更多备份的服务。

以上是 NoSQL 数据库的优点，当然，它也存在一些缺点。例如，它的成熟度低、缺乏强有力的技术支持等。

13.5.4 关系数据库和 NoSQL 数据库的区别

1. 设计理念

关系数据库和 NoSQL 数据库在设计理念方面的区别如表 13.5 所示。

表 13.5   关系数据库和 NoSQL 数据库在设计理念方面的区别

关系数据库	NoSQL 数据库
表都是存储一些格式化的数据结构	以键值对存储，它的结构不固定
每个元组字段的组成都一样	每个元组可以有不一样的字段
即使不是每个元组都需要所有的字段，但数据库会为每个元组分配所有的字段	每个元组可以根据需要增加一些自己的键值对
这样的结构可以便于实现表与表之间的连接等操作	不会局限于固定的结构，可以减少一些时间和空间的开销
分布式关系数据库中强调的 ACID 分别是原子性（Atomicity）、一致性（Consistency）、隔离性（Isolation）、持久性（Durability）	对于许多互联网应用来说，一致性（Consistency）要求可以降低，可用性（Availability）的要求更加明显，从而产生弱一致性的理论 BASE
ACID 的目的就是通过事务支持，保证数据的完整性和正确性	BASE（Basically、Available、Soft-state、Eventual consistency）

2．横向和纵向扩展能力

关系数据库通常部署在一台或多台服务器上。当关系数据库部署在一台服务器上时，升级服务可以通过增加处理器、内存和硬盘来完成。当关系数据库部署在多台服务器上时，一般通过依赖相互复制来保持数据同步。NoSQL 数据库可以部署在单服务器上，但通常部署成为云状分布。

3．数据的内存和硬盘使用

关系数据库通常在一个硬盘内或一个网络存储空间里驻留。SQL 查询或存储过程操作会把数据集提取到内存空间里。一些（并不是全部）NoSQL 数据库可以直接在硬盘上操作，也可以通过内存来加快速度。

13.5.5　几种常见的 NoSQL 数据库产品

NoSQL 数据库产品对比如表 13.6 所示。

表 13.6　NoSQL 数据库产品对比

产　品	协　议	查 询 方 法	数 据 复 制	开 发 语 言	逻辑数据模型	CAP 支持	数据持久性
BigTable	TCP/IP	MapReduce	同步/异步	C/C++	列存储	CA	内存+硬盘
SimpleDB	TCP/IP	String-based query language	异步	Erlang	文档存储	AP	内存+硬盘
HBase	HTTP/REST	MapReduce	异步	Java	列存储	CA	内存+硬盘
Cassandra	TCP/IP	MapReduce	异步	Java	列存储	AP	内存+硬盘
Hypertable	Thrift	HQL,native Thrift API	异步	Java	列存储	AP	内存+硬盘
MongoDB	TCP/IP	MapReduce	异步	C++	文档存储	CA	硬盘
CouchDB	HTTP/REST	MapReduce	异步	Erlang	文档存储	AP	硬盘

Web 2.0 技术在网络中的广泛应用推动 NoSQL 数据库的发展。目前市场上陆续出现了十多种主流的 NoSQL 数据库产品。例如，Redis、Tokyo Cabinet、Cassandra、HBase、Hypertable 等。每款类型的 NoSQL 数据库均各有特点。下面简单介绍常见的几款 NoSQL 数据库产品。

（1）Redis。

Redis 是属于面向高性能读写 NoSQL 数据库类别的产品。它的基本原理是数据库全部加载进内存中操作，定期通过异步操作将数据库中的数据 Flush 到硬盘上进行保存。Redis 具有纯内存操作，性能出色，支持 Python、Ruby、Erlang 和 PHP 多种客户端的优点。但是，Redis 的存储量受物理内存限制且不具备可扩展能力，只能依赖客户端实现分布式读写。

（2）MemCache。

MemCache 也是属于面向高性能读写 NoSQL 数据库类别的产品。它的基本原理是通过维护内存哈希表存储各种格式的数据，如图像、视频、文件和数据库检索结果等。MemCache 是 Key-Value 缓存服务技术领域的领头羊，减少了数据库的负载，提升了系统访问速度。其唯一的缺点是缺乏认证和安全管理机制。

（3）MongoDB。

MongoDB 是属于面向文档的 NoSQL 数据库类别的产品。MongoDB 是介于关系数据库和非关系数据库之间的产物，自带 GridFS 分布式文件系统，以支持大数据的存储。其数据结构松散，采用 BJSON 格式存储数据，支持复杂数据类型。查询语言功能强大且易于掌握，数据的访问效率比较高。其缺点是并发读写效率不太高。

（4）CouchDB。

CouchDB 也是属于面向文档的 NoSQL 数据库类别的产品。CouchDB 基于 Erlang/OTP 构建的高性能分布式容错非关系数据库系统，采用简单文档数据类型。它能在确保大数据存储的同时，还具有良好的查询性能。其缺点是没有内置水平扩展的解决方案，不过还是有外部的解决方案的。

（5）Cassandra。

Cassandra 是属于面向分布式计算的 NoSQL 数据库类别的产品。Cassandra 采用环形集群结构和 Dynamo 哈希一致性算法，按列存储，适用于结构化和半结构化数据的存储。Cassandra 满足高横向扩展性，支持动态列结构，数据库模式灵活使得增加或删除字段十分方便。在查询语言功能方面稍弱于 MongoDB。

（6）Voldemort。

Voldemort 也是属于面向分布式计算的 NoSQL 数据库类别的产品。Voldemort 的基本原理是基于 BerkleyDB 的持久化技术及哈希一致性算法策略。它的优点是在 CAP 中选择了 AP，对读取性能做了优化，并且适用于高并发应用场景。其缺点是未对写入性能做优化。

第 14 章　商业数据库管理系统及选型

开发数据库应用，选择一个好的数据库是非常重要的。近年来，NoSQL 数据库发展一直很快，甚至有些人说 NoSQL 数据库要代替关系数据库了，但是目前关系数据库管理系统因其技术比较成熟仍占据 80% 的市场活跃度，处于统治地位。同时，从开源数据库与商业数据库的发展趋势分析，虽然开源数据库都呈良好的发展前景，但还并没有完全打败商业数据库的势头，未来很长时间内它们之间还会是激烈竞争状态。目前，国内外的主导的商业关系数据库产品包括 Oracle、SQL Server、DB2、MySQL 和 Sybase 等。下面将对这些主流的商业关系数据库产品进行简要的介绍。

学习目标：

- 了解主流商业关系数据库产品 Oracle、SQL Server、DB2、MySQL、Sybase 等的一般结构和主要特点
- 了解数据库产品之间的性能及功能区别，指导数据库应用中的产品选型

14.1　Oracle 数据库

14.1.1　Oracle 数据库简介

小杨：在学习数据库的过程中，总是听您说 Oracle 数据库，那么它到底是一个什么样的数据库呢？

老肖：Oracle 数据库系统是美国甲骨文公司提供的以分布式数据库为核心的一组软件产品，是目前功能最为强大、可用性最高的商业数据库系统，其市场份额超过 40%，是不少行业管理企业数据的首选数据库。

小杨：哇，这么厉害。那么主要在哪些行业可以用到 Oracle 数据库呢？

老肖：除政府部门、电信、金融、保险、邮政、公安、能源电力、交通、教育等传统行业外，Oracle 数据库还可以应用在航空航天、节能环保、生物信息、高端装备制造、新能源新材料等新兴行业中。

小杨：原来 Oracle 数据库应用如此广泛，它的最新版本是多少呢？

老肖：最新版本是 2016 年 9 月发布的 Oracle 12c 第 2 版。

14.1.2　Oracle 发展简史

1979 年的夏季，Oracle 公司发布了可用于 DEC 公司的 PDP-11 计算机上的商用 Oracle 产品，这个产品整合了比较完整的 SQL 实现，其中包括子查询、连接及其他特性。出于市场策略，公司宣称这是该产品的第 2 版，而实际上是第 1 版。

1983 年 3 月，Oracle 第 3 版问世，这一版本的 Oracle 使用了 C 语言，从而使它具有了关键的特性——移植性。

1984 年 10 月，Oracle 公司发布了第 4 版产品。产品的稳定性在这一版本上得到了一定的增强，1985 年，Oracle 公司发布了 5.0 版。有用户说，这个版本才真正算得上是 Oracle 数据库的稳定版本。这也是首批可以在 Client/Server 模式下运行的 RDBMS 产品。

1988 年，Oracle 第 6 版发布。该版本引入了行级锁（Row Level Locking）这个重要的特性，也就是说，执行写入的事务处理只锁定受影响的行，而不是整张表。这个版本引入了还算不上完善的

PL/SQL（Procedural Language extension to SQL）语言。第 6 版还引入了联机热备份功能，使数据库能够在使用过程中创建联机的备份，这极大地增强了可用性。

1992 年 6 月，Oracle 第 7 版发布。该版本增加了许多新的性能特性：分布式事务处理功能、增强的管理功能、用于应用程序开发的新工具及安全性方法，该版本取得了巨大的成功。

1997 年 6 月，Oracle 第 8 版发布。Oracle 8 支持面向对象的开发及新的多媒体应用，这个版本也为支持 Internet、网络计算等奠定了基础。它从这一版本开始具有同时处理大量用户和海量数据的特性。

1998 年 9 月，Oracle 公司正式发布 Oracle 8i。"i" 代表 Internet，这一版本中添加了大量为支持 Internet 而设计的特性。同时这一版本为数据库用户提供了全方位的 Java 支持。

在 2001 年 6 月的 Oracle Open World 大会中，Oracle 发布了 Oracle 9i。在 Oracle 9i 的诸多新特性中，最重要的就是 Real Application Clusters（RAC）。早在第 5 版的时候，Oracle 就开始开发 Oracle 并行服务器（Oracle Parallel Server，OPS），并在以后的版本中逐渐完善了其功能。

2003 年 9 月 8 日，在旧金山举办的 Oracle World 大会上，甲骨文公司宣布下一代数据库产品为 "Oracle 10g"。Oracle 应用服务器 10g（Oracle Application Server 10g）也将作为甲骨文公司下一代应用基础架构软件集成套件。"g" 代表 "grid（网格）"。这一版本的最大的特性就是加入了网格计算的功能。

2007 年 11 月，Oracle 11g 正式发布，功能上大大加强。这一版本产品根据用户的需求实现了信息生命周期管理（Information Lifecycle Management）等多项功能创新。它大幅提高了系统性能的安全性，全新的 Data Guard 最大化了可用性，利用全新的高级数据压缩技术降低了数据存储的支出，明显缩短了应用程序测试环境部署及分析测试结果所花费的时间，增加了对 RFID Tag、DICOM 医学图像、3D 空间等重要数据类型的支持，加强了对 Binary XML 的支持和性能优化。

2013 年 6 月，Oracle 公司正式发布旗舰数据库 Oracle 12c。12c 中的 "c" 代表当今最热门的云计算 Cloud Computing，这与 11g 中 "g" 代表的网格计算有本质的区别。这一版本数据库产品引入了一个新的多承租方架构，使用该架构可轻松部署和管理数据库云。此外，此版本的一些创新特性可最大限度地提高资源使用率和灵活性，如 Oracle Multitenant 可快速整合多个数据库，而 Automatic Data Optimization 和 Heat Map 能以更高的密度压缩数据和对数据分层。这些技术进步再加上在可用性、安全性和大数据支持方面的主要增强，使得 Oracle 12c 成为私有云和公有云部署的理想平台。2016 年 9 月，Oracle 公司又在旧金山发布了 Oracle 12c R2，提出了全新的数据库即服务的概念，建立在独特的多租用架构和内存技术之上，通过更快的分析工作负载，为规模高达数亿 TB 的数据库提供极大的支持，使其更轻松地在云中迁移、获取，以及优化工作负载、开发和数据，全面兼容从入门级到最大的关键数据库工作负载，以应对未来爆炸性的数据增长。

14.1.3　Oracle 特点

Oracle 为企业信息系统在可用性、可伸缩性、安全性、集成性、可管理性、数据仓库、应用开发和内容管理等方面提供全方位的支持，其主要特点如下。

（1）Oracle 7.X 以来引入了共享 SQL 和多线索服务器体系结构。这减少了 Oracle 的资源占用，并增强了 Oracle 的能力，使之在低档软硬件平台上用较少的资源就可以支持更多的用户，而在高档平台上可以支持成百上千个用户。

（2）提供了基于角色（Role）分工的安全保密管理。在数据库管理功能、完整性检查、安全性、一致性方面都有良好的表现。

（3）支持大量多媒体数据，如二进制图形、声音、动画及多维数据结构等。

（4）提供了与第三代高级语言的接口软件 PRO*系列，能在 C、C++等主语言中嵌入 SQL 语句及过程化（PL/SQL）语句，对数据库中的数据进行操纵。加上它有许多优秀的前台开发工具如 Power Builder、SQL*FORMS、Visual BASIC 等，可以快速开发生成基于客户端 PC 平台的应用程序。

（5）提供了新的分布式数据库能力。可通过网络较方便地读写远端数据库里的数据，并有对称复制的技术。

（6）具有可移植性、可兼容性、可连接性。Oracle 可以在不同的操作系统上运行，不同的操作系统的 Oracle 应用软件可相互移植，移植时其代码的修改率低。从一种操作系统移植到其他操作系统，不需要修改或只修改少量的代码即可。

（7）具有动态可伸缩性。Oracle 引入了连接存储池和多路复用机制，提供了对大型对象的支持，当需要支持一些特殊数据类型时，用户可以创建软件插件来实现。

（8）具有可用性和易用性。Oracle 提供了灵活多样的数据分区功能，一个分区可以是一张大型表，也可以是索引易于管理的小块，可以根据数据的取值分区，有效地提高系统操作能力及数据可用性，减少 I/O 瓶颈。Oracle 还对并行处理进行了改进，在位图索引、查询、排序、连接和一般索引扫描等操作引入并行处理，提高了单个查询的并行度。

14.1.4　Oracle 12c 新特性

Oracle 12c 专为云而设计，让客户有机会充分利用内存中的技术进行实时分析，利用大数据源获得更好的洞察力，以及利用多租户技术来降低成本、提高敏捷性，而无须对现有应用程序进行更改。客户可以保留其内部开发的所有 Oracle 应用程序、所有 Oracle ISV 应用程序，让它们在 Oracle 云上运行，而无须进行任何应用程序更改。Oracle 12c 在云计算方面的新特性主要包含以下三个方面：从基于磁盘的数据库转到内存数据库，实现高性能的实时分析；从数据仓库转到大数据，提供对事务和其他数据源的富于洞察力的分析；从内部部署转到数据库优化的云，提高敏捷性和弹性，降低 IT 成本。

1. 从基于磁盘的数据库转到内存数据库

Oracle 12c 引入了 Oracle Database In-Memory 技术。Oracle Database In-Memory 采用独特的双格式架构，这种架构同时以传统的行格式和纯内存中列格式来表示表数据。对列存储的访问通过专用的软硬件例程来进行，这些例程可提高内存驻留数据的性能。

（1）分布式实时分析。

Oracle Database In-Memory 提供类似于每列建立索引所实现的性能，但没有索引开销，从而能够提供实时分析。因此，以往要花数小时或更长时间的分析现在几秒钟就可以完成。由于不再需要辅助分析索引即能获得良好的分析查询性能，因此实际上客户可以消除 OLTP 数据库上的这类索引。

（2）内存优化的性能。

Oracle Database In-Memory 针对内存中扫描、连接和聚合的先进算法，被广泛证实在客户的 OLTP、数据仓库和混合负载环境中实现了几个数量级的性能提升。除了实时分析外，Oracle Database In-Memory 的其他典型用例包括混合事务分析处理（分析是业务事务的组成部分）及数据仓库查询和报告系统。

（3）易于实施。

Oracle Database In-Memory 无须将整个数据库放到主内存，它只需要设置内存中列存储的大小，并标识对性能敏感的表或分区。Oracle 12c 中新的数据填充策略通过热图技术来跟踪内存中的使用情况，并且可以应用策略来压缩不常用的数据并将其从列存储中移出。

2．从数据仓库转到大数据

正如 OLTP 应用程序对处理业务事务至关重要一样，数据仓储应用程序对衡量业务绩效至关重要。事务数据分析方面的数据仓库实践已变得非常完善，但是，新的数据源（如 Web 日志、社交媒体和物联网数据）带来了很好的前景，即可以更深入地洞察业务绩效和机会。

（1）Oracle 大数据平台。

Oracle 开发了一个大数据平台，它提供对 Oracle 12c、Hadoop 和 NoSQL 中存储的数据的集成访问。Oracle 大数据平台既可以在通用系统上运行，也可以在集成系统上运行，既可以在内部部署，也可以在 Oracle 云中部署，并且用户可以使用熟悉的 SQL 接口及熟悉的开发和分析工具来访问它。它有效地避免了在不同的数据存储之间移动大量数据的需要，并且让客户可以轻松使用不同的语言（如 SQL、REST、R），对存储在不同存储库（如 Oracle 12c、Hadoop、NoSQL）中的不同类型的数据（如关系数据、XML、JSON）执行不同类型的分析（如机器学习、Graph、Spark）。

（2）对关系数据库、Hadoop 和 NoSQL 的快速 SQL 访问。

Oracle Big Data SQL 是 Oracle 大数据平台的数据虚拟化组件，它使客户能够凭借现有的 SQL 工具、资源和技能，使用 Oracle SQL 跨 Hadoop、NoSQL 和 Oracle 12c 查询和分析数据。

（3）超越关系数据。

Oracle 12c 引入了对 JSON 数据的支持，从而进一步扩大了对非关系数据（如 XML、文本、空间和图形）的广泛支持。

（4）全面的数据科学功能。

Oracle 12c 为开发人员和数据科学家提供各种可选的数据库中的分析工具以进行更深入的业务分析。例如，机器学习，提供高度可伸缩的 R 处理及扩展和增强 SparkML 的数据库中的 Spark 算法；属性图形，提供 40 多种内存中的并行算法，通过简单的标准接口让 Oracle 云中的 12c 版可以用作图形数据库；空间，提供 50 多个函数用于高度可伸缩的矢量和栅格处理，以便将空间数据与分析应用程序及其他应用程序无缝集成；多媒体，提供高度可伸缩的开放架构，用于面部识别、OCR 和车牌识别应用程序中常用的图像和视频处理。

（5）大数据云服务。

Oracle 12c 为客户提供了一个针对 Hadoop、Spark 和 NoSQL 的全面的高性能服务，并且包括 Cloudera Enterprise 数据中心、R 和属性图形分析，以及数据集成工具。客户可以从小至 3 个节点的集群开始，按需轻松扩展到 100 个节点。

3．从内部部署转到数据库优化的云

Oracle 12c 专为云而设计，使客户能够降低 IT 成本，可以更加敏捷地供应数据库服务，并且能够灵活地按需纵向扩展、横向扩展和纵向缩减 IT 资源。

（1）用于数据管理的集成系统。

Oracle Exadata 是一个由服务器、存储、网络和软件组成的预配置套件，它具有智能的存储服务器软件创新，包括智能扫描、智能闪存缓存和混合列压缩，从而可以提供出色的数据库性能和更高的数据库整合密度。

（2）降低成本。

Oracle 12c 重新进行了专门的架构设计，以帮助客户更轻松地利用云。借助 Oracle 12c 的多租户架构，许多客户无须更改任何应用程序代码就可将多个可插拔数据库（PDB）整合到单个多租户容器数据库（CDB）。管理员可以备份和恢复、修补和升级许多 PDB，全部像在单个 CDB 上操作一样。因此，

客户将许多 PDB 整合到了单个 CDB 并可将许多数据库作为单个数据库进行有效管理，从而降低了资本和运营支出。

（3）敏捷性。

Oracle 12c 帮助客户从管理多个单租户数据库转变为管理更少的多租户容器数据库，从而提供更好的敏捷性。Oracle Multitenant 在内部部署、Oracle 云和混合云环境中为客户提供了快速 PDB 供应、复制和移动，通过 PDB 热复制实现 PDB 的快速实例化，而无须使客户脱机，通过 PDB 刷新使复制的 PDB 能够定期更新近期的数据，通过 PDB 重定位能以接近于零的停机时间在 CDB 之间转移 PDB。Oracle Multitenant 具有独特的能力，可以简化和加快以开发、测试和部署为目的而复制数据库、同步数据库和移动数据库的过程，不会影响其他正在进行的数据库负载和活动。

（4）弹性伸缩。

Oracle 12c 中的 RAC 针对多租户数据库进行了优化，并且能够扩展到数百个 RAC 节点，从而为客户提供了更好的可靠性和可伸缩性。此版本中还有一个新功能是原生的数据库分片（Sharding），可为 OLTP 应用程序提供高度的可伸缩性和可靠性。

14.1.5　Oracle 12c 版本介绍

Oracle 12c 提供了多个量身定制的版本，支持从单台小型服务器扩展为单台大型服务器和服务器集群。此外，还有多个 Oracle 12c 企业版专用选件，以满足特定的业务和 IT 需求。Oracle 12c 主要版本如下。

（1）Oracle 12c 标准版 1（SE1），在最多有 2 个插槽的单一服务器上为工作组、部门和 Web 应用程序提供易用性、能力和性价比都很高的服务。

（2）Oracle 12c 标准版（SE），可在最多有 4 个插槽的单一或集群服务器上使用。该版本包含 Oracle Real Application Clusters，这是它的一个标准特性，无须任何额外成本。

（3）Oracle 12c 企业版（EE），可在无插槽限制的单一和集群服务器上使用。它为任务关键型事务应用程序、查询密集型数据仓库及混合负载提供高效、可靠且安全的数据管理。

Oracle 12c 的所有版本均使用同一个代码库构建而成，彼此之间完全兼容。Oracle 12c 可用于多种操作系统中，并且包含一组通用的应用程序开发工具和编程接口。客户可以从标准版 1 开始使用，而后随着业务的发展或根据需求的变化，轻松升级到标准版或企业版。升级过程非常简单；无须更改应用程序，便可获得 Oracle 的性能、可伸缩性、可靠性、安全性和可管理性。

14.1.6　Oracle 体系结构

Oracle 是非常复杂的软件系统。Oracle 体系架构是指 Oracle 数据库管理系统的组成部分和这些组成部分之间的相互关系，包括物理结构、逻辑结构与内存结构等。Oracle 体系结构如图 14.1 所示。

1．物理结构

Oracle 数据库在物理上是存储在硬盘中的各种文件。它是活动的，可扩充的，随着数据的添加和应用程序的增大而变化。它主要由控制文件、数据文件、重做日志文件、参数文件、归档文件、密码文件组成。

控制文件：包含维护和验证数据库完整性的必要信息，例如，控制文件用于识别数据文件和重做日志文件，一个数据库至少需要一个控制文件。

数据文件：存储数据的文件。

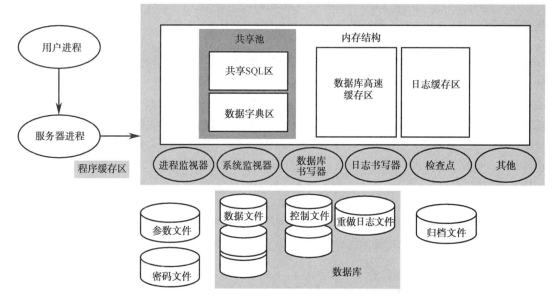

图 14.1　Oracle 体系结构

重做日志文件：包含对数据库所做的更改记录，出现故障可以启用数据恢复。一个数据库至少需要两个重做日志文件。

参数文件：定义 Oracle 例程的特性，如它包含调整 SGA 中一些内存结构大小的参数。

归档文件：重做日志文件的脱机副本，这些副本可能对于从介质失败中进行恢复很有必要。

密码文件：认证哪些用户有权限启动和关闭 Oracle 例程。

2. 逻辑结构：主要由表、段、区、块等组成

表，数据库的基本逻辑结构，是一系列数据文件的集合。

段，不同类型数据在数据库中占用的空间，由许多区组合而成。

区，目的是为数据一次性预留一个较大的空间。

块，最小的存储单位，在创建数据库时指定。

3. 内存结构（SGA）

SGA：用于存储数据库信息的内存区，该信息为数据库进程所共享。它包含 Oracle 服务器的数据和控制信息，它在 Oracle 服务器所驻留的计算机的实际内存中得以分配，如果实际内存不够再写入虚拟内存中。SGA 中内存根据存放信息的不同，可以分为如下几个区域。

（1）数据库高速缓存区：内存区中用来频繁访问的缓存池。存放数据库中数据库块的复本。它是由一组缓冲块组成的，这些缓冲块为所有与该实例相连接的用户进程所共享。缓冲块的数目由初始化参数 DB_BLOCK_BUFFERS 确定，缓冲块的大小由初始化参数 DB_BLOCK_SIZE 确定。大的数据块可提高查询速度。它由 DBWR 操作。

（2）共享池：包含用来处理的 SQL 语句信息。它包含共享 SQL 区和数据字典区。共享 SQL 区包含执行特定的 SQL 语句所用的信息。数据字典区用于存放数据字典，它为所有用户进程所共享。

（3）日志缓存区：日志缓冲区 Redo Log Buffer 用来存放数据操作的更改信息。它们以日志项（Redo Entry）的形式存放在日志缓冲区中。当需要进行数据库恢复时，日志项用于重构或回滚对数据库所做的变更。日志缓冲区的大小由初始化参数 LOG_BUFFER 确定。大的日志缓冲区可减少日志文件 I/O

的次数。后台进程 LGWR 将日志缓冲区中的信息写入磁盘的日志文件中，可启动 ARCH 后台进程进行日志信息归档。

（4）其他信息区：除上述几个信息区外，还包括一些进程之间的通信信息（如封锁信息）；在多线索服务器配置下，还有一些程序全局区的信息，请求队列和响应队列等。

14.1.7　Oracle Developer Suite

Oracle 为快速将事务处理和商务智能特性结合在一起的商务应用程序和服务提供一个全面、集成化、开放式的开发环境，以支持任何开发方法、技术平台和操作系统。Oracle Developer Suite 就是这样一套完整的集成开发工具，它在一个基于最新的行业标准的套件中整合了应用程序开发和业务智能工具的强大功能，让开发人员能够迅速构建高质量的事务性应用程序。这些应用程序可以部署到多个渠道中，包括门户、Web 服务和无线设备，并且可以通过业务智能功能（包括即席查询和分析、高质量 Web 报表和高级分析）进行扩展。Oracle Developer Suite 主要包括以下几个工具。

1. Oracle JDeveloper

Oracle JDeveloper 是一个 Java 集成式开发环境，用于快速提供高质量的 J2EE 应用程序和 Web Services。Oracle JDeveloper 涉及完整的 J2EE 应用程序和 Web Services 开发生命周期，并且提供 Java 商务组件（BC4J）——一个内置的 J2EE 框架用于实施 J2EE 设计样式来简化 J2EE 部署。

2. Oracle Forms

Oracle Forms 是一个高效、集成的快速应用程序开发工具，适用于 PL/SQL 开发人员。它使得开发人员毫不费力就能够迅速构建交互的表单、图表和商务逻辑——这些应用程序部署到 Oracle Application Server 中。自动生成的可扩展的 Java 客户端提供多种增强 Web 应用程序的方法（包括翻滚按钮、Web 链接类型和桌面集成）来访问本地文件系统。

3. Oracle Designer

Oracle Designer 提供一个直观的、面向任务的环境来建模和生成服务器定义文件和基于 Web 的应用程序。这类应用程序利用了 Java 和 HTML 用户界面的强大功能和可移植性。扩展的信息库深度及新的集成的建模和生成工具，可以自动构建生成企业应用程序所需的全部功能。

4. Oracle Software Configuration Manager

Oracle Software Configuration Manager 是一个全面的软件配置管理（SCM）系统，与 Oracle Developer Suite 中包括的工具集成。它支持与软件开发生命周期相关的所有类型的文件和对象，并且通过版本管理、分支、相关性管理和影响分析，支持任何规模和分布形式的开发小组。

5. Oracle Reports

Oracle Reports 为事务开发人员提供一个强大的开发环境，来构建和发布高质量的、动态生成的 Web 报表。报表可以通过标准的 Web 浏览器，采用任何选定的形式，包括 HTML、HTMLCSS、PDF、界定的文本、RTF、PostScript、PCL 或 XML。

6. Oracle Discoverer

Oracle Discoverer 是一个直观、开放、即时查询、报表、分析和 Web 发布的工具，它使得公司内的各级商务用户都能够即时访问关系数据仓库、数据中心或在线商务处理系统的信息。

7. Oracle Business Intelligence Beans

Oracle Business Intelligence Beans（BI Beans 是商务智能组件）是一组基于标准的 JavaBean，它使得 Java 开发人员能够使用预构建的、系统外的可重用组件，在 J2EE 和 Web Services 应用程序中开发商务智能功能。此外，Oracle 还提供了支持 Microsoft.NET 的系列工具，以方便使用 Oracle 数据库系统开发产品。

14.2 SQL Server 数据库

14.2.1 SQL Server 数据库简介

小杨：学了将近一学期的数据库课程了，我们书中的例子基本上都是基于 SQL Server 数据库的，那么 SQL Server 数据库和 Oracle 数据库有什么区别呢？

老肖：SQL Server 为另一种数据库管理系统，是由微软公司开发和推广的。

小杨：SQL Server 的主要特点是什么呢？

老肖：SQL Server 是一个全面的、集成的、端到端的数据解决方案，它为企业中的用户提供了一个安全、可靠和高效的平台，用于企业数据管理和商业智能应用。与此同时，SQL Server 为 IT 专家和信息工作者带来了强大的、熟悉的工具，同时减少了在从移动设备到企业数据系统的多平台上创建、部署、管理及使用企业数据和分析应用程序的复杂度。通过全面的功能集、和现有系统的集成性及对日常任务的自动化管理能力，SQL Server 为不同规模的企业提供了一个完整的数据解决方案。

小杨：明白啦。SQL Server 现在最新的版本是什么呢？

老肖：2015 年发布的 SQL Server 2016 是最新的版本。

14.2.2 SQL Server 版本介绍

1946 年，世界上第一台计算机 ENIAC 的诞生标志着人类进入了计算机时代。

1970 年，美国 IBM 公司（主要产品为 DB2）的 E.F.Codd 在其发表的著名论文 *A Relational Model of Data for Large Shared Data Banks* 中首先提出了关系数据模型。后来他又提出了关系代数和关系演算的概念、函数依赖的概念、关系的三范式，为关系数据库系统奠定了理论基础。接着各大数据库厂商都推出了支持关系模型的数据库管理系统，标志着关系数据库系统新时代的来临。

1989 年，Sybase 和 Ashton-Tate 公司（其 dBase 软件成为当时数据库市场的霸主，1991 年被 Borland 并购）合作开发了数据库产品 SQL Server 1.0。

而微软公司为了能在关系数据库市场和甲骨文公司（主要产品 Oracle）及 IBM 公司相抗衡，1992 年，微软公司与 Sybase 公司进行 5 年的合作，共同研发数据库产品，并在之后推出了应用于 Windows NT 3.1 平台上的 Microsoft SQL Server 4.21 版本，这标志着 Microsoft SQL Server 的诞生。

1998 年 SQL Server 7.0 的推出才使 SQL Server 走向了企业级应用的道路。

2000 年发布的 SQL Server 2000 更是一款优秀的数据库产品，凭借其优秀的数据处理能力和简单易用的操作使得 SQL Server 跻身世界三大数据库之列（另外两个是 Oracle 和 IBM DB2）。

2005 年，微软公司推出了 SQL Server 2005，它是一个全面的数据库平台，使用集成的商业智能（BI）工具提供了企业级的数据管理。SQL Server 2005 数据库引擎为关系型数据和结构化数据提供了更安全可靠的存储功能，使用户可以构建和管理用于业务的高可用和高性能的数据应用程序。SQL Server 2005 不仅可以有效地执行大规模联机事务处理，而且可以完成数据仓库和电子商务应用等许多具有挑战性的工作。

2008 年推出的 SQL Server 2008 是一个重要的产品版本，它推出了许多新的特性和关键的改进功能，使得它成为至今为止最强大和最全面的 SQL Server 版本。微软公司的这个数据平台满足数据"爆炸"和下一代数据驱动应用程序的需求，支持数据平台愿景：关键任务企业数据平台、动态开发、关系数据和商业智能。

2012 年，Microsoft SQL Server 2012 是微软公司发布的新一代数据平台产品，它全面支持云技术与平台，并且能够快速构建相应的解决方案实现私有云与公有云之间数据的扩展与应用的迁移。同时，它除保留 SQL Server 2008 的风格外，还在管理、安全，以及多维数据分析、报表分析等方面有了进一步的提升。

2015 年，微软公司发布了 SQL Server 2016，其所带的新功能（数据分析领域与时俱进，集成扩展了当今在高级数据分析领域最为流行的程序语言——R），在销售预测、反欺诈和预见性维护等方面，无论对于使用 T-SQL 与 SQL Server 数据进行交互的数据科学家，还是进行数据管理和分析的 DBA，或者是 Developer 来讲，都提供了更大范围和更加灵活的探索、预测和可视化数据的方法，并且还可以将分析库扩展到微软公司的 Azure 市场。

14.2.3　SQL Server 特点

1. 可信任的

SQL Server 为关键任务应用程序提供了强大的安全特性、可靠性和可扩展性，使得公司可以以很高的安全性、可靠性和可扩展性来运行其关键任务的应用程序。

（1）安全性表现为保护用户的信息。在过去 SQL Server 的基础上，SQL Server 做了以下几个方面的增强来扩展它的安全性。

① 简单的数据加密。

SQL Server 可以对整个数据库、数据文件和日志文件进行加密，而不需要改动应用程序。简单的数据加密的好处包括使用任何范围或模糊查询搜索加密的数据、加强数据安全性以防止未授权的用户访问，以及数据加密。

② 外键管理。

SQL Server 通过支持第三方密钥管理和硬件安全模块为这个需求提供了很好的支持。

③ 增强了审查。

SQL Server 让用户可以审查数据的操作，可以提高遵从性和安全性。审查不只包括对数据修改的所有信息，还包括关于什么时候对数据进行读取的信息。还可以定义每一个数据库的审查规范，因此，审查配置可以为每一个数据库进行单独的制定。为指定对象进行审查配置使审查的执行性能更好，配置的灵活性也更高。

（2）可靠性表现为确保业务可持续性。主要体现在改进了数据库镜像：SQL Server 2008 提供了更可靠的加强了数据库镜像的平台。新的特性包括页面自动修复，以及提高了性能、加强了可支持性。

（3）可扩展性表现在最佳的和可预测的系统性能。

① 性能数据的采集。

SQL Server 推出了范围更大的数据采集，用于存储性能数据新的集中的数据库，以及新的报表和监控工具。

② 扩展事件。

SQL Server 扩展事件是一个用于服务器系统的一般的事件处理系统。扩展事件基础设施是一个轻量级的机制，它支持对服务器运行过程中产生的事件捕获、过滤和响应。这个对事件进行响应的能力，使用户可以通过增加前后文关联数据，以此来快速地诊断运行时出现的问题。事件捕获可以按几种不同的类型输出，包括 Windows 事件跟踪，当扩展事件输出到 ETW 时，操作系统和应用程序就可以关联了，这样即可做更全面的系统跟踪。

③ 备份压缩。

保持在线进行基于磁盘的备份是很昂贵且很耗时的。有了 SQL Server 2008 备份压缩，需要的磁盘 I/O 减少了，在线备份所需要的存储空间也减少了，而且备份的速度明显加快了。

④ 数据压缩。

改进的数据压缩使数据可以更有效地存储，并且降低了数据的存储要求。数据压缩还为大型的限制 I/O 的工作负载（如数据仓库）提供了显著的性能改进。

2. 高效的

（1）加速开发过程。

SQL Server 提供了集成的开发环境和更高级的数据提取，使开发人员可以创建下一代数据应用程序，同时简化了对数据的访问。通过对语言级设计来实现。同时，Transact_SQL 也进行了改进。例如，SQL Server 推出了新的日期和时间数据类型：DATE（一个只包含日期的类型，只使用 3 个字节来存储一个日期）、TIME（一个只包含时间的类型，使用 3～5 个字节来存储精确到 100ns 的时间）、DATETIMEOFFSET（一个可辨别时区的日期/时间类型）、DATETIME2 （一个具有比现有的 DATETIME 类型更精确的日期/时间类型）。

（2）偶尔连接系统。

有了移动设备和活动式工作人员，偶尔连接成为一种工作方式。SQL Server 推出了一个统一的同步平台，使得在应用程序、数据存储和数据类型之间达到一致性同步。在与 Visual Studio 的合作下，SQL Server 使得可以通过 ADO.NET 中提供的新的同步服务和 Visual Studio 中的脱机设计器快速地创建偶尔连接系统。SQL Server 提供了支持，使得可以改变跟踪和使客户可以以最小的执行消耗进行功能强大的执行，以此来开发基于缓存的、同步的和通知的应用程序。

（3）不只是关系数据。

应用程序正在结合使用越来越多的数据类型，而不仅是过去数据库所支持的那些类型。SQL Server 基于过去对非关系数据的强大支持，提供了新的数据类型，使得开发人员和管理员可以有效地存储和管理非结构化数据，如文档和图片，还增加了对管理高级地理数据的支持。除了新的数据类型，SQL Server 还提供了一系列对不同数据类型的服务，同时为数据平台提供了可靠性、安全性和易管理性。

3. 智能的

SQL Server 提供了一个全面的平台，用于为用户提供智能化。

（1）集成任何数据。

SQL Server 提供了一个全面的和可扩展的数据仓库平台，它可以用一个单独的分析存储进行强大的分析，以满足成千上万的用户在几兆字节的数据中的需求。SQL Server 在数据仓库方面的一些优点为：数据压缩、备份压缩、分区表并行、星型连接查询优化器、资源监控器、分组设置、捕获变更数据。为了使开发人员可以更有效地处理数据仓库的场景，SQL Server 提供了 MERGE 语句。为了实现可扩展的数据仓库平台，SQL Server 提供了可扩展的集成服务，集成服务的可扩展性方面的两个关键优势是：管道改进、SSIS 持久查找。

（2）可以自动发送相应的报表。

SQL Server 使得公司可以有效地以用户想要的格式及其地址发送相应的、个人的报表给成千上万的用户。通过提供交互发送用户需要的企业报表，获得报表服务的用户数目大大增加了。这使得用户可以获得对他们各自领域洞察的相关信息的及时访问，使得他们可以做出更好、更快、更符合实际的决策。SQL Server 使得所有的用户可以通过下面的报表改进功能来制作、管理和使用报表：企业报表引擎、新的报表设计器、强大的可视化、Microsoft Office 渲染（使得用户可以从 Word 里直接访问报表）、Microsoft SharePoint Services 深度集成（使得用户可以访问包含了与他们直接在商业门户中所做出决策相关的结构化和非结构化信息的报表）。

（3）使用户获得全面的洞察力。

为所有用户提供了更快的查询速度。这个性能的提升使得公司可以执行具有许多维度和聚合的非常复杂的分析。其中，SQL Server 分析服务具有下面的分析优势：设计为可扩展的、块计算、回写到 MOLAP、资源监控器、预测分析。

14.2.4　SQL Server 2016 新特性

自微软公司在 2015 年 5 月第一周召开的"微软 Ignite 大会"上宣布推出 SQL Server 2016 后，有关 SQL Server 2016 的话题就备受关注和热议，以下为最值得关注的十大新特性。

1. 全程加密技术（Always Encrypted）

全程加密技术支持在 SQL Server 中保持数据加密，只有调用 SQL Server 的应用才能访问加密数据。该功能支持客户端应用所有者控制保密数据，指定哪些人有权限访问。SQL Server 2016 通过验证加密密钥实现了对客户端应用的控制。该加密密钥永远不会传递给 SQL Server。使用该功能，可以避免数据库或操作系统管理员接触客户应用程序敏感数据（包括静态数据和动态数据）。该功能现在支持敏感数据存储在云端管理数据库中，并且永远保持加密。

2. 动态数据屏蔽（Dynamic Data Masking）

如果对保护数据感兴趣，希望一部分人可以看到加密数据，而其他人只能看到加密数据混淆后的乱码，那么一定会对动态数据屏蔽感兴趣。利用动态数据屏蔽功能，可以将 SQL Server 数据库表中待加密数据列混淆，未授权用户看不到这部分数据。利用动态数据屏蔽功能，还可以定义数据的混淆方式。例如，如果在表中接收存储信用卡的卡号，但我们希望只看到卡号的后四位，那么使用动态数据屏蔽功能定义屏蔽规则就可以使未授权用户只能看到信用卡号的后四位，而有权限的用户可以看到完整的信用卡信息。

3. JSON 支持

JSON 就是 Java Script Object Notation（轻量级数据交换格式）。在 SQL Server 2016 中，现在就可以在应用和 SQL Server 数据库引擎之间用 JSON 格式交互。微软公司在 SQL Server 中增加了对 JSON 的支持，可以解析 JSON 格式数据然后以关系格式存储。此外，利用对 JSON 的支持，还可以把关系型数据转换成 JSON 格式数据。微软公司还提供了一些函数对存储在 SQL Server 中的 JSON 数据执行查询。SQL Server 有了这些内置增强支持 JSON 操作的函数，应用程序使用 JSON 数据与 SQL Server 交互就更容易了。

4. 多 TempDB 数据库文件

如果运行的是多核计算机，那么运行多个 TempDB 数据文件就是最佳的实践做法。以前直到 SQL Server 2014 版本，我们安装 SQL Server 之后总是不得不手工添加 TempDB 数据文件。在 SQL Server 2016 中，我们可以在安装 SQL Server 时直接配置需要的 TempDB 文件数量。这样就不再需要安装完成之后再手工添加 TempDB 文件了。

5. PolyBase

PolyBase 支持查询分布式数据集。有了 PolyBase，就可以使用 Transact_SQL 语句查询 Hadoop 或 SQL Azure blob 存储了。现在可以使用 PolyBase 写临时查询，实现 SQL Server 关系型数据与 Hadoop 或 SQL Azure blob 存储中的半结构化数据之间的关联查询。此外，还可以利用 SQL Server 的动态列存储索引针对半结构化数据来优化查询。如果组织跨多个分布式位置传递数据，则 PolyBase 就成为利用 SQL Server 技术访问这些位置的半结构化数据的便捷解决方案了。

6. Query Store

在 SQL Server 2016 之前的版本中，我们可以使用动态管理试图（DMV）来查看现有的执行计划。但是，DMV 只支持查看计划缓存中当前活跃的计划。如果出了计划缓存，就看不到计划的历史情况了。有了 Query Store 功能，SQL 现在可以保存历史执行计划。不仅如此，该功能还可以保存那些历史计划的查询统计。这是一个很好的补充功能，我们可以利用该功能随着时间的推移跟踪执行计划的性能。

7. 行级安全（Row Level Security）

SQL 数据库引擎具备了行级安全特性以后，即可根据 SQL Server 登录权限限制对行数据的访问。限制行是通过内联表值函数过滤谓词定义实现的。安全策略将确保过滤器谓词获取每次 SELECT 或 DELETE 操作的执行。在数据库层面实现行级安全意味着应用程序开发人员不再需要维护代码限制某些登录，或者允许某些登录访问所有数据。有了这个功能，用户在查询包含行级安全设置的表时，甚至不知道他们查询的数据是已经过滤后的部分数据。

8. SQL Server 支持 R 语言

微软公司收购 Revolution Analytics 公司后，就可以在 SQL Server 上针对大数据使用 R 语言做高级分析功能了。SQL Server 支持 R 语言处理以后，数据科学家们可以直接利用现有的 R 代码在 SQL Server 数据库引擎上运行。这样我们就不用为了执行 R 语言处理数据而把 SQL Server 数据导出来处理了。该功能把 R 语言处理带给了数据。

（注：Revolution Analytics 公司是耶鲁大学的派生公司，成立于 2007 年，是一家基于开源项目 R 语言做计算机软件和服务的供应商。）

9. Stretch Database

Stretch Database 功能提供了把内部部署数据库扩展到 Azure SQL 数据库的途径。有了 Stretch Database 功能，访问频率最高的数据会存储在内部数据库，而访问频率较低的数据会离线存储在 Azure SQL 数据库中。当我们设置数据库为 Stretch 时，那些过时的数据就会在后台迁移到 Azure SQL 数据库。如果我们需要运行查询的同时访问活跃数据和 Stretched 数据库中的历史信息，则数据库引擎会将内部数据库和 Azure SQL 数据库无缝对接，查询会返回我们想要的结果，就像在同一个数据源一样。该功能使得 DBA 工作更容易了，我们可以归档历史信息转到更廉价的存储介质，无须修改当前实际应用代码。这样即可把常用的内部数据库查询保持最佳的性能状态。

10. 历史表（Temporal Table）

历史表会在基表中保存数据的旧版本信息。有了历史表功能，SQL Server 会在每次基表有行更新时自动管理迁移旧的数据版本到历史表中。历史表在物理上是与基表独立的另一张表，但与基表是有关联关系的。

创建数据库就是为数据库确定名称、大小、存放位置、文件名和所在文件组的过程。在一个 SQL Server 2008 实例中，最多可以创建 32 767 个数据库，数据库的名称必须满足系统的标识符规则。在命名数据库时，一定要使数据库名称简短并有一定的含义。

在 SQL Server 2008 中创建数据库的方法主要有两种：一种是在 SQL Server Management Studio 窗口中使用现有命令和功能，通过方便的图形化向导创建；另一种是通过编写 Transact_SQL 语句创建。

14.2.5　SQL Server 版本介绍

SQL Server Enterprise Edition：具有企业级功能的 SQL Server 版本，适用于大型企业及大型资料库或资料仓储的服务器版本。

SQL Server Standard Edition：具有标准功能的 SQL Server 版本，适用于一般企业的服务器版本。

SQL Server Workgroup Edition：自 SQL Server 2000 开始才有的版本，专为工作群组或部门所设计，适用于较小规模的组织。

SQL Server Web Edition：自 SQL Server 2008 开始才有的版本，专为 Web 服务器与 Web Hosting 所设计，功能上比 SQL Server Workgroup Edition 少一些。

SQL Server Express Edition：免费的 SQL Server 版本，适用于小型应用程序或单机型应用程序，但在功能上有限制，如只能使用一颗处理器，以及最大资料库大小为 4GB 等。

14.2.6　SQL Server 体系结构

在 SQL Server 中，用于数据存储的实用工具是数据库。而数据库从大的方面分，包括系统数据库和示例数据库。每个 SQL Server 数据库（无论是系统数据库还是示例数据库）在物理上都由至少一个数据文件和至少一个日志文件组成。出于分配和管理目的，可以将数据库文件分成不同的文件组。

1. 系统数据库

无论 SQL Server 的哪一个版本，都存在一组系统数据库。系统数据库中保存的系统表用于系统的总体控制。系统数据库保存了系统运行及对用户数据的操作等基本信息。这些系统数据分别是 Master、Model、Msdb 和 TempDB。这些系统数据库的文件存储在 SQL Server 的默认安装目录 MMSQL 子目录的 Data 文件夹中。

（1）Master 数据库。

Master 数据库是 SQL Server 最重要的数据库，它位于 SQL Server 的核心，如果该数据库被损坏，则 SQL Server 将无法正常工作。Master 数据库中包含了所有的登录名或用户 ID 所属的角色；服务器中的数据库的名称及相关信息；数据库的位置；SQL Server 如何初始化。

（2）Model 数据库。

创建数据库时，总是以一套预定义的标准为模型的。例如，若希望所有的数据库都有确定的初始大小，或者都有特定的信息集，那么可以把这些信息放在 Model 数据库中，以 Model 数据库作为其他数据库的模板数据库。如果想要使所有的数据库都有一张特定的表，则可以把该表放在 Model 数据库里。

Model 数据库是 TempDB 数据库的基础。对 Model 数据库的任何改动都将反映在 TempDB 数据库中，所以，在决定对 Model 数据库有所改变时，必须预先考虑好并多加小心。

（3）Msdb 数据库。

Msdb 给 SQL Server 代理提供必要的信息来运行作业，因此，它是 SQL Server 中另一个十分重要的数据库。

SQL Server 代理是 SQL Server 中的一个 Windows 服务，用以运行任何已创建的计划作业（如包含备份处理的作业）。作业是 SQL Server 中定义的自动运行的一系列操作，它不需要任何手工干预来启动。

（4）TempDB 数据库。

TempDB 数据库用作系统的临时存储空间，其主要作用是存储用户建立的临时表和临时存储过程，存储用户说明的全局变量值，为数据排序创建临时表，存储用户利用游标说明所筛选出来的数据。

2．示例数据库

示例数据库是微软公司给出的用于用户使用的数据库。示例数据库中包含了各种数据库对象，使用户可以自由地对其中的数据或表结构进行查询、修改等操作。

在安装 SQL Server 2008 的过程中，可以在安装组件窗口中选择安装示例数据库，默认的示例数据库有 AdventureWorks 和 AdventureWorksDW 两个。AdventureWorks 数据库相对于以前 SQL Server 版本的示例数据库更加健壮。虽然它对于初学者来说有一定的复杂性，但该数据库具有相当完整的实例，以及更接近实际的数据容量、复杂的结构和部件。AdventureWorksDW 数据库是 Analysis Services（分析服务）的示例数据库。微软公司将分析示例数据库与事务示例数据库联系在一起，以提供展示两者协同运行的示例数据库。

14.2.7　SQL Server 开发工具

SQL Server 包含了一些用于设计、开发、部署和管理关系数据库、Analysis Services 多维数据集、数据转换包、复制拓扑、报表服务器和通知服务器所需的多个图形化管理工具。下面对各个主要的工具加以介绍。

1．SQL Server Management Studio

SQL Server Management Studio 是供数据库管理员和数据库开发人员使用的集成环境，用于访问、配置、管理和开发 SQL Server 的所有组件，其核心是功能强大的对象资源管理器，能够用来筛选和浏览所有的 SQL Server 服务器（数据库引擎、Analysis Services、Reporting Services 等）。

2．SQL Server Configuration Manager

SQL Server Configuration Manager 是 SQL Server 配置管理器，用于管理与 SQL Server 相关联的服务，配置 SQL Server 使用的网络协议，以及从 SQL Server 客户端计算机管理网络连接。SQL Server Configuration Manager 继承了 SQL Server 2000 的服务器网络实用工具、客户端网络实用工具和服务管理器工具。

3．Business Intelligence Development Studio

Business Intelligence Development Studio 类似于 SQL Server Management Studio，不同的是针对 BI 进行了优化，用于开发 Integration Services 包、Reporting Services 报表和 Analysis Services 多维数据集，以及进行数据挖掘。

4．SQL Server Profiler

SQL Server Profiler 是一种捕捉某个阶段服务器活动的查询分析和跟踪工具，用来监视 SQL Server 的流量和事件。它可以捕捉关于每个数据库事件的消息，并将选定的信息显示到屏幕上或将其保存到表或文件中。SQL Server Profiler 非常适用于调试应用程序和调整数据库。

5. SQL Server 外围应用配置器

为减少 SQL Server 的暴露程度，增加系统的安全性，默认情况下 SQL Server 的一些功能、服务和连接将被禁止或停止。通过外围应用配置器，可以启用、禁用、开始和停止 SQL Server 的这些功能、服务和连接。

6. 数据库优化顾问

数据库优化顾问可以对一系列查询进行分析，并提供有关如何修改索引和分区的建议以提高性能。

7. 命令行工具

除上面介绍的工具外，SQL Server 还提供了一组命令行工具，如 SQLCmd、Bulk Copy 等，使得开发人员能够在 DOS 提示符下或命令行调度程序中执行 SQL 代码或大容量复制操作。

14.3 DB2 数据库

14.3.1 DB2 数据库简介

小杨：以前上初中的时候，舅舅的电信公司的系统是基于 DB2 的，我很好奇，DB2 这种数据库相对于 Oracle 或 SQL Server 的特点和发展怎样呢？

老肖：基于 SQL 的 DB2 数据库产品，是 IBM 公司的主要数据库产品。IBM 公司成立于 1914 年，是世界上较大的信息工业跨国公司。早在 20 世纪 70 年代初，IBM 公司的 San Jose 研究中心的 E.F.Codd 先生就第一个提出了关系数据库模型，对数据库的发展产生了深远的影响。在跨入 21 世纪后，IBM 公司继续拓展其优越的数据库技术，使其拥有更多的功能，支持更多的平台。今天，DB2 通用数据库是世界上最先进的数据库，并且同时支持世界上最多的系统平台（如 IBM OS/390、IBM OS/400、IBM RS/6000、IBM OS/2、Sun Solaris、HP-UX、Microsoft Windows NT、SCO Openserver 和 Linux）。

小杨：看来 DB2 数据库真的是发展得特别好，它在发展之路上有什么特点吗？

老肖：IBM 公司不仅自行研发，还通过收购其他数据库产品补充了很多关键技术。这也正是 IBM 公司成功的关键因素。

小杨：确实，拿来主义确实是最快最稳定的方法，那么现在 DB2 在我国的应用情况怎样呢？

老肖：目前，DB2 已经广泛地应用于各行各业，范围涉及社会的方方面面，包括银行、电信、保险、证券、公安、社保、政府、医疗、航空、制造、流通和销售等领域。

14.3.2 DB2 发展简史

1973 年，IBM 公司研究中心启动了 System R 项目，研究多用户与大量数据下关系数据库的可行性，它为 DB2 的诞生打下了良好的基础。

1983 年，IBM 公司发布了 Database 2（DB2）for MVS，DB2 正式诞生。此后十年又陆续发布了许多 DB2 版本，功能不断增强。

1993 年，IBM 公司发布了 DB2 for OS/2 V1 和 DB2 for RS/6000 V1，这是 DB2 第一次在 Intel 和 UNIX 平台上出现。它是平台上运行的对象-关系数据库产品，并能提供 Web 支持。DataJoiner for AIX 也因此诞生。

1995 年，IBM 公司发布 DB2 V2，这是第一个能够支持异构数据库的关系数据库。

1996 年，IBM 公司发布 DB2 V2.1.2，这是第一个真正支持 JDBC 的数据库产品。在这一年，IBM 公司实现了基于 DB2 的数据源的数据挖掘。

1998 年，IBM 公司发布了 DB2 OLAP Server，这是一个基于 DB2 的完整的 OLAP 解决方案。

1999 年，DB2 增加了能够识别 XML 语言的文本检索功能，从而引入了 XML 支持。同时 IBM 公司发布了 Intel 平台上的 DB2 UDB for Linux，DB2 开始支持 Linux。

2000 年，DB2 提供了内置的数据仓库管理功能，同年，IBM 公司发布了用于管理数字资产的 Content Manager。

2002 年，DB2 通过基于 SOAP 的 Web 服务扩展了数据联邦（Federation）的能力，并可以作为 Web 服务的使用者出现在 Web 服务架构中。

2006 年，IBM 公司发布了 DB2 9.0，该版本将传统的高性能、易用性与 XML 相结合，使其成为交互式的数据服务器。

2010 年，IBM 公司发布了 z/OS 系统下的 DB2 10 版本，这是 IBM 公司的重要更新版本。

2012 年，IBM 公司发布支持 Linux、UNIX 和 Windows 系统的 DB2 10.1 版本。该版本带来更低的存储要求及更高的响应性能，同时还更新了其 InfoSphere 数据仓库软件。

2013 年，IBM 公司发布了 DB2 10.5。

2016 年 6 月，IBM 公司发布了 DB2 LUW 11.1 版本，这是目前最新的版本。

14.3.3　DB2 版本介绍

DB2 有众多的版本，或者是许可证。为了弱化"版本"的概念，增强可选择性，IBM 公司允许客户不购买他们不需要的特性。示例版本包括 Express、Workgroup 和 Enterprise 版本。基于 Linux/UNIX/Windows 的最复杂的版本是 DB2 Data Warehouse Enterprise Edition，缩写为 DB2 DWE。这个版本侧重于混合工作负荷（线上交易处理和数据仓库）和商业智能的实现。DB2 DWE 包括一些商务智能的特性，如 ETL、数据发掘、OLAP 加速及在线分析。

1．DB2 Everyplace

DB2 Everyplace 主要用于移动计算，它不仅是一种移动计算基础设施，还是一个完整的环境，包含了构建、部署和支持强大的电子商务应用程序所需的工具。DB2 Everyplace 提供一个"指纹"引擎（大约 200 KB），其中包含所有的安全特性，如表加密和提供高性能的高级索引技术。

它可以在当今最常见的各种手持设备上顺利地运行（提供多线程支持），例如，Palm OS、Microsoft Windows Mobile Edition、任何基于 Windows 的 32 位操作系统、Symbian、QNX Neutrino、Java 2 Platform Micro Edition（J2ME）设备（如 RIM 的 Blackberry pager）、嵌入式 Linux 发布版（如 BlueCat Linux）等。

2．DB2 Personal Edition

DB2 Personal Edition（DB2 Personal）是单用户 RDBMS，运行于低价的商用硬件桌面计算机中。

DB2 Personal 包含了 DB2 Express 的所有特性，但有一个例外：远程客户机无法连接运行这个 DB2 版本的数据库。

3．DB2 Express - C

DB2 Express - C 其实不算是 DB2 系列的一个版本，但它提供了 DB2 Express 的大多数功能。2006 年 1 月，IBM 公司发布了这个特殊的 DB2 免费版本，可以用于基于 Linux 和 Windows 的操作系统。

4．DB2 Express Edition

DB2 Express Edition（DB2 Express）是一种功能全面的、支持 Web 的客户-服务器 RDBMS。DB2 Express 可以用于基于 Windows 和 Linux 的工作站。DB2 Express 提供一个低价的入门级服务器，主要用于小型企业和部门的计算任务。

5．DB2 Workgroup Edition

DB2 Workgroup Edition（DB2 Workgroup）和 DB2 Express Edition 的功能相同，只是在服务器上可以安装的内存和价值单元（等于一个服务器处理器核心的能力）数量方面有区别。

6．DB2 Enterprise Edition

DB2 Enterprise Edition（DB2 Enterprise）是一种功能全面的支持 Web 的客户-服务器 RDBMS。它可以用于所有支持的 UNIX 版本、Linux 和 Windows。DB2 Enterprise 适合作为大型和中型的部门服务器。DB2 Enterprise 包含 DB2 Express 和 DB2 Workgroup 的所有功能，还添加了其他功能。

7．Data Enterprise Developer Edition

Data Enterprise Developer Edition（DEDE）是为应用程序开发人员提供的特殊版本。这个版本提供了几个信息管理产品，使应用程序开发人员可以对应用程序进行设计、构建和建立原型，产生的应用程序可以部署在任何 IBM 信息管理软件客户机或服务器平台上。在 DB2 9 中，这个软件包已经取消了，由 DB2 Express - C 取代。

14.3.4　DB2 核心数据库的特点

DB2 核心数据库又称作 DB2 公共服务器，采用多进程多线索体系结构，可以运行于多种操作系统上，并分别根据相应平台环境进行了调整和优化，以便能够达到较好的性能。

DB2 核心数据库的特色如下。
- 支持面向对象的编程。
- 支持多媒体应用程序。
- 支持备份和恢复能力。
- 支持存储过程和触发器，用户可以在建表时显示定义复杂的完整性规则。
- 支持递归 SQL 查询。
- 支持异构分布式数据库访问。
- 支持数据复制。

14.3.5　DB2 V11.1 新特性

IBM DB2 V11.1 for Linux, UNIX, and Windows 提供了满足各种业务需求的新功能部件和增强功能，从而使数据库更有效率、更简化且更可靠。全面的企业安全性、简化的安装和部署、更高的易用性和适用性、顺利的升级过程、对超大型数据库的增强功能，以及对 BLU 加速的显著改进是此项技术的主要优点。

1．支持对分区数据库环境的按列组织的表

DB2 V11.1 将压缩的按列组织的表扩展到分区 DB2 数据库环境，从而允许用户利用 BLU 加速，它组合了 IBM 公司研究中心的多项革新技术，用于通过 DB2 的 MPP 体系结构对大规模的报告和分

析过程进行简化和提速。BLU 的适用性还意味着现有 MPP 数据仓库可以轻松利用内存中的优化纵列技术。

2. 按列组织的表的优点

DB2 V11.1 引入了对 BLU 加速核心技术的重要增强功能。这些增强功能包括嵌套循环连接（NLJN）支持、高级取消相关性方法、更快速的 SQL MERGE、对内存管理的增强功能、进一步的 SIMD 优化、业界领先的并行排序及提高的 SQL 并行性。业界领先的并行排序算法利用了 IBM TJ Watson 研究部门的最新技术。此并行排序提供了具有较高并行性的快速基数排序，能够对压缩数据和编码数据进行排序。同时，这些增强功能还可以将 BLU 加速的性能提高两倍。

3. 企业加密密钥管理

DB2 V11.1 将本机加密从本地密钥库扩展到企业级别，并使用密钥管理互操作性协议（KMIP）1.1（这是密钥管理的业界标准）。此 DB2 产品提供了对外部密钥管理器的支持，从而允许用户使用外部（包括已审批的）管理器来管理密钥库。此外，通过已与 DB2 V11.1 集成的企业密钥管理来支持硬件安全性模块（HSM），以向用户提供各种 HSM 选项。

4. IBM DB2 pureScale Feature 增强功能

DB2 V11.1 中的 DB2 pureScale 功能部件提供了简化的安装和部署过程。用户将在开始安装过程的数小时内快速入门和熟悉运用，这使用户拥有超过其他集群数据库的巨大优势。借助 DB2 V11.1，许多 DB2 pureScale 功能部件安装过程已得到简化，具有智能程度更高的默认值、直观的选项及跨主机的并行且快速的部署前验证。对安装和部署的其他改进包括减少了将 GPFS 复制安装到 DB2 服务器的逐步过程，提高了异常中止的安装或部分安装的弹性，并支持完全回滚以进行完全重新启动。

5. 针对 eXtreme Scale 环境的可管理性和性能增强功能

DB2 V11.1 增加了针对具有超大型数据库（VLDB）且用户极多的环境的增强功能。可用的某些 VLDB 增强功能包括最新页面和通常引用的页面的并行性和可伸缩性、用于实现更高事务吞吐量的功能部件及在数据分区级别执行联机表重组的功能。

6. 升级增强功能

DB2 V11.1 使用户能够轻松升级到最新的 DB2 数据库产品。例如，用户现在可以直接从 V9.7 进行升级，而不必经历其他版本，如 V10.1 或 V10.5。

此外，DB2 V11.1 引入了对数据库版本升级进行前滚的功能，该功能适用于从 DB2 V10.5 FP7 或更高版本进行升级的单一分区 DB2 Enterprise Server Edition 和 DB2 pureScale 用户。对于这样的配置，用户不需要在现有数据库升级之前或之后对这些数据库执行脱机备份，因为现在的恢复过程包括对数据库升级进行前滚。

对于从 DB2 V10.5 FP7 或更高版本进行升级的单一分区 DB2 Enterprise Server Edition 用户，现在可以升级高可用性灾难恢复（HADR）环境，而不需要在升级主数据库之后重新初始化备用数据库。

7. 联合增强功能

DB2 V11.1 提供了一个用于提高连接和集成性能的增强型联合系统。引入了对同类复制的集成支持，单一安装将替换任何先前的单独联合安装，并且支持从 DB2 数据库产品或 Infosphere Federation Server 进行升级。

14.3.6　DB2 体系结构

DB2 体系结构如图 14.2 所示。

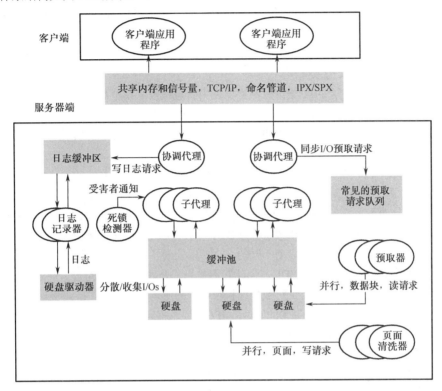

图 14.2　DB2 体系结构

在客户机端，本地或远程应用程序与 DB2 客户机库连接。本地客户机使用共享内存和信号进行通信；远程客户机使用协议（如命名管道 NPIPE 或 TCP/IP）进行通信。在服务器端，活动由引擎可分派单元（EDU）控制。

EDU 在所有平台上都作为线程实现。DB2 代理程序是最常见的 EDU 类型。这些代理程序代表应用程序执行大量 SQL 和 XQuery 处理。其他常见的 EDU 包括预取程序和页清除程序。

可以指定一组子代理程序来处理客户机应用程序请求。如果服务器所在的机器包含多个处理器或分区数据库环境的组成部分，那么可以指定多个子代理程序。例如，在对称多处理（SMP）环境中，多个 SMP 子代理程序可以利用多个处理器。

所有代理程序和子代理程序都由一个共享算法管理，该算法将最大限度地减少创建和破坏 EDU 的操作。

缓冲池是数据库服务器内存中的一个区域，用户数据页、索引数据页和目录数据页被临时地移至该区域，并可以在该处被修改。由于访问内存中的数据比访问磁盘中的数据快得多，因此缓冲池是数据库性能的重要因素。

缓冲池及预取程序和页清除程序 EDU 的配置决定了应用程序能够以多快的速度访问数据。

预取程序在应用程序需要数据之前从磁盘检索该数据，并将其移入缓冲池。例如，如果没有数据预取程序，那么需要扫描大量数据的应用程序将必须等待数据从磁盘移入缓冲池。应用程序的代理程序将异步预读取请求发送至公共预取队列。当预取程序可用时，它们使用大块或散射读取输入操作将请求的页从磁盘读入缓冲池，从而实现那些请求。如果使用多个磁盘来存储数据，那么可以采用条带分割技术将数据分布到磁盘上。条带分割技术使预取程序能够同时使用多个磁盘来检索数据。

页清除程序将数据从缓冲池移回到磁盘。页清除程序是独立于应用程序代理程序的后台 EDU。它们将查找已被修改的页，并将那些已更改的页写入磁盘。页清除程序确保缓冲池中有空间供预取程序正在检索的页使用。

如果没有独立的预取程序和页清除程序 EDU，那么应用程序代理程序将必须执行缓冲池与磁盘存储器之间的所有数据读取和写入操作。

DB2 进程技术模型。所有 DB2 数据库服务器使用的进程技术模型都旨在简化数据库服务器与客户机之间的通信。它还确保数据库应用程序独立于数据库控制块和关键数据库文件之类的资源。

DB2 数据库服务器必须执行各种不同的任务，如处理数据库应用程序请求或确保将日志记录写入磁盘。通常，每项任务都由一个独立的引擎可分派单元（EDU）执行。

采用多线程体系结构对于 DB2 数据库服务器而言有很多优点。由于同一进程内的所有线程可以共享一些操作系统资源，因此，新线程需要的内存和操作系统资源比进程少。此外，在某些平台上，线程的上下文切换时间比进程短，这有助于提高性能。在所有平台上使用线程模型使得 DB2 数据库服务器更易于配置，因为这样更容易根据需要分配更多的 EDU，并且可以动态分配必须由多个 EDU 共享的内存。

对于正在访问的每个数据库，将启动不同的 EDU 以处理各种数据库任务，如预取、通信和日志记录。数据库代理程序是一类特殊的 EDU，创建它们是为了处理应用程序对数据库的请求。

每个客户机应用程序连接都有一个对数据库执行操作的协调代理程序。协调代理程序代表应用程序工作，并根据需要使用专用内存、进程间通信（IPC）或远程通信协议与其他代理程序进行通信。

DB2 体系结构提供了一个防火墙，以使应用程序与 DB2 数据库服务器在不同的地址空间中运行。防火墙将数据库和数据库管理器与应用程序、存储过程及用户定义的函数（UDF）隔开。此防火墙有助于维护数据库中数据的完整性，这是因为，它将阻止应用程序编程错误覆盖内部缓冲区或数据库管理器文件。此防火墙还提高了可靠性，其原因是应用程序错误不会导致数据库管理器崩溃。

14.3.7　DB2 开发工具

IBM 公司提供了许多开发工具，主要有 Visualizer、VisualAge、VisualGen。

Visualizer 是客户-服务器环境中的集成工具软件，主要包括以下工具。

● Visualizer Query 可视化查询工具。

● Visualizer Ultimedia Query 可视化多媒体查询工具。

● Visualizer Chart 可视化图标工具。

● Visualizer Procedure 可视化过程工具。

● Visualizer Statistics 可视化统计工具。

● Visualizer Plans 可视化规划工具。

● Visualizer Development 可视化开发工具。

VisualAge 是一个功能很强的可视化面向对象的应用开发工具，可以大幅度地提高软件开发效率。其主要特征如下。

（1）可视化程序设计工具。

（2）部件库。包括支持图形用户接口的图形部件，以及包含数据库查询、事务和本地、远程函数的通用部件。

（3）关系数据库支持。

（4）群体程序设计。

（5）支持增强的动态链接库。

（6）支持多媒体。

（7）支持数据共享。

VisualGen 是 IBM 公司提供的高效开发方案中的重要组成部分。它集成了第四代语言、客户-服务器与面向对象技术，给用户提供了一个完整、高效的开发环境。

14.4　Sybase 数据库

14.4.1　Sybase 数据库简介

小杨：今天路过学校公告栏，看到一个 Sybase 数据库编程大赛，什么是 Sybase 数据库呢？它有什么特征？

老肖：1984 年，Mark B. Hiffman 和 Robert Epstern 创建了 Sybase 公司，并在 1987 年推出了 Sybase 数据库产品。Sybase 数据库是一种典型的 UNIX 或 Windows NT 平台上客户-服务器（Client/Server）环境下的大型数据库系统，支持标准 SQL 语言，并采用客户-服务器体系结构，支持在网络环境下的应用，其业界领先的技术及解决方案可以将数据从数据中心传递到任何所需的地方。

小杨：Sybase 是一种像 Oracle 或 SQL Server 的数据库产品吗？

老肖：很多人认为 Sybase 只有一种数据库，这是错误的。实际上 Sybase 有三种类型的数据库产品。Sybase ASE 是其企业级数据库，也是通常人们所说的 Sybase 数据库的真实产品名称。此外，Sybase 还有两种数据库产品：一种是 IQ，主要面向数据仓库；另一种是 ASA，主要面向移动和嵌入式数据库，它占领了移动和嵌入式数据库的绝大部分市场。我们在这里所说的 Sybase 数据库指的是 ASE 数据库。

小杨：Sybase 数据库也就是 ASE 数据库与其他的关系数据库相比有什么特点呢？

老肖：Sybase 数据库提供了一套应用程序编程接口和库，可以与非 Sybase 数据源及服务器集成，允许在多个数据库之间复制数据，适于创建多层应用。系统具有完备的触发器、存储过程、规则及完整性定义，支持优化查询，具有较好的数据安全性。Sybase 通常与 Sybase SQL Anywhere 用于客户-服务器环境，前者作为服务器数据库，后者作为客户机数据库，采用该公司研制的 PowerBuilder 作为开发工具，在我国大中型系统中具有广泛的应用。

14.4.2　Sybase 数据库发展简史

1987 年 5 月，Sybase 公司推出第一个关系数据库产品 Sybase SQL Server1.0。Sybase 公司首先提出 Client/Server 数据库体系结构的思想，并率先在 Sybase SQLServer 中实现。1987 年，Sybase 公司联合微软公司，共同开发数据库。

1988 年发布第一个公开发行版，Sybase SQL Server 3.0。

1990 年发布 Sybase SQL Server 4.0。

1991 年发布 Sybase SQL Server 4.2。

1992 年发布 Sybase SQL Server 4.8，同年发布 Sybase SQL Server 4.9。

1993 年发布 Sybase SQL Server 10。

1994 年两家公司终止合作，Sybase 公司继续开发，将 Sybase SQL Server 往各个平台移植，版本也升级到 11.0。后来 Sybase SQL Server 为了与微软公司的 MS SQL Server 相区分，改名为 Sybase ASE。

1995 年发布 Sybase SQL Server 11.0。

1997 年发布 Adaptive Server Enterprise 11.5。

1999 年发布 Adaptive Server Enterprise 12.0。

2001 年发布 Adaptive Server Enterprise 12.5。

2002 年发布 Adaptive Server Enterprise 12.5.0.1，同年发布 Adaptive Server Enterprise 12.5.0.2。

2003 年发布 Adaptive Server Enterprise 12.5.0.3，同年发布 Adaptive Server Enterprise 12.5.1。

2004 年发布 Adaptive Server Enterprise 12.5.2，同年发布 Adaptive Server Enterprise 12.5.3。

2005 年发布 Adaptive Server Enterprise 12.5.3a。

2005 年发布 Adaptive Server Enterprise 14.0。

2006 年发布 Adaptive Server Enterprise 12.5.4，同年发布 Adaptive Server Enterprise 14.0.1。

2008 年 12 月发布 Adaptive Server Enterprise 14.0.3。

2010 年发布 Adaptive Server Enterprise 14.5。同年 5 月 13 日，SAP 公司以 58 亿美元的价格收购了 Sybase 公司。

2012 年 2 月发布 Adaptive Server Enterprise 14.7。

2014 年发布 Adaptive Server Enterprise 16.0。

14.4.3　Sybase 数据库特点

一般的关系数据库都是基于主/从式结构的。在主/从式的结构中，所有的应用都运行在一台机器上。用户只是通过终端发命令或简单地查看应用运行的结果。

1．基于客户-服务器体系结构的数据库

在客户-服务器结构中，应用被分在了多台机器上运行。一台机器是另一个系统的客户，或是另外一些机器的服务器。这些机器通过局域网或广域网连接起来。

客户-服务器模型的好处是：

（1）它支持共享资源且在多台设备间平衡负载；

（2）允许容纳多个主机的环境，充分利用了企业已有的各种系统。

2．真正开放的数据库

由于采用了客户-服务器结构，应用被分在了多台机器上运行。更进一步讲，运行在客户端的应用不必是 Sybase 公司的产品。对于一般的关系数据库，为了让其他语言编写的应用能够访问数据库，而提供了预编译。Sybase 数据库，不只是简单地提供了预编译，而且公开了应用程序接口 DB-LIB，鼓励第三方编写 DB-LIB 接口。由于开放的客户 DB-LIB 允许在不同的平台使用完全相同的调用，因此使得访问 DB-LIB 的应用程序很容易从一个平台向另一个平台移植。

3．高性能的数据库

Sybase 的高性能体现在以下几个方面。

（1）可编程数据库。

通过提供存储过程，创建了一个可编程数据库。存储过程允许用户编写自己的数据库子例程。这些子例程是经过预编译的，不必为每次调用都进行编译、优化、生成查询规划，因此查询速度要快得多。

（2）事件驱动的触发器。

触发器是一种特殊的存储过程。通过触发器可以启动另一个存储过程，从而确保数据库的完整性。

（3）多线索化。

Sybase 数据库的体系结构的另一个创新之处就是多线索化。一般的数据库都依靠操作系统来管理与数据库的连接。当有多个用户连接时，系统的性能会大幅度下降。Sybase 数据库不让操作系统来管理进程，把与数据库的连接当作自己的一部分来管理。此外，Sybase 数据库引擎还代替操作系统来管理一部分硬件资源，如端口、内存、硬盘，绕过了操作系统这一环节，提高了性能。

14.4.4　Sybase ASE 16 新特性

Sybase ASE 16 是一个主要版本，其主要新特性体现在：在规模和性能方面的显著增强；管理海量数据；提高数据的可用性、安全性和审计，以及易于管理和维护。

- 扩展和性能的改进包括优化缓冲管理以减少争用。
- 元数据和闩锁管理的改进允许高吞吐量。
- 增加数据的可用性，从表的分区级锁提高 DDL 和 DML 的并发。
- 改进 SAP ASE Version 14.7 大数据管理，包括轻松查询限制、星连接查询优化方案，以及相关的查询性能增强功能，包括排序操作的性能改进。
- 压缩数据的新方法，包括索引压缩、结合页面和列级压缩，以及添加在早期版本的其他压缩技术。
- 对于 SCC 的增强包括监测和管理的改进。

14.4.5　Sybase 数据库体系结构

Sybase ASE 是一个支持分布式客户-服务器体系的企业级数据库服务器。

ASE 包含多个部件，用于管理维护和监控系统性能。例如，可以用 Backup Server 来进行数据库的备份和恢复；使用 Monitor Server 来监控 Server 端的活动。另外，ASE 支持分布式事务处理，它是由 ASE 的分布式事务处理器部件来实现的。此外，从 ASE 14.0 开始支持全文检索服务。

ASE 还支持 Java 应用程序的开发、创建和使用，可以用 Sybase EJB Server 来创建 EJB 应用，并可以使用 Sybase EJB Server 来访问 ASE 中的数据。

目前 ASE 支持包括 Windows NT/2000/XP/2003、Linux 及各种 UNIX 的几乎所有主流操作系统。

同时，ASE 支持各种形式的客户端访问，如 Open Client 客户端应用、Java 客户端应用，以及 ODBC、OLEDB、JDBC 等应用。ASE 使用 Jconnect 作为它的 JDBC 驱动。这些客户端与 ASE 服务器之间通过特定的网络协议进行通信。ASE 目前采用的是 TDS 5.0 协议。

ASE 包括几个重要部件，如 Monitor Server 和 Backup Server。服务器中最核心的是 Sybase ASE。它们的主要功能如下。

- Sybase Backup Server：备份和恢复数据库中的数据。
- Sybase 分布式事务管理器：管理 ASE 环境中的分布式事务。
- Sybase XP Server：支持在 ASE 环境中运行扩展存储过程。
- Sybase EJB Server：管理 EJB 应用中到 ASE 的数据连接。
- Sybase 全文检索专用数据存储：用于对 ASE 中存储的数据进行全文检索。

14.4.6　Sybase 数据库管理工具

（1）Sybase Central：用来管理 Sybase ASE 数据库的图形化应用。该工具运行在桌面环境下，用来简化数据库管理。

（2）ISQL：传统的 Sybase 交互查询处理器，它允许把命令发送给 RDBMS，并接收 ASE 返回结果。

（3）Dsedit：用于设定 ASE 客户端配置文件，测试并实现 ASE 客户端到服务器的连接。

（4）Interactive SQL：用于执行 SQL/TSQL 的图形界面。

（5）ASE WorkSpace：Sybase 公司提供的一个工具包产品，是一个集设计和开发于一体的工作平台。该产品组件基于 Eclipse 框架，使广大熟悉 Eclipse 框架的数据库管理者、程序员可以很快接手 WorkSpace。它提供了如下的管理和开发要点。

① 针对 Sybase 系列服务器（ASE、EAS 等）的单一开发环境。

② 其开发环境可定制，极大地提高了生产率。

14.5　MySQL 数据库

14.5.1　MySQL 数据库简介

小杨：我在网上看到很多公司和企业都采用 MySQL 数据库，您能给我介绍一下什么是 MySQL 数据库吗？

老肖：MySQL 数据库是由 MySQL AB 公司开发、销售和支持的开放源代码的关系数据库管理系统（RDBMS）。

小杨：哦，那么为什么 MySQL 数据库在各种 Web 应用中占有这么重要的地位呢？

老肖：MySQL 数据库是最流行的关系数据库系统之一，因为它将关系数据库的数据保存在不同的表中，而不是将所有数据放在一个大仓库内，这样就提高了速度和灵活性。此外，MySQL 数据库系统最常用的数据库管理语言是结构化查询语言（SQL）。由于 MySQL 数据库效率高、可靠性高、易于使用、价格便宜等优点，使得它具有很高的市场价值。尤其是在 LAMP（Linux+Apache+MySQL+PHP）架构提出之后，MySQL 数据库的应用更是找到了一个更加广阔的发挥平台。使用 MySQL 数据库管理系统和 PHP 脚本语言相结合的方案，正被越来越多的中小型网站采纳，其中 LAMP 模式最为流行。

14.5.2　MySQL 发展简史

1995 年 5 月，MySQL 首次发布。

1996 年发布 MySQL 3.11.1。

1997 年发布 MySQL 3.20。

1998 年为了 Windows 95 和 NT 操作系统发布其 Windows 版本。

1998 年，在 www.mysql.com 上发布 MySQL 3.21。

2002 年 8 月发布 MySQL 4.0beta，2003 年 3 月发行其发行版。

2004 年 11 月发布 MySQL 4.1。

2005 年 11 月发布 MySQL 5.0。

2008 年 11 月，MySQL 5.1 发布，它提供了分区、事件管理，以及基于行的复制和基于磁盘的 NDB 集群系统，同时修复了大量的 Bug。

2009 年 4 月，Oracle 公司以 74 亿美元的价格收购了 Sun 公司，自此 MySQL 数据库进入 Oracle 时代，而其第三方的存储引擎 InnoDB 早在 2005 年就被 Oracle 公司收购。

2010 年 12 月，MySQL 5.5 发布，主要新特性包括半同步的复制及对 SIGNAL/RESIGNAL 的异常处理功能的支持，最重要的是 InnoDB 存储引擎终于变为当前 MySQL 的默认存储引擎。MySQL 5.5

不是时隔两年后的一次简单的版本更新，而是加强了 MySQL 各个方面在企业级的特性。Oracle 公司同时也承诺 MySQL 5.5 和未来版本仍采用 GPL 授权的开源产品。

2013 年 2 月，MySQL 5.6 发布。该版本对查询优化器性能进行了提升。在 InnoDB 执行更大的事务吞吐量任务时，通过 Memcached APIs 直接访问 InnoDB 表，实现 NoSQL 功能，提升了开发者的灵活性。改进 PERFORMANCE_SCHEMA，提供表锁、表 I/O，支持各种新硬件设备，更好地进行性能监控。同时，InnoDB 还支持全文搜索及改进组提交的性能等。

2017 年 4 月，MySQL 5.7.18 发布，这是目前 MySQL 的最新版本。随着 MySQL 的不断成熟及开放式的插件存储引擎架构的形成，越来越多的开发人员加入到 MySQL 存储引擎的开发中。而随着 InnoDB 存储引擎的不断完善，同时伴随着 LAMP 架构的崛起，在未来的数年中，MySQL 数据库仍将继续飞速发展。

14.5.3　MySQL 特点

MySQL 具有以下特性。

（1）开发语言为 C/C++，支持多种编译器，如 gcc、cc、xlc、aCC 等。

（2）MySQL 是一个关系数据库管理系统，把数据存储在表格中，使用标准的结构化查询语言 SQL 访问数据库。

（3）从某种意义上说，MySQL 是开放的，支持多种平台，如 AIX、Solaris、HP、FreeBSD、SGI、Windows 等。

（4）使用内核线程的完全多线程，可充分发挥系统的特点，避免在多 CPU 系统中出现仅使用单 CPU 的现象。

（5）MySQL 为几乎所有的编程语言提供了 API，开发人员可以通过 C/C++、Eiffel、Java、Perl、PHP、Python 和 TC 等访问 MySQL 数据库。

（6）对磁盘表的管理采用拥有索引压缩非常快速的 B+树磁盘表，提高了磁盘访问速度。

（7）使用基于线程内存分配系统，提高了内存申请速度。

（8）支持多种数据类型，包括不同字节长的带符号和不带符号的整数，以及浮点数等。

（9）支持固定长度和可变长度的记录。

（10）灵活、安全的权限和密码系统，密码在传输中加密传送，允许主机端验证密码。

（11）客户端可以通过 TCP/IP、UNIX 套接字、命名管道（NT）连接到 MySQL 数据库服务器。

（12）MySQL 支持几种不同的字符集和不同的字符集排序，还提供了不同语言的错误信息。

与其他的开源数据库系统相比，MySQL 不仅在性能指标方面高出一截，在应用范围和实际装机容量方面也遥遥领先。MySQL 正是以其适用面广、性能优异、运行稳定和性价比高等特点，得到更广泛的应用。

14.5.4　MySQL 5.7 新特性

1．安全性

（1）数据库初始化完成以后，会产生一个 root@localhost 用户，从 MySQL 5.7 开始，root 用户的密码不再是空值，而是随机产生一个密码，这也导致了用户安装时的不同。

（2）MySQL 5.7 提供了更为简单的 SSL 安全访问配置，并且默认连接采用 SSL 的加密方式；同时可以为用户设置密码过期策略，一定的时间以后，强制用户修改密码。

2．灵活性

（1）支持 JSON 格式，其使用方式如下。

```
CREATE TABLE T1 (jdoc JSON);
INSERT INTO T1 VALUES('{"key1": "value1", "key2": "value2"}');
```

（2）引入 generated column：generated column 是 MySQL 5.7 引入的新特性，所谓 generated column 就是数据库中这一列由其他列计算而得的。

3．易用性

MySQL 5.7 可以解释（explain）一个正在运行的 SQL，这对于 DBA 分析运行时间较长的语句来说非常有用；在 MySQL 5.7 中，performance_schema 提供了更多的监控信息，包括内存使用、MDL 锁、存储过程等。

14.5.5　MySQL 版本介绍

MySQL 拥有众多版本，为不同的应用场景和应用人群提供了极大的便利，主流的版本有以下三种：MySQL Community Server；MySQL Enterprise Edition；MySQL Cluster。

（1）MySQL Community Server 版本：开源免费，但不提供官方技术支持，包含 MySQL 所有的新功能、新特性。

（2）MySQL Enterprise Edition 版本：需付费（可以试用 30 天），实现可靠性、安全性和实时性的技术支持，完整的企业版本包含以下内容。

① MySQL 企业级服务器，这是全球最流行的开源数据库，是最可靠、最安全的最新版本。

② MySQL 企业级系统监控工具，它可以提供监控和自动顾问服务，以此来帮助用户消除安全上的隐患、改进复制、优化性能等。

③ MySQL 技术支持，可以使用户最棘手的技术问题得到快速解答。

④ MySQL 咨询支持，MySQL 技术支持团队将为用户的系统提供有针对性的建议，告诉用户如何恰当地设计和调整自己的 MySQL 服务器、计划、查询和复制设定，以获得更好的性能。

（3）MySQL Cluster 版本：开源免费，可将几个 MySQL Server 封装成一个 Server。

14.5.6　MySQL 体系结构

了解 MySQL 内部结构能帮助我们对它的体系框架有个整体认识。下面从文件结构、系统架构和核心模块对 MySQL 的体系结构进行介绍。

1．MySQL 文件结构

MySQL 主要文件类型有如下几种。

（1）参数文件。

MySQL 实例启动时会先读取配置参数文件 my.cnf。MySQL 在启动时可以不需要参数文件，但如果在默认的数据库目录下找不到 MySQL 架构，那么将会导致启动失败。MySQL 的参数分为两种：一种是动态参数，另一种是静态参数。动态参数说明能够在 MySQL 实例运行过程中进行信息的更改。更改可以是基于会话的，也可以是基于整个实例的生命周期的。静态参数说明在整个实例声明周期内都不得进行更改，和只读的情况类似。

（2）日志文件。

详细记载了 MySQL 数据库的各种信息记录。一般情况下，常见的日志文件有错误日志、二进制日志、慢查询日志、REDO/UNDO 日志等。

（3）Socket 文件。

在使用 Linux 系统的 MySQL 命令行窗口登录时需要的文件。

（4）Pid 文件。

每次 MySQL 实例启动时，会有一个 Pid 文件将自己的进程 ID 写入，Pid 文件就是 MySQL 实例的进程文件。该文件的默认路径在数据库目录下。

（5）MySQL 表结构文件。

MySQL 表结构文件包括*.frm、*.ibd，是存放 MySQL 表结构定义的文件。

（6）存储引擎文件。

记录存储引擎信息的文件。

2．MySQL 系统架构

我们可以把 MySQL 看成两层结构。第一层是 SQL 层（SQL Layer）。SQL Layer 的主要任务是完成在 MySQL 数据库系统处理底层数据之前的所有工作，包括权限判断、SQL 解析、执行计划优化、查询缓存的处理等。第二层是存储引擎层（Storage Engine Layer），Storage Engine Layer 的主要工作是实现底层数据存取操作。MySQL 的基础架构如图 14.3 所示。

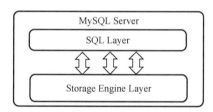

图 14.3　MySQL 的基础架构

我们可以看到，似乎 MySQL 的架构体系就是由这两部分构成的。实则不然，每一层里面都包含很多功能不同的小模块。如 SQL Layer，它的结构十分复杂。下面我们针对 SQL Layer 做一个简单的分析。

3．MySQL 核心模块

MySQL 核心模块结构如图 14.4 所示。

SQL Layer 中包含了很多子模块。下面简要为大家介绍部分模块的基本工作原理。

（1）初始化模块。

每当启动 MySQL Server 时，初始化模块会对整个系统做各种初始化操作，如各种缓存结构的初始化和内存空间的申请，各种系统变量的初始化及各种存储引擎的初始化设置等。

（2）核心 API 模块。

核心 API 模块主要用于优化实现一些需要非常高效的底层操作功能，包括各种底层数据结构的实现、特殊算法的实现、字符串处理，以及最重要的内存管理部分。

（3）网络交互模块。

网络交互模块主要用于实现底层网络数据的接收与发送，利于其他各个模块调用，以及对这一部分的维护。

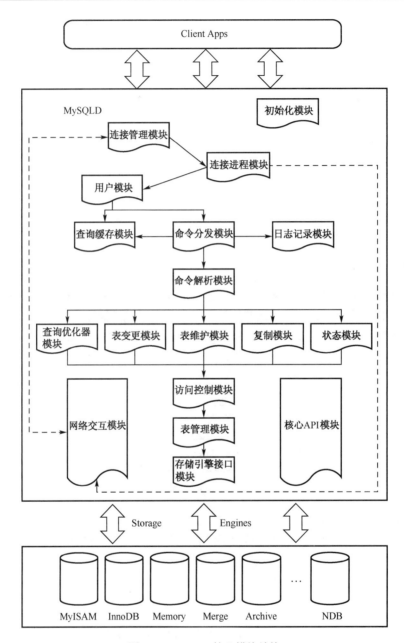

图 14.4　MySQL 核心模块结构

（4）用户模块。

用户模块主要实现用户的登录连接权限控制和用户的授权管理。

（5）访问控制模块。

为了安全考虑，访问控制模块根据用户模块中各用户的授权信息，以及数据库自身特有的各种约束，来控制用户对数据的访问。用户模块和访问控制模块两者结合起来，组成了 MySQL 整个数据库系统的权限安全管理的功能。

（6）连接管理模块和连接进程模块

连接管理模块负责监听对 MySQL Server 的各种请求，接收连接请求，转发所有连接请求到线程管理模块。每一个连接上 MySQL Server 的客户端请求都会被分配（或创建）一个连接进程为其单独服务。而连接进程模块的主要工作就是负责 MySQL Server 与客户端的通信，接收客户端的命令请求，传递服务器端的结果信息等。

（7）命令解析模块和命令分发模块。

MySQL 中我们习惯将所有客户端发送给服务器端的命令都称为查询，在 MySQL Server 里，连接进程接收到客户端的一个查询后，会直接将该查询传递给专门负责将各种查询进行分类然后转发给各个对应的处理模块，该模块就是命令解析模块和命令分发模块。其主要工作就是将查询语句进行语义和语法的分析，然后按照不同的操作类型进行分类，做出有针对性的转发。

（8）查询缓存模块。

查询缓存模块在 MySQL 中是一个非常重要的模块，它的主要功能是将客户端提交给 MySQL 的选择类，查询请求的返回结果集缓存到内存中，与该查询的一个 Hash 值做一个对应。该查询所取数据的基表发生任何数据的变化之后，MySQL 会自动使该查询的缓存失效。在读写比例非常高的应用系统中，查询缓存对性能的提高是非常显著的。当然它对内存的消耗也是非常大的。

（9）查询优化器模块。

查询优化器模块是优化客户端请求的查询，根据客户端请求的查询语句，以及数据库中的一些统计信息，在一系列算法的基础上进行分析，得出一个最优的策略，告诉后面的程序如何取得这个查询语句的结果。

（10）表变更模块。

表变更模块主要是负责完成一些 DML 和 DDL 的 Query。如 UPDATE、DELETE、INSERT、CREATE TABLE、ALTER TABLE 等语句的处理。

（11）表维护模块。

表的状态检查、错误修复，以及优化和分析等工作都是表维护模块需要做的事情。

（12）表管理模块。

表管理模块主要负责维护和管理表的定义文件、一个缓存中的各个表结构信息及表级别的锁管理等工作。

（13）日志记录模块。

日志记录模块主要负责整个系统级别的逻辑层的日志的记录，包括 error log、binary log、slow query log 等。

（14）复制模块。

复制模块由 Master 模块和 Slave 模块组成。Master 模块主要负责在复制环境中读取 Master 端的二进制日志，以及与 Slave 端的 I/O 线程交互等工作。Slave 模块的工作体现在两个方面：一个是负责从 Master 端请求与接收二进制日志，并写入本地中继日志的 I/O 线程；另一个是负责从中继日志中读取相关日志事件，解析成可以在 Slave 端正确执行并得到和 Master 端完全相同结果的命令，再交给 Slave 执行的 SQL 线程。

（15）存储引擎接口模块。

存储引擎接口模块是 MySQL 的最有特色的模块。该模块的抽象类能够将各种数据处理成功地高度抽象化，实现底层数据存储引擎的插件式管理，最终成就 MySQL 插拔存储引擎的特色。

14.5.7　MySQL 开发工具

1．MySQL Migration Toolkit

MySQL Migration Toolkit 是一个由 MySQL 公司提供的图形界面的数据库移植工具，它能帮助用户将任何数据源（如 Oracle、SQL Server 等）转换成 MySQL 的数据，也可以将 MySQL 的数据转化为其他类型的数据。MySQL Migration Toolkit 需要 Java 提供支持。

2．MySQL Administrator

MySQL Administrator 是一个能够提供数据库管理操作的工具，如设置、监控、开启或关闭 MySQL 服务器及管理用户和连接数，执行数据备份和其他的一些管理任务。MySQL Administrator 管理和监测 MySQL 环境，使数据库的能见度高。

3．MySQL Query Browser

MySQL Query Browser 是操作最简单的可视化工具。它的作用是为 MySQL 数据库服务器创建、执行并优化 SQL 语句查询。MySQL Query Browser 主要特色功能如下。

（1）查询工具栏导航按钮。

通过浏览查询历史记录，可以对以前的查询进行访问并执行。可以保存查询，打开查询文件*.qbquery。

（2）结果窗口管理多个查询。

通过查看制表符分隔实现多个查询的比较，可以纵向或横向联合地显示在结果窗口中。另外，解释按钮的输出是当前查询，可以用来获得解释。比较按钮用来快速比较两个查询的结果，确定在哪一行执行增、删、改操作。

（3）脚本编辑与调试。

脚本区域的特点是编号和语法突出。用户可以在脚本调试按钮处设置断点并控制执行该语句和脚本。

（4）内置帮助。

即时帮助用户获得搜选的对象、参数及职能，用来获得 MySQL Syntax 语法、函数等。

4．MySQL Workbench

MySQL Workbench 是 MySQL AB 公司发布的可视化的数据库设计软件。

14.6　工程应用中数据库管理系统的选型

小杨：数据库领域真是博大精深，看似只是存储数据，但人们根据不同的需求做出了适用于不同场景的数据库产品。Oracle、SQL Server、MySQL、Sybase 和 DB2 虽然各有各的特点，但都为人们提供了很强大的数据服务支持，形成了百花齐放的格局。

老肖：你说的很对，没有一种东西是通用的，每个人都有适合他自己的定位，数据库管理软件也一样，在选择数据库产品时只有根据企业的特点和对数据库系统的需求选择不同的数据库产品才能使公司的资金最大化利用。

小杨：是的，当我们开发数据库应用时，选择一个好的数据库是非常重要的。虽然上面对各种主流的数据库进行了介绍，但在实际的数据库选型中，我们主要从哪些指标来选择数据库，以及这些数据库各自的优势在哪儿呢？

老肖：在数据库选型中，我们从性能、可伸缩性及并性行、安全性、操作难度、使用风险、开放性、易维护性和价格等多方面来对各种数据库产品进行考量，要想精准、高效地选择适合我们的数据库产品，就需要在这些方面对市面上流行的主流数据库有一个清晰的认识，下面我就将这些方面对各种数据库进行更加深入的对比。

1. 性能

● SQL Server

老版本多用户时性能不佳，新版本的性能有了明显的改善，各项处理能力都有了明显的提高；Windows 平台的可靠性、安全性经过了最高级别的 C2 认证；在处理大数据量的关键业务时提供了较好的性能。

● Oracle

性能最高，能在所有主流平台上运行（包括 Windows）；完全支持所有的工业标准；采用完全开放策略；支持多层次网络计算和多种工业标准，可以用 ODBC、JDBC、OCI 等连接；可以使客户选择最适合的解决方案。

● Sybase

性能较高，支持 Sun、IBM、HP、Compaq 和 Veritas 的集群设备的特性，实现高可用性；适用于安全性要求极高的系统。

● DB2

适用于数据仓库和在线事务处理，性能较高。

● MySQL

性能较高，体积小，速度快。

2. 可伸缩性及并行性

● SQL Server

以前版本 SQL Server 并行实施和共存模型并不成熟；很难处理大量的用户数和数据卷；伸缩性有限。新版本性能有了较大的改善，在 Microsoft Advanced Servers 上有突出的表现，超过了其主要竞争对手。

● Oracle

平行服务器通过使一组节点共享同一簇中的工作来扩展 Windows NT 的能力，提供高可用性和高伸缩性的簇的解决方案；如果 Windows NT 不能满足需要，则用户可以把数据库移到 UNIX 中，具有很好的伸缩性。

● Sybase

新版本具有较好的并行性，速度快，对大量数据无明显影响，但是技术实现复杂，需要程序支持，伸缩性有限。

● DB2

DB2 具有很好的并行性；DB2 把数据库管理扩充到了并行的、多节点的环境；数据库分区是数据库的一部分，包含自己的数据、索引、配置文件和事务日志；数据库分区有时被称为节点或数据库节点，伸缩性有限。

● MySQL

MySQL 的核心程序采用完全的多线程编程；线程是轻量级的进程，它可以灵活地为用户提供服务，而不过多地占用系统资源；用多线程和 C 语言实现的 MySQL 能够充分利用 CPU。

3．安全性

● SQL Server

Microsoft Advanced Server 获得最高安全认证，服务器平台的稳定性是数据库的稳定性的基础，新版本的 SQL 的安全性有了极大的提高。

● Oracle

获得最高认证级别的 ISO 标准认证。

● Sybase

通过 Sun 公司 J2EE 认证测试，获得最高认证级别的 ISO 标准认证。

● DB2

获得最高认证级别的 ISO 标准认证。

● MySQL

复杂而非标准，但 MySQL 有一个非常灵活而且安全的权限和口令系统。当客户与 MySQL 服务器连接时，其之间所有的口令传送被加密，而且 MySQL 支持主机认证。

4．操作难度

● SQL Server

操作简单，采用图形界面；管理也很方便，而且编程接口特别友好（它的 SQL 让编程变得非常方便），从易维护性和价格方面看，SQL Server 占有明显优势。

● Oracle

较复杂，同时提供 GUI 和命令行，在 Windows NT 和 UNIX、Linux 下操作繁简程度相同；对数据库管理人员要求较高。

● Sybase

复杂，使用命令行操作，对数据库管理人员要求较高。

● DB2

操作简单，同时提供 GUI 和命令行，在 Windows NT 和 UNIX 下操作繁简程度相同。

● MySQL

MySQL 操作简单，能够提供很多不同的使用者界面，包括命令行客户端操作、网页浏览器，以及各式各样的程序语言界面，如 C++、Perl、Java、PHP，以及 Python；可以使用事先包装好的客户端，或者干脆自己写一个合适的应用程序。

5．使用风险

● SQL Server

完全重写的代码，性能和兼容性有了较大的提高，与 Oracle、DB2 的性能差距明显减小。该产品的出台经历了长期的测试，为产品的安全和稳定进行了全面的检测，安全稳定性有了明显的提高。

● Oracle

长时间的开发经验，完全向下兼容，可以安全地进行数据库的升级，在企业、政府中得到广泛的应用，并且如果在 Windows NT 上无法满足数据的要求，可以安全地把数据转移到 UNIX 上来。

● Sybase

开发时间较长，升级较复杂，稳定性较好，数据安全有保障；风险小；在对安全性要求极高的银行、证券行业中得到了广泛的应用。

● DB2

在巨型企业得到广泛的应用，向下兼容性好，风险小。

● MySQL

MySQL 拥有一个非常快速且稳定的基于线程的内存分配系统，可以保证其稳定性，但 MySQL 数据库使用 MyISAM 配置，如果不慎损坏数据库，则结果可能会导致所有的数据丢失；版本向下兼容。

6．开放性

● SQL Server

只能在 Windows 上运行，C/S 结构，只支持 Windows 客户，可以用 DAO、ODBC 连接；Windows 系列产品偏重于桌面应用，NT Server 适合各种大中小型企业；操作系统的稳定性对数据库是十分重要的；Windows 平台的可靠性、安全性经过了最高级别的 C2 认证；在处理大数据量的关键业务时提供了较好的性能。

● Oracle

能在所有主流平台上运行（包括 Windows）。完全支持所有的工业标准；采用完全开放策略；多层次网络计算，支持多种工业标准，可以用 ODBC、JDBC、OCI 等网络客户连接；可以使客户选择最适合的解决方案。对开发商全力支持。

● Sybase

能在所有主流平台上运行，在银行行业中得到了广泛的应用。

● DB2

有较好的开放性，最适用于海量数据；跨平台，多层结构，支持 ODBC、JDBC 等客户；在大型的国际企业中得到最为广泛的应用，在全球的 500 强的企业中，大部分采用 DB2 数据库服务器。

● MySQL

MySQL 可用于 UNIX、Windows，以及 OS/2 等平台，因此它可以用在个人计算机或服务器上。

7．易维护性和价格

● SQL Server

从易维护性和价格上看，SQL Server 明显占有优势；基于微软公司的一贯风格，SQL Server 的图形管理界面带来了明显的易用性，微软公司的数据库管理员培训进行得比较充分，可以轻松地找到很好的数据库管理员，数据库管理费用比较低，SQL Server 的价格也是很低的，但在许可证的购买上会抬高价格；总体来说，SQL Server 的价格在商用数据库中是最低的。

● Oracle

从易维护性和价格来说，Oracle 的价格是比较高的，管理比较复杂，由于 Oracle 的应用很广泛，经验丰富的 Oracle 数据库管理员可以比较容易找到，从而实现 Oracle 的良好管理，因此 Oracle 的性能价格比在商用数据库中是最好的。

● Sybase

Sybase 的价格是比较低的，但 Sybase 的在企业和政府中的应用较少，很难找到经验丰富的管理员，运行管理费用较高。

● DB2

价格高，管理员少，在我国的应用较少，运行管理费用很高，适用于大型企业的数据仓库应用。

● MySQL

MySQL 的价格随平台和安装方式变化；Linux 的 MySQL 如果由用户自己或系统管理员而不是第三

方安装则是免费的，第三方安装则必须付许可费；UNIX 或 Linux 自行安装免费，UNIX 或 Linux 第三方安装收费。

8. 数据库二次开发

● SQL Server

数据库的二次开发工具有很多，包括 Visual C++、Visual BASIC 等开发工具，可以实现很好的 Windows 应用，开发容易。

● Oracle

数据库的二次开发工具有很多，涵盖了数据库开发的各个阶段，开发容易。

● Sybase

开发工具较少，经验丰富的人员很少。

● DB2

在国外巨型企业得到广泛的应用，我国的经验丰富的人员很少。

● MySQL

MySQL 上手简单，社区活跃，是当前最为活跃的数据库管理系统，开发容易。

老肖：经过以上比较，我们可以给出在工程应用中数据库管理系统选型的参考。

（1）SQL Server。

一般的中小型企业或中小型的应用中，采用 SQL Server 作为数据平台，既可以节约资金，又便于维护管理。小型应用主要考虑的是资金问题，SQL Server 的资金投入最小，是中小型应用的最佳选择。

（2）Oracle。

大型应用系统要求有较高的数据处理能力，一般应采用高性能的大型数据库管理系统——Oracle，大型高可靠性要求的系统安全稳定性是首要考虑的因素，Oracle 能够提供很高的安全稳定性，因此 Oracle 是在国内的大型数据库的必然选择。

（3）DB2。

在国外的巨型企业中很多采用全套 IBM 解决方案，使用 DB2 作为公司的数据仓库，可以达到几乎与 Oracle 相同的安全稳定性和相近的性能，但是国内使用 DB2 的企业很少，经验丰富的管理员更少，很难实现很好的数据库管理。

（4）Sybase。

一些对安全性要求极高的大型企业如银行、证券行业，由于 Sybase 数据库并行性，速度快，高可用性，性能较高，支持 Sun、IBM、HP、Compaq 和 Veritas 的集群设备等特性而对其非常青睐。同样，由于 Sybase 的开发工具较少，以及其较高的复杂性使得对其进行二次开发有一定的难度。

（5）MySQL。

各种中小型企业的 Web 站点是 MySQL 的最大客户群。这是因为 MySQL 的安装配置都非常简单，使用过程中的维护也不像很多大型商业数据库管理系统那么复杂，而且性能出色。此外还有一个非常重要的原因就是，MySQL 社区版是开放源代码的，完全免费使用。

附录 A　数据库设计

医院信息管理系统（HIS-2018 版）

本系统数据库设计符合 3NF 规范。

全局概念模型——E-R 图，发图 A.1 所示。

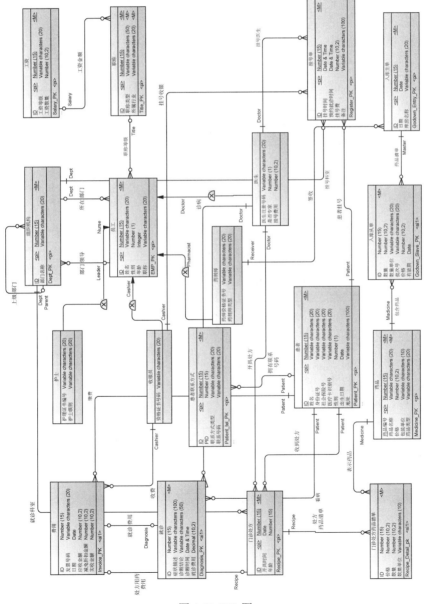

图 A.1　E-R 图

下面分模块展示概念模型——E-R 图，如图 A.2～图 A.7 所示。

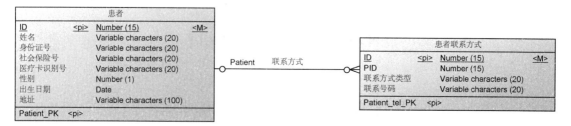

图 A.2　患者（Patient）

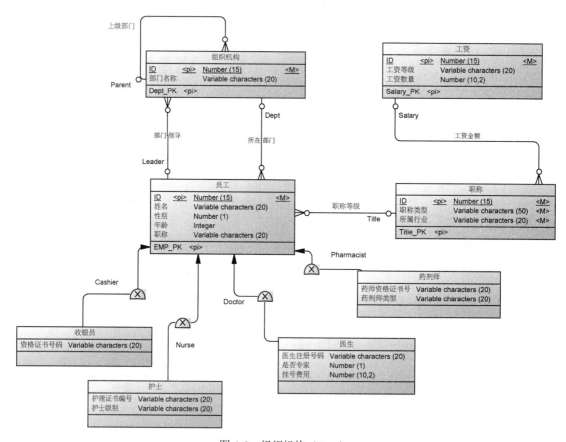

图 A.3　组织机构（Dept）

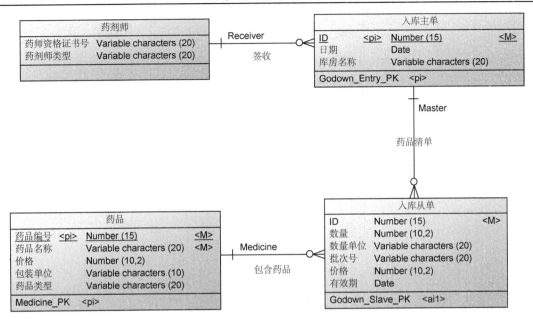

图 A.4　药品管理（Medicine）

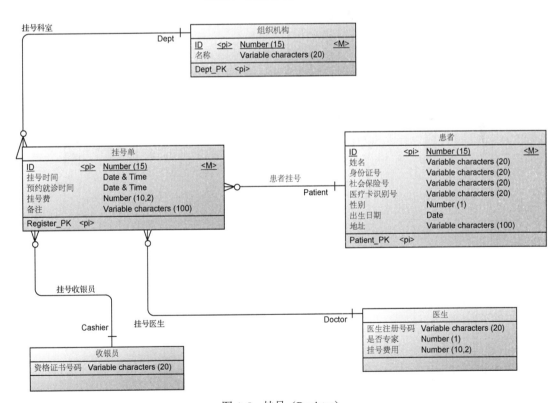

图 A.5　挂号（Register）

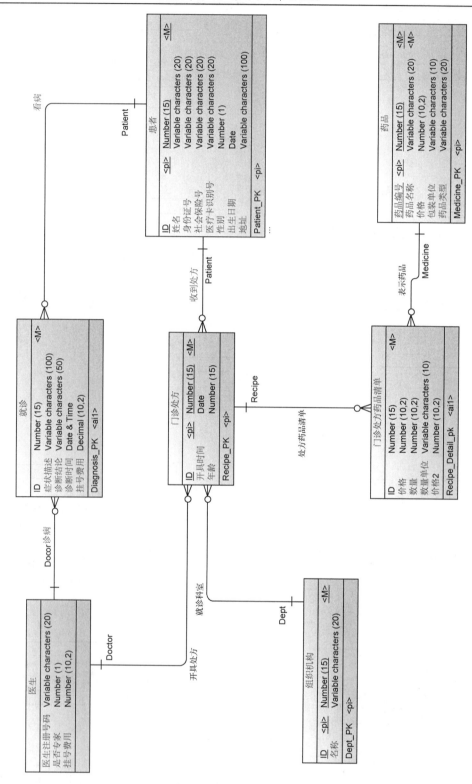

图 A.6　处方（Recipe）

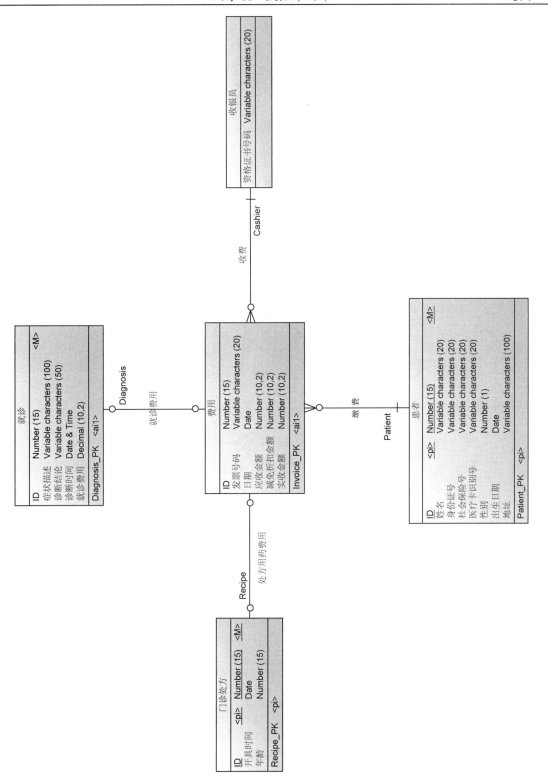

图 A.7 收费（Charge）

下面附上课堂用简易 E-R 图，仅举出代表性示例。

（1）患者实体与属性表示，主键 ID 加下画线，如图 A.8 所示。

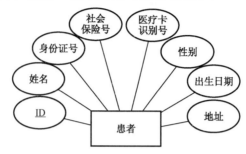

图 A.8　患者实体与属性表示

（2）多个实体之间的关联，联系用菱形框表示，如图 A.9 所示。

图 A.9　多个实体之间的关联

（3）两个实体间的联系：1 对 1、1 对 n、n 对 n，如图 A.10 所示。

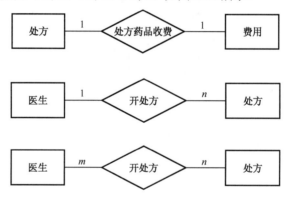

图 A.10　两个实体间的联系

（4）同一实体型之内的关系，如图 A.11 所示。

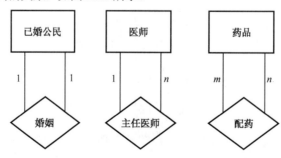

图 A.11　同一实体型之内的关系

（5）多个实体之间的联系，如图 A.12 所示。

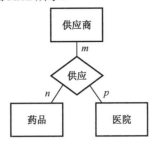

图 A.12　多个实体之间的联系

（6）复合属性：属性可以嵌套，如图 A.13 所示。

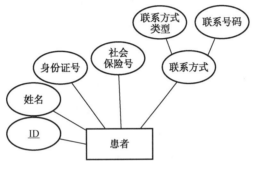

图 A.13　复合属性

（7）多值属性：同一个实体的某些属性可能对应一组值，一个患者可以有多个联系方式，如图 A.14 所示。

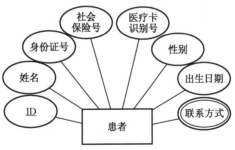

图 A.14　多值属性

（8）弱实体：联系方式实体依赖于患者实体，如图 A.15 所示。

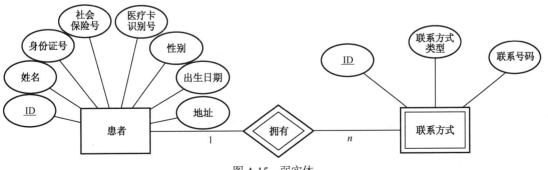

图 A.15　弱实体

（9）派生属性：从出生日期可以推断出年龄，如图 A.16 所示。

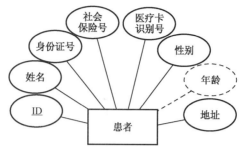

图 A.16　派生属性

下面讲述数据库设计模式。

HIS-2018 版数据库的设计符合 3NF，详细设计阐述如下。

（1）满足第一范式。

对于本数据库的所有数据库表都满足：

① 表属性不可再分；

② 不存在每个元组的每个属性对应一组值、一行值或两个值的组合的情况。

例如，患者（Patient）实体类型说明见表 A.1。

表 A.1　患者（Patient）实体类型说明

属 性 名 称	中 文 释 义	类 型	键 描 述
Pno	患者编号	Integer	PK
Pname	患者姓名	Char	
Pid	身份证号	Char	
Pino	社会保险号	Char	
Pmno	医疗卡识别号	Char	
Psex	性别	Char	
Pbd	出生日期	Date	
Padd	地址	Char	

故满足第一范式。

（2）满足第二范式。

对于本数据库的所有数据库表都满足：

每张表中的每个非主属性（不是组成候选码的属性）完全函数依赖于码。

例如，药品（Medicine）实体类型说明见表 A.2。

表 A.2　药品（Medicine）实体类型说明

属 性 名 称	中 文 释 义	类 型	键 描 述
Mno	药品编号	Integer	PK
Mname	药品名称	Char	
Mprice	价格	Decimal	

属 性 名 称	中 文 释 义	类 型	键 描 述
Munit	包装单位	Char	
Mtype	药品类型	Char	

上表中的非主属性依赖如下：

Mno→Mname

Mno→Mprice

Mno→Munit

Mno→Mtype

由此可知，非主属性（Mname、Mprice、Munit、Mtype）完全依赖于码（Mno）。

故满足第二范式。

（3）满足第三范式。

对于本数据库的所有数据库表都满足：

表中的属性没有传递依赖。

例如，医生（Doctor）实体类型说明、职称（Title）实体类型说明、工资（Salary）实体类型说明见表 A.3～表 A.5。

表 A.3　医生（Doctor）实体类型说明

属 性 名 称	中 文 释 义	类 型	键 描 述
Dno	医生编号	Integer	PK
Dname	医生姓名	Char	
Dsex	性别	Char	
Dage	年龄	Integer	
DeptNo	所属部门编号	Integer	FK，参照 Dept(DeptNo)
Tno	职称编号	Integer	FK，参照 Title(Tno)

表 A.4　职称（Title）实体类型说明

属 性 名 称	中 文 释 义	类 型	键 描 述
Tno	职称编号	Integer	PK
Sno	工资类型	Integer	FK，参照 Salary(Sno)
Ttype	职称类型	Char	
Ttrade	所属行业	Char	

表 A.5　工资（Salary）实体类型说明

属 性 名 称	中 文 释 义	类 型	键 描 述
Sno	工资编号	Integer	PK
Slevel	工资等级	Char	
Snumber	工资数量	Decimal	

表 A.3 存在函数依赖 Dno→Tno，表 A.4 存在函数依赖 Tno→Sno。

因为表 A.3 不包含 Dno→Sno，所以不存在函数传递依赖。

故满足 3NF。

一、案例说明与实现目标

本案例涉及实体类型有组织机构、患者、医生、药剂师、收银员、药品、出入库单、处方、挂号单等，能够简要地描述医院的患者挂号、就诊和处方收费等医疗管理业务。HIS 能够实现的主要目标如下。

- 医院的组织机构管理。
- 患者、医生、挂号单、收银员之间的挂号收费关系。
- 维护医生、患者、处方和药品等信息。
- 药剂师、出入库单、药品之间的药品管理关系。
- 医生、患者就诊之间的治疗关系。
- 患者、药品、收银员之间的交费关系。
- 处方与药品之间的用药关系。

二、HIS 中涉及的缩写说明

本案例中可能涉及的简写或前缀，以及它们对应的中英文含义见表 A.6。

表 A.6　HIS 案例中的缩写含义对照表

简写或前缀	全　　称	中 文 含 义
D	Doctor	医生
M	Medicine	药品
Dept	Dept	组织机构
RM	Recipe_Master	处方
RD	Recipe_Detail	处方药品清单
Diag	Diagnosis	就诊
P	Patient	患者
T	Title	职称
S	Salary	工资
GE	Godown_Entry	入库主单
GS	Godown_Slave	入库从单
RF	Register_Form	挂号单
F	Fee	收费

三、HIS 中的实体间关系说明

（1）每个实体均设计了"ID"属性，用作代理键，采用自增整数实现。

（2）"员工"与"医生""护士""收费员""药剂师"为继承关系。

（3）"组织机构"为递归关系，实现树状结构数据的存储。

（4）"员工"与"组织机构"互为参照关系，是外键实现、参数数据录入的典型互相约束问题。

（5）"门诊处方"与"处方清单"、"入库主单"与"入库存单"是典型的主从表结构，代表购物单、收发货单等一类问题。

（6）"患者"与"患者联系方式"用于说明多值问题，即一个患者拥有多个联系方式。第一种解决方案为：联系方式 1、联系方式 2 等多个字段；第二种解决方案为：行转列，即新建"患者联系方式"实体，与"患者"形成弱实体关系，每行存储一个联系方式。

四、HIS 中涉及的各种实体、联系类型及实例数据

（1）患者（Patient）实体类型。其说明见表 A.7，示例数据见表 A.8。

表 A.7 患者（Patient）实体类型说明

属 性 名 称	中 文 释 义	类 型	键 描 述
Pno	患者编号	Integer	PK
Pname	患者姓名	Char	
Pid	身份证号	Char	
Pino	社会保险号	Char	
Pmno	医疗卡识别号	Char	
Psex	性别	Char	
Pbd	出生日期	Date	
Padd	地址	Char	

表 A.8 患者（Patient）的示例数据

Pno	Pname	Pid	Pino	Pmno	Psex	Pbd	Padd
161	刘景	142201198702130061	1201676	6781121941	男	1987-2-13	新华路光源街
181	陈禄	142201196608190213	1204001	5461021938	男	1966-8-19	城建路茂源巷
201	曾华	142201197803110234	0800920	1231111932	男	1978-3-11	新建路柳巷
421	傅伟相	142202199109230221	0700235	4901021947	男	1991-9-23	高新区西源大道
481	张珍	142201199206200321	1200432	3451121953	女	1992-6-20	西湖区南街
501	李秀	142203198803300432	0692015	3341111936	女	1988-3-30	泰山大道北路

（2）患者联系电话（Patient_tel）实体类型。其说明见表 A.9，示例数据见表 A.10。

表 A.9 患者联系电话（Patient_tel）实体类型说明

属 性 名 称	中 文 释 义	类 型	键 描 述
Ptno	患者联系电话编号	Integer	PK
Pno	患者编号	Integer	FK，参照 Patient(Pno)
Pteltype	联系方式类型	Char	
Ptelcode	联系号码	Char	

表 A.10　患者联系电话（Patient_tel）的示例数据

Ptno	Pno	Pteltype	Ptelcode
01	161	手机	12988011007
02	161	家庭电话	01166699988
03	161	单位电话	01244552277

（3）组织机构（Dept）实体类型。Dept 能够描述树状结构的组织机构。通过自关联属性"ParentDeptNo"描述上下级部门的层次关系。其说明见表A.11，示例数据见表A.12。

表 A.11　组织机构（Dept）实体类型说明

属 性 名 称	中 文 释 义	类　型	键 描 述
DeptNo	部门编号	Integer	PK
DeptName	部门名称	Char	
ParentDeptNo	父级部门编号	Char	FK，参照 Dept（DeptNo）
Manager	部门经理编号	Integer	FK，参照 Doctor（Dno）

表 A.12　组织机构（Dept）的示例数据

DeptNo	DeptName	ParentDeptNo	Manager
00	××医院		
10	门诊部	00	
101	消化内科	10	82
102	急诊内科	10	368
103	门内三诊室	10	21
20	社区医疗部	00	
201	家庭病床病区	20	73

（4）医生（Doctor）实体类型。其说明见表 A.13，示例数据见表 A.14。

员工实体共有四种类型（收银员、药剂师、护士、医生），在此仅以医生为例进行说明。

表 A.13　医生（Doctor）实体类型说明

属 性 名 称	中 文 释 义	类　型	键 描 述
Dno	医生编号	Integer	PK
Dname	医生姓名	Char	
Dsex	性别	Char	
Dage	年龄	Integer	
Ddeptno	所属部门编号	Integer	FK，参照 Dept(DeptNo)
Tno	职称编号	Integer	FK，参照 Title(Tno)

表 A.14 医生（Doctor）的示例数据

Dno	Dname	Dsex	Dage	Ddeptno	Tno
140	郝亦柯	男	28	101	01
21	刘伟	男	43	104	01
368	罗晓	女	27	103	04
73	邓英超	女	43	105	33
82	杨勋	男	36	104	35

（5）职称（Title）实体类型。其说明见表 A.15，示例数据见表 A.16。

表 A.15 职称（Title）实体类型说明

属 性 名 称	中 文 释 义	类 型	键 描 述
Tno	职称编号	Integer	PK
Sno	工资类型	Integer	FK，参照 Salary(Sno)
Ttype	职称类型	Char	
Ttrade	所属行业	Char	

表 A.16 职称（Title）的示例数据

Tno	Sno	Ttype	Ttrade
102	05	医师	医疗
104	03	副主任医师	医疗
103	04	主治医师	医疗
105	01	主任医师	医疗
233	06	初级护师	护理
235	03	主任护师	护理

（6）工资（Salary）实体类型。其说明见表 A.17，示例数据见表 A.18。

表 A.17 工资（Salary）实体类型说明

属 性 名 称	中 文 释 义	类 型	键 描 述
Sno	工资编号	Integer	PK
Slevel	工资等级	Char	
Snumber	工资数量	Decimal	

表 A.18 工资（Salary）的示例数据

Sno	Slevel	Snumber
03	高级	4000
05	中级	3000
01	高级	5000
06	初级	2500

（7）入库主单（Godown_Entry）实体类型。其说明见表 A.19，示例数据见表 A.20。

表 A.19　入库主单（Godown_Entry）实体类型说明

属性名称	中文释义	类型	键描述
GMno	主单编号	Integer	PK
GMdate	入库时间	Datetime	
GMname	主单名称	Char	

表 A.20　入库主单（Godown_Entry）的示例数据

GMno	GMdate	GMname
1	2016-1-2 13:00:12	抗生素类药品
12	2016-11-24 18:00:00	心脑血管用药
31	2017-1-14 9:02:01	消化系统用药
34	2017-3-20 12:19:10	呼吸系统用药
2	2016-1-3 14:00:00	泌尿系统用药
11	2016-11-20 18:00:00	血液系统用药
3	2016-1-10 09:10:22	抗风湿类药品
9	2016-4-27 13:20:00	注射剂类药品
14	2016-12-20 17:00:31	激素类药品
4	2016-1-12 20:10:02	皮肤科用药
6	2016-4-27 13:20:00	妇科用药
7	2016-5-10 18:30:05	抗肿瘤用药
13	2016-12-01 12:15:00	抗精神病药品
8	2016-6-06 15:50:20	清热解毒药品
33	2017-2-24 8:02:52	维生素、矿物质药品
32	2017-1-19 7:22:00	糖尿病用药

（8）入库从单（Godown_Slave）实体类型。其说明见表 A.21，示例数据见表 A.22。

表 A.21　入库从单（Godown_Slave）实体类型说明

属性名称	中文释义	类型	键描述
GSno	从单编号	Integer	PK
GMno	所属主单编号	Integer	FK，参考 Godown_Entry(GMno)
Mno	药品编号	Integer	FK，参考 Medicine(Mno)
GSnumber	数量	Decimal	
GSunit	数量单位	Char	
GSbatch	批次号	Char	
GSprice	价格	Decimal	
GSexpdate	有效期	Date	

表 A.22 入库从单（Godown_Slave）的示例数据

GSno	GMno	Mno	GSnumber	GSunit	GSbatch	GSprice	GSexpdate
02	17	314941	23	箱	232342345	3000	2019-12-30
12	1	315189	50	箱	345465675	2560	2020-12-30
34	12	314172	100	盒	678786994	50300	2022-3-10
55	25	315501	85	盒	534525342	1450	2022-6-20

（9）药品（Medicine）实体类型。其说明见表 A.23，示例数据见表 A.24。

表 A.23 药品（Medicine）实体类型说明

属 性 名 称	中 文 释 义	类 型	键 描 述
Mno	药品编号	Integer	PK
GSno	从单编号	Integer	FK，参考 Godown_Slave（GSno）
Mname	药品名称	Char	
Mprice	价格	Decimal	
Munit	包装单位	Char	
Mtype	药品类型	Char	

表 A.24 药品（Medicine）的示例数据

Mno	Mname	Mprice	Munit	Mtype
314172	卡托普利片	0.037	片	西药
314418	替硝唑葡萄糖针	11.5	瓶	西药
314941	肾石通颗粒	27.1	盒	西药
315189	心胃止痛胶囊	26.9	盒	西药
315501	阿奇霉素胶囊	21	盒	西药
315722	L-谷氨酰胺胶囊	26.9	盒	西药
315805	盐酸雷尼替丁胶囊	0.1267	粒	西药
315977	胃立康片	26.5	盒	西药
316792	复方雷尼替丁胶囊	2.3	粒	西药
316910	依诺沙星注射液	46	支	西药
317660	蒲公英胶囊	25.5	盒	中成药

（10）就诊（Diagnosis）实体类型。其说明见表 A.25，示例数据见表 A.26。

表 A.25 就诊（Diagnosis）实体类型说明

属 性 名 称	中 文 释 义	类 型	键 描 述
DGno	诊断编码	Char	PK
Pno	患者编号	Char	FK，参考 Patient（Pno）
Dno	医生编号	Char	FK，参考 Doctor（Dno）

续表

属 性 名 称	中 文 释 义	类 型	键 描 述
Symptom	症状描述	Char	
Diagnosis	诊断结论	Char	
DGtime	诊断时间	Datetime	
Rfee	就诊费用	decimal	

表 A.26　就诊（Diagnosis）的示例数据

DGno	Pno	Dno	Symptom	Diagnosis	DGtime	Rfee
1645	481	140	呼吸道感染	伤风感冒	2007-7-21 01:12:01	3
2170	201	21	皮肤和软组织感染	细菌感染	2007-7-22 10:10:03	5
3265	161	82	胃溃疡	螺杆菌感染	2007-7-23 10:59:42	5
3308	181	82	消化不良	胃病	2007-7-23 11:11:34	5
3523	501	73	心力衰竭	高血压	2007-7-23 02:01:05	7
7816	421	368	肾盂结石	肾结石	2008-1-8 05:17:03	3

（11）处方（Recipe_Master）实体类型。其说明见表 A.27，示例数据见表 A.28。

表 A.27　处方（Recipe_Master）实体类型说明

属 性 名 称	中 文 释 义	类 型	键 描 述
RMno	处方编号	Integer	PK
DeptNo	部门编号	Integer	FK，参考 Dept（DeptNo）
Dno	医生编号	Integer	FK，参考 Doctor（Dno）
Pno	患者编号	Integer	FK，参考 Patient（Pno）
RMage	年龄	Char	
RMtime	处方时间	Datetime	

表 A.28　处方（Recipe_Master）的示例数据

RMno	DeptNo	Dno	Pno	RMage	RMdatetime
1282317	103	140	181	12	2016-7-21 01:12:01
1282872	201	368	161	50	2016-7-22 10:10:03
1283998	20	73	481	23	2016-7-23 10:59:42
1284041	101	368	501	48	2017-7-23 11:11:34
1284256	103	21	201	36	2017-7-23 02:01:05
1458878	102	82	421	30	2017-1-8 05:17:03

（12）处方药品清单（Recipe_Detail）实体类型。其说明见表 A.29，示例数据见表 A.30。

表 A.29　处方药品清单（Recipe_Detail）实体类型说明

属 性 名 称	中 文 释 义	类 型	键 描 述
RDno	处方药品清单编号	Integer	PK
RMno	所属处方编号	Integer	FK，参考 Recipe_Master（RMno）
Mno	药品编号	Integer	FK，参考 Medicine（Mno）
RDprice	价格	Decimal	
RDnumber	数量	Char	
RDunit	数量单位	Char	

表 A.30　处方药品清单（Recipe_Detail）的示例数据

RDno	RMno	Mno	RDprice	RDnumber	RDunit
16	1282872	314941	200	3	盒
32	1458878	315189	360	4	盒
47	1284041	315977	14	1	片
89	1282317	316910	2.5	10	粒

（13）挂号单（Register_Form）实体类型。其说明见表 A.31，示例数据见表 A.32。

表 A.31　挂号单（Register_Form）实体类型说明

属 性 名 称	中 文 释 义	类 型	键 描 述
RFno	挂号单编号	Integer	PK
RFdept	挂号科室	Integer	FK，参考 Dept(Deptno)
RFdoctor	挂号医生	Integer	FK，参考 Doctor(Dno)
RFpatient	挂号患者	Integer	FK，参考 Patient(Pno)
RFcashier	挂号收费员	Integer	FK，参考 Cashier(Cno)
RFtime	挂号时间	Datetime	
RFvisittime	预约就诊时间	Datetime	
RFfee	挂号费	Decimal	
RFnotes	备注	Char	

表 A.32　挂号单（Register_Form）的示例数据

RFno	RFdept	RFdoctor	RFpatient	RFcashier	RFtime	RFvisittime	RFfee	RFnotes
13	20	73	481	01	2016-7-11 06:12:09	2016-7-11 08:00:00	5	无
56	201	368	161	08	2016-7-28 09:20:19	2016-7-28 09:30:00	7	无
71	103	140	181	09	2017-1-10 16:09:02	2017-1-10 17:30:00	7	无
89	102	82	421	02	2017-3-16 19:18:10	2017-3-16 19:20:10	5	无

（14）患者（Patient）、处方（Recipe）收银员（Cashier）之间的费用（Fee）联系。费用（Fee）联系类型说明见表 A.33，示例数据见表 A.34。在收费（Fee）联系中，属性 Fsum 是冗余的，因为 Fsum 可以通过属于某处方的所有处方药品清单上的药品数量（RDnumber）与药品价格（Mprice）的乘积的和再加上就诊费用（Rfee）而得到。但这种冗余可以大大提高某些查询操作的性能，如当日统计收入等。

表 A.33　费用（Fee）联系类型说明

属 性 名 称	中 文 释 义	类　　型	键　描　述
Fno	发票单编号	Integer	PK
Fnumber	发票号码	Char	
Fdate	日期	Datetime	
DGno	就诊编号	Integer	FK，参考 Diagnosis(DGno)
Rno	处方编号	Integer	FK，参考 Recipe_Master(Rno)
Cno	收银员编号	Integer	FK，参考 Cashier(Cno)
Pno	患者编号	Integer	FK，参考 Patient(Pno)
FRecipefee	应收金额	Decimal	
Fdiscount	减免折扣金额	Decimal	
Fsum	实收金额	Decimal	

表 A.34　费用（Fee）的示例数据

Fno	Fnumber	Fdate	DGno	Rno	Cno	Pno	FRecipefee	Fdiscount	Fsum
1281645	02995606	2016-7-21 01:12:01	1645	1282317	09	181	200	0	200
1282170	02994356	2016-7-22 10:10:03	7816	1282872	01	481	189	37.8	151.2
1283265	02996768	2016-7-23 10:59:42	2170	1283998	02	501	560	112	448
1283308	02995687	2016-7-23 11:11:34	3308	1284041	05	201	17	3.4	13.6
1283523	02997432	2016-7-23 02:01:05	3523	1284256	08	481	13	0	13
1457816	02990101	2017-1-8 05:17:03	3265	1458878	09	21	111	0	111

附录 B　实验指导

实验一　数据库 E-R 设计

一、实验内容及要求

1. 掌握数据库的需求分析和设计步骤及方法。
2. 掌握数据库概念模型 E-R 图的绘制方法。
（1）要求概念模型使用 E-R 图表示，标注联系类型和联系属性。
（2）在总 E-R 图中各个实体可以不用绘制属性，在各个模块的 E-R 图中需要绘制实体属性。
3. 下载安装 PowerDesigner 等 E-R 图绘制软件，学习绘制 E-R 图。

二、实验重点与难点

1. 设计概念模型。
2. 分析 E-R 图实体间的联系。
3. E-R 图实体属性的设计。

三、上机实验作业

选择自己熟悉的某行业领域或事务流程（本实验以医院信息管理系统 HIS 为例），加以分析，进行功能和需求分析，在此基础上设计相应的概念模型，并使用专业工具绘制 E-R 图。

1. 对医院信息管理系统进行需求分析，理清该系统的实体及其之间的关系，确定系统应实现的目标。
2. 对医院信息管理系统进行概念设计，并完成 E-R 图绘制。包括整体 E-R 图和各模块子图。

四、本实验参考资料

《实验指导书一：数据库 E-R 设计》

五、项目需用仪器设备名称

PC 一台。

六、教学后记

实验二　数据库逻辑及物理设计

一、实验内容及要求

1. 掌握 E-R 图转换为关系的方法和关系分析方法。

2．对关系进行优化，要求所有关系均满足 3NF，并指定主外键。

3．掌握将 E-R 图转化成关系表的基本技巧。

二、实验重点与难点

1．数据库逻辑结构设计。

2．3NF 规范分析。

3．将 E-R 图转成关系表。

三、上机实验作业

1．将实验一绘制的 E-R 图向数据模型转换（写出关系模式 $R(U,F)$ 及相应的数据依赖集 F）。

2．将医院信息管理系统的每个关系模式按照 3NF 规范进行修改。

3．根据实验一的 E-R 图设计医院信息管理系统的数据库表。

四、本实验参考资料

《实验指导书二：数据库逻辑及物理设计》

五、项目需用仪器设备名称

PC 一台。

六、教学后记

实验三　数据库实现

一、实验内容及要求

1．通过对 SQL Server 的安装和简单使用，掌握以下内容。

（1）了解安装 SQL Server 的软硬件环境和安装方法。

（2）熟悉 SQL Server 相关使用方法。

（3）熟悉 SQL Server 的构成和相关工具。

（4）通过 SQL Server 的使用来理解数据库系统的基本概念，以及实验内容。

2．通过创建数据库、表并进行相应的维护，了解并掌握 SQL Server 数据库和数据表的创建和维护的不同方法和途径，并通过这一具体的数据库理解实际数据库所包含的各要素。

二、实验重点与难点

1．SQL Server 的熟练使用。

2．数据库和数据库表的创建、修改和维护。

三、上机实验作业

1．创建"医院信息管理系统"数据库，要求主文件组包含主要文件和次要文件，建立两个次要文件组，分别包含两个次要文件，要求有相应的日志文件。

2．新增和删除数据库文件。

3．在"医院信息管理系统"数据库中建立药品基本信息表 Medicine、医院部门信息表 Dept、患者就诊处方主要信息表 RecipeMaster、患者基本信息表 Patient、处方明细表 RecipeDetail 及医生信息表 Doctor，其中表 RecipeMaster 中的处方编号（Rno）必须参照表 RecipeDetail 中的处方编号（Rno），表 RecipeMaster 中的药品编号（Mno）必须参照表 Medicine 中的药品编号（Mno），表 Doctor 中的医生所在部门编号（Ddeptno）必须参照表 Dept 中的部门编号（Ddeptno）。

4．在基本表中添加和删除列。

5．删除表，注意删除有约束关系的表，如表 RecipeDetail 和表 RecipeMaster。

四、本实验参考资料

《实验指导书三：数据库实现》

五、项目需用仪器设备名称

PC 一台。

六、教学后记

实验四　数据库应用开发——服务器编程

一、实验内容及要求

熟练掌握后台服务器端应用程序的开发。

1．掌握存储过程的定义、执行和调用方法。

2．掌握触发器的创建与使用。

二、实验重点与难点

1．编写并使用带参数，返回值的存储过程。

2．触发器的创建。

三、上机实验作业

1．设计触发器，当新增、修改和删除处方中的药品数量时自动修改药品库存。

2．创建存储过程，查找已知患者名的就诊医生名称，并查表验证是否成功实现。

3．创建存储过程，查找开处方最多的医生编号，以及他开的处方单数，并查表验证是否成功实现。

4．创建带输入和输出参数的存储过程，统计同一个处方中所有药品金额的平均值，并查表验证是否成功实现。

5．创建定义了局部变量的存储过程，查找并显示某医生的所有信息，要求将所要查找的医生名字定义为局部变量。

6．删除存储过程。

四、本实验参考资料

《实验指导书四：数据库应用开发——服务器编程》

五、项目需用仪器设备名称

PC 一台。

六、教学后记

实验五　数据库应用开发——访问接口编程

一、实验内容及要求

1. 通过实验了解通用数据库应用编程接口 ODBC 的基本原理和实现机制，熟悉主要的 ODBC 接口的语法和使用方法。

2. 利用 C 语言（或其他支持 ODBC 接口的高级程序设计语言）编程实现简单的数据库应用程序，掌握基于 ODBC 的数据库访问的基本原理和方法。

3. 尝试使用 SQL Server 中的工具以特定格式导出数据，初步了解现代程序设计辅助工具的使用，加深对接口和数据库与外界的联系的认识。

二、实验重点与难点

1. 新建 ODBC 数据源。

2. 编程实现数据库应用程序。

三、上机实验作业

1. 在 Windows 控制面板中通过管理工具下的 ODBC 数据源工具在客户端新建连接到 SQL Sever 服务器的 ODBC 数据源，测试通过后保存，注意名字要和应用程序中引用的数据源一样。

2. 以实验一建立的 HIS 数据库为基础，按照实验要求编写 C 语言（或其他支持 ODBC 接口的高级程序设计语言）数据库应用程序。

四、本实验参考资料

《实验指导书五：数据库应用开发——访问接口编程》

五、项目需用仪器设备名称

PC 一台。

六、教学后记

实验六　数据库备份与恢复

一、实验内容及要求

1. 理解 SQL Server 的数据备份和恢复机制。

2. 掌握 SQL Server 的数据备份和恢复的基本概念，如备份方式（增量备份和完全备份）、备份介质（文件或设备）等。

3. 掌握备份和恢复的实际操作，能够备份和将备份恢复，特别是能够恢复到一个新的数据库中。

二、实验重点与难点

1. 数据库备份。
2. 数据恢复。

三、上机实验作业

1. 使用 SQL Server Management Studio 管理器创建备份设备。
2. 使用系统存储过程 SP_ADDUMPDEVICE 创建备份设备。
3. 通过系统存储过程、Transact-SQL 语句或图形化界面查看备份设备的信息，把不用的备份设备删除等。
4. 使用 SQL Server Management Studio 图形化工具和 BACKUP 语句进行完整数据库备份。
5. 恢复数据库，让数据库根据备份的数据回到备份时的状态。

四、本实验参考资料

《实验指导书六：数据库备份与恢复》

五、项目需用仪器设备名称

PC 一台。

六、教学后记